普通高等教育“十三五”规划教材

Excel 高级应用实务

主 编 卢 山

副主编 江 成 杨艳红 郭高卉子 闫 瑾

中国水利水电出版社
www.waterpub.com.cn

·北京·

内 容 提 要

本书精选各种应用案例，将 Excel 学习与实际应用中的业务知识相融合，既考虑知识覆盖面，又考虑难易适度、练习量适当，相关教学及练习任务适合在课时内完成，涉及知识点易于学生掌握并留下较深印象，便于以后在工作中进一步扩展。本书共分 7 章：第 1 章总结 Excel 的基础知识，为后面的高级应用做好准备；第 2 章至第 6 章精选应用案例，涉及人事工资管理、财务管理、分析决策、图形处理等具有实际应用价值的相关内容；第 7 章为综合练习。

本书可作为普通高等院校各专业的教材，也可作为继续教育的培训教材，还可供在实际工作中经常使用 Excel 的人员参考阅读。

图书在版编目（CIP）数据

Excel高级应用实务 / 卢山主编. -- 北京 : 中国水利水电出版社, 2019.2（2024.11重印）
普通高等教育“十三五”规划教材
ISBN 978-7-5170-7429-8

Ⅰ. ①E… Ⅱ. ①卢… Ⅲ. ①表处理软件－高等学校－教材 Ⅳ. ①TP391.13

中国版本图书馆CIP数据核字(2019)第029348号

策划编辑：周益丹　　责任编辑：张玉玲　　封面设计：李　佳

书　　名	普通高等教育“十三五”规划教材 Excel 高级应用实务 Excel GAOJI YINGYONG SHIWU
作　　者	主　编　卢　山 副主编　江　成　杨艳红　郭高卉子　闫　瑾
出版发行	中国水利水电出版社 （北京市海淀区玉渊潭南路 1 号 D 座　100038） 网址：www.waterpub.com.cn E-mail：mchannel@263.net（答疑） sales@mwr.gov.cn 电话：（010）68545888（营销中心）、82562819（组稿）
经　　售	北京科水图书销售有限公司 电话：（010）68545874、63202643 全国各地新华书店和相关出版物销售网点
排　　版	北京万水电子信息有限公司
印　　刷	三河市德贤弘印务有限公司
规　　格	184mm×260mm　16 开本　17.75 印张　434 千字
版　　次	2019 年 2 月第 1 版　2024 年 11 月第 5 次印刷
印　　数	11001—15000 册
定　　价	48.00 元

前　　言

Microsoft Office Excel（以下简称 Excel）是功能强大的电子表格应用软件，目前广泛应用于经济、工程、科研、教学等领域。使用 Excel 管理及分析数据、制作报表及图表、编写程序等已经成为人们日常工作内容之一。

Excel 内容非常丰富，许多人学了很长时间，却感觉只是见到冰山一角。其实，学习 Excel 的目的是为了应用 Excel 解决问题，而不是为了精通 Excel。对 Excel 知识既要能“浓缩”又要能“扩展”，了解 Excel 常识、掌握学习及使用它的方法，将它浓缩成知识点，当解决实际问题时，查找、学习细节内容，以解决问题为目的，扩展相关知识。

本书共 7 章：Excel 基础知识、公式和函数、数据管理与分析、数据透视表、VBA 编程、Excel 中的图形处理、综合练习。

本书侧重于从应用角度学习 Excel，精选有实际应用意义的案例，力求将各方面的知识融合在一起。案例划分：关于员工管理方面有“员工档案”“员工考核”“工资管理”等案例；关于企业资金运作、财务状况方面有“明细表”“总账表”“利润表”“资产负债表”等案例；关于决策方面有“商品进货”“值班安排”“生产决策”“最短路径”等案例；关于调查及分析市场需求方面有“销量统计分析”“网上调查问卷”等案例；关于矢量图与图形处理方面有“地图调色”“文字修饰”“气泡图”“交通流量图”等。本书内容编排按照实际应用顺序，先介绍具体业务的实际操作，然后是需要查找的相关 Excel 知识。

本书由卢山任主编，江成、杨艳红、郭高卉子、闫瑾任副主编。其中卢山编写第 1 章、第 5 章、第 7 章，杨艳红编写第 2 章，江成编写第 3 章，郭高卉子编写第 4 章，闫瑾编写第 6 章。参与本书部分编写工作的还有刘克强、田瑾、李欣午、王纪文、刘彦平。首都经济贸易大学信息学院的张军教授、高迎教授、周广军老师对本书的编写给予了很大帮助，提出了许多宝贵意见和建议，在此向他们表示衷心感谢。

由于编者水平有限，加之创作时间仓促，本书不足之处在所难免，欢迎广大读者批评指正。

编　者

2018 年 12 月

目　录

第 1 章　Excel 基础知识

Excel 是电子表格处理软件，是微软公司推出的 Office 组件之一。Excel 不仅具有表格功能，还提供了若干简化操作的程序设计功能。当前 Excel 广泛应用于各个领域，使用 Excel 管理、分析业务数据已经成为人们日常工作内容之一。

本章目的是使用及总结 Excel 的基础知识，为后面各章的 Excel 高级应用做好准备。

1.1　案例 1　员工档案管理

员工档案存放员工的基本资料，它为企业人事管理提供基础数据。以往的档案采用档案袋形式存放，查看、管理档案很不方便。使用 Excel 制作员工档案表，可以利用 Excel 的表格功能方便地管理档案数据。本案例创建的“员工档案表”包括员工的编号、姓名、性别、身份证号、学历、参加工作时间、职务、工资、联系方式，运行效果如图 1.1-1 所示。

	A	B	C	D	E	F	G	H	I
1	员工档案表2010								
2	2010年7月1日	13时30分	星期四						
3	编号	姓名	性别	身份证号	学历	参加工作时间	职务	工资	联系方式
4	1	刘伟	男	231221198009103050	学士	2000/7/1	科长	¥4,000	6327832
5	2	李丽华	女	150781198408176604	硕士	2001/6/25	副科长	¥3,500	8664325
6	3	刘伟	男	130321198305065416	学士	2002/11/16	科员	¥3,000	4678921
7	4	范双	女	130421198312051608	硕士	2002/10/20	科员	¥3,100	6453245
8	5	刘桥	男	410204198404059973	学士	2004/9/12	科员	¥3,300	7656879
9	6	鲁季	男	445302198105012334	硕士	2005/12/2	科员	¥3,600	3243231
10	7	梁美玲	女	211005198711219585	学士	2006/3/13	科员	¥3,400	6435687
11	8	钟胜	男	330500197611044519	学士	2006/2/1	科员	¥3,800	9012976
12	9	张军	男	520123198501265516	硕士	2007/5/12	科员	¥3,500	7908756
13									

图 1.1-1　员工档案表

本案例使用的 Excel 技术包括智能标识、自动完成、自动列表、工作表的编辑、工作表的格式化、标注、条件格式、样式、名称、制作图表等。

★　可以根据个人需要，采用与本案例类似的方法制作个人通讯录、学校近几年毕业生就业表、周边企事业单位近几年招聘情况表等。

1.1.1　启动 Excel

Step1　打开 Excel

单击【开始】菜单→【程序】→【Microsoft Office 2010】→【Excel】，启动 Excel，单击【空白工作簿】，自动创建一个新的工作簿 1。

★ ① 启动 Excel 的常用方法:

*【开始】→【程序】→Microsoft Office 2010→Excel。

* 找到.xlsx 文件所在位置，双击该文件，或者双击一个新建的 Excel 文件。

* 双击 Excel 快捷图标启动。

② 工作簿与工作表的区别: 扩展名为.xlsx 的文件就是工作簿文件，一个工作簿可以包含若干个工作表，若把工作簿比喻为书，工作表就类似于书页。

③ 若 Windows 8 没有“开始”菜单，可在任务栏创建“开始”菜单，右击任务栏→【工具栏】→【新建工具栏】→在【新工具栏】窗口中选择 C 盘→ProgramData→Microsoft→Windows→[开始]菜单→选择文件夹。

1.1.2 使用模板

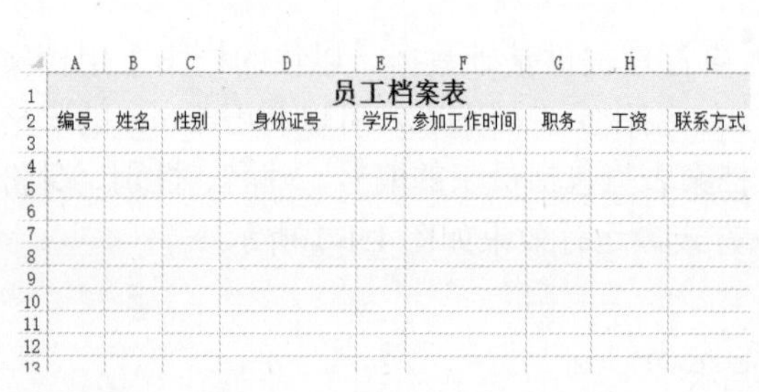

Step1 输入标题内容

单击 Sheet1 工作表标签。在 A1 单元格中输入“员工档案表”。选择 A1:I1 单元格区域，在主菜单中选择【字体】→【对齐方式】，选择【合并后居中】；在【字体】功能区组，设置字体加粗、宋体、18 号字，填充颜色为黄色。

在工作表 A2:I2 输入各字段内容，选择 A2:I2 单元格区域，设置为宋体、12 号字。

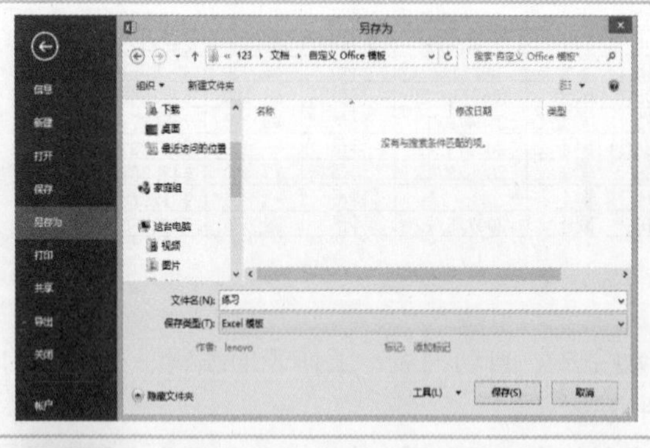

Step2 保存为模板

在主菜单中选择【文件】→【另存为】，找到保存位置，在【文件名】中输入“练习”，在【保存类型】中选择【Excel 模板】，自动将保存位置定位到模板目录下，单击【确定】按钮。

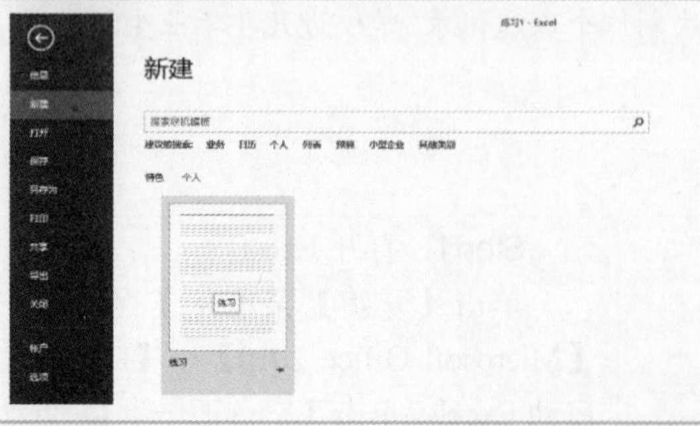

Step3 由模板新建工作簿

重启 Excel。在主菜单中选择【文件】→【新建】→【个人】→选择“练习”，单击【确定】按钮，由前面保存的“练习”模板新建工作簿。

★ ① “模板”就是当用模板新建文件时，则新建的文件具有模板的内容。使用模板可提高效率，可以将经常使用的内容保存为模板，也可以用系统自带模板，或从网上下载大量模板。

②显示文件扩展名：右击左下角“开始”图标→【文件资源管理器】→【查看】→勾选【文件名扩展】。

③若单元格内容不能完全显示，鼠标移到列标边界上，拖动或双击可调节单元格列宽。或单击列标选中该列，在主菜单中选择【开始】→【单元格】→【格式】→【列宽】命令，输入列宽值或自动调整列宽。行高调整与列宽相似。

④若对工作表整体调节列宽、行高，先单击左上角的【全选】按钮，然后调节一个单元格的列宽、行高，整个表随之变化。对多行、多列的调整与之类似。

1.1.3　录入数据

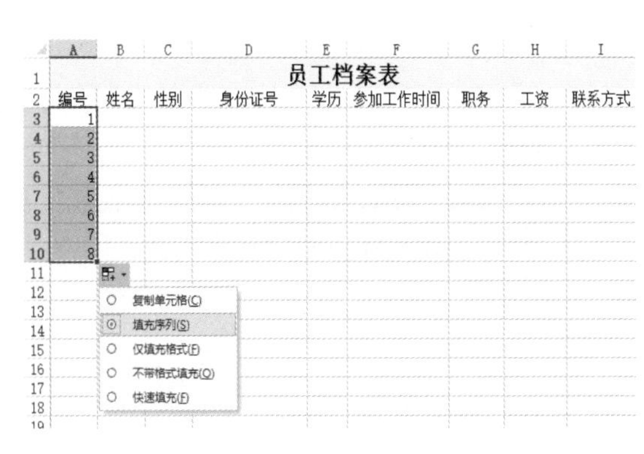

Step1　使用“自动填充”功能输入“编号”

在 A3 单元格输入 1，将鼠标指针移到 A3 单元格右下角的填充柄上，当鼠标指针变为黑十字图标时按下鼠标左键并拖动至单元格 A10，松开鼠标，填充区域的右下角出现【自动填充选项】智能标识，单击打开下拉列表，选择【填充序列】。

选中 D3:D10，在主菜单中选择【开始】→【数字】，单击右下角启动器→选择【数字】选项卡→【文本】，单击【确定】按钮。

★　在填充时，若按升序排列，则按照由上而下或由左而右的顺序方式来填充；若要按降序排列，则按照由下而上或由右而左的顺序方式来填充。

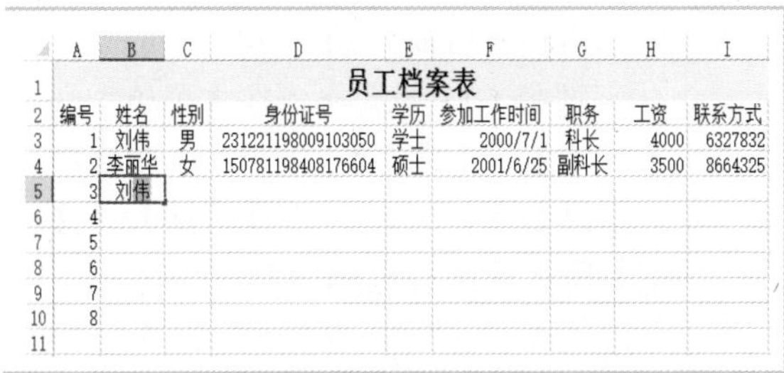

Step2　使用“自动完成”功能输入“姓名”

按左图输入相关内容。在 B5 单元格输入“刘”，计算机根据同列字符匹配情况自动提供“刘伟”，若接受按【Enter】键，若要删除自动提供的字符，按【Back Space】键。

★　①“自动完成”功能设置：【文件】→【选项】→【高级】→勾选【为单元格值启用记忆式键入】。

②若同一列中有多个相同内容情况时，不能自动完成，如一列中有多个姓“刘”的名字，若在单元格输入“刘”，不能自动完成其余字符填写。

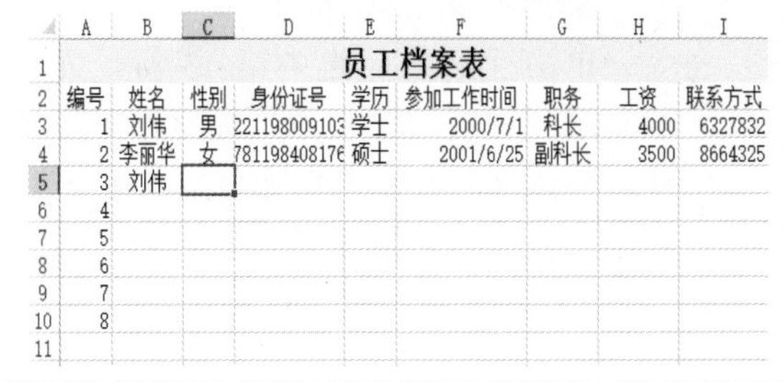

Step3　移动单元格

按 Tab 键将横向移动活动单元格，按 Enter 键纵向移动活动单元格。

★ 在输入信息时，通常使用 Tab 键或 Shift+Tab 组合键控制活动单元格横向移动，按 Tab 键向右移动活动单元格，按 Shift+Tab 组合键向左移动活动单元格；使用 Enter 键或 Shift+Enter 组合键控制纵向移动，按 Enter 键向下移动活动单元格，按 Shift+Enter 组合键向上移动活动单元格。

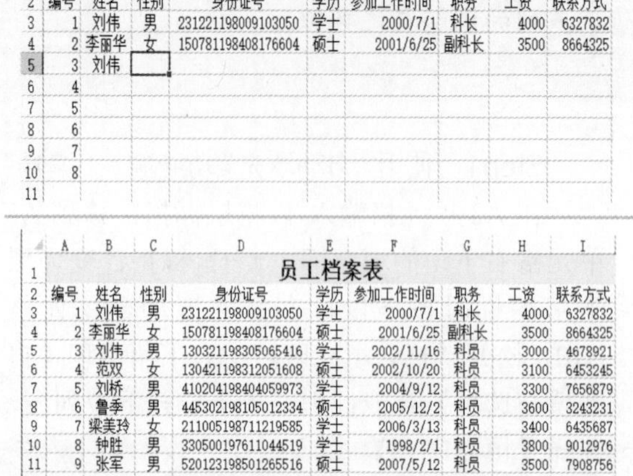

	A	B	C	D	E	F	G	H	I
1	员工档案表								
2	编号	姓名	性别	身份证号	学历	参加工作时间	职务	工资	联系方式
3	1	刘伟	男	231221198009103050	学士	2000/7/1	科长	4000	6327832
4	2	李丽华	女	150781198408176604	硕士	2001/6/25	副科长	3500	8664325
5	3	刘伟							
6	4								
7	5								
8	6								
9	7								
10	8								
11									

Step4　使用“自动列表”功能输入“性别”

选中 C5，按 Alt+↓组合键或右击选择【从下拉列表中选择】快捷菜单命令，计算机提供同列已输入的信息供选择。

	A	B	C	D	E	F	G	H	I
1	员工档案表								
2	编号	姓名	性别	身份证号	学历	参加工作时间	职务	工资	联系方式
3	1	刘伟	男	231221198009103050	学士	2000/7/1	科长	4000	6327832
4	2	李丽华	女	150781198408176604	硕士	2001/6/25	副科长	3500	8664325
5	3	刘伟	男	130321198305065416	学士	2002/11/16	科员	3000	4678921
6	4	范双	女	130421198312051608	硕士	2002/10/20	科员	3100	6453245
7	5	刘桥	男	410204198404059973	学士	2004/9/12	科员	3300	7656879
8	6	鲁季	男	445302198105012334	硕士	2005/12/2	科员	3600	3243231
9	7	梁美玲	女	211005198711219585	学士	2006/3/13	科员	3400	6435687
10	8	钟胜	男	330500197611044519	学士	1998/2/1	科员	3800	9012976
11	9	张军	男	520123198501265516	硕士	2007/5/12	科员	3500	7908756
12									

Step5　输入“员工档案表”的其他数据

录入其他内容。对不能采用填充、自动完成、自动列表功能录入的内容，采用手工录入。

1.1.4　美化“员工档案表”

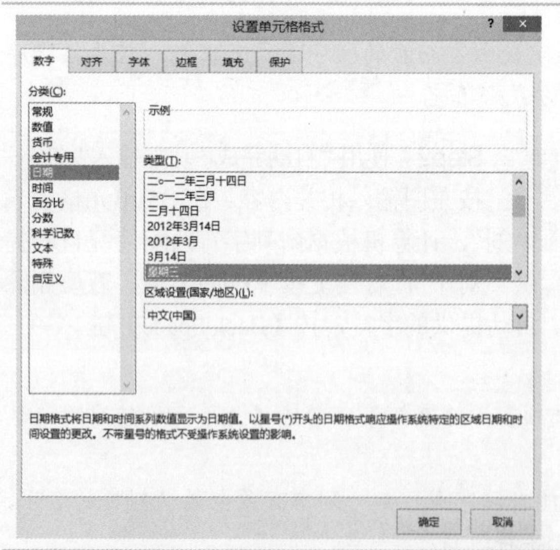

Step1　设置日期、时间的格式

在 A13 单元格输入日期“2010-7-1”，在 B13 单元格输入时间“13:30”，在 C13 单元格输入日期“2010-7-1”。

选择 C13 单元格，在主菜单中选择【开始】→【数字】，单击右下角启动器→选择【数字】选项卡→【日期】，在【类型】区域选择“星期三”。

与 C13 设置方法相似，将 A13 单元格设置为“2001 年 3 月 14 日”格式。选择【时间】，将 B13 单元格设置为“13 时 30 分”格式。

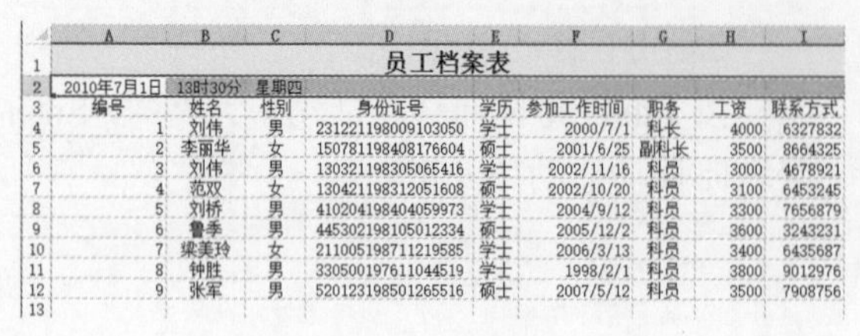

	A	B	C	D	E	F	G	H	I
1	员工档案表								
2	2010年7月1日	13时30分	星期四						
3	编号	姓名	性别	身份证号	学历	参加工作时间	职务	工资	联系方式
4	1	刘伟	男	231221198009103050	学士	2000/7/1	科长	4000	6327832
5	2	李丽华	女	150781198408176604	硕士	2001/6/25	副科长	3500	8664325
6	3	刘伟	男	130321198305065416	学士	2002/11/16	科员	3000	4678921
7	4	范双	女	130421198312051608	硕士	2002/10/20	科员	3100	6453245
8	5	刘桥	男	410204198404059973	学士	2004/9/12	科员	3300	7656879
9	6	鲁季	男	445302198105012334	硕士	2005/12/2	科员	3600	3243231
10	7	梁美玲	女	211005198711219585	学士	2006/3/13	科员	3400	6435687
11	8	钟胜	男	330500197611044519	学士	1998/2/1	科员	3800	9012976
12	9	张军	男	520123198501265516	硕士	2007/5/12	科员	3500	7908756
13									

Step2　快速移动行

单击行标 13，选中第 13 行，光标移到这一行的边缘，当光标变为黑色的四箭头图标时，按住 Shift 键，拖动这行到第二行位置，松开鼠标左键。

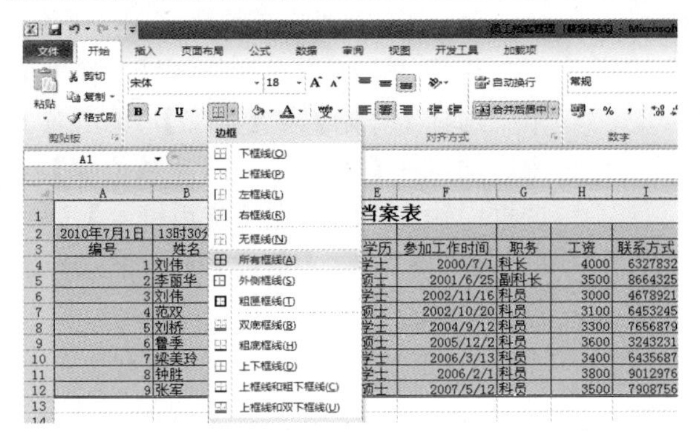

Step3　设置表格框线

选择 A1:I12 单元格区域，在主菜单中选择【开始】→【字体】，单击【边框】右侧下拉按钮，在下拉列表中选择“所有框线”。

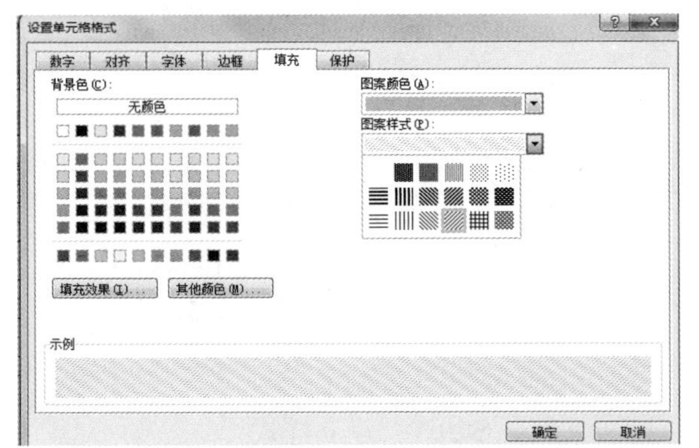

Step4　设置单元格图案

选择 A1:I1 区域，在主菜单中选择【开始】→【字体】，单击右下角启动器→【填充】，图案样式选择“细 对角线 条纹”，图案颜色选择“浅绿”，单击【确定】按钮。

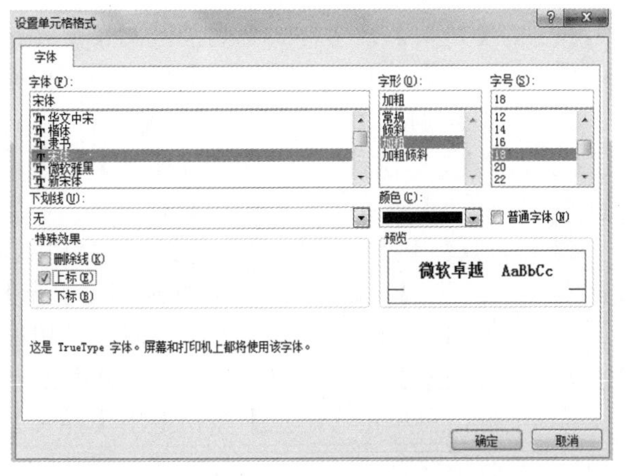

Step5　上下标使用

选择 A1 单元格，在编辑栏将表头内容改为“员工档案表 2010”，在编辑栏内选中 2010，在主菜单中选择【开始】→【字体】，单击右下角启动器→在“设置单元格格式”对话框中勾选“上标”，单击【确定】按钮。

Step6　设置工作表背景

在主菜单中选择【页面布局】→【背景】，选择图片插入（按自己喜好选择图片）。去掉背景，在主菜单中选择【页面布局】→【删除背景】。

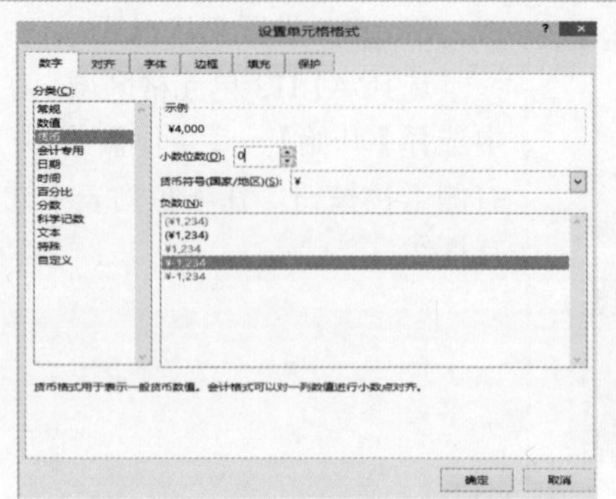

Step7　设置货币格式

选择 H4:H12 单元格区域，在主菜单中选择【开始】→【数字】，单击右下角启动器→【货币】，在【小数位数】微调框中输入“0”，在【货币符号】列表框选择“¥”，在【负数】列表框选择黑色“¥-1,234”。

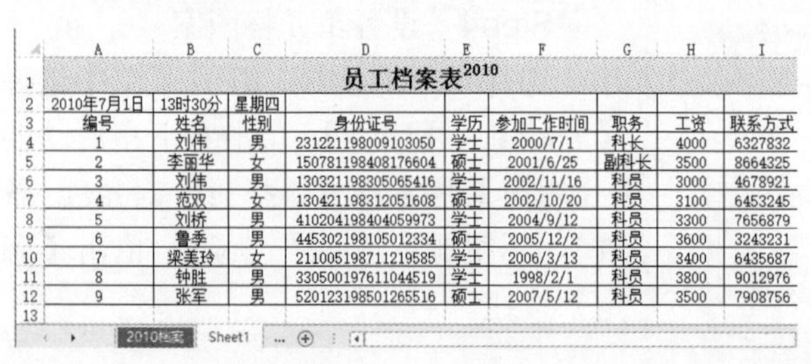

	A	B	C	D	E	F	G	H	I
1	员工档案表2010								
2	2010年7月1日	13时30分	星期四						
3	编号	姓名	性别	身份证号	学历	参加工作时间	职务	工资	联系方式
4	1	刘伟	男	231221198009103050	学士	2000/7/1	科长	4000	6327832
5	2	李丽华	女	150781198408176604	硕士	2001/6/25	副科长	3500	8664325
6	3	刘伟	男	130321198305065416	学士	2002/11/16	科员	3000	4678921
7	4	范双	女	130421198312051608	硕士	2002/10/20	科员	3100	6453245
8	5	刘桥	男	410204198404059973	学士	2004/9/12	科员	3300	7656879
9	6	鲁季	男	445302198105012334	硕士	2005/12/2	科员	3600	3243231
10	7	梁美玲	女	211005198711219585	学士	2006/3/13	科员	3400	6435687
11	8	钟胜	男	330500197611044519	学士	1998/2/1	科员	3800	9012976
12	9	张军	男	520123198501265516	硕士	2007/5/12	科员	3500	7908756
13									

2010档案　Sheet1

Step8　工作表标签操作

右击 Sheet1 标签选择【重命名】快捷菜单，输入“2010 档案”。单击工作表其他位置，再右击“2010 档案”标签选择【工作表标签颜色】，选择红色。

选择 A2:I12 单元格区域，【开始】→【对齐方式】→【居中】。

1.1.5　使用样式

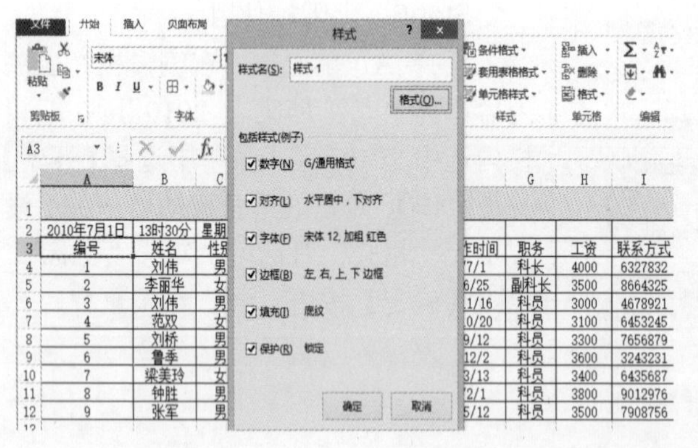

Step1　建立样式

选择 A3 单元格，在主菜单中选择【开始】→【样式】功能区的【单元格样式】，点下拉箭头→【新建单元格样式】，打开【样式】对话框，在【样式名】处输入“样式 1”，单击【格式】按钮，打开【设置单元格格式】对话框，切换到【字体】选项卡，【颜色】选择“红色”，【字形】选择“加粗”，切换到【填充】选项卡，【背景色】选择“绿色”，单击【确定】按钮退出【单元格格式】对话框，再单击【确定】按钮退出【样式】对话框。

	A	B	C	D	E	F	G	H	I
1	员工档案表2010								
2	2010年7月1日	13时30分	星期四						
3	编号	姓名	性别	身份证号	学历	参加工作时间	职务	工资	联系方式
4	1	刘伟	男	231221198009103050	学士	2000/7/1	科长	4000	6327832
5	2	李丽华	女	150781198408176604	硕士	2001/6/25	副科长	3500	8664325
6	3	刘伟	男	130321198305065416	学士	2002/11/16	科员	3000	4678921
7	4	范双	女	130421198312051608	硕士	2002/10/20	科员	3100	6453245
8	5	刘桥	男	410204198404059973	学士	2004/9/12	科员	3300	7656879
9	6	鲁季	男	445302198105012334	硕士	2005/12/2	科员	3600	3243231
10	7	梁美玲	女	211005198711219585	学士	2006/3/13	科员	3400	6435687
11	8	钟胜	男	330500197611044519	学士	1998/2/1	科员	3800	9012976
12	9	张军	男	520123198501265516	硕士	2007/5/12	科员	3500	7908756

Step2　使用样式

在 B3:I3 区域使用样式。选择 B3:I3 单元格区域，在主菜单中选择【开始】→【样式】→【单元格样式】，单击下拉按钮，选择“样式 1”。

★　前面的列标题字段设置除了采用样式，还可以采用其他方法。

①拖动 A3 单元格右下角黑十字填充柄，单击【智能标识】，选择【仅填充格式】。

②使用格式刷。

1.1.6　设置条件格式

将工资大于或等于 3500 的用红色显示。

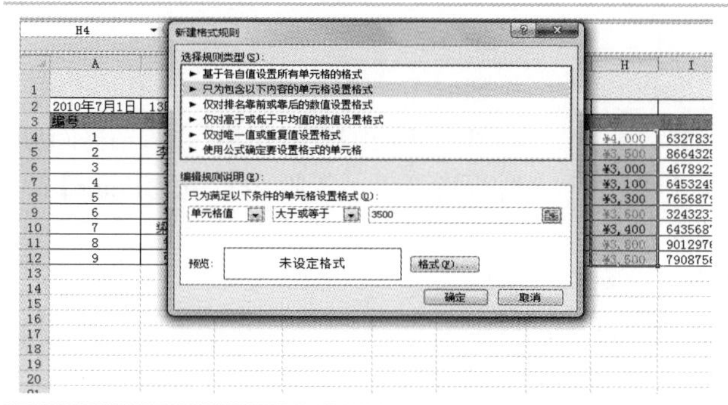

Step1　设置条件

选择 H4:H12 区域，在主菜单中选择【开始】→【样式】→【条件格式】，点下拉箭头→【突出显示单元格规则】→【其他规则】→设置【单元格值】为“大于或等于”“3500”。

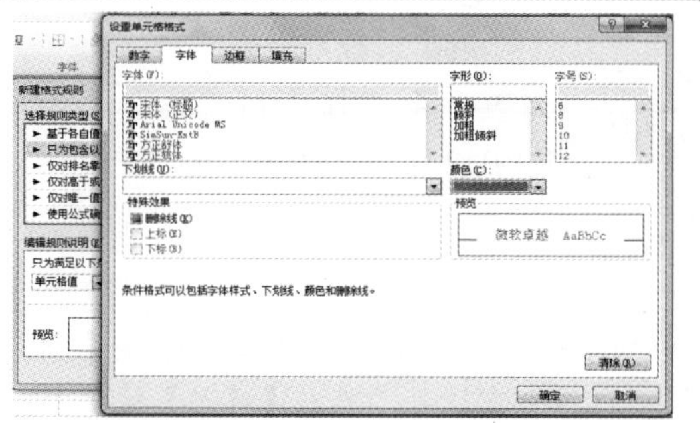

Step2　设置颜色

单击【格式】，选择“颜色”为红色，单击【确定】按钮。

1.1.7　添加批注

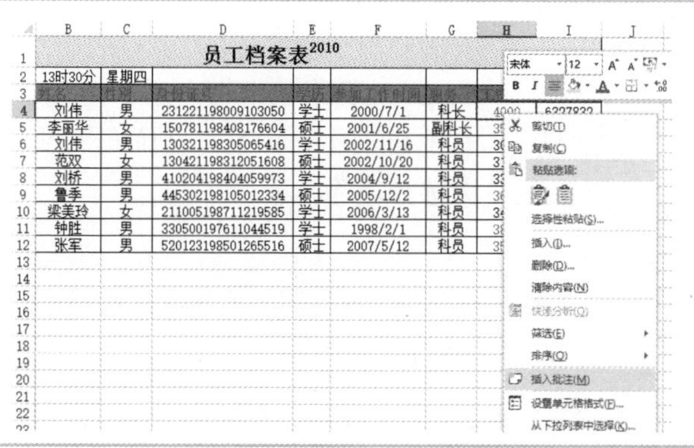

Step1　添加批注

选择 H4 单元格，右击鼠标，在弹出的快捷菜单中选择【编辑批注】，输入批注“最高工资”，拖动批注边框，调整批注输入框到合适大小。

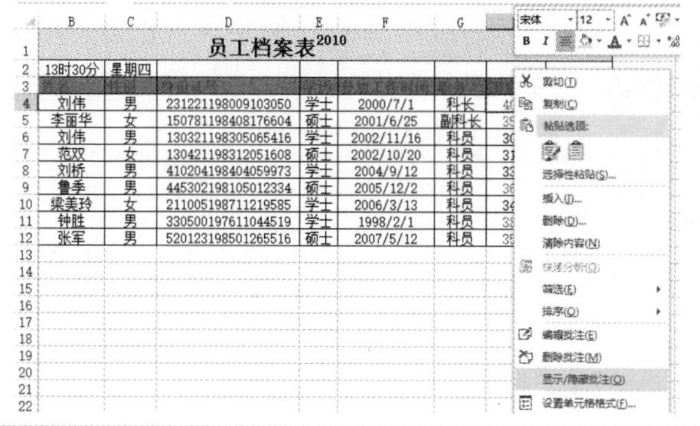

Step2　隐藏批注

若一般情况不让批注出现，只有鼠标移到该单元格位置时批注出现，则可选择“隐藏批注”。选择 H4 单元格，右击鼠标，在弹出的快捷菜单中选择【显示/隐藏批注】。

1.1.8 使用名称

采用名称表示某个单元格区域可以避免用枯燥的地址来表示，而赋予名称一定含义便于使用，在函数、公式中经常使用名称。

员工姓名 | 刘伟

	A	B	C	D	E	F	G	H	I
1	员工档案表2010								
2	2010年7月1日	13时30分	星期四						
3	编号	姓名	性别	身份证号	学历	参加工作	职务	工资	联系方式
4	1	刘伟	男	231221198009103050	学士	2000/7/1	科长	¥4,000	6327832
5	2	李丽华	女	150781198408176604	硕士	2001/6/25	副科长	¥3,500	8664325
6	3	刘伟	男	130321198305065416	学士	2002/11/16	科员	¥3,000	4678921
7	4	范双	女	130421198312051608	硕士	2002/10/20	科员	¥3,100	6453245
8	5	刘桥	男	410204198404059973	学士	2004/9/12	科员	¥3,300	7656879
9	6	鲁季	男	445302198105012334	硕士	2005/12/2	科员	¥3,600	3243231
10	7	梁美玲	女	211005198711219585	学士	2006/3/13	科员	¥3,400	6435687
11	8	钟胜	男	330500197611044519	学士	2006/2/1	科员	¥3,800	9012976
12	9	张军	男	520123198501265516	硕士	2007/5/12	科员	¥3,500	7908756
13									

Step1　建立名称

选择 B4:B12 单元格区域，在右上角名称框输入“员工姓名”，按【Enter】键。

Step2　使用名称

单击名称框右侧下拉箭头，从下拉列表框中选择“员工姓名”，则选中 B4:B12 区域。

★ ①名称的建立也可以采用：选择需定义名称的单元格区域，在主菜单中选择【公式】→【定义的名称】→【定义名称】，输入名称，选择相应设置，单击【确定】按钮。

②名称的修改：在主菜单中选择【公式】→【定义的名称】→【名称管理器】。

1.1.9 隐藏工作表和行

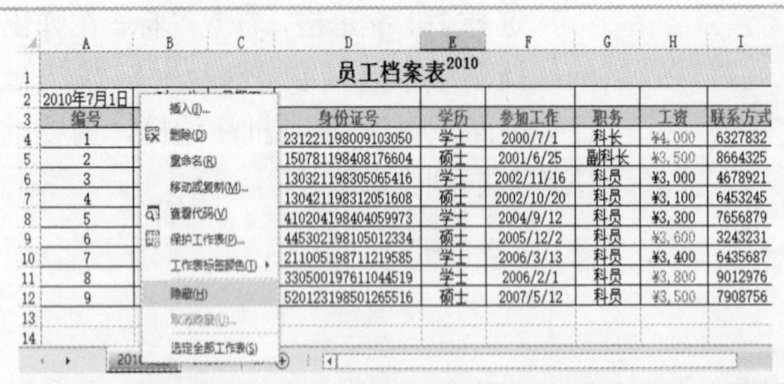

Step1　隐藏工作表

右击该工作表标签，在弹出的快捷菜单中选择【隐藏】命令。

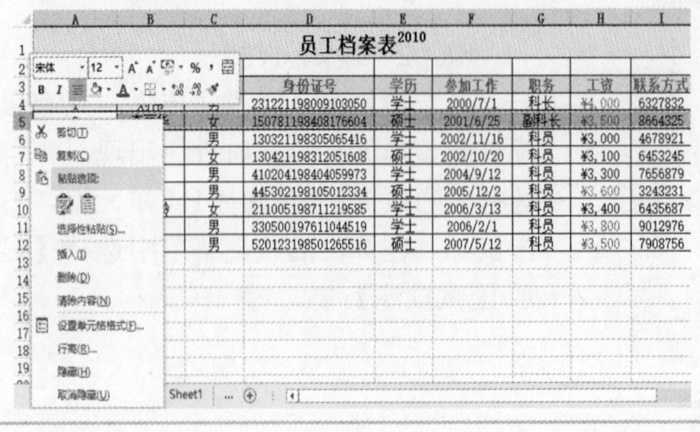

Step2　隐藏行

隐藏第 5 行。选中该工作表，单击行号“5”，右击鼠标，在弹出的快捷菜单中选择【隐藏】命令。

★　①取消工作表隐藏。右击工作表标签→【取消隐藏】→选择需要取消隐藏的工作表名，单击【确定】按钮。

②取消行隐藏。单击左上角【全选按钮】，鼠标移到行标区域右击，选择【取消隐藏】。若取消列隐藏，则鼠标移到列标区域右击。

1.1.10　保护表格

有时希望用户只在某些指定的单元格区域操作，而不希望用户在其他单元格区域操作，可采用保护表格功能。例如本例中，只允许用户对工资、联系方式操作，而对其他单元格区域采取保护。

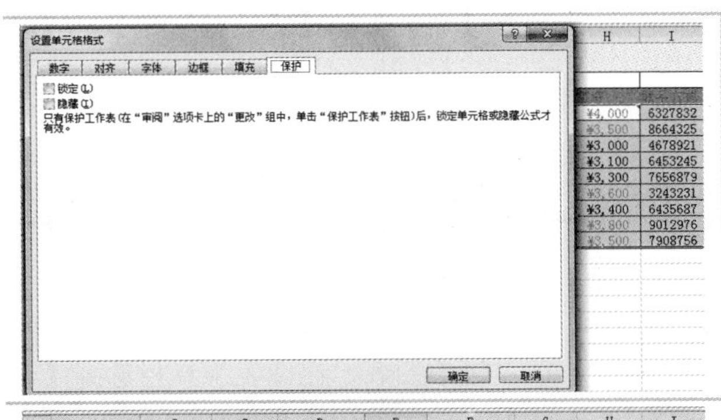

Step1　取消“锁定”单元格

对不需要保护的区域设置。选择 H4:I12 单元格区域，在主菜单中选择【开始】→【数字】，单击启动器→【保护】，取消勾选【锁定】，单击【确定】按钮。

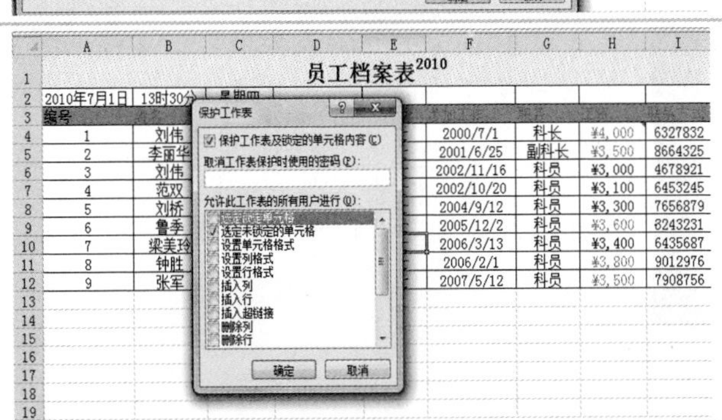

Step2　保护“锁定”单元格

选择【审阅】→【保护工作表】，在【允许此工作表的所有用户进行】处取消勾选【选定锁定单元格】，若需要保护密码则输入密码，单击【确定】按钮。

★　取消保护：选择【审阅】→【撤销工作表保护】，输入保护密码，单击【确定】按钮。

1.1.11　生成图表

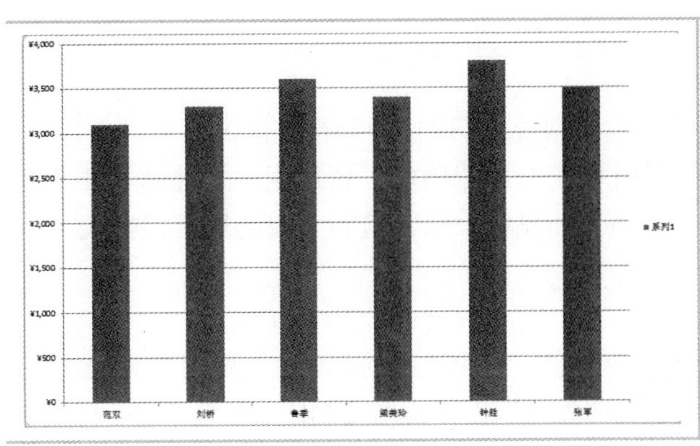

Step1　快速生成图表

选择“2010 档案”的 B7:B12 单元格区域，按住 Ctrl 键，再选择 H7:H12 单元格区域，按 F11 键，会快速生成一张图表工作表。

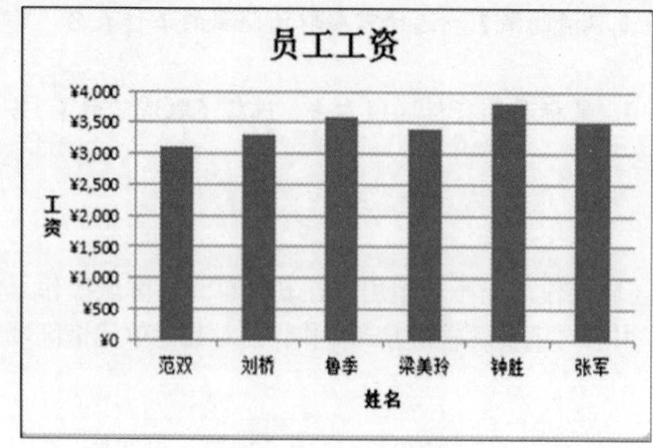

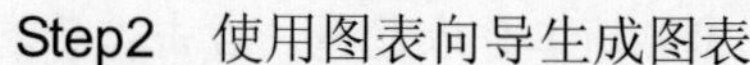

Step2 使用图表向导生成图表

选择“2010 档案”工作表的 B7:B12 单元格区域，按住 Ctrl 键，再选择 H7:H12 单元格区域，在主菜单中选择【插入】→【图表】→【柱形图】→【簇状柱形图】。

在图表工具栏选择【布局】→【图表标题】→【图表上方】，输入“员工工资”。选择【布局】→【主要轴标题】→【主要横坐标轴标题】，输入“姓名”。选择【布局】→【主要轴标题】→【主要纵坐标轴标题】，输入“工资”。选择【布局】→【图例】，设置“无”。

在图表工具栏选择【设计】→【移动图表】→选择“新工作表”，单击【确定】按钮。

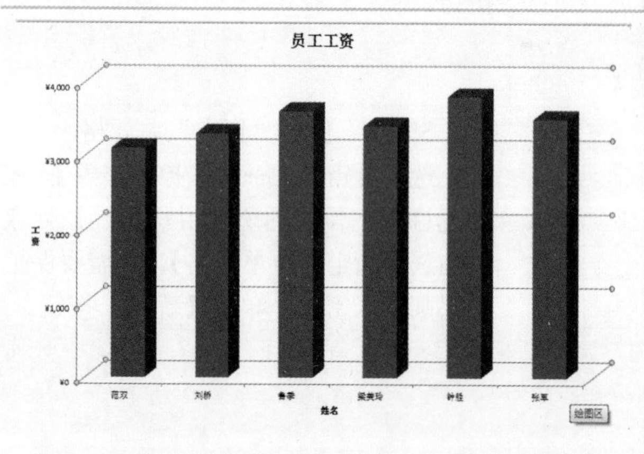

Step3 修改图表

选中图表，在图表工具栏选择【设计】→【更改图表类型】→【柱形图】→【三维簇状柱形图】，单击【确定】按钮。

选中图表，右击→【三维旋转】，选择“直角坐标轴”。

1.2 Excel 相关知识

1.2.1 智能标记

当进行某个特定操作时，会有多个可能的选择情况，可通过智能标记的提示来进行选择。单击智能标记可以为操作者提供一个包括常用功能的快捷菜单，帮助用户快速选择正确操作。Excel 的智能标记分为 5 类：自动更正、剪切和粘贴、错误检查、自动填充、格式。

1.2.2 自动列表与自动完成

在输入时，对于在同一列单元格中输入过的信息，使用“自动列表”功能可以列表显示，然后从列表中选择，如图 1.2-1 所示。启动“自动列表”可以使用【Alt+↓】组合键，或右击单元格，选择【从下拉列表中选择】。

在输入时，若使用“自动完成”功能，则若输入的起始字符与同一列单元格已输入的信息相同时，程序自动完成其余字符的填写，如图 1.2-2 所示，按【Enter】键表示接受，按【Back Space】键表示删除自动完成的字符。

“自动完成”功能的设置：在主菜单中选择【文件】→【选项】→【高级】，勾选“为单元格值启用记忆性键入”。

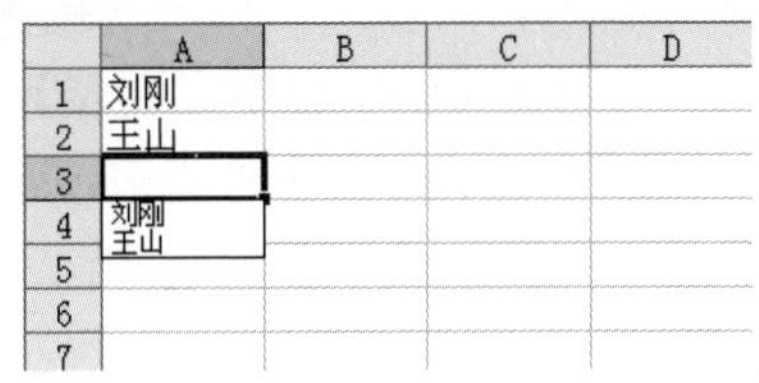

图 1.2-1　自动列表

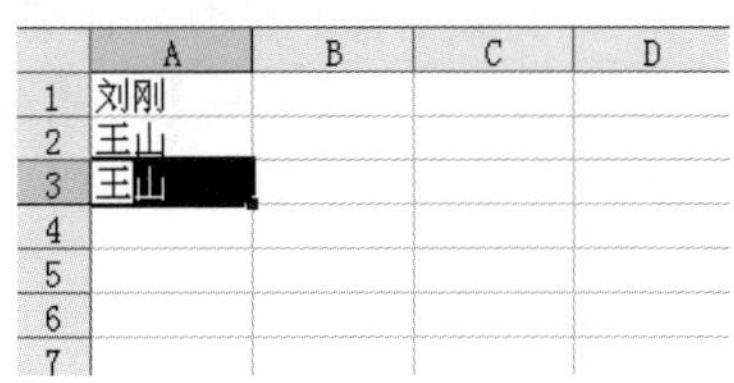

图 1.2-2　自动完成

1.2.3　自动填充

自动填充可以提高有规律数据序列的输入效率。若鼠标移到单元格右下角不出现填充黑十字，需设置单元格自动填充功能：在主菜单中选择【文件】→【选项】→【高级】，勾选【启用填充柄和单元格拖放功能】。若拖放后不出现智能标记，需设置拖放后的智能标记功能：在主菜单中选择【文件】→【选项】→【高级】，拖动滚动条，勾选【粘贴内容时显示粘贴选项按钮】。

自动填充的类型如下：

（1）常用的文本型数据序列：月、星期、季度，如图 1.2-3 中的 A、B、C 列。

	A	B	C	D	E	F	G	H	I
1	月	星期	季度	文本加数字	数字加文本	等差序列	等比序列	日期序列	时间序列
2	一月	星期一	第一季	姓名1	1产品	7	2	2001-2-1	1:20
3	二月	星期二	第二季	姓名2	2产品	9	4	2001-2-2	2:20
4	三月	星期三	第三季	姓名3	3产品	11	8	2001-2-3	3:20
5	四月	星期四	第四季	姓名4	4产品	13	16	2001-2-4	4:20
6	五月	星期五	第一季	姓名5	5产品	15	32	2001-2-5	5:20
7	六月	星期六	第二季	姓名6	6产品	17	64	2001-2-6	6:20

图 1.2-3　自动填充类型

（2）文本与数字混合序列：文本不变，数字实现递增或递减，如图 1.2-3 中的 D、E 列。

（3）日期序列：填充后可以通过单击智能标记打开快捷菜单来选择填充方式，如图 1.2-4 所示。若日期每隔一定天数填充，填充后在主菜单中选择【开始】→【编辑功能区】→【填充】→【序列】，在【步长值】处输入间隔天数，如图 1.2-5 所示。

○ 复制单元格(C)
⊙ 填充序列(S)
○ 仅填充格式(F)
○ 不带格式填充(O)
○ 以天数填充(D)
○ 以工作日填充(W)
○ 以月填充(M)
○ 以年填充(Y)

图 1.2-4　“日期填充”快捷菜单

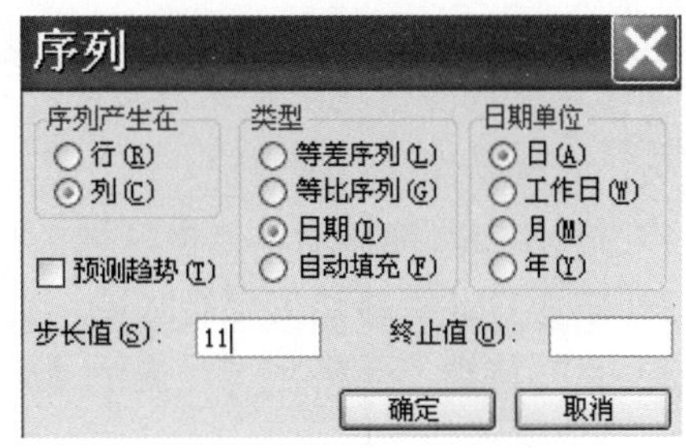

图 1.2-5　隔一定天数日期填充

（4）等差、等比数列：输入等差数列时先输入两个数，然后拖动填充；输入等比数列时先输入两个数，然后按下右键拖动填充，在打开的快捷菜单中选择【等比序列】。

（5）自定义序列：对于不能填充的情况，可以使用自定义序列填充，将需要填充的信息输入到“自定义填充序列”，输入的方法有两种：把单元格信息导入自定义序列、定义输入新的自定义序列。

方法一：对于工作表中已有的信息序列，不需要逐个输入，可以从工作表直接导入。在主菜单中选择【文件】→【选项】→【高级】，拖动滚动条，单击【编辑自定义列表】，在工作表中选择相关信息，单击【导入】按钮。导入的信息存在于【自定义序列】列表中，如图 1.2-6 所示。

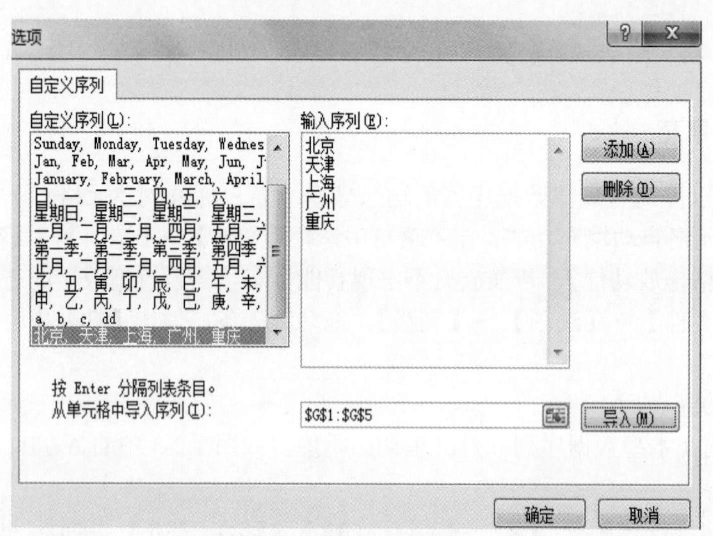

图 1.2-6　导入“自定义序列”

方法二：工作表中没有需要的信息序列，只能逐个输入。在主菜单中选择【文件】→【选项】→【高级】，拖动滚动条，单击【编辑自定义列表】→【添加】，输入序列，回车换行，最后单击【确定】按钮。新序列存在于【自定义序列】列表中。

“自定义序列”删除：在主菜单中选择【文件】→【选项】→【高级】，拖动滚动条，单击【编辑自定义列表】，在【自定义序列】列表中选中需要删除的序列，单击【删除】按钮。

1.2.4 快速复制、移动数据

除了通常使用在主菜单中、工具栏、快捷菜单的复制、粘贴功能外，在 Excel 中可以使用【Shift】和【Ctrl】键实现快速移动、复制。

将选中单元格区域移到某个位置，选中需移动的单元格区域，鼠标移到选中区域边沿变成四箭头，此时操作分三种情况：

（1）按住 Shift 键移动单元格区域，实现将选中单元格区域移动到目标位置。

（2）按住 Ctrl 键移动单元格区域，实现将选中单元格区域复制到目标位置。

（3）直接移动单元格区域，提示【是否覆盖目标单元格】，单击【确定】按钮则覆盖。若移动到空白位置则不提示。

上述不仅可以对一列操作，也可以对多列操作，或对一行、多行、某单元格区域操作。

1.2.5 工作表的大小

（1）在主菜单中选择【文件】→【选项】→【公式】，勾选【R1C1 引用样式】。R1C1 设置的目的是使行标、列标以数字方式显示，便于观察大小。

（2）在一张空白工作表中，选中任意单元格，按【Ctrl+→】组合键显示最多列，按【Ctrl+↓】组合键显示最多行，如图 1.2-7 所示。

（3）将第一步的 R1C1 设置操作取消，恢复原来行标、列标的显示。

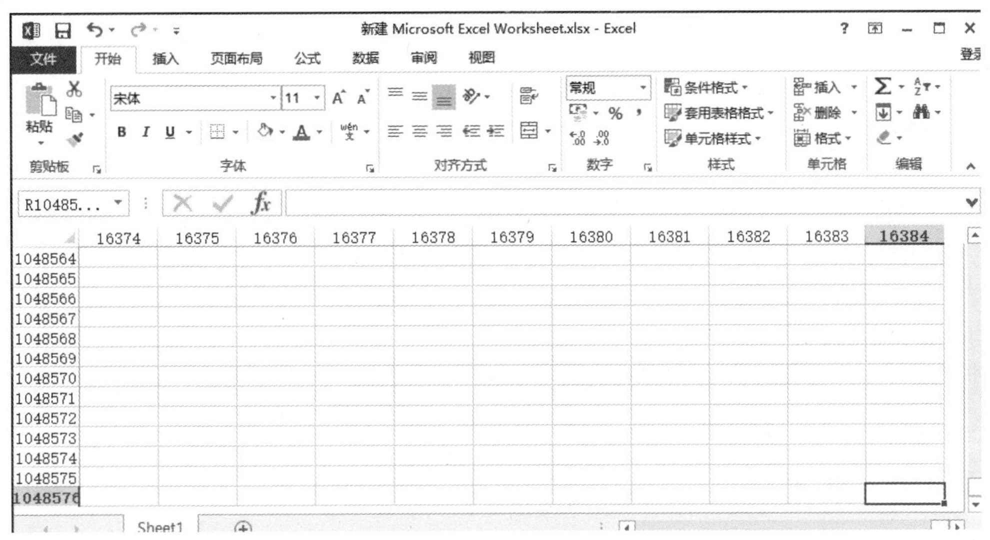

图 1.2-7 工作表大小

1.2.6 选中有效行、有效列

若工作表内容较多，从左到右选中有数据的同一行单元格区域、从上到下选中有数据的同一列单元格区域，可以使用选中有效行、有效列操作。在工作表数据区域，选中最左单元格，按【Ctrl+Shift+→】组合键可选中有效行；选中最顶端单元格，按【Ctrl+Shift+↓】组合键可选中有效列。

1.2.7 工作表网格设置

通常，我们印象中 Excel 工作表是表格，也可以把工作表设置成白纸一样，很多说明书、宣传单都是用 Excel 制作的。

（1）在主菜单中选择【文件】→【选项】→【高级】，拖动滚动条到显示位置，可修改【网格线】、【行号列标】、【水平滚动条】、【垂直滚动条】、【工作表标签】等设置。

（2）在主菜单中选择【视图】，可以对【网格线】、【编辑栏】、【标题】等设置。

1.2.8 样式

样式为字体、字号和缩进等格式设置特性的组合，将这一组合作为整体加以命名和存储。

以后用到同样的格式设置时，直接应用该样式。

新增：在主菜单中选择【开始】→【单元格样式】，按向下箭头→【新建单元格样式】，弹出【样式】对话框，在【样式名】文本框中输入名称，单击【格式】按钮设置需要的样式，单击【确定】按钮退出对话框。

使用：选中需要设置样式的单元格，在主菜单中选择【开始】→【单元格样式】，按向下箭头，在下拉列表框中选择需要的名称，单击【确定】按钮。当修改样式时，所有用到样式的地方都改变。

删除：在主菜单中选择【开始】→【单元格样式】，按向下箭头，右击需要删除的样式名→【删除】。

合并：打开另一个工作簿，在主菜单中选择【开始】→【单元格样式】→【合并】，可以将其他工作簿的样式合并过来。

1.2.9 格式复制

格式的复制分为保存型、临时型两类，保存型的如样式、自动套用格式，临时型的如格式刷、选择性粘贴。

样式与自动套用格式的区别：样式是将自己常使用的格式保存起来，而自动套用格式是系统自动提供的表格格式。

使用格式刷注意单击、双击【格式刷】按钮的区别，单击时格式刷只能使用一次，双击时格式刷可以连续使用。若取消格式刷操作，需再单击【格式刷】按钮。

使用选择性粘贴可以达到与使用格式刷同样的效果，选择源数据区域，右击→【复制】，选择目标区域，右击→【选择性粘贴】→【格式】。

1.2.10 名称

名称是为单元格或单元格区域起的代号，一般代替地址，具有一定含义，更容易理解、记忆，名称要在名称框中输入。

名称的建立：选择需命名区域，在右上角的名称栏中输入名称，按【Enter】键确定；或者在主菜单中选择【公式】→【定义名称】，输入名称，单击【确定】按钮。

名称的使用：在名称栏中输入名称，选定活动区域，与使用地址的效果一样。

名称的删除：在主菜单中选择【公式】→【名称管理器】，选择需要删除的名称，单击【删除】按钮。

1.2.11 批注

单元格里包含：格式、内容、批注。使用 Delete 键只能删除单元格内容，若要全部删除，在主菜单中选择【开始】→【单元格】功能组，单击【删除】下拉箭头→【删除单元格】。

批注的建立：鼠标定位单元格后右击，在弹出的快捷菜单中选择【插入批注】。

批注的复制：选择单元格后右击，在弹出的快捷菜单中选择【复制】，选择目标单元格，右击并选择【选择性粘贴】，在快捷菜单中选择最下面的【选择性粘贴】→【批注】，如图 1.2-8 所示。

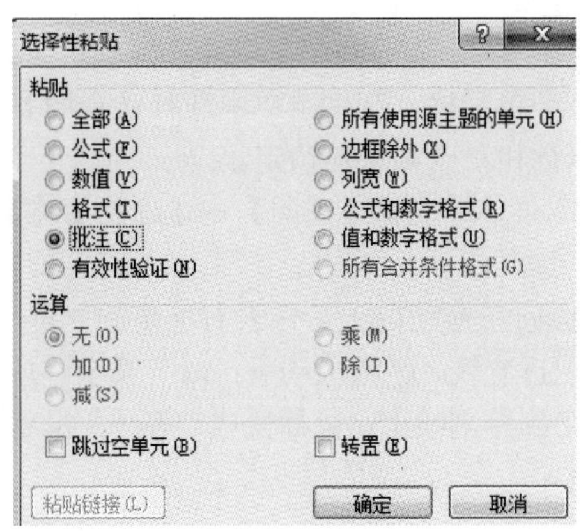

图 1.2-8 复制批注

批注的修改：选择单元格后右击，选择【编辑批注】。

批注的打印：一般情况下，打印文件时不打印批注，按下面的设置就可以在文件中打印批注：在主菜单中选择【页面布局】→【页面设置】，单击启动器→【工作表】，在【批注】处选择【如同工作表中的显示】。

批注的删除：选择单元格后右击，选择【删除批注】。

1.2.12 隐藏工作簿、工作表、行、列

隐藏工作簿：在主菜单中选择【视图】→【隐藏】。

取消隐藏工作簿：在主菜单中选择【视图】→【取消隐藏】。

隐藏工作表：右击工作表标签→【隐藏】。

取消隐藏工作表：右击工作表标签→【取消隐藏】。

行、列隐藏：选择相应行、列，右击，在弹出的快捷菜单中选择【隐藏】。

取消行、列隐藏：单击左上角的【全选】按钮，鼠标放在行、列标处，右击，选择【取消隐藏】，则相应取消行、列隐藏。

1.2.13 保护表格

首先对不需要保护的区域取消锁定，然后对锁定的单元格保护。操作步骤如下：

（1）选择不需要保护的区域，在主菜单中选择【开始】→【数字】，单击启动器→【保护】，取消勾选【锁定】，单击【确定】按钮。

（2）保护其余的单元格，在主菜单中选择【审阅】→【保护工作表】，取消勾选【选定锁定单元格】，单击【确定】按钮。

（3）要取消保护，在主菜单中选择【审阅】→【撤销工作表保护】，输入保护密码，单击【确定】按钮。

1.2.14 操作大型表

（1）改变显示比例。拖动屏幕右下角的【显示比例】滚动条，选择合适的显示比例。也可以在主菜单中选择【视图】→【显示比例】，选择或输入显示比例。

采用最合适的显示比例：在主菜单中选择【视图】→【显示比例】→【恰好容纳选定区

域】。

（2）冻结窗口。选择某一单元格，在主菜单中选择【视图】→【冻结窗格】→【冻结拆分窗格】，这个单元格的上一行和左一列将被锁定。

撤销冻结窗口操作：在主菜单中选择【视图】→【冻结窗格】→【取消冻结窗口】。

（3）拆分窗口。

拆分窗口操作：按住鼠标向左拖动位于工作表右下角的“屏幕垂直分割控制点”，屏幕被垂直拆分为两个区域，并显示拆分线、区域滚动条；调节某个区域滚动条，可以显示相应区域屏幕之外的内容；将鼠标移动到分割线上，鼠标变成“夹子”形状，拖动分割线可改变每个分割区域的大小，如图 1.2-9 所示。

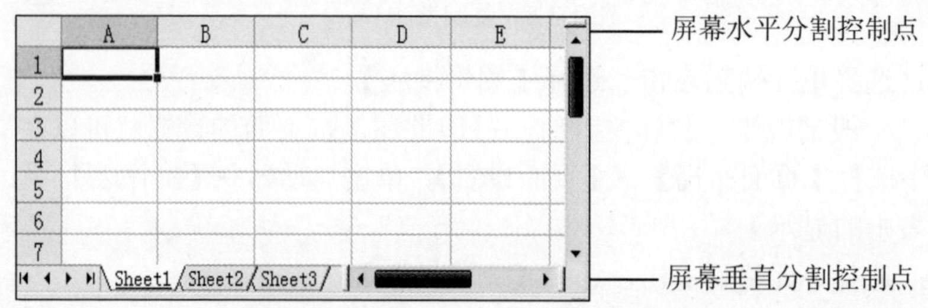

图 1.2-9 拆分窗口

取消分割操作：将分割线拖到屏幕边缘，或者在主菜单中选择【视图】→【拆分】，或者将鼠标移到分割线上双击。

拖动工作表右上角的【屏幕水平分割控制点】可以将屏幕水平分割。也可以同时进行水平、垂直分割。

在主菜单中选择【视图】→【拆分】，可将屏幕在水平、垂直方向分成 4 个区域。再次选择【窗口】→【拆分】，则取消分割。

第2章　公式与函数

2.1　公式与函数基础

公式与函数是 Excel 最基本、最重要的应用工具。使用公式可以通过表达式描述更复杂的功能，将公式放在单元格中工作表就可以实现相应功能。函数是 Excel 的一种内部工具，它将某些功能封闭在函数体内，用户只需要通过接口参数调用函数，不必了解这些功能如何具体实现。函数可以是 Excel 自带的，也可以是用户自定义的。公式和函数的作用主要有两点：功能更强大、使用更方便。

2.1.1　公式

1. 公式的组成

在 Excel 中，公式是对工作表中的数据进行计算和操作的等式。

Excel 公式具有相同的结构：一个等号后面跟着一个或者多个表达式，表达式可以是值、单元格引用、常量、名称、函数，其间以一个或者多个运算符连接。

引用用于标识工作表上的单元格或单元格区域，引用可以是单元格地址，也可以是单元格名称。通过引用，可以在公式中使用工作表各处的数据，可以使用同一个工作簿中不同工作表和其他工作簿中的数据。

2. 公式的输入

选中要输入公式的单元格，输入“=”，接着输入表达式，最后按【Enter】键退出输入状态。也可以在编辑栏中输入公式，输入完成后按【Enter】键或单击编辑栏左边的输入箭头。默认情况下，单元格显示公式的值，按【Ctrl+~】组合键，单元格内容可在公式与公式值间转换。

★　公式与函数的区别：公式是一个以等号开头的表达式，函数是一个具有名称和接口的功能包，函数可以是公式的一个组成部分，一个简单的公式可能由一个函数构成。

3. 公式的保护

若工作表中的公式需要保密，可使用公式隐藏及保护功能。需要两个步骤，第一步：选中要保护公式的单元格或单元格区域，选择【开始】→【数字】，单击启动器→【保护】，勾选【隐藏】；第二步：选择【审阅】→在【更改】组中选择【保护工作表】，弹出“保护工作表”对话框，勾选【保护工作表及锁定的单元格内容】复选择框，在【取消工作表保护时使用的密码】处输入密码，单击【确定】按钮。取消公式保护与前述步骤相反。

4. 相对引用与绝对引用

在公式复制或填充时，当公式所在的单元格变化，根据公式中单元格引用是否发生变化划分，行、列都随着变化的是相对引用，行、列都不变的是绝对引用，行和列只有一个变化的为混合引用。相对引用的单元格地址行号、列号与公式所在单元格地址行号、列号的偏移量相等。

默认情况下，Excel 在公式中直接使用单元格引用都是单元格的相对引用。选中引用的地址，按【F4】键可实现相对地址、绝对地址、混合地址之间的转换。

5. 数组公式

数组是由多个数据构成的集合，里面的每个数据为数组的元素。在 Excel 中数组用于建立可生成多个结果的公式，针对在行或列排列的一组参数建立运算公式，数组区域共用一个公式。利用数组公式不能被修改、删除某一部分的特点，可以保护公式不被修改。

数组公式对两组或多组被称为数组参数的数据进行运算，每个数组参数必须有相同数量的行和列。创建数组公式的方法与创建其他公式的方法相同，只是数组公式完成之后需要按【Ctrl+Shift+Enter】组合键确认。

在图 2.1-1 中，要在第 4 行得到前三行相关数据之和。操作步骤如下：

（1）选中 A4:C4 单元格区域。

（2）在编辑栏中输入公式：=A1:C1+A2:C2+A3:C3。

★ 先输入等号，然后选择 A1:C1 单元格区域，输入加号，选择 A2:C2 单元格区域，输入加号，选择 A3:C3 单元格区域。也可以直接手工输入。

（3）按【Ctrl+Shift+Enter】组合键，编辑栏显示公式为：{=A1:C1+A2:C2+A3:C3}，得到的结果如图 2.1-2 所示。

	A	B	C
1	1	12	5
2	2	11	9
3	5	14	7
4			
5			
6			

图 2.1-1 计算数据

	A	B	C
1	1	12	5
2	2	11	9
3	5	14	7
4	8	37	21
5			
6			

图 2.1-2 数组公式计算

★ ①编辑栏显示的大括号表示是数组公式，是通过按【Ctrl+Shift+Enter】组合键生成的，不能自己输入大括号；否则，Excel 会把这个公式当成文本，而不能计算。

②不能局部修改单元格中的数组公式，除非选中生成数组公式的整个区域，在编辑栏中修改，或者按【Delete】键删除整个数组公式。

2.1.2 函数

1. 函数的结构

每个函数都具有相同的结构形式：函数名(参数 1,参数 2,…)。

函数名即函数的名称，每个函数名唯一标识一个函数。函数名无需转换大小写，Excel 自动将函数名转换为大写。

参数可以是数字、文本、表达式、单元格或引用区域、数组、名称、逻辑值或者其他函数。函数可以是无参数型和有参数型。

函数的返回值。在某处运用函数，将参数代入函数后，根据函数的功能将产生一个结果，并将结果返回到函数调用处。

★ 使用一个函数时，重点关心三个要素：功能、输入参数、返回值。而对函数内部如何实现不需了解，除非编写自定义函数。

2. 函数输入

可以采用手工输入或者使用函数向导输入。手工输入函数与在单元格中输入公式类似，需要用户对输入的函数非常熟悉，包括函数名称、参数、返回值。对一些比较复杂的或不熟悉的函数，一般使用函数向导输入。函数输入的几种方法如下：

（1）手工输入：选中输入公式的单元格，直接在编辑栏中输入等号、函数名、函数参数。

（2）在主菜单中插入函数：选中输入公式的单元格，在主菜单中选择【公式】→【插入函数】，使用函数向导输入。

（3）在主菜单中选择【公式】，单击【Σ 自动求和】下拉箭头，输入一些常用函数。

（4）在编辑栏中单击 fx 按钮输入，单击该按钮也可调出函数向导。

3. 用户自定义函数

用户可以将某些设计的功能封装在自定义函数中，方便使用。使用 Visual Basic for Applications（VBA）来创建自定义函数。

（1）Excel 中加入了 VBA 功能，在主菜单中选择【文件】→【选项】→【自定义功能区】→在【从下列位置选择命令】中选择【常用命令】→在右侧窗口中勾选【开发工具】，单击【确定】按钮。

（2）回到工作表界面，在主菜单中选择【开发工具】→【Visual Basic】，打开 Visual Basic 窗口，在主菜单中选择【插入】→【模块】命令，插入一个名为“模块 1”的模块。

在右侧代码窗口中输入以下代码：

```
function w(a,b)
w=a*b
end function
```

单击右上角的【关闭】按钮，关闭 VBA 窗口。

（3）回到工作表界面，在单元格 A1 中输入公式：

```
=w(B1,C1)
```

在 B1 单元格中输入 9，在 C1 单元格中输入 10，回车后，自定义函数执行结果：A1 单元格为 9*10=90。

宏的保存与调用。在主菜单中选择【文件】→【另存为】，保存类型选择“Excel 加载宏”。打开一个新的工作簿，在主菜单中选择【开发工具】→【加载项】，找到 w，则该工作簿可以使用 w。保存及加载宏有利于在其他 Excel 文件中使用宏。

2.2　案例 2　员工考核管理

在企业管理机制中，员工考核起到重要的作用，只有科学的管理才能调动员工的积极性。本案例采用先对员工进行季度考核，然后在各季度考核的基础上进行年度考核。员工考核数据来自“出勤量统计表”和“绩效表”。“出勤量统计表”记录了每个季度员工的出勤情况，“绩效表”记录每个季度员工的工作态度、工作能力分数。根据“出勤量统计表”和“绩效表”生成各季度的考核表，员工季度总成绩计算公式为：

员工季度总成绩=出勤量×20%+工作态度×30%+工作能力×50%

年度考核表由各季度考核表的各项数据求平均值得到，计算年度总成绩与计算季度总成绩相同。

本案例使用的 Excel 技术包括函数 INDEX、LOOKUP、RANK 以及合并计算。将用到的 Excel 知识放在本节的后面，也体现了处理实际问题的次序，不是先学具体的 Excel 知识，而是在解决实际问题的过程中查找、学习具体的细节内容。

2.2.1 建立“出勤量统计表”

“出勤量统计表”包括员工编号、员工姓名、四个季度的出勤量。出勤量数据是员工在一个季度中的出勤情况得分，满分为 100 分，计算公式为：

出勤量=(实际出勤天数/规定出勤天数)*100

输入相应数据内容，然后对输入的数据信息进行格式化设置。

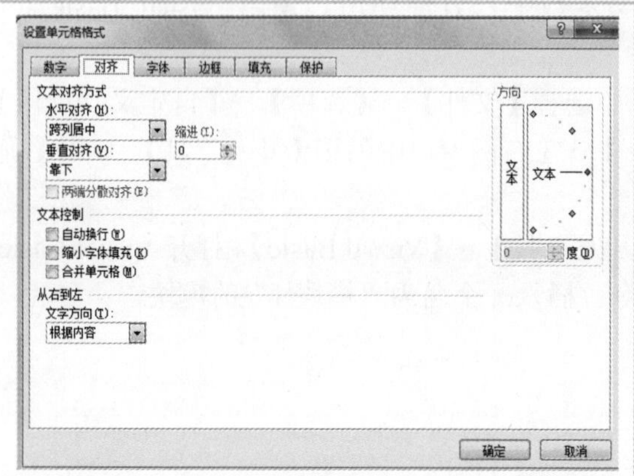

Step1 表标题跨列居中

输入表格相应内容。

选择 A1 单元格，输入标题内容。选择 A1:F1，在主菜单中选择【开始】→【对齐方式】，单击启动器→【对齐】，在【水平对齐】下拉列表框中选择【跨列居中】，单击【确定】按钮。

设置表标题的字体为“加粗”“宋体”“18”，填充颜色为“浅绿”。

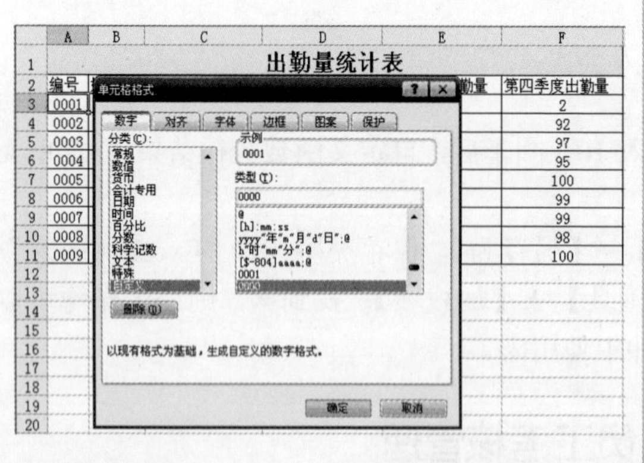

Step2 员工编号格式设置

选择 A3 单元格，在主菜单中选择【开始】→【数字】，单击启动器→【数字】，选择【自定义】，在【类型】处输入 0000，单击【确定】按钮。

填充 A4:A11 单元格区域。

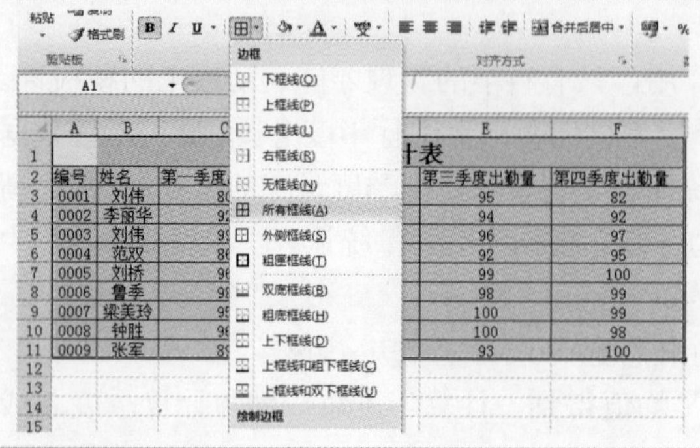

Step3 输入表格内容

为表格加上表格框线。选中 A1:F11 区域，在主菜单中选择【开始】→【字体】，单击【边框】旁边的向下箭头，选择【所有框线】。单击表格左上角的【全选】按钮，选中表格，单击【开始】→【对齐方式】→【居中】。右击工作表标签→【重命名】，修改工作表标签名为“出勤量统计表”。

得到“出勤量统计表”的效果如图 2.2-1 所示。

	A	B	C	D	E	F
1	出勤量统计表					
2	编号	姓名	第一季度出勤量	第二季度出勤量	第三季度出勤量	第四季度出勤量
3	0001	刘伟	80	89	95	82
4	0002	李丽华	92	98	94	92
5	0003	刘伟	99	95	96	97
6	0004	范双	86	94	92	95
7	0005	刘桥	96	98	99	100
8	0006	鲁季	98	100	98	99
9	0007	梁美玲	95	98	100	99
10	0008	钟胜	96	97	100	98
11	0009	张军	89	99	93	100
12						

出勤量统计表 / 绩效表 / 第一季度考核表 / 第二季度考核表 / 第三

图 2.2-1　出勤量统计表

★　单元格输入内容不能完全显示时，将鼠标移到该列标边框处双击。

2.2.2　建立“绩效表”

建立“绩效表”与建立“出勤量统计表”操作相似，该表包括员工编号、员工姓名、各个季度工作态度和工作能力。

（1）表标题填充颜色为“浅黄”，字体颜色为“蓝色”。

（2）设置 A2:J2 为自动换行。在主菜单中选择【开始】→【字体】，单击启动器→【对齐】，在【文本控制】处勾选【自动换行】。

（3）修改工作表标签名为“绩效表”。

（4）输入表内其他内容：字段名、姓名、分数。

显示效果如图 2.2-2 所示。

	A	B	C	D	E	F	G	H	I	J
1	绩效表									
2	编号	姓名	第一季度工作态度	第一季度工作能力	第二季度工作态度	第二季度工作能力	第三季度工作态度	第三季度工作能力	第四季度工作态度	第四季度工作能力
3	0001	刘伟	80	79	84	78	82	77	88	82
4	0002	李丽华	92	94	88	90	94	98	92	90
5	0003	刘伟	96	86	94	92	94	89	92	93
6	0004	范双	88	90	89	95	90	92	91	93
7	0005	刘桥	99	98	94	100	98	99	100	98
8	0006	鲁季	98	94	92	95	97	94	93	96
9	0007	梁美玲	96	98	99	100	97	96	98	99
10	0008	钟胜	100	99	98	100	96	95	97	99
11	0009	张军	90	98	94	99	95	94	96	95
12										

出勤量统计表 / 绩效表 / 第一季度考核表 / 第二季度考核表 / 第三

图 2.2-2　绩效表

2.2.3　建立各季度考核表

1. 建立“第一季度考核表”

表格结构如图 2.2-3 所示。

	A	B	C	D	E	F
1	第一季度考核表					
2	编号	姓名	出勤量	工作态度	工作能力	季度总成绩
3	0001	刘伟				
4	0002	李丽华				
5	0003	刘伟				
6	0004	范双				
7	0005	刘桥				
8	0006	鲁季				
9	0007	梁美玲				
10	0008	钟胜				
11	0009	张军				
12						

出勤量统计表 / 绩效表 / 第一季度考核表 / 第二季度考核表

图 2.2-3　第一季度考核表结构

在“第一季度考核表”中，使用 INDEX 函数从“出勤量统计表”中引用员工出勤量数据。

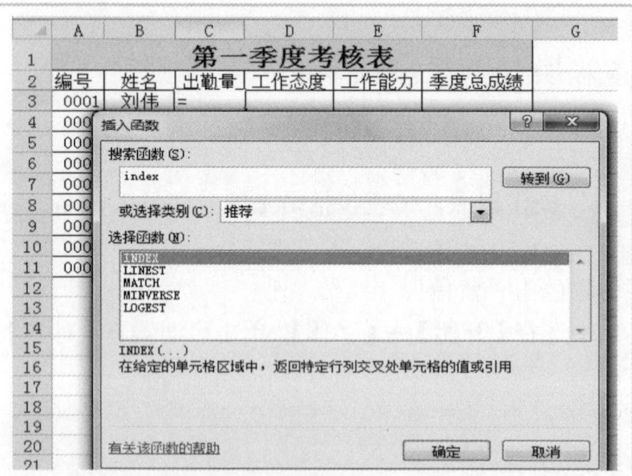

Step1　插入函数

选中 C3 单元格，单击【公式】→【插入函数】菜单命令，打开【插入函数】对话框，在【搜索函数】处输入“index”，单击【转到】按钮，在【选择函数】列表框中出现“INDEX”。

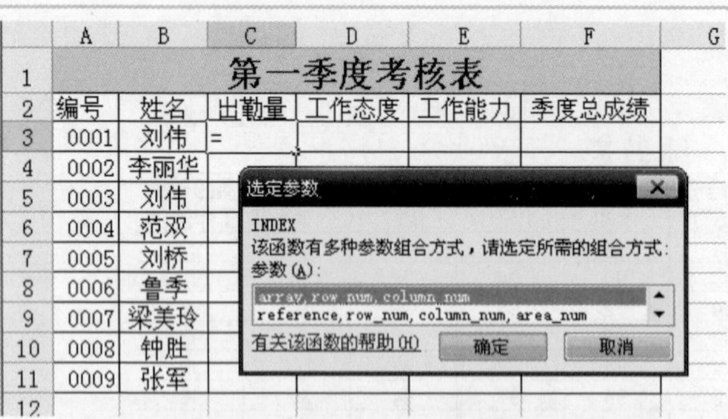

Step2　选择参数类型

单击【确定】按钮打开【选定参数】对话框，在【参数】下拉列表框中选择【array, row_num, column_num】选项。

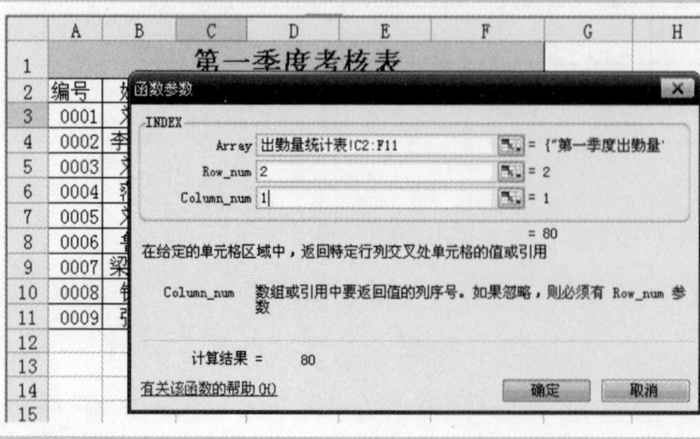

Step3　输入参数

单击【确定】按钮打开【函数参数】对话框，单击【Array】文本框右侧的折叠按钮，切换到“出勤量统计表”中选择 C2:F11 单元格区域，单击折叠按钮返回【函数参数】对话框，在【Row_num】文本框中输入“2”，在【Column_num】文本框中输入“1”。

	A	B	C	D	E	F
1	第一季度考核表					
2	编号	姓名	出勤量	工作态度	工作能力	季度总成绩
3	0001	刘伟	80			
4	0002	李丽华				
5	0003	刘伟				
6	0004	范双				
7	0005	刘桥				
8	0006	鲁季				
9	0007	梁美玲				
10	0008	钟胜				
11	0009	张军				
12						

Step4　单元格 C3 数据及公式

单击【确定】按钮，此时在单元格 C3 中显示相应的引用数据，在编辑栏中自动显示 C3 单元格的公式：

=INDEX(出勤量统计表!C2:F11,2,1)

	A	B	C	D	E	F
1	第一季度考核表					
2	编号	姓名	出勤量	工作态度	工作能力	季度总成绩
3	0001	刘伟	80			
4	0002	李丽华	92			
5	0003	刘伟	99			
6	0004	范双	86			
7	0005	刘桥	96			
8	0006	鲁季	98			
9	0007	梁美玲	95			
10	0008	钟胜	96			
11	0009	张军	89			
12						

Step5　填充同列单元格

光标移到 C3 单元格右下角，出现黑十字图标，拖动填充 C4:C11 单元格。

2. 输入“工作态度”和“工作能力”数据

同样用 INDEX 函数引用“绩效表”中的“工作态度”和“工作能力”数据。

D3 单元格的公式为：

=INDEX(绩效表!C2:J11,2,1)

使用填充完成 D4:D11 单元格区域的公式输入。

E3 单元格的公式为：

=INDEX(绩效表!C2:J11,2,2)

使用填充完成 E4:E11 单元格区域的公式输入。

输入后的“第一季度考核表”如图 2.2-4 所示。

	A	B	C	D	E	F
1	第一季度考核表					
2	编号	姓名	出勤量	工作态度	工作能力	季度总成绩
3	0001	刘伟	80	80	79	
4	0002	李丽华	92	92	94	
5	0003	刘伟	99	96	86	
6	0004	范双	86	88	90	
7	0005	刘桥	96	99	98	
8	0006	鲁季	98	98	94	
9	0007	梁美玲	95	96	98	
10	0008	钟胜	96	100	99	
11	0009	张军	89	90	98	
12						

出勤量统计表 / 绩效表 / 第一季度考核表 / 第二季度考核表

图 2.2-4　“第一季度考核表”引入“绩效表”数据

3. 计算第一季度总成绩

季度总成绩按下面公式计算：

季度总成绩=出勤量×20%+工作态度×30%+工作能力×50%

选中 F3 单元格，输入公式：

=C3*20%+D3*30%+E3*50%

使用填充功能完成对 F4:F11 单元格区域的公式输入，如图 2.2-5 所示。

4. 计算其他 3 个季度考核数据

利用同样的方法创建其余 3 个季度的考核表，如图 2.2-6 至图 2.2-8 所示。

第一季度考核表

编号	姓名	出勤量	工作态度	工作能力	季度总成绩
0001	刘伟	80	80	79	79.5
0002	李丽华	92	92	94	93
0003	刘伟	99	96	86	91.6
0004	范双	86	88	90	88.6
0005	刘桥	96	99	98	97.9
0006	鲁季	98	98	94	96
0007	梁美玲	95	96	98	96.8
0008	钟胜	96	100	99	98.7
0009	张军	89	90	98	93.8

图 2.2-5 计算第一季度总成绩

第二季度考核表

编号	姓名	出勤量	工作态度	工作能力	季度总成绩
0001	刘伟	89	84	78	82
0002	李丽华	98	88	90	91
0003	刘伟	95	94	92	93.2
0004	范双	94	89	95	93
0005	刘桥	98	94	100	97.8
0006	鲁季	100	92	95	95.1
0007	梁美玲	98	99	100	99.3
0008	钟胜	97	98	100	98.8
0009	张军	99	94	99	97.5

图 2.2-6 第二季度考核表

第三季度考核表

编号	姓名	出勤量	工作态度	工作能力	季度总成绩
0001	刘伟	95	82	77	82.1
0002	李丽华	94	94	98	96
0003	刘伟	96	94	89	91.9
0004	范双	92	90	92	91.4
0005	刘桥	99	98	99	98.7
0006	鲁季	98	97	94	95.7
0007	梁美玲	100	97	96	97.1
0008	钟胜	100	96	95	96.3
0009	张军	93	95	94	94.1

图 2.2-7 第三季度考核表

第四季度考核表

编号	姓名	出勤量	工作态度	工作能力	季度总成绩
0001	刘伟	82	88	82	83.8
0002	李丽华	92	92	90	91
0003	刘伟	97	92	93	93.5
0004	范双	95	91	93	92.8
0005	刘桥	100	100	98	99
0006	鲁季	99	93	96	95.7
0007	梁美玲	99	98	99	98.7
0008	钟胜	98	97	99	98.2
0009	张军	100	96	95	96.3

图 2.2-8 第四季度考核表

2.2.4 计算年度总成绩

1. 创建年度考核表

年度考核表的结构如图 2.2-9 所示。

年度考核表

编号	姓名	出勤量	工作态度	工作能力	年度总成绩	排名	奖金
0001	刘伟						
0002	李丽华						
0003	刘伟						
0004	范双						
0005	刘桥						
0006	鲁季						
0007	梁美玲						
0008	钟胜						
0009	张军						

图 2.2-9 年度考核表结构

2. 考核数据的合并计算

利用合并计算功能在“年度考核表”中对每一个季度的考核数据求平均值。

Step1 选择“合并计算”

在“年度考核表”中选择 C3 单元格，单击【数据】→【合并计算】菜单命令，打开【合并计算】对话框，在【函数】下拉列表框中选择【平均值】选项。

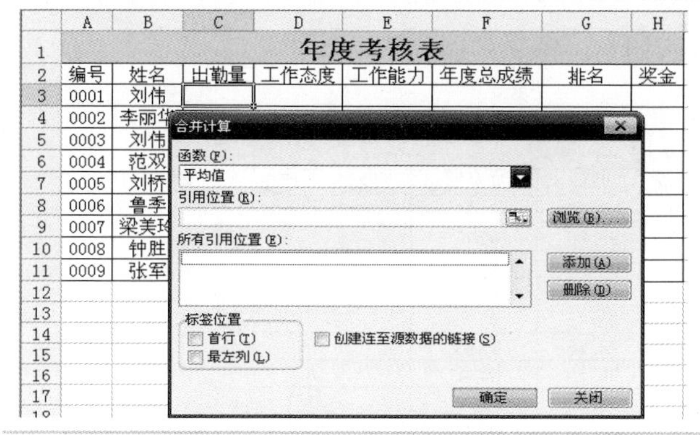

Step2 选择“引用位置”

单击【引用位置】文本框右侧的折叠按钮，切换到“第一季度考核表”，选择 C3:E11 单元格区域。

单击折叠按钮返回【合并计算】对话框。单击【添加】按钮，将选择的引用位置添加到【所有引用位置】列表框中。

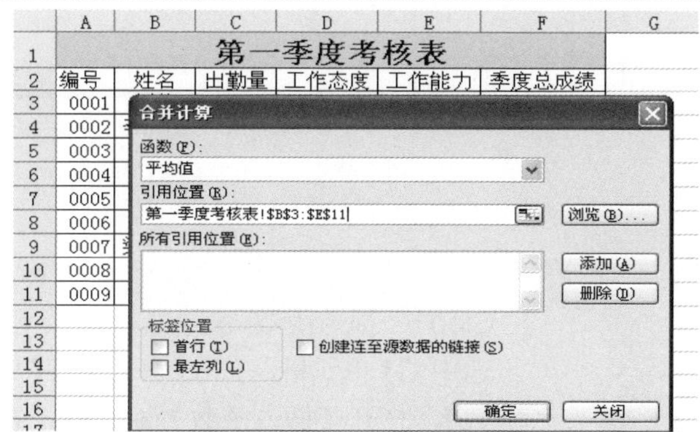

Step3 添加其他“引用位置”

用同样的方法将其他 3 个季度考核表中的 C3:E11 区域添加到【所有引用位置】列表框中。

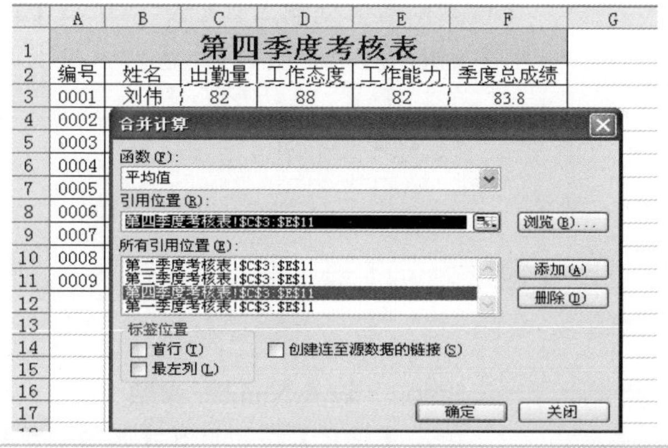

Step4 显示结果

单击【确定】按钮，在“年度考核表”中就会显示合并计算的结果。

年度考核表

编号	姓名	出勤量	工作态度	工作能力	年度总成绩	排名	奖金
0001	刘伟	86.50	83.50	79.00			
0002	李丽华	94.00	91.50	93.00			
0003	刘伟	96.75	94.00	90.00			
0004	范双	91.75	89.50	92.50			
0005	刘桥	98.25	97.75	98.75			
0006	鲁季	98.75	95.00	94.75			
0007	梁美玲	98.00	97.50	98.25			
0008	钟胜	97.75	97.75	98.25			
0009	张军	95.25	93.75	96.50			

3. 计算年度总成绩

年度总成绩的计算与季度总成绩的计算相同，在 F3 单元格中输入公式：

=C3*20%+D3*30%+E3*50%

使用填充完成 F4:F11 单元格区域的公式输入，结果如图 2.2-10 所示。

	A	B	C	D	E	F	G	H
1	年度考核表							
2	编号	姓名	出勤量	工作态度	工作能力	年度总成绩	排名	奖金
3	0001	刘伟	86.50	83.50	79.00	81.85		
4	0002	李丽华	94.00	91.50	93.00	92.75		
5	0003	刘伟	96.75	94.00	90.00	92.55		
6	0004	范双	91.75	89.50	92.50	91.45		
7	0005	刘桥	98.25	97.75	98.75	98.35		
8	0006	鲁季	98.75	95.00	94.75	95.63		
9	0007	梁美玲	98.00	97.50	98.25	97.98		
10	0008	钟胜	97.75	97.75	98.25	98.00		
11	0009	张军	95.25	93.75	96.50	95.43		
12								

图 2.2-10 年度总成绩计算

2.2.5 计算成绩排名

使用 RANK 函数计算年度总成绩排名。

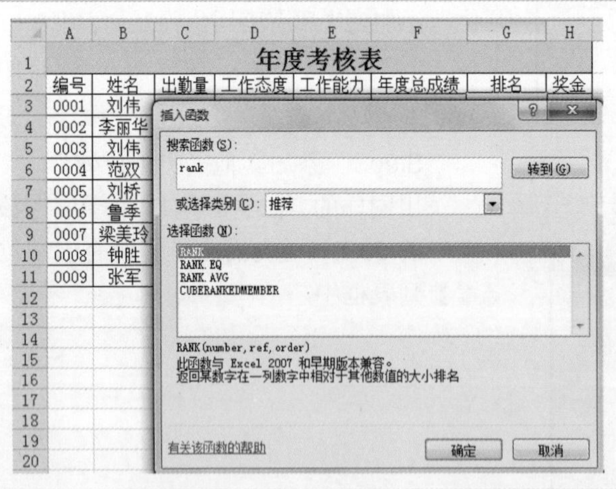

Step1 插入函数

选中 G3 单元格，单击【公式】→【插入函数】，打开【插入函数】对话框，在【搜索函数】处输入“rank”，单击【转到】按钮，在【选择函数】处显示“RANK”。

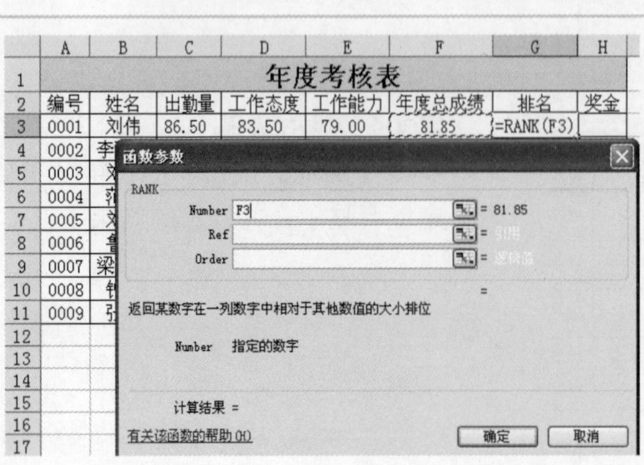

Step2 输入 Number 参数

单击【确定】按钮打开【函数参数】对话框，单击【Number】文本框右侧的折叠按钮，选择 F3 单元格，再单击折叠按钮返回【函数参数】对话框。

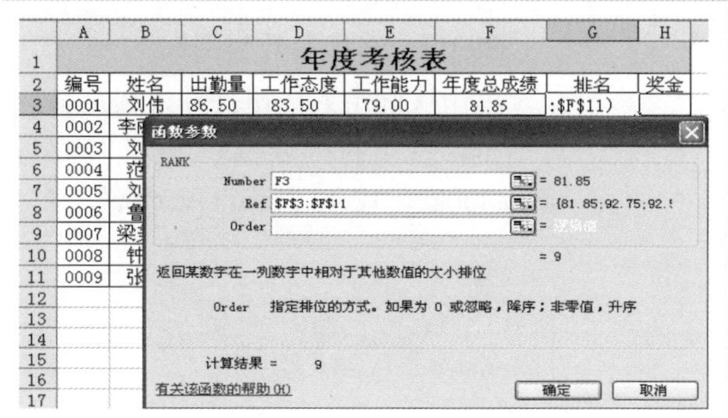

Step3　输入 Ref 参数

在【Ref】文本框处单击折叠按钮，选择 F3:F11 单元格区域。再单击折叠按钮返回【函数参数】对话框。在 Ref 文本框中选中相对引用 F3:F11，按【F4】键转换成绝对引用“$F$3:$F$11”。

	A	B	C	D	E	F	G	H
1	年度考核表							
2	编号	姓名	出勤量	工作态度	工作能力	年度总成绩	排名	奖金
3	0001	刘伟	86.50	83.50	79.00	81.85	9	
4	0002	李丽华	94.00	91.50	93.00	92.75	6	
5	0003	刘伟	96.75	94.00	90.00	92.55	7	
6	0004	范双	91.75	89.50	92.50	91.45	8	
7	0005	刘桥	98.25	97.75	98.75	98.35	1	
8	0006	鲁季	98.75	95.00	94.75	95.63	4	
9	0007	梁美玲	98.00	97.50	98.25	97.98	3	
10	0008	钟胜	97.75	97.75	98.25	98.00	2	
11	0009	张军	95.25	93.75	96.50	95.43	5	
12								

Step4　填充公式

单击【确定】按钮，在 G3 单元格中显示计算结果，在编辑框中显示 G3 单元格公式：

=RANK(F3,$F$3:$F$11)

使用填充完成 G4:G11 公式输入。

2.2.6　计算奖金

公司年终奖金标准：前 3 名每人奖励 3000 元，4～6 名每人奖励 2000 元，其余每人奖励 1000 元。

	A	B	C	D	E	F	G	H
1	年度考核表							
2	编号	姓名	出勤量	工作态度	工作能力	年度总成绩	排名	奖金
3	0001	刘伟	86.50	83.50	79.00	81.85	9	
4	0002	李丽华	94.00	91.50	93.00	92.75	6	
5	0003	刘伟	96.75	94.00	90.00	92.55	7	
6	0004	范双	91.75	89.50	92.50	91.45	8	
7	0005	刘桥	98.25	97.75	98.75	98.35	1	
8	0006	鲁季	98.75	95.00	94.75	95.63	4	
9	0007	梁美玲	98.00	97.50	98.25	97.98	3	
10	0008	钟胜	97.75	97.75	98.25	98.00	2	
11	0009	张军	95.25	93.75	96.50	95.43	5	
12								
13								
14						排名	奖金标准	
15						1	3000	
16						4	2000	
17						7	1000	
18								

Step1　输入奖金标准

在 F14:G17 区域输入排名及奖金标准。

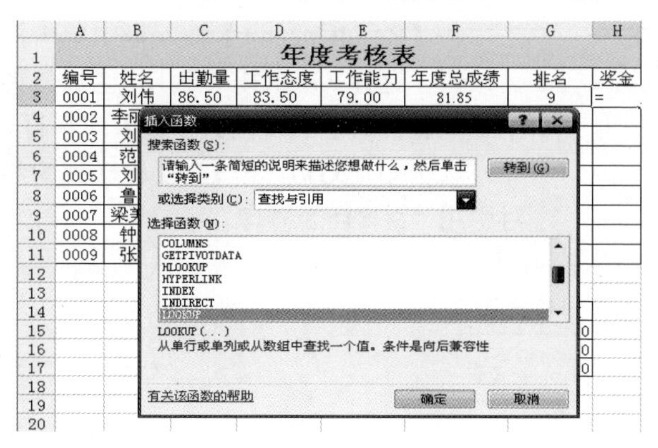

Step2　插入函数

选中 H3 单元格，单击【公式】→【插入函数】菜单命令，打开【插入函数】对话框，在【搜索函数】处输入“lookup”，单击【转到】按钮，在【选择函数】处显示“LOOKUP”。

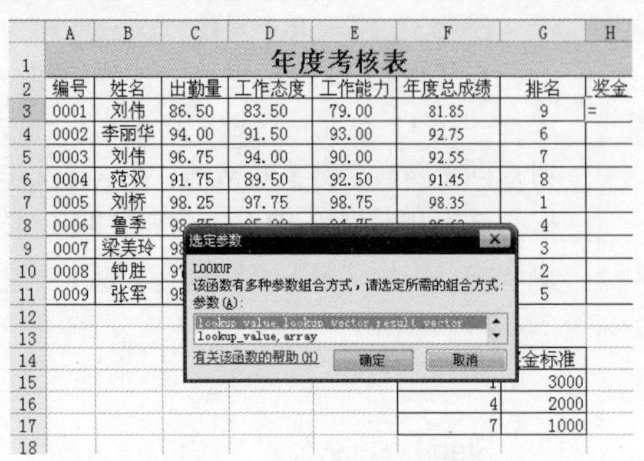

Step3 选择参数类型

单击【确定】按钮打开【选定参数】对话框，在下拉列表框中选择“lookup_value, lookup_vector, result_vector”。

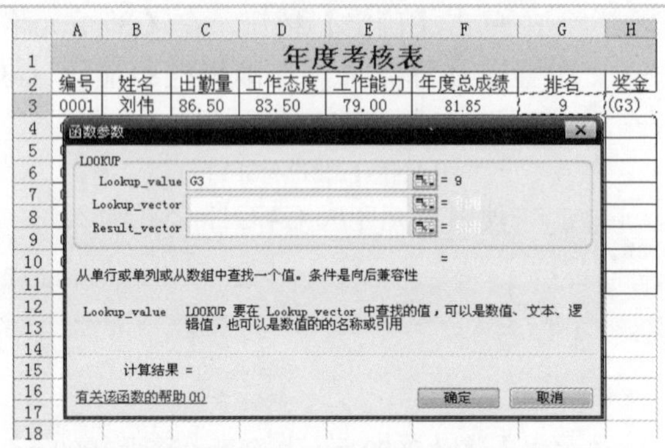

Step4 输入“Lookup_value”参数

单击【确定】按钮打开【函数参数】对话框，在【Lookup_value】输入框中单击折叠按钮，选择 G3 单元格，再单击折叠按钮返回【函数参数】对话框。

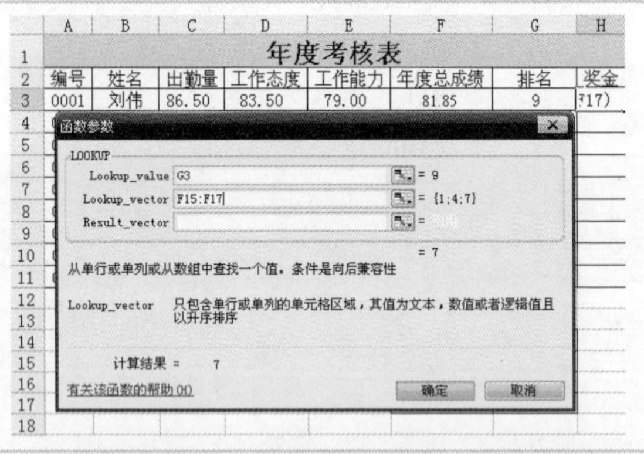

Step5 输入“Lookup_vector”参数

在【Lookup_vector】输入框中单击折叠按钮，选择 F15:F17 单元格区域，再单击折叠按钮返回【函数参数】对话框。

选中 F15:F17 区域，按【F4】键转换为绝对引用“$F$15:$F$17”。

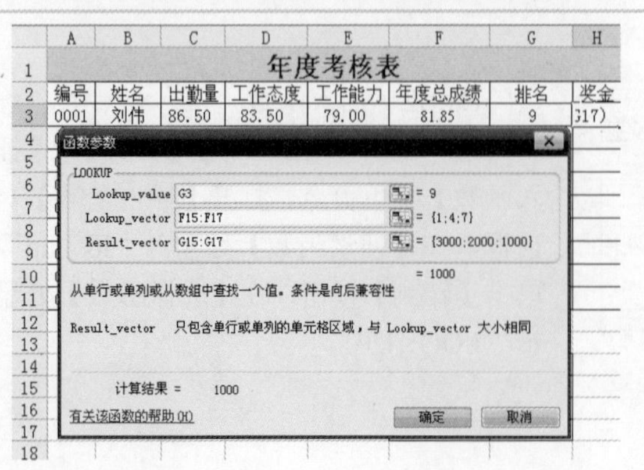

Step6 输入“Result_vector”参数

在【Result_vector】输入框中单击折叠按钮，选择 G15:G17 单元格区域，再单击折叠按钮返回【函数参数】对话框。

选中 G15:G17，按【F4】键转换为绝对引用“$G$15:$G$17”。

	A	B	C	D	E	F	G	H
1	年度考核表							
2	编号	姓名	出勤量	工作态度	工作能力	年度总成绩	排名	奖金
3	0001	刘伟	86.50	83.50	79.00	81.85	9	1000
4	0002	李丽华	94.00	91.50	93.00	92.75	6	2000
5	0003	刘伟	96.75	94.00	90.00	92.55	7	1000
6	0004	范双	91.75	89.50	92.50	91.45	8	1000
7	0005	刘桥	98.25	97.75	98.75	98.35	1	3000
8	0006	鲁季	98.75	95.00	94.75	95.63	4	2000
9	0007	梁美玲	98.00	97.50	98.25	97.98	3	3000
10	0008	钟胜	97.75	97.75	98.25	98.00	2	3000
11	0009	张军	95.25	93.75	96.50	95.43	5	2000
12								
13								
14						排名	奖金标准	
15						1	3000	
16						4	2000	
17						7	1000	
18								

Step7　填充公式

单击【确定】按钮，在单元格 H3 中显示计算结果，在编辑框中显示 H3 的公式：

=LOOKUP(G3,$F$15:$F$17,$G$15:$G$17)

对 H4:H11 单元格区域采用填充输入公式。

2.2.7　相关 Excel 知识

1. INDEX 函数

使用函数帮助学习 INDEX 函数。选中某单元格，单击【公式】→【插入函数】菜单命令，弹出【插入函数】对话框，在【搜索函数】文本框中输入“INDEX”，在【选择函数】列表框中会显示 INDEX 函数，如图 2.2-11 所示。

单击该对话框左下角的【有关该函数的帮助】链接，Excel 将弹出有关 INDEX 函数的帮助，如图 2.2-12 所示。

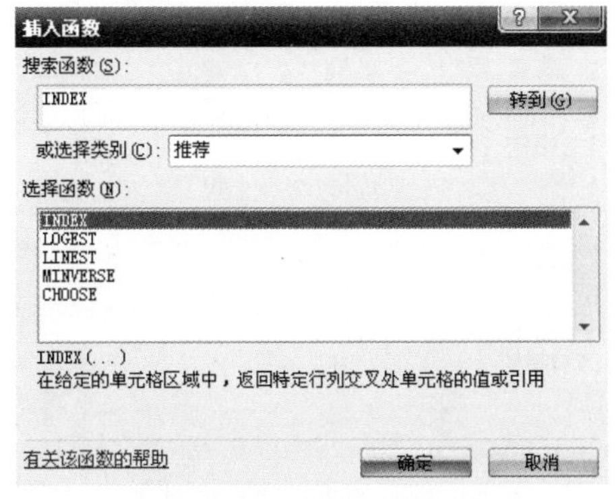

图 2.2-11　使用函数向导

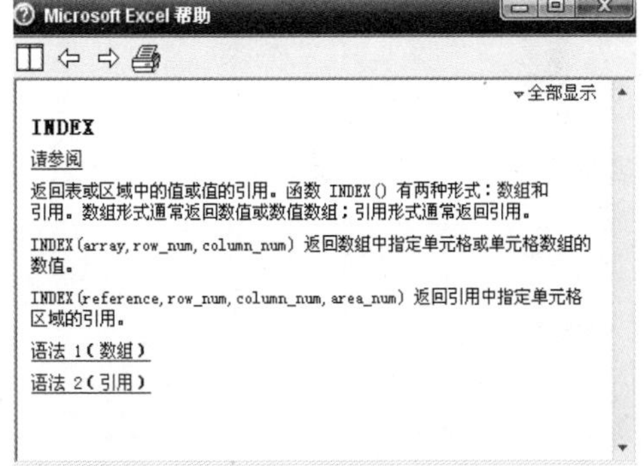

图 2.2-12　INDEX 函数帮助

INDEX 函数返回表或区域中的值或值的引用。函数 INDEX()有两种形式，即数组和引用。数组形式通常返回数值或数值数组，引用形式通常返回引用。

INDEX(array,row_num,column_num) 返回数组中指定单元格或单元格数组的数值，INDEX(reference,row_num,column_num,area_num) 返回引用中指定单元格区域的引用。

（1）数组方式。

INDEX(array,row_num,column_num)

其中，array 为单元格区域或数组常数；row_num 为数组中某行的行序号，函数从该行返回数值；column_num 为数组中某列的列序号，函数从该列返回数值。需要注意的是，row_num 和 column_ num 必须指向 array 中的某一单元格，否则函数 INDEX 返回错误值 #REF!。

示例：若数据如图 2.2-13 所示，则在 C1、C2 单元格分别输入下面给出的公式，结果如图 2.2-14 所示。

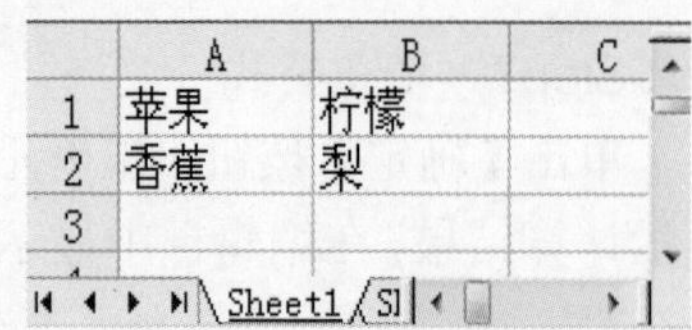

	A	B	C
1	苹果	柠檬	
2	香蕉	梨	
3			

图 2.2-13 INDEX 示例

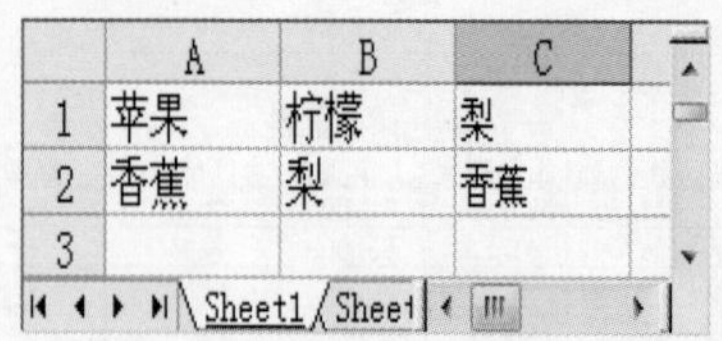

	A	B	C
1	苹果	柠檬	梨
2	香蕉	梨	香蕉
3			

图 2.2-14 输入公式后的结果

公式	说明
C1：=INDEX(A1:B2,2,2)	返回单元格区域的第二行和第二列交叉处的值（梨）
C2：=INDEX(A1:B2,2,1)	返回单元格区域的第二行和第一列交叉处的值（香蕉）

（2）引用方式。

INDEX(reference,row_num,column_num,area_num)

其中，reference 为对一个或多个单元格区域的引用；row_num 为引用中某行的行序号，函数从该行返回一个引用；column_num 为引用中某列的列序号，函数从该列返回一个引用。需要注意的是，row_num、column_num 和 area_num 必须指向 reference 中的单元格，否则函数 INDEX 返回错误值 #REF!。如果省略 row_num 和 column_num，函数 INDEX 返回由 area_num 所指定的区域。

示例：若数据如图 2.2-15 所示，则在 D1～D4 单元格中分别输入下面给出的公式，结果如图 2.2-16 所示。

	A	B	C	D
1	苹果	0.69	40	
2	香蕉	0.34	38	
3	柠檬	0.55	15	
4	柑桔	0.25	25	
5	梨	0.59	40	
6				
7	杏	2.8	10	
8	腰果	3.55	16	
9	花生	1.25	20	
10	核桃	1.75	12	
11				

图 2.2-15 INDEX 示例

	A	B	C	D
1	苹果	0.69	40	38
2	香蕉	0.34	38	3.55
3	柠檬	0.55	15	216
4	柑桔	0.25	25	1.73
5	梨	0.59	40	
6				
7	杏	2.8	10	
8	腰果	3.55	16	
9	花生	1.25	20	
10	核桃	1.75	12	
11				

图 2.2-16 输入公式后的结果

公式	说明
D1：=INDEX(A1:C5,2,3)	返回区域 A1:C5 中第二行和第三列交叉处的单元格 C2 的引用（38）
D2：=INDEX((A1:C5,A7:C10),2,2,2)	返回第二个区域 A7:C10 中第二行和第二列交叉处的单元格 B8 的引用（3.55）
D3：=SUM(INDEX(A1:C10,0,3,1))	返回区域 A1:C10 中第一个区域的第三列的和，即单元格区域 C1:C10 的和（216）
D4：=SUM(B2:INDEX(A1:C5,5,2))	返回以单元格 B2 开始到单元格区域 A1:A5 中第五行和第二列交叉处结束的单元格区域的和，即单元格区域 B2:B5 的和（1.73）

2. LOOKUP 函数

返回向量（单行区域或单列区域）或数组中的数值。函数 LOOKUP 有两种语法形式：向量和数组。函数 LOOKUP 的向量形式是在单行区域或单列区域（向量）中查找数值，然后返回第二个单行区域或单列区域中相同位置的数值；函数 LOOKUP 的数组形式在数组的第一行或第一列查找指定的数值，然后返回数组的最后一行或最后一列中相同位置的数值。

（1）向量方式。

LOOKUP(lookup_value,lookup_vector,result_vector)

其中，lookup_value 为函数 LOOKUP 在第一个向量中所要查找的数值；lookup_vector 为只包含一行或一列的区域，lookup_vector 的数值必须按升序排序，否则函数 LOOKUP 不能返回正确的结果；result_vector 只包含一行或一列的区域，其大小必须与 lookup_vector 相同。

★ ①如果 LOOKUP 函数找不到 lookup_value，则查找 lookup_vector 中小于或等于 lookup_value 的最大数值。

②如果 lookup_value 小于 lookup_vector 中的最小值，LOOKUP 函数返回错误值#N/A。

示例：若数据如图 2.2-17 所示，则在 C1～C4 单元格中分别输入下面给出的公式，结果如图 2.2-18 所示。

	A	B	C
1	4.14	red	
2	4.91	orange	
3	5.17	yellow	
4	5.77	green	
5	6.39	blue	
6			

Sheet1 / She

图 2.2-17 INDEX 示例

	A	B	C
1	4.14	red	orange
2	4.91	orange	orange
3	5.17	yellow	blue
4	5.77	green	#N/A
5	6.39	blue	
6			

Sheet1 / She

图 2.2-18 输入公式后的结果

公式	说明
C1：=LOOKUP(4.91,A1:A5,B1:B5)	在 A 列中查找 4.91 并返回同一行 B 列的值（orange）
C2：=LOOKUP(5.00,A1:A5,B1:B5)	在 A 列中查找 5.00（最接近的下一个值 4.91）并返回同一行 B 列的值（orange）
C3：=LOOKUP(7.66,A1:A5,B1:B5)	在 A 列中查找 7.66（最接近的下一个值 6.39）并返回同一行 B 列的值（blue）
C4：=LOOKUP(0,A1:A5,B1:B5)	在 A 列中查找 0，由于 0 小于查找向量 A 值，所以返回错误值（#N/A）

（2）数组方式。

LOOKUP(lookup_value,array)

其中，lookup_value 为函数 LOOKUP 在数组中所要查找的数值。

★ ①如果函数 LOOKUP 找不到 lookup_value，则使用数组中小于或等于 lookup_value 的最大数值。

②如果 lookup_value 小于第一行或第一列（取决于数组的维数）的最小值，函数 LOOKUP 返回错误值#N/A。

③函数 LOOKUP 的数组形式与函数 HLOOKUP 和函数 VLOOKUP 非常相似。不同之处在于函数 HLOOKUP 在第一行查找 lookup_value，函数 VLOOKUP 在第一列查找，而函数 LOOKUP 则按照数组的维数查找。

④如果数组所包含的区域宽度大、高度小（即列数多于行数），则函数 LOOKUP 在第一行查找 lookup_value。

⑤如果数组为正方形，或者所包含的区域高度大、宽度小（即行数多于列数），则函数 LOOKUP 在第一列查找 lookup_value。

⑥数组中的数值必须按升序排序，否则函数 LOOKUP 不能返回正确的结果。

示例，若在单元格输入公式：

=LOOKUP("C",{"a","b","c","d";1,2,3,4})

则在数组的第一行中查找“C”并返回同一列中最后一行的值（3）。

3．RANK 函数

返回一个数字在数字列表中的排位。数字的排位是其大小与列表中其他值的比值（如果列表已排过序，则数字的排位就是它当前的位置）。语法格式如下：

RANK(number,ref,order)

其中，number 为需要找到排位的数字，ref 为数字列表数组或对数字列表的引用。

★ ①如果 order 为 0 或省略，Microsoft Excel 对数字的排位是基于 ref 为按照降序排列的列表。

②如果 order 不为 0，Microsoft Excel 对数字的排位是基于 ref 为按照升序排列的列表。

③RANK 函数对重复数的排位相同，但重复数的存在将影响后续数值的排位。例如，在一列按升序排列的整数中，如果整数 10 出现两次，其排位为 5，则 11 的排位为 7（没有排位为 6 的数值）。

示例：若数据如图 2.2-19 所示，则在 B1、B2 单元格中输入下面给出的公式，结果如图 2.2-20 所示。

	A	B	C
1	7		
2	3.5		
3	3.5		
4	1		
5	2		
6			

图 2.2-19　RANK 示例

	A	B	C
1	7	3	
2	3.5	5	
3	3.5		
4	1		
5	2		
6			

图 2.2-20　输入公式后的结果

公式	说明
B1：=RANK(A2,A1:A5,1)	3.5 在上表中的排位（3）
B2：=RANK(A1,A1:A5,1)	7 在上表中的排位（5）

2.3　案例 3　员工工资管理

工资管理是现代企业管理中必不可少的内容。每个月企业人事部门都需要统计员工的工资，制作工资表。工资表通常包括员工基本信息、基本工资、各种扣款、各种补贴、应发工资、所得税、实发工资等项目内容。由于制作工资表涉及大量的数据、复杂的计算，手工操作工作量大且极易出错，采用 Excel 可以快速制作各种工资明细表、工资汇总表和工资条，减轻工资管理人员的负担，提高工作效率，规范工资核算。本案例先建立员工“基本工资表”“考勤表”“补贴表”“奖金表”，在此基础上建立“工资发放明细表”及制作工资条。本案例使用 Excel 的 IF、VLOOKUP、ROUND 等函数制作工资表。表 2.3-1 为某公司的奖金、补贴发放表，表 2.3-2 为个人所得税税率表。

缺勤扣款按以下公式计算（计算后取整）：

缺勤扣款=(基本工资/30)* 缺勤天数

表 2.3-1 部门奖金、补贴情况

部门	奖金/元	补贴
财务部	1000	基本工资*15%
车间	900	基本工资*14%
供应部	800	基本工资*13%
销售部	850	基本工资*11%
办公室	1100	基本工资*16%

表 2.3-2 个人所得税税率表

级数	应纳税所得额	税率/%	速算扣除数
1	不超过 1500 元的	3	0
2	1500 元至 4500 元的部分	10	105
3	4500 元至 9000 元的部分	20	555
4	9000 元至 35000 元的部分	25	1005
5	35000 元至 55000 元的部分	30	2775
6	55000 元至 80000 元的部分	35	5505
7	超过 80000 元的部分	45	13505

2.3.1 建立“基本工资表”

	A	B	C	D	E
1	基本工资表				
2	编号	姓名	所属部门	职工类别	基本工资
3					
4					
5					
6					
7					
8					
9					
10					
11					
12					

Step1 建立“基本工资表”结构

新建一个工作表，输入相应内容。选择 A1:E1 区域，选择【开始】→【对齐方式】，单击启动器→【对齐】，在【水平对齐】下拉列表框中选择【跨列居中】。选择【字体】选项卡，设置表标题的字体为“加粗”“宋体”“18”，字体颜色为“蓝色”。选择【填充】选项卡，设置填充颜色为“浅绿”。选择 A1:E11 区域，选择【边框】选项卡，加内、外框线。

	A	B	C	D	E
1	基本工资表				
2	编号	姓名	所属部门	职工类别	基本工资
3	0001				
4	0002				
5	0003				
6	0004				
7	0005				
8	0006				
9	0007				
10	0008				
11	0009				
12					

Step2 填充编号

选择 A3 单元格，选择【开始】→【数字】，单击启动器→【自定义】，选择“0000”。在 A3 单元格中输入“0001”，光标移到 A3 单元格右下角，出现黑十字图标，拖动填充 A4:A11 单元格区域。

	A	B	C	D	E
1	基本工资表				
2	编号	姓名	所属部门	职工类别	基本工资
3	0001	刘伟	办公室	管理人员	5200.00
4	0002	李丽华	财务部	管理人员	5100.00
5	0003	刘伟	车间	工人	4500.00
6	0004	范双	供应部	工人	3700.00
7	0005	刘桥	销售部	工人	4100.00
8	0006	鲁季	车间	工人	3900.00
9	0007	梁美玲	销售部	工人	4300.00
10	0008	钟胜	车间	工人	4600.00
11	0009	张军	财务部	管理人员	5300.00
12					

Step3 输入内容

输入其余内容。选择 A2:E11，在主菜单中选择【开始】→【对齐方式】→设置居中、垂直居中。

	A	B	C	D	E
1	基本工资表				
2	编号	姓名	所属部门	职工类别	基本工资
3	0001	刘伟	办公室	管理人员	5200.00
4	0002	李丽华	财务部	管理人员	5100.00
5	0003	刘伟	车间	工人	4500.00
6	0004	范双	供应部	工人	3700.00
7	0005	刘桥	销售部	工人	4100.00
8	0006	鲁季	车间	工人	3900.00
9	0007	梁美玲	销售部	工人	4300.00
10	0008	钟胜	车间	工人	4600.00
11	0009	张军	财务部	管理人员	5300.00
12					

基本工资表 / sheet2 / sheet3 /

Step4 修改工作表标签

双击工作表标签，修改工作表名为“基本工资表”。

2.3.2 建立“考勤表”

与“基本工资表”操作相似，建立“考勤表”，包括员工编号、姓名、所属部门、职工类别、请假天数。输入相应内容并格式化，如图 2.3-1 所示。

	A	B	C	D	E
1	考勤表				
2	编号	姓名	所属部门	职工类别	请假天数
3	0001	刘伟	办公室	管理人员	2.00
4	0002	李丽华	财务部	管理人员	
5	0003	刘伟	车间	工人	1.50
6	0004	范双	供应部	工人	1.00
7	0005	刘桥	销售部	工人	0.50
8	0006	鲁季	车间	工人	
9	0007	梁美玲	销售部	工人	
10	0008	钟胜	车间	工人	3.00
11	0009	张军	财务部	管理人员	2.50
12					

考勤表 / 奖金表 / 补贴表 / 基本

图 2.3-1 “考勤表”数据

2.3.3　建立“奖金表”

“奖金表”包括编号、姓名、所属部门、职工类别、奖金。

Step1　建立“奖金表”结构

新建一个工作表，输入左图相应内容。选择 A1:E1，在主菜单中选择【开始】→【对齐方式】，单击启动器→【对齐】，在【水平对齐】下拉列表框中选择【跨列居中】。设置表标题的字体为“加粗”“宋体”“18”，填充颜色为“浅绿”，字体颜色为“蓝色”。选择 A1:E11，在主菜单中选择【开始】→【字体】，单击【边框】旁边的向下箭头，选择【所有框线】。

	A	B	C	D	E
1	奖金表				
2	编号	姓名	所属部门	职工类别	奖金
3					
4					
5					
6					
7					
8					
9					
10					
11					
12					

Step2　复制数据

从“考勤表”复制“编号”“姓名”“所属部门”“职工类别”各列间的数据到“奖金表”。

	A	B	C	D	E
1	奖金表				
2	编号	姓名	所属部门	职工类别	奖金
3	0001	刘伟	办公室	管理人员	
4	0002	李丽华	财务部	管理人员	
5	0003	刘伟	车间	工人	
6	0004	范双	供应部	工人	
7	0005	刘桥	销售部	工人	
8	0006	鲁季	车间	工人	
9	0007	梁美玲	销售部	工人	
10	0008	钟胜	车间	工人	
11	0009	张军	财务部	管理人员	
12					

Step3　输入公式

按表 2.3-1 编写计算公式。选择 E3 单元格，输入公式：

=IF(C3="办公室",1100,IF(C3="财务部",1000,IF(C3="车间",900,IF(C3="供应部",800,850))))

务部",
C3="供

	A	B	C	D	
1	奖金表				
2	编号	姓名	所属部门	职工类别	
3	0001	刘伟	办公室	管理人员	1100
4	0002	李丽华	财务部	管理人员	
5	0003	刘伟	车间	工人	
6	0004	范双	供应部	工人	
7	0005	刘桥	销售部	工人	
8	0006	鲁季	车间	工人	
9	0007	梁美玲	销售部	工人	
10	0008	钟胜	车间	工人	
11	0009	张军	财务部	管理人员	
12					

Step4　填充公式

光标移到 E3 单元格右下角，光标变为黑十字形状，拖动填充 E4:E11 单元格区域。

	A	B	C	D	E
1	奖金表				
2	编号	姓名	所属部门	职工类别	奖金
3	0001	刘伟	办公室	管理人员	1100
4	0002	李丽华	财务部	管理人员	1000
5	0003	刘伟	车间	工人	900
6	0004	范双	供应部	工人	800
7	0005	刘桥	销售部	工人	850
8	0006	鲁季	车间	工人	900
9	0007	梁美玲	销售部	工人	850
10	0008	钟胜	车间	工人	900
11	0009	张军	财务部	管理人员	1000
12					

	A	B	C	D	E
1	奖金表				
2	编号	姓名	所属部门	职工类别	奖金
3	0001	刘伟	办公室	管理人员	1100
4	0002	李丽华	财务部	管理人员	1000
5	0003	刘伟	车间	工人	900
6	0004	范双	供应部	工人	800
7	0005	刘桥	销售部	工人	850
8	0006	鲁季	车间	工人	900
9	0007	梁美玲	销售部	工人	850
10	0008	钟胜	车间	工人	900
11	0009	张军	财务部	管理人员	1000
12					

基本工资表 / 考勤表 / 奖金表

Step5 修改工作表标签

双击工作表标签，修改工作表名为“奖金表”。

★ 输入公式时要使用英文半角输入，而不是汉字全角输入，输入括号、逗号、双引号时要注意，否则出现公式输入错误。

2.3.4 建立“补贴表”

与“奖金表”操作相似，建立“补贴表”，包括编号、姓名、所属部门、职工类别、补贴。按表 2.3-1 建立补贴表。

在 E3 单元格中输入公式：

=IF(C3="办公室",基本工资表!E3*16%,IF(C3="财务部",基本工资表!E3*15%,IF(C3="车间",基本工资表!E3*14%,IF(C3="供应部",基本工资表!E3*13%,基本工资表!E3*11%))))

在 E4:E11 区域采用填充输入公式，得到效果如图 2.3-2 所示。

	A	B	C	D	E
1	补贴表				
2	编号	姓名	所属部门	职工类别	补贴
3	0001	刘伟	办公室	管理人员	832.00
4	0002	李丽华	财务部	管理人员	765.00
5	0003	刘伟	车间	工人	630.00
6	0004	范双	供应部	工人	481.00
7	0005	刘桥	销售部	工人	451.00
8	0006	鲁季	车间	工人	546.00
9	0007	梁美玲	销售部	工人	473.00
10	0008	钟胜	车间	工人	644.00
11	0009	张军	财务部	管理人员	795.00
12					

考勤表 / 奖金表 / 补贴表 / 基本工

图 2.3-2 “补贴表”数据

★ ①补贴表的公式可由奖金表公式修改而得，不用从头再输入。

②“基本工资表!E3”不是手工输入的，而是用鼠标单击“基本工资表”标签进入“基本工资表”再选择 E3 单元格。“基本工资表!E3”表示“基本工资表”的 E3 单元格。

2.3.5 建立“工资发放明细表”

（1）建立“工资发放明细表”结构，如图 2.3-3 所示。

	A	B	C	D	E	F	G	H	I	J	K
1	工资发放明细表										
2	单位：广州宏达公司										2010-9-10
3	编号	姓名	所属部门	职工类别	基本工资	奖金	补贴	应发工资	缺勤扣款	扣所得税	实发工资
4											
5											

考勤表 / 奖金表 / 补贴表 / 基本工资表 / 工资发放明细表 / 工资条

图 2.3-3 “工资发放明细表”结构

在 A2 单元格中输入单位名称，A2:J2 合并单元格。在第三行输入各字段名称。

选中 K2 单元格，在主菜单中选择【开始】→【数字】，打开启动器→【日期】，选择“2001 年 3 月”。在 K2 单元格中输入公式：

=Now()

（2）选中“工资发放明细表”的 A4 单元格，输入公式：

=基本工资表!A3

拖动 A4 单元格填充柄填充 A4:D12 区域。进行相应格式化，添加表格线，效果如图 2.3-4 所示。

	A	B	C	D	E	F	G	H	I	J	K
1	工资发放明细表										
2	单位：广州宏达公司										2010-9-10
3	编号	姓名	所属部门	职工类别	基本工资	奖金	补贴	应发工资	缺勤扣款	扣所得税	实发工资
4	0001	刘伟	办公室	管理人员							
5	0002	李丽华	财务部	管理人员							
6	0003	刘伟	车间	工人							
7	0004	范双	供应部	工人							
8	0005	刘桥	销售部	工人							
9	0006	鲁季	车间	工人							
10	0007	梁美玲	销售部	工人							
11	0008	钟胜	车间	工人							
12	0009	张军	财务部	管理人员							
13											

考勤表 / 奖金表 / 补贴表 / 基本工资表 / 工资发放明细表 / 工资条

图 2.3-4　“工资发放明细表”填充效果

2.3.6　定义数据名称

为了方便数据操作，为一些数据区域定义名称。

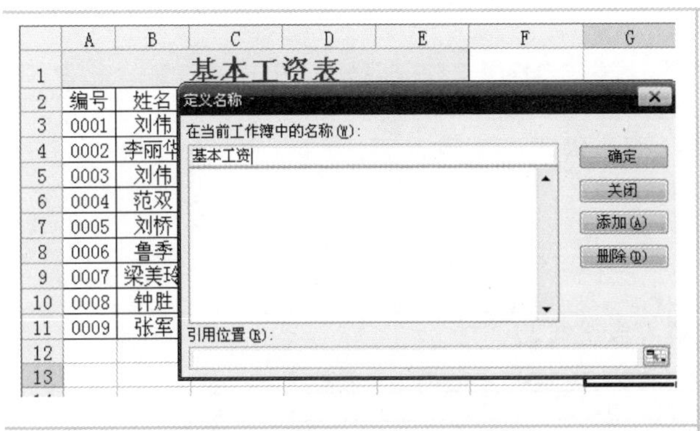

Step1　输入“基本工资”名称

选择“基本工资表”，在主菜单中选择【公式】→【定义的名称】→【定义名称】，弹出【新建名称】对话框，在【名称】文本框中输入“基本工资”。

定义名称 - 引用位置：=基本工资表!$A$2:$E$11

	A	B	C	D	E
1	基本工资表				
2	编号	姓名			
3	0001	刘伟			
4	0002	李丽华	财务部	管理人员	5100.00
5	0003	刘伟	车间	工人	4500.00
6	0004	范双	供应部	工人	3700.00
7	0005	刘桥	销售部	工人	4100.00
8	0006	鲁季	车间	工人	3900.00
9	0007	梁美玲	销售部	工人	4300.00
10	0008	钟胜	车间	工人	4600.00
11	0009	张军	财务部	管理人员	5300.00

Step2　选择“引用位置”

单击【引用位置】文本框右侧的折叠按钮，到“基本工资表”中选择 A2:E11 单元格区域。

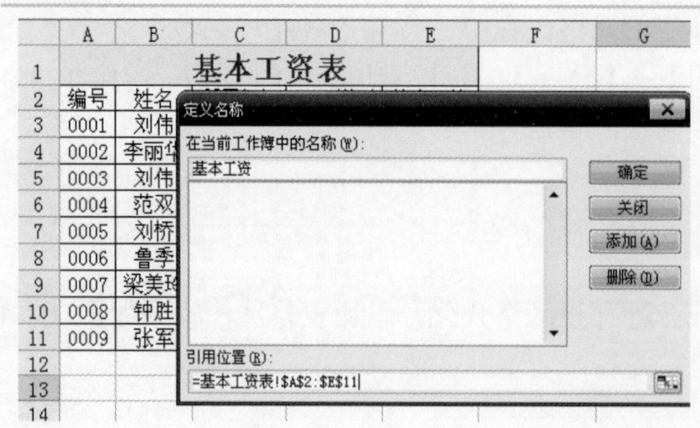

Step3 关闭对话框

单击折叠按钮返回【定义名称】对话框，此时【引用位置】文本框中显示"=基本工资表!$A$2:$E$11"，单击【关闭】按钮。

同样，对"补贴表"的A2:E11单元格区域定义名称"补贴"，对"奖金表"的A2:E11单元格区域定义名称"奖金"，对"考勤表"的A2:E11单元格区域定义名称"考勤"。选择【公式】→【名称管理器】，看到已定义的名称，如图2.3-5所示。

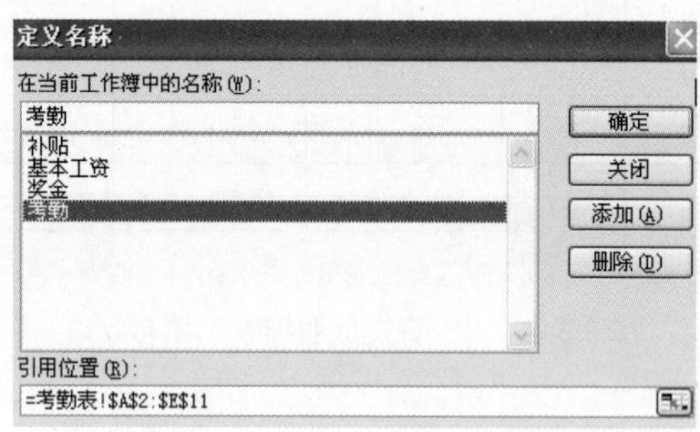

图2.3-5 【定义名称】对话框

★ 除了名称管理器，在左上角的名称框也可以查看已定义的名称。

2.3.7 计算基本工资

选择"工资发放明细表"的E4单元格，输入公式：

=VLOOKUP(A4,基本工资,5,0)

填充E4:E12区域，如图2.3-6所示。

	A	B	C	D	E	F	G	H	I	J	K
1	工资发放明细表										
2	单位：广州宏达公司										2010-9-10
3	编号	姓名	所属部门	职工类别	基本工资	奖金	补贴	应发工资	缺勤扣款	扣所得税	实发工资
4	0001	刘伟	办公室	管理人员	5200						
5	0002	李丽华	财务部	管理人员	5100						
6	0003	刘伟	车间	工人	4500						
7	0004	范双	供应部	工人	3700						
8	0005	刘桥	销售部	工人	4100						
9	0006	鲁季	车间	工人	3900						
10	0007	梁美玲	销售部	工人	4300						
11	0008	钟胜	车间	工人	4600						
12	0009	张军	财务部	管理人员	5300						
13											

考勤表 / 奖金表 / 补贴表 / 基本工资表 / 工资发放明细表 / 工资条 /

图2.3-6 导入"基本工资"数据

★ 公式在"基本工资"数据区域第一列查找A4单元格内容，返回第5列对应位置值，0表示精确匹配。

2.3.8 计算奖金

选择“工资发放明细表”的 F4 单元格，输入公式：

=VLOOKUP(A4,奖金,5,0)

填充 F4:F12 区域，如图 2.3-7 所示。

	A	B	C	D	E	F	G	H	I	J	K
1	工资发放明细表										
2	单位：广州宏达公司										2010-9-10
3	编号	姓名	所属部门	职工类别	基本工资	奖金	补贴	应发工资	缺勤扣款	扣所得税	实发工资
4	0001	刘伟	办公室	管理人员	5200	1100					
5	0002	李丽华	财务部	管理人员	5100	1000					
6	0003	刘伟	车间	工人	4500	900					
7	0004	范双	供应部	工人	3700	800					
8	0005	刘桥	销售部	工人	4100	850					
9	0006	鲁季	车间	工人	3900	900					
10	0007	梁美玲	销售部	工人	4300	850					
11	0008	钟胜	车间	工人	4600	900					
12	0009	张军	财务部	管理人员	5300	1000					
13											

考勤表 / 奖金表 / 补贴表 / 基本工资表 / 工资发放明细表 / 工资条 /

图 2.3-7 导入“奖金”数据

2.3.9 计算补贴

选择“工资发放明细表”的 G4 单元格，输入公式：

=VLOOKUP(A4,补贴,5,0)

填充 G4:G12 区域，如图 2.3-8 所示。

	A	B	C	D	E	F	G	H	I	J	K
1	工资发放明细表										
2	单位：广州宏达公司										2010-9-10
3	编号	姓名	所属部门	职工类别	基本工资	奖金	补贴	应发工资	缺勤扣款	扣所得税	实发工资
4	0001	刘伟	办公室	管理人员	5200	1100	832				
5	0002	李丽华	财务部	管理人员	5100	1000	765				
6	0003	刘伟	车间	工人	4500	900	630				
7	0004	范双	供应部	工人	3700	800	481				
8	0005	刘桥	销售部	工人	4100	850	451				
9	0006	鲁季	车间	工人	3900	900	546				
10	0007	梁美玲	销售部	工人	4300	850	473				
11	0008	钟胜	车间	工人	4600	900	644				
12	0009	张军	财务部	管理人员	5300	1000	795				
13											

考勤表 / 奖金表 / 补贴表 / 基本工资表 / 工资发放明细表 / 工资条 /

图 2.3-8 导入“补贴”数据

2.3.10 计算应发工资

选择“工资发放明细表”的 H4 单元格，输入公式：

=SUM(E4:G4)

填充 H4:H12 区域，如图 2.3-9 所示。

	A	B	C	D	E	F	G	H	I	J	K
1	工资发放明细表										
2	单位：广州宏达公司										2010-9-10
3	编号	姓名	所属部门	职工类别	基本工资	奖金	补贴	应发工资	缺勤扣款	扣所得税	实发工资
4	0001	刘伟	办公室	管理人员	5200	1100	832	7132			
5	0002	李丽华	财务部	管理人员	5100	1000	765	6865			
6	0003	刘伟	车间	工人	4500	900	630	6030			
7	0004	范双	供应部	工人	3700	800	481	4981			
8	0005	刘桥	销售部	工人	4100	850	451	5401			
9	0006	鲁季	车间	工人	3900	900	546	5346			
10	0007	梁美玲	销售部	工人	4300	850	473	5623			
11	0008	钟胜	车间	工人	4600	900	644	6144			
12	0009	张军	财务部	管理人员	5300	1000	795	7095			
13											

考勤表 / 奖金表 / 补贴表 / 基本工资表 / 工资发放明细表 / 工资条 /

图 2.3-9 计算应发工资

2.3.11 计算缺勤扣款

按案例缺勤扣款公式计算：

缺勤扣款=(基本工资/30)* 缺勤天数

使用 ROUND 函数对计算结果四舍五入。在“工资发放明细表”的 I4 单元格中输入公式：

=ROUND(E4/30*(VLOOKUP(A4,考勤, 5, 0)), 0)

填充 I5:I12 区域，如图 2.3-10 所示。

	A	B	C	D	E	F	G	H	I	J	K
1	工资发放明细表										
2	单位：广州宏达公司										2010-9-10
3	编号	姓名	所属部门	职工类别	基本工资	奖金	补贴	应发工资	缺勤扣款	扣所得税	实发工资
4	0001	刘伟	办公室	管理人员	5200	1100	832	7132	347		
5	0002	李丽华	财务部	管理人员	5100	1000	765	6865	0		
6	0003	刘伟	车间	工人	4500	900	630	6030	225		
7	0004	范双	供应部	工人	3700	800	481	4981	123		
8	0005	刘桥	销售部	工人	4100	850	451	5401	68		
9	0006	鲁季	车间	工人	3900	900	546	5346	0		
10	0007	梁美玲	销售部	工人	4300	850	473	5623	0		
11	0008	钟胜	车间	工人	4600	900	644	6144	460		
12	0009	张军	财务部	管理人员	5300	1000	795	7095	442		
13											

考勤表 / 奖金表 / 补贴表 / 基本工资表 / 工资发放明细表 / 工资条 /

图 2.3-10 计算缺勤扣款

2.3.12 计算扣所得税

按表 2.3-2 计算扣所得税。选中 J4:K12 区域，选择【开始】→【数字】，打开启动器→【数值】，设 0 位小数。

选择“工资发放明细表”的 J4 单元格，输入公式：

=IF(H4<1500,H4*0.03,IF(H4<4500,H4*0.1-105,IF(H4<9000,H4*0.2-555,IF(H4<35000,H4*0.25-1005,IF(H4<55000,H4*0.3-2755,IF(H4<80000,H4*0.35-5505,H4*0.45-13505))))))

填充 J5:J12 区域，如图 2.3-11 所示。

	A	B	C	D	E	F	G	H	I	J	K
1	工资发放明细表										
2	单位：广州宏达公司										2010/9/10
3	编号	姓名	所属部门	职工类别	基本工资	奖金	补贴	应发工资	缺勤扣款	扣所得税	实发工资
4	0001	刘伟	办公室	管理人员	5200	1100	832	7132	347	871	
5	0002	李丽华	财务部	管理人员	5100	1000	765	6865	0	818	
6	0003	刘伟	车间	工人	4500	900	630	6030	225	651	
7	0004	范双	供应部	工人	3700	800	481	4981	123	441	
8	0005	刘桥	销售部	工人	4100	850	451	5401	68	525	
9	0006	鲁季	车间	工人	3900	900	546	5346	0	514	
10	0007	梁美玲	销售部	工人	4300	850	473	5623	0	570	
11	0008	钟胜	车间	工人	4600	900	644	6144	460	674	
12	0009	张军	财务部	管理人员	5300	1000	795	7095	442	864	
13											

考勤表 | 奖金表 | 补贴表 | 基本工资表 | 工资发放明细 ...

图 2.3-11　计算扣所得税

2.3.13　计算实发工资

选择“工资发放明细表”的 K4 单元格，输入公式：

=H4-I4-J4

填充 K4:K12 区域，如图 2.3-12 所示。

	A	B	C	D	E	F	G	H	I	J	K
1	工资发放明细表										
2	单位：广州宏达公司										2010/9/10
3	编号	姓名	所属部门	职工类别	基本工资	奖金	补贴	应发工资	缺勤扣款	扣所得税	实发工资
4	0001	刘伟	办公室	管理人员	5200	1100	832	7132	347	871	5914
5	0002	李丽华	财务部	管理人员	5100	1000	765	6865	0	818	6047
6	0003	刘伟	车间	工人	4500	900	630	6030	225	651	5154
7	0004	范双	供应部	工人	3700	800	481	4981	123	441	4417
8	0005	刘桥	销售部	工人	4100	850	451	5401	68	525	4808
9	0006	鲁季	车间	工人	3900	900	546	5346	0	514	4832
10	0007	梁美玲	销售部	工人	4300	850	473	5623	0	570	5053
11	0008	钟胜	车间	工人	4600	900	644	6144	460	674	5010
12	0009	张军	财务部	管理人员	5300	1000	795	7095	442	864	5789
13											

考勤表 | 奖金表 | 补贴表 | 基本工资表 | 工资发放明细 ...

图 2.3-12　计算实发工资

2.3.14　制作工资条

（1）在主菜单中选择【公式】→【定义的名称】→【定义名称】，定义“工资发放明细表”的 A3:K12 区域的名称为“工资”。

（2）添加一个工作表，命名为“工资条”。输入相应内容，“工资条”的结构如图 2.3-13 所示。

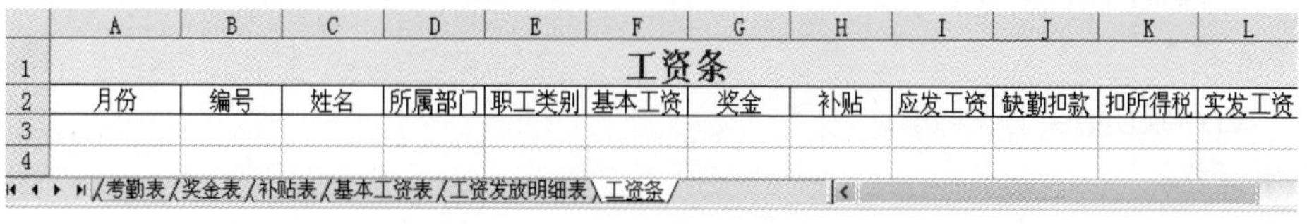

	A	B	C	D	E	F	G	H	I	J	K	L
1	工资条											
2	月份	编号	姓名	所属部门	职工类别	基本工资	奖金	补贴	应发工资	缺勤扣款	扣所得税	实发工资
3												
4												

考勤表 / 奖金表 / 补贴表 / 基本工资表 / 工资发放明细表 / 工资条

图 2.3-13　“工资条”的结构

（3）设置“工资条”表的 A3 单元格格式，在主菜单中选择【开始】→【数字】，打开启动器→【日期】，选择“2001 年 3 月”。在 A3 单元格中输入公式：

=NOW()

（4）设置 B3 单元格的格式，在主菜单中选择【开始】→【数字】，打开启动器→【自定义】，输入“0000”。在 B3 单元格中输入“0001”。

（5）在其他单元格中输入公式。

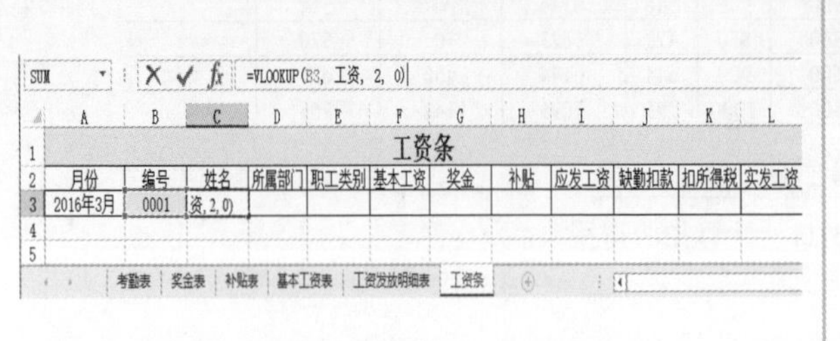

Step1　输入姓名

选中 C3 单元格，单击公式编辑器，在公式编辑栏输入公式：

=VLOOKUP(B3,工资, 2, 0)

在公式编辑栏选中公式，复制，按【Enter】键或单击公式编辑器左端的“√”按钮，退出公式编辑器状态。

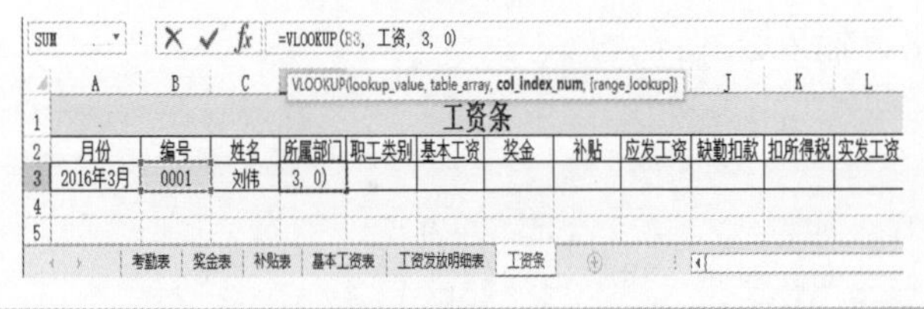

Step2　输入所属部门

选中 D3 单元格，单击公式编辑器，粘贴，修改公式中的第 3 个参数为 3。

按【Enter】键或单击公式编辑器左端的“√”按钮，退出公式编辑器状态。

按上述操作，分别输入 E3、F3、G3、H3、I3、J3、K3、L3 单元格公式，修改公式中的第 3 个参数。得到各单元格公式如下：

C3 单元格：

=VLOOKUP(B3,工资, 2, 0)

D3 单元格：

=VLOOKUP(B3,工资,3,0)

E3 单元格：

=VLOOKUP(B3,工资,4,0)

F3 单元格：

=VLOOKUP(B3,工资,5,0)

G3 单元格：

=VLOOKUP(B3,工资,6,0)

H3 单元格：

=VLOOKUP(B3,工资,7,0)

I3 单元格：

=VLOOKUP(B3,工资,8,0)

J3 单元格：

=VLOOKUP(B3,工资,9,0)

K3 单元格：

=VLOOKUP(B3,工资,10,0)

L3 单元格：

=VLOOKUP(B3,工资,11,0)

输入公式后的效果如图 2.3-14 所示。

	A	B	C	D	E	F	G	H	I	J	K	L
1	工资条											
2	月份	编号	姓名	所属部门	职工类别	基本工资	奖金	补贴	应发工资	缺勤扣款	扣所得税	实发工资
3	2016年5月	0001	刘伟	办公室	管理人员	5200	1100	832	7132	347	871	5914
4												

考勤表　奖金表　补贴表　基本工资表　工资发放明细表　工资条

图 2.3-14　“工资条”第一条记录数据

★　该题也可以在 C3 单元格中输入公式“=VLOOKUP($B$3,工资, COLUMN()-1, 0)”，然后向右填充。

★　复制粘贴公式时，一定要退出公式编辑状态，否则单击其他单元格会被当作修改公式参数。一定要在公式编辑栏里复制粘贴公式，否则会发生相对地址变化。

（6）选中“工资条”表的单元格区域 A1:L3，鼠标移到单元格区域的右下角，光标变成黑十字形状时拖动填充至第 27 行，效果如图 2.3-15 所示。

	A	B	C	D	E	F	G	H	I	J	K	L
1	工资条											
2	月份	编号	姓名	所属部门	职工类别	基本工资	奖金	补贴	应发工资	缺勤扣款	扣所得税	实发工资
3	2016年5月	0001	刘伟	办公室	管理人员	5200	1100	832	7132	347	871	5914
4	工资条											
5	月份	编号	姓名	所属部门	职工类别	基本工资	奖金	补贴	应发工资	缺勤扣款	扣所得税	实发工资
6	2016年5月	0002	李丽华	财务部	管理人员	5100	1000	765	6865	0	818	6047
7	工资条											
8	月份	编号	姓名	所属部门	职工类别	基本工资	奖金	补贴	应发工资	缺勤扣款	扣所得税	实发工资
9	2016年5月	0003	刘伟	车间	工人	4500	900	630	6030	225	651	5154
10	工资条											
11	月份	编号	姓名	所属部门	职工类别	基本工资	奖金	补贴	应发工资	缺勤扣款	扣所得税	实发工资
12	2016年5月	0004	范双	供应部	工人	3700	800	481	4981	123	441	4417
13	工资条											
14	月份	编号	姓名	所属部门	职工类别	基本工资	奖金	补贴	应发工资	缺勤扣款	扣所得税	实发工资
15	2016年5月	0005	刘桥	销售部	工人	4100	850	451	5401	68	525	4808
16	工资条											
17	月份	编号	姓名	所属部门	职工类别	基本工资	奖金	补贴	应发工资	缺勤扣款	扣所得税	实发工资
18	2016年5月	0006	鲁季	车间	工人	3900	900	546	5346	0	514	4832
19	工资条											
20	月份	编号	姓名	所属部门	职工类别	基本工资	奖金	补贴	应发工资	缺勤扣款	扣所得税	实发工资
21	2016年5月	0007	梁美玲	销售部	工人	4300	850	473	5623	0	570	5053
22	工资条											
23	月份	编号	姓名	所属部门	职工类别	基本工资	奖金	补贴	应发工资	缺勤扣款	扣所得税	实发工资
24	2016年5月	0008	钟胜	车间	工人	4600	900	644	6144	460	674	5010
25	工资条											
26	月份	编号	姓名	所属部门	职工类别	基本工资	奖金	补贴	应发工资	缺勤扣款	扣所得税	实发工资
27	2016年5月	0009	张军	财务部	管理人员	5300	1000	795	7095	442	864	5789
28												

考勤表　奖金表　补贴表　基本工资表　工资发放明细表　工资条

图 2.3-15　“工资条”填充结果

★　使用填充功能时，不仅单元格可以填充，单元格区域也可以填充。

2.3.15　相关 Excel 知识

1. IF 函数

执行真假值判断，根据逻辑计算的真假值返回不同结果。语法格式如下：

IF(logical_test,value_if_true,value_if_false)

其中，logical_test 为计算结果为 TRUE 或 FALSE 的任意值或表达式，value_if_true 是 logical_test 为 TRUE 时返回的值，value_if_false 是 logical_test 为 FALSE 时返回的值。

公式	说明
=IF(A1<=100,"Within budget","Over budget")	因为 A1<=100 成立，所以 A2 返回第一个参数"Within budget"

2. VLOOKUP 函数

在表格或数值数组的首列查找指定的数值，并由此返回表格或数组当前行中指定列处的数值。VLOOKUP 中的 V 代表垂直，表示在首列查找；函数 HLOOKUP 的 H 表示在首行查找。语法格式如下：

VLOOKUP(lookup_value,table_array,col_index_num,range_lookup)

其中，lookup_value 为需要在数组第一列中查找的数值，table_array 为需要在其中查找数据的数据表。如果 range_lookup 为 TRUE，则 table_array 的第一列中的数值必须按升序排列，如果 range_lookup 为 FALSE，table_array 不必进行排序；col_index_num 为 table_array 中待返回匹配值的序列号，col_index_num 为 1 时，返回 table_array 第一列中的数值，col_index_num 为 2 时，返回 table_array 第二列中的数值，依此类推；range_lookup 为一个逻辑值，指明函数 VLOOKUP 返回时是精确匹配还是近似匹配，如果为 TRUE 或省略，则返回近似匹配值，也就是说，如果找不到精确匹配值，则返回小于 lookup_value 的最大数值；如果 range_value 为 FALSE，函数 VLOOKUP 将返回精确匹配值。如果找不到，则返回错误值#N/A。

★ 如果函数 VLOOKUP 找不到 lookup_value，且 range_lookup 为 TRUE，则使用小于等于 lookup_value 的最大值。

示例：若数据如图 2.3-16 所示，则在 D2:D6 输入公式，结果如图 2.3-17 所示。

	A	B	C	D
1	密度	黏度	温度	
2	0.457	3.55	500	
3	0.525	3.25	400	
4	0.616	2.93	300	
5	0.675	2.75	250	
6	0.746	2.57	200	
7	0.835	2.38	150	
8	0.946	2.17	100	
9	1.09	1.95	50	
10	1.29	1.71	0	
11				

图 2.3-16 RANK 示例

	A	B	C	D
1	密度	黏度	温度	
2	0.457	3.55	500	2.17
3	0.525	3.25	400	100
4	0.616	2.93	300	#N/A
5	0.675	2.75	250	#N/A
6	0.746	2.57	200	1.71
7	0.835	2.38	150	
8	0.946	2.17	100	
9	1.09	1.95	50	
10	1.29	1.71	0	
11				

图 2.3-17 输入公式后的结果

公式	说明
D2：=VLOOKUP(1,A2:C10,2)	在 A 列中查找 1，并从相同行的 B 列中返回值（2.17）
D3：=VLOOKUP(1,A2:C10,3,TRUE)	在 A 列中查找 1，并从相同行的 C 列中返回值（100）
D4：=VLOOKUP(0.7,A2:C10,3,FALSE)	在 A 列中查找 0.7，因为 A 列中没有精确的匹配，所以返回一个错误值（#N/A）

D5：=VLOOKUP(0.1,A2:C10,2,TRUE)　　在 A 列中查找 0.1，因为 0.1 小于 A 列的最小值，所以返回一个错误值（#N/A）

D6：=VLOOKUP(2,A2:C10,2,TRUE)　　在 A 列中查找 2，并从相同行的 B 列中返回值（1.71）

3. ROUND 函数

返回某个数字按指定位数取整后的数字。语法格式如下：

ROUND(number, num_digits)

其中，number 为需要进行四舍五入的数字，num_digits 为指定的位数，按此位数进行四舍五入。

★ ①如果 num_digits 大于 0，则四舍五入到指定的小数位。

②如果 num_digits 等于 0，则四舍五入到最接近的整数。

③如果 num_digits 小于 0，则在小数点左侧进行四舍五入。

公式	说明
=ROUND(2.15, 1)	将 2.15 四舍五入到一个小数位（2.2）
=ROUND(2.149, 1)	将 2.149 四舍五入到一个小数位（2.1）
=ROUND(-1.475, 2)	将-1.475 四舍五入到两个小数位（-1.48）
=ROUND(21.5, -1)	将 21.5 四舍五入到小数点左侧一位（20）

4. Now 函数

返回当前日期和时间。如果在输入函数前，单元格的格式为“常规”，则结果将设为日期格式。使用时加括号，无参数。

2.4　案例 4　企业日常财务明细表

财务管理主要是指企业中各种资金的统筹管理。只有账目清楚、数字准确才能使资金流动顺畅，满足各项工作的资金需求。财务报表不仅对财务人员重要，而且对企业管理人员同样重要，熟悉财务报表，才能了解资金运转情况，正确做出决策。财务人员需要对企业每天的资金进行即时的、逐笔的登记，因此需要制作“企业日常财务明细表”，而输入信息要按照标准的会计科目进行。本案例建立两个表：会计科目代码表、企业日常财务明细表，使用 Excel 的数据验证、LOOKUP 函数来保证输入信息的准确性。“企业日常财务明细表”的效果如图 2.4-1 所示。

2.4.1　建立“会计科目代码表”

一级科目代码必须符合现行的会计制度，由于企业用到的会计科目不同，因此建立的“会计科目代码表”的内容也不同，这里建立一个小企业常用的“会计科目代码表”，若用到其他会计科目和代码，可以添加。“会计科目代码表”主要包括科目代码和会计科目两项内容。

建立“会计科目代码表”结构，输入标题、列标题、科目代码、会计科目，将科目代码设置为文本居中，对工作表进行字体、填充颜色、表格线、居中等格式化处理，美化工作表，结果如图 2.4-2 所示。

	A	B	C	D	E	F	G	H	I	J	K
1	企业日常财务明细表										
2	2010年		凭证号	科目代码	科目名称	摘要	借方金额	贷方金额			
3	月	日									
4	9	3	1	102	银行存款	购买原材料		¥ 35,000		借方合计	贷方合计
5			1	121	材料采购	购买原材料	¥ 35,000			2170000	2170000
6	9	5	2	101	现金	销售货物	¥ 300,000				
7			2	102	银行存款	销售货物	¥ 700,000				
8			2	501	主营业务收入	销售货物		¥ 1,000,000			
9	9	6	3	101	现金	招待费		¥ 2,000			
10			3	511	管理费用	招待费	¥ 2,000				
11	9	10	4	535	所得税费用	应缴所得税	¥ 150,000				
12			4	221	应交税金	应缴所得税		¥ 150,000			
13	9	11	5	101	现金	提取准备金	¥ 100,000				
14			5	102	银行存款	提取准备金		¥ 100,000			
15	9	12	6	101	现金	发放工资		¥ 100,000			
16			6	203	应付账款	发放工资	¥ 100,000				
17	9	13	7	113	应收账款	冲坏账准备	¥ 6,500				
18			7	114	坏账准备	冲坏账准备		¥ 6,500			
19	9	14	8	102	银行存款	收回欠款	¥ 6,500				
20		14	8	113	应收账款	收回欠款		¥ 6,500			
21	9	20	9	503	营业费用	展览费	¥ 20,000				
22	9	20	9	102	银行存款	展览费		¥ 20,000			
23	9	24	10	502	主营业务成本	消耗原材料	¥ 750,000				
24	9	24	10	123	原材料	消耗原材料		¥ 750,000			
25											

图 2.4-1 企业日常财务明细表

	A	B
1	会计科目代码表	
2	科目代码	会计科目
3	101	现金
4	102	银行存款
5	109	其它货币资金
6	111	短期投资
7	112	应收票据
8	113	应收账款
9	114	坏账准备
10	115	其它应收款
11	119	预付账款
12	121	材料采购
13	123	原材料
14	131	生产成本
15	137	产成品
16	139	待摊费用
17	151	长期投资
18	161	固定资产
19	165	累计折旧
20	169	在建工程
21	171	无形资产
22	181	递延资产
23	201	短期借款
24	202	应付票据
25	203	应付账款
26	209	其它应付款

	A	B
25	203	应付账款
26	209	其它应付款
27	211	应付工资
28	214	应付福利费
29	221	应交税金
30	229	其它应交款
31	231	预提费用
32	241	长期借款
33	301	实收资本
34	313	盈余公积
35	321	本年利润
36	322	利润分配
37	401	生产成本
38	501	主营业务收入
39	502	主营业务成本
40	503	营业费用
41	511	管理费用
42	535	所得税费用
43		

图 2.4-2 创建“会计科目代码表”

2.4.2 添加会计科目

若当前的科目代码及名称不能满足实际需要，需要插入新的科目代码及名称，可以采用直接输入法、记录单法。

先删掉原来的第 19 行。假设需要在科目代码为“169”、会计科目为“在建工程”行的上方添加会计科目“累计折旧”项，其代码为“165”。

（1）直接输入法。右击科目代码“169”所在行，在弹出的快捷菜单中选择【插入】命令，在 A19 单元格中输入“165”，在 B19 单元格中输入“累计折旧”。

★ 输入文本型数字时，可以先输入数字，然后将单元格格式设置为文本型，也可以不通过单元格格式设置，直接输入撇号加数字，如“'155”。

（2）记录单法。

Step1　添加记录单

选择【文件】→【选项】→【快速访问工具栏】→在【从下列位置选择命令】下拉列表中选择【不在功能区中的命令】，从下面的列表框中选择【记录单】，单击【添加】按钮，添加到右侧窗格，单击【确定】按钮，则记录单功能按钮添加到快速访问工具栏中。

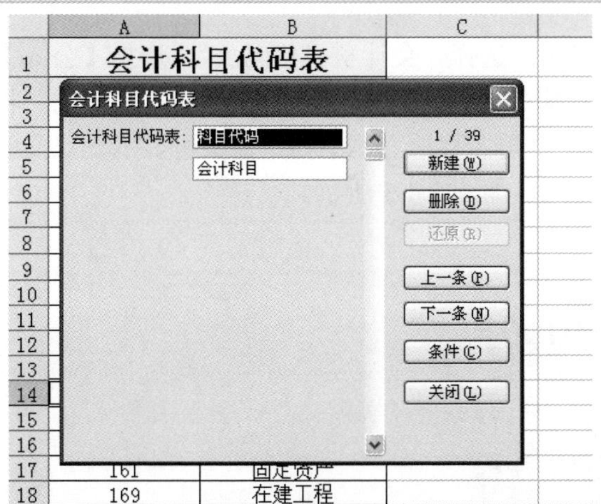

Step2　打开记录单

选中数据区域的某一单元格，单击【记录单】按钮，弹出【会计科目代码表】对话框，单击【上一条】或【下一条】按钮，可以对表格中的内容进行查看和修改。

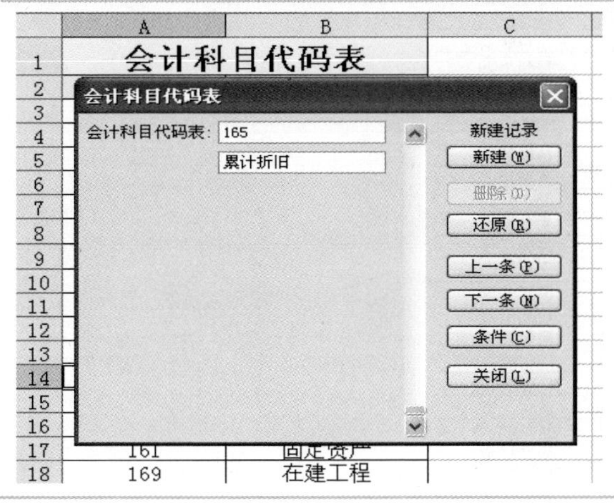

Step3　添加科目

单击【新建】按钮，在【会计科目代码表】文本框中输入“165”和“累计折旧”，添加完毕单击【关闭】按钮。

	A	B	C
1	会计科目代码表		
2	科目代码	会计科目	
3	101	现金	
4	102	银行存款	
5	111	短期投资	
6	112	应收票据	
7	113	应收账款	
8	114	坏账准备	
9	115	其它应收款	
10	119	预付账款	
11	121	材料采购	
12	124	低值易耗品	
13	131	生产成本	
14	137	产成品	
15	139	待摊费用	
16	151	长期投资	
17	161	固定资产	
18	165	累计折旧	
19	169	在建工程	
20	171	无形资产	
21	181	递延资产	

Step4 移动科目

选中末行该记录，鼠标移到边框处，待光标图标变为 4 个箭头时按住【Shift】键，拖动该行到“169”和“在建工程”之前。

2.4.3 命名数据区域名称

为了便于使用，需要对一些数据区域定义名称。选择“会计科目代码表”，选择【公式】→【定义的名称】→【定义名称】，将 A3:A42 区域定义名称“科目代码”。用同样的方法，将 B3:B42 区域定义名称“科目名称”。单击工作表左上角名称框右侧的向下箭头可显示已定义的名称，在名称栏选中相应名称可显示相应数据区域，如图 2.4-3 所示。

科目代码 ▾ fx

	A	B
1	会计科目代码表	
2	科目代码	会计科目
3	101	现金
4	102	银行存款
5	109	其它货币资金
6	111	短期投资
7	112	应收票据
8	113	应收账款
9	114	坏账准备
10	115	其它应收款
11	119	预付账款
12	121	材料采购
13	123	原材料
14	131	生产成本
15	137	产成品
16	139	待摊费用
17	151	长期投资
18	161	固定资产
19	165	累计折旧
20	169	在建工程
21	171	无形资产
22	181	递延资产
23	201	短期借款
24	202	应付票据
25	203	应付账款
26	209	其它应付款
27	211	应付工资
28	214	应付福利费
29	221	应交税金
30	229	其它应交款

图 2.4-3 显示定义的名称

2.4.4　建立“企业日常财务明细表”

“企业日常财务明细表”包括年月日、凭证号、科目代码、科目名称、摘要、借方金额、贷方金额。设置相应的单元格合并、居中、字体、颜色等，设置标题跨列居中，表结构如图 2.4-4 所示。

企业日常账务明细表							
年		凭证号	科目代码	科目名称	摘要	借方金额	贷方金额
月	日						

图 2.4-4　“企业日常账务明细表”结构

★　跨列居中设置：【公式】→【对齐方式】，打开启动器→【对齐】→在【水平对齐】下拉列表框中选择【跨列居中】。

2.4.5　设置数据有效性

对“科目代码”整列设置数据有效性，防止无效代码输入。

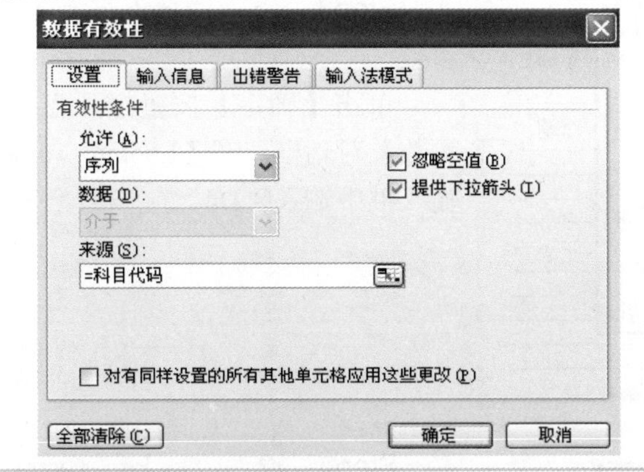

Step1　设置数据有效性

选中 D4 单元格，选择【数据】→【数据有效性】→【数据有效性】。在弹出的【数据有效性】对话框中选择【设置】选项卡，在【允许】下拉列表框中选择【序列】选项，在【来源】文本框中输入“=科目代码”。

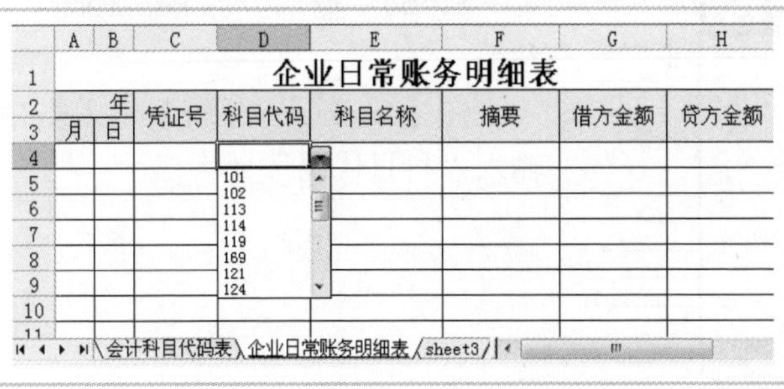

Step2　使用数据有效性

单击 D4 单元格，单元格右边出现下拉箭头，提供可选择的输入内容，防止输入非法数据。

设置 D4 单元格格式为文本居中，拖动 D4 填充柄填充 D4 列下面的单元格。

2.4.6　输入内容一致性

在科目名称处使用 LOOKUP 函数，保证输入“科目代码”后“科目名称”自动出现。

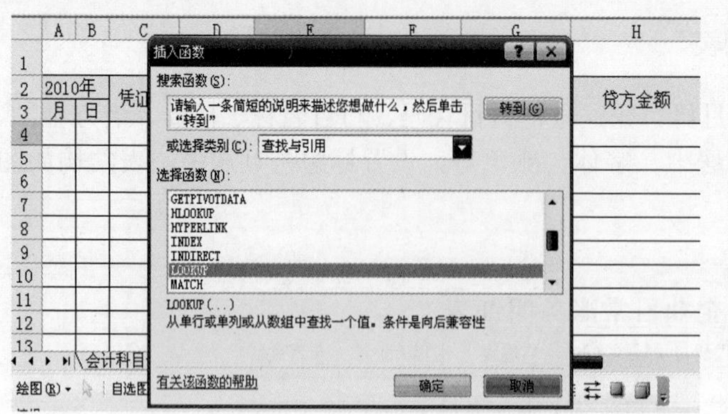

Step1 插入函数

选中 E4 单元格，单击【公式】→【插入函数】→在【搜索函数】处输入“lookup”，单击【转到】按钮，在【选择函数】列表框中出现“LOOKUP”。

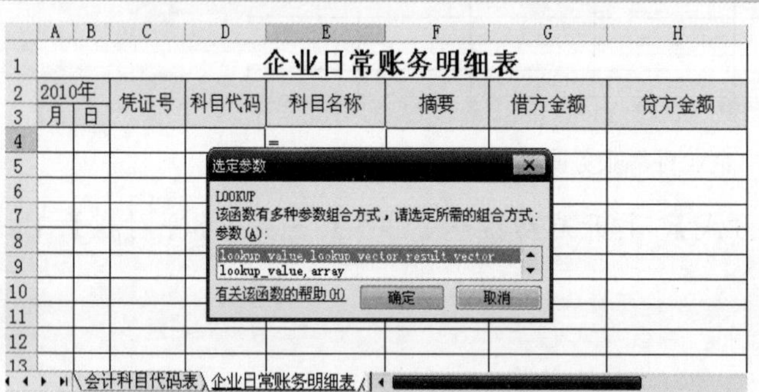

Step2 选择参数类型

单击【确定】按钮打开【选定参数】对话框，在下拉列表框中选择“lookup_value, lookup_vector, result_vector”选项。

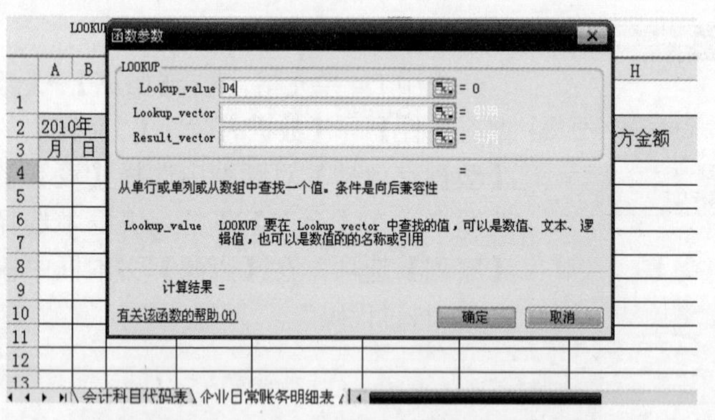

Step3 输入“lookup_value”参数

单击【确定】按钮打开【函数参数】对话框，在【Lookup_value】输入框中输入“D4”。

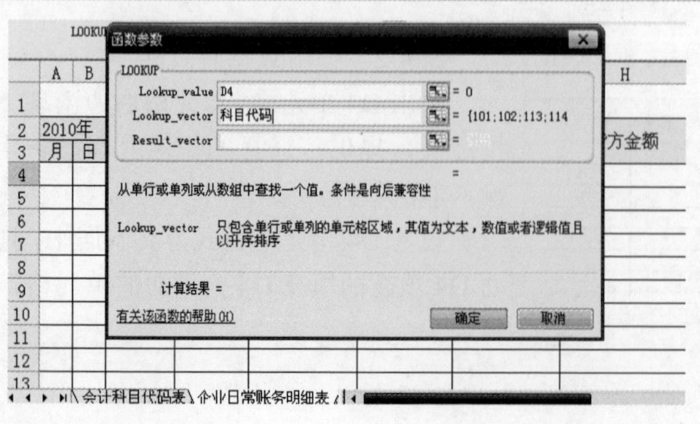

Step4 输入“lookup_vector”参数

在【Lookup_vector】输入框中输入“科目代码”。

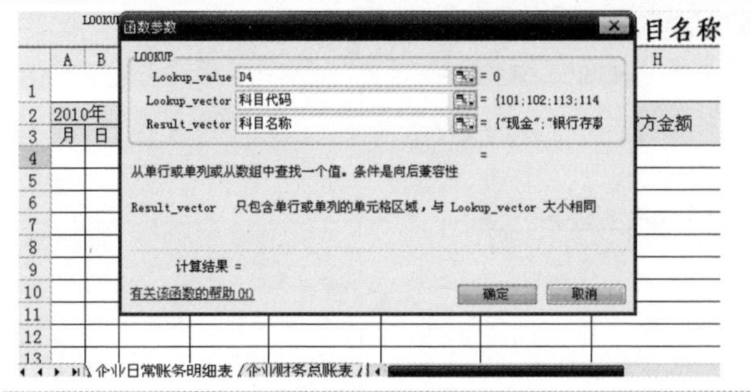

Step5　输入“Result_vector”参数

在【Result_vector】文本框中输入“科目名称”，然后单击【确定】按钮。

	A	B	C	D	E	F	G	H
1	企业日常账务明细表							
2	2010年		凭证号	科目代码	科目名称	摘要	借方金额	贷方金额
3	月	日						
4					#N/A			
5					#N/A			
6					#N/A			
7					#N/A			
8					#N/A			
9					#N/A			
10					#N/A			
11					#N/A			

企业日常账务明细表 / 企业财务总账表

Step6　填充 E4 列下面的单元格

输入完毕显示“#N/A”，拖动 E4 填充柄填充 E4 列下面的单元格。

	A	B	C	D	E	F	G	H
1	企业日常账务明细表							
2	2010年		凭证号	科目代码	科目名称	摘要	借方金额	贷方金额
3	月	日						
4				101	现金			
5					#N/A			
6					#N/A			
7					#N/A			
8					#N/A			
9					#N/A			
10					#N/A			
11					#N/A			

企业日常账务明细表 / 企业财务总账表

Step7　输入一致性控制

单击 D4 单元格右侧黑色下拉箭头，选择输入科目代码“101”时 E4 单元格自动显示“现金”。

	A	B	C	D	E	F	G	H
1	企业日常账务明细表							
2	年		凭证号	科目代码	科目名称	摘要	借方金额	贷方金额
3	月	日						
4				101	现金			
5				114	坏账准备			
6				119	其它应收款			
7				169	在建工程			
8				124	低值易耗品			
9								
10								

会计科目代码表 / 企业日常账务明细表 / sheet3

Step8　修改公式

避免 LOOKUP 函数后返回值为“#N/A”，将 E4 单元格公式修改为：

=IF(D4="","", LOOKUP(D4,科目代码,科目名称))

填充 E4 列下面的单元格。

在 D5:D8 输入科目代码，右侧自动显示科目名称。

★　①输入公式时要使用英文状态下的符号，如逗号、双引号，否则出错。

②修改公式完毕后单击编辑框左侧的输入按钮“√”或按【Enter】键退出公式编辑状态，若单击其他单元格，会误以为是修改公式参数。

2.4.7　设置其他单元格格式

在列标处选择 D 列，按【Delete】键将前面的测试内容删除。

选中 A4:C4 单元格区域，设置为数值居中，拖动填充 A4:C4 下面的单元格区域。

选中 D4:F4 单元格区域，设置为文本居中，拖动填充 D4:F4 下面的单元格区域。

选中 G4:H4 单元格区域，设置为会计专用格式，如图 2.4-5 所示。填充 G4:H4 下面的单元格区域。

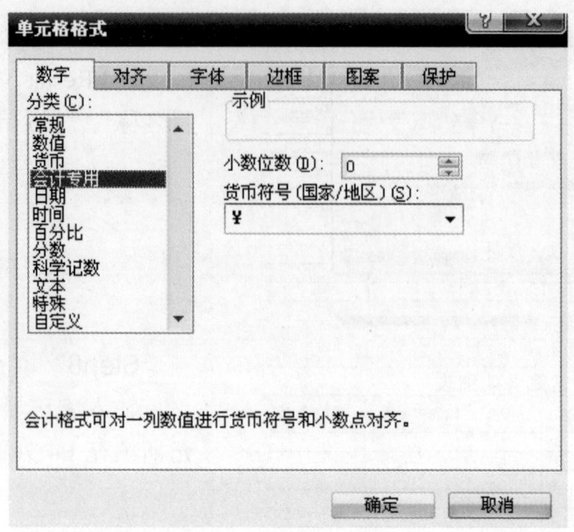

图 2.4-5 设置数值格式

★ 删除 D 列内容时，不要删除 E 列内容，否则会把前面输入的公式删掉。

2.4.8 输入第一笔业务

要记录某企业 2010 年 9 月 3 日的日常财务情况，企业从银行提取 35000 元用于材料采购，凭证号为 1，科目代码为 102 和 121，借方金额 35000 元，贷方金额 35000 元，如图 2.4-6 所示。

	A	B	C	D	E	F	G	H
1	企业日常账务明细表							
2	2010年		凭证号	科目代码	科目名称	摘要	借方金额	贷方金额
3	月	日						
4	9	3	1	102	银行存款	购买原材料		￥ 35,000
5			1	121	材料采购	购买原材料	￥ 35,000	
6								
7								
8								
9								
10								

会计科目代码表 \ 企业日常账务明细表 \ sheet3

图 2.4-6 记录第一笔明细

2.4.9 输入多笔业务

企业发生以下一些业务，按顺序编制成相应的记账凭证，如图 2.4-7 所示。

2.4.10 使用冻结窗格

当业务数据较多时，拖动垂直滚动条观察数据，但字段的标志行可能看不见，这样就不容易了解每列数据的含义，使用“冻结窗格”功能可以解决这个问题。

选中单元格 A4，在主菜单中选择【视图】→【冻结窗格】→【冻结拆分窗格】命令，此时工作表中的表头被冻结，如图 2.4-8 所示。

	A	B	C	D	E	F	G	H
1	企业日常财务明细表							
2	2010年		凭证号	科目代码	科目名称	摘要	借方金额	贷方金额
3	月	日						
4	9	3	1	102	银行存款	购买原材料		¥ 35,000
5			1	121	材料采购	购买原材料	¥ 35,000	
6	9	5	2	101	现金	销售货物	¥ 300,000	
7			2	102	银行存款	销售货物	¥ 700,000	
8			2	501	主营业务收入	销售货物		¥ 1,000,000
9	9	6	3	101	现金	招待费		¥ 2,000
10			3	511	管理费用	招待费	¥ 2,000	
11	9	10	4	535	所得税费用	应缴所得税	¥ 150,000	
12			4	221	应交税金	应缴所得税		¥ 150,000
13	9	11	5	101	现金	提取准备金	¥ 100,000	
14			5	102	银行存款	提取准备金		¥ 100,000
15	9	12	6	101	现金	发放工资		¥ 100,000
16			6	203	应付账款	发放工资	¥ 100,000	
17	9	13	7	113	应收账款	冲坏账准备	¥ 6,500	
18			7	114	坏账准备	冲坏账准备		¥ 6,500
19	9	14	8	102	银行存款	收回欠款	¥ 6,500	
20		14	8	113	应收账款	收回欠款		¥ 6,500
21	9	20	9	503	营业费用	展览费	¥ 20,000	
22	9	20	9	102	银行存款	展览费		¥ 20,000
23	9	24	10	502	主营业务成本	消耗原材料	¥ 750,000	
24	9	24	10	123	原材料	消耗原材料		¥ 750,000
25								

图 2.4-7　多笔凭证数据

	A	B	C	D	E	F	G	H
1	企业日常财务明细表							
2	2010年		凭证号	科目代码	科目名称	摘要	借方金额	贷方金额
3	月	日						
13	9	11	5	101	现金	提取准备金	¥ 100,000	
14			5	102	银行存款	提取准备金		¥ 100,000
15	9	12	6	101	现金	发放工资		¥ 100,000
16			6	203	应付账款	发放工资	¥ 100,000	
17	9	13	7	113	应收账款	冲坏账准备	¥ 6,500	
18			7	114	坏账准备	冲坏账准备		¥ 6,500
19	9	14	8	102	银行存款	收回欠款	¥ 6,500	
20		14	8	113	应收账款	收回欠款		¥ 6,500
21	9	20	9	503	营业费用	展览费	¥ 20,000	
22	9	20	9	102	银行存款	展览费		¥ 20,000
23	9	24	10	502	主营业务成本	消耗原材料	¥ 750,000	
24	9	24	10	123	原材料	消耗原材料		¥ 750,000
25								

图 2.4-8　冻结窗格

★　①冻结窗格是冻结选中单元格的上一行、左一列。

②取消冻结窗格，选择【视图】→【冻结窗格】→【取消冻结窗格】。

2.4.11　添加业务种类批注

企业某项业务种类繁多，需要使用批注来说明，如企业购买原材料，可能是购买各种类型原材料，为了加以区别，添加批注来说明原材料的内容。

选中 F4 单元格，右击→【插入批注】，此时在 F4 单元格一侧出现一个文本框，在文本框中输入批注的内容，单击工作表中的任意区域结束输入，如图 2.4-9 所示。

企业日常财务明细表

2010年 月	日	凭证号	科目代码	科目名称	摘要	借方金额	贷方金额
9	3	1	102	银行存款	购买原材料		¥ 35,000
		1	121	材料采购	购买原材料	¥ 35,000	
9	5	2	101	现金	销售货物	¥ 300,000	
		2	102	银行存款	销售货物	¥ 700,000	
		2	501	主营业务收入	销售货物		¥ 1,000,000
9	6	3	101	现金	招待费		¥ 2,000
		3	511	管理费用	招待费	¥ 2,000	
9	10	4	535	所得税	应缴所得税	¥ 150,000	
		4	221	应交税金	应缴所得税		¥ 150,000

棉花、大豆等农作物

图 2.4-9 添加批注

如果不希望批注的内容一直显示，可将其隐藏，选中 F4 单元格并右击，在弹出的快捷菜单中选择【隐藏批注】命令，此时 F4 单元格的右上角有一个红色的三角标志，光标放在 F4 单元格上时显示批注内容。

2.4.12 添加借贷方合计

企业每日账目逐项登记后，需要保证借贷方的数额相等。在此表右侧添加借贷方合计表格，用来验证借贷方平衡。

建立借贷方金额合计表，如图 2.4-10 所示。

图 2.4-10 借贷方金额合计

选中单元格 J5，在其中输入公式：

=SUM(G:G)

选中单元格 K5，在其中输入公式：

=SUM(H:H)

★ SUM 函数括号内的“G:G”表示第 G 列所有单元格的内容。

2.4.13 凭证信息查询

任选择“企业日常财务明细表”数据区域中的某一单元格，选择【数据】→【排序和筛选】功能组中的【筛选】，工作表进入自动筛选状态，字段名上方出现下拉按钮，如图 2.4-11 所示。

企业日常财务明细表

2010年 月	日	凭证号	科目代码	科目名称	摘要	借方金额	贷方金额
9	3	1	102	银行存款	购买原材料		¥ 35,000
		1	121	材料采购	购买原材料	¥ 35,000	
9	5	2	101	现金	销售货物	¥ 300,000	
		2	102	银行存款	销售货物	¥ 700,000	
		2	501	主营业务收入	销售货物		¥ 1,000,000
9	6	3	101	现金	招待费		¥ 2,000
		3	511	管理费用	招待费	¥ 2,000	
9	10	4	535	所得税	应缴所得税	¥ 150,000	

会计科目代码表 企业日常财务明细表

图 2.4-11 自动筛选

（1）按凭证号查询。例如，查询凭证编号从 4 到 6 的所有业务信息。单击“凭证号”下拉按钮，选择【数据筛选】。在弹出的对话框中输入如图 2.4-12 所示的条件，得到如图 2.4-13 所示的查询结果。

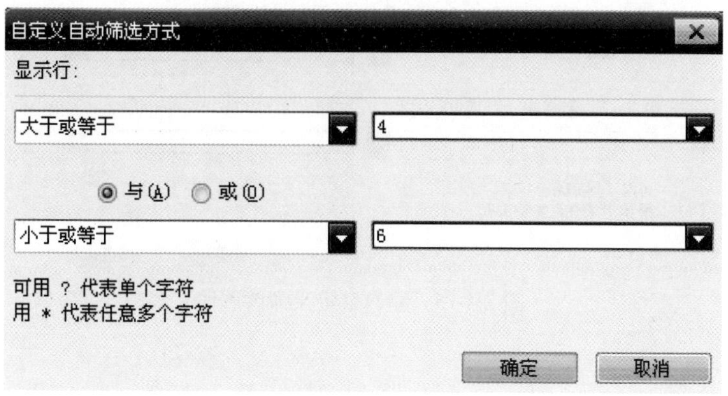

图 2.4-12　输入自定义筛选条件

	A	B	C	D	E	F	G	H
1					企业日常财务明细表			
11	9	10	4	535	所得税费用	应缴所得税	¥ 150,000	
12			4	221	应交税金	应缴所得税		¥ 150,000
13	9	11	5	101	现金	提取准备金	¥ 100,000	
14			5	102	银行存款	提取准备金		¥ 100,000
15	9	12	6	101	现金	发放工资		¥ 100,000
16			6	203	应付账款	发放工资	¥ 100,000	
25								

图 2.4-13　按凭证号查询结果

（2）按金额查询。例如“银行存款”收入大于 5000 元的所有凭证信息。选择【数据】→【筛选】→【全部显示】，显示所有凭证信息。单击“贷方金额”下拉按钮，先单击【全选】，再单击【空白】，筛选出无“贷方金额”的所有凭证信息，如图 2.4-14 所示。

	A	B	C	D	E	F	G	H
1					企业日常财务明细表			
3	月	日	凭证号	科目代码	科目名称	摘要	借方金额	贷方金额
5			1	121	材料采购	购买原材料	¥ 35,000	
6	9	5	2	101	现金	销售货物	¥ 300,000	
7			2	102	银行存款	销售货物	¥ 700,000	
10			3	511	管理费用	招待费	¥ 2,000	
11	9	10	4	535	所得税费用	应缴所得税	¥ 150,000	
13	9	11	5	101	现金	提取准备金	¥ 100,000	
16			6	203	应付账款	发放工资	¥ 100,000	
17	9	13	7	113	应收账款	冲坏账准备	¥ 6,500	
19	9	14	8	102	银行存款	收回欠款	¥ 6,500	
21	9	20	9	503	营业费用	展览费	¥ 20,000	
23	9	24	10	502	主营业务成本	消耗原材料	¥ 750,000	
25								

图 2.4-14　无贷方金额凭证信息

单击“借方金额”下拉按钮，选择【数据筛选】。在弹出的对话框中输入如图 2.4-15 所示的条件，得到如图 2.4-16 所示的查询结果。

单击“科目名称”下拉按钮，选择“银行存款”，得到如图 2.4-17 所示的查询结果。

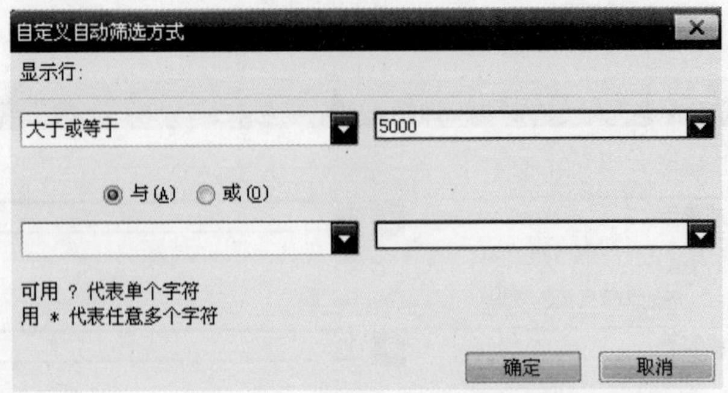

图 2.4-15 输入自定义筛选条件

	A	B	C	D	E	F	G	H
1					企业日常财务明细表			
5			1	121	材料采购	购买原材料	¥ 35,000	
6	9	5	2	101	现金	销售货物	¥ 300,000	
7			2	102	银行存款	销售货物	¥ 700,000	
11	9	10	4	535	所得税费用	应缴所得税	¥ 150,000	
13	9	11	5	101	现金	提取准备金	¥ 100,000	
16			6	203	应付账款	发放工资	¥ 100,000	
17	9	13	7	113	应收账款	冲坏账准备	¥ 6,500	
19	9	14	8	102	银行存款	收回欠款	¥ 6,500	
21	9	20	9	503	营业费用	展览费	¥ 20,000	
23	9	24	10	502	主营业务成本	消耗原材料	¥ 750,000	
25								

图 2.4-16 借方金额大于或等于 5000 的凭证信息

	A	B	C	D	E	F	G	H
1					企业日常财务明细表			
7			2	102	银行存款	销售货物	¥ 700,000	
19	9	14	8	102	银行存款	收回欠款	¥ 6,500	
25								
26								
27								
28								

图 2.4-17 查询结果

2.4.14 相关 Excel 知识

1. SUM 函数

返回某一单元格区域中所有数字之和。语法格式如下：

SUM(number1, number2, …)

其中，number1, number2, …为 1～30 个需要求和的参数。

示例：若数据如图 2.4-18 所示，则在 C2:C6 单元格输入以下公式，结果如图 2.4-19 所示。

	A	B	C
1	数据		
2	-5		
3	15		
4	30		
5	5		
6	TRUE		

图 2.4-18 SUM 示例

	A	B	C
1	数据		
2	-5		5
3	15		21
4	30		40
5	5		55
6	TRUE		2

图 2.4-19 输入公式后的结果

公式	说明
C2：=SUM(3, 2)	将 3 和 2 相加（5）
C3：=SUM("5", 15, TRUE)	将 5、15 和 1 相加，因为文本值被转换为数字，逻辑值 TRUE 被转换成数字 1（21）
C4：=SUM(A2:A4)	将此列中前 3 个数相加（40）
C5：=SUM(A2:A4, 15)	将此列中前 3 个数之和与 15 相加（55）
C6：=SUM(A5,A6, 2)	将上面最后两行中的值之和与 2 相加。因为引用非数值的值不被转换，故忽略上列中的数值（2）

2. 记录单输入

在含有较多数据的 Excel 表格中，输入数据过程中很容易出现串行现象，利用记录单可以有效地保证数据输入的准确性，而且在记录单中还可以完成对数据列表的上下条记录的浏览和简单数据查询。

（1）活动单元格定位在数据列表中的任一单元格，选择【数据】→【记录单】菜单命令，弹出【记录单】对话框。

（2）在【记录单】对话框中可以单击【上一条】或【下一条】按钮浏览数据列表中记录行的数据。

（3）单击【新建】按钮，可以往数据库列表中追加输入记录行数据，在【记录单】对话框中可以看到，基于公式的字段是不可以输入的，可输入数据输入完毕，公式字段自动计算出结果。

（4）单击【删除】按钮，可以删除显示的某记录行数据。

（5）单击【条件】按钮，【记录单】对话框进入条件输入状态，可以给每个字段设置查询条件，当多个字段设置条件时，条件之间是“与”关系。

3. 数据有效性

通过预先设置的输入数据取值范围，可以有效地保证数据的正确性和有效性。选中需要设置数据有效性的单元格区域，选择【数据】→【数据有效性】菜单命令，弹出【数据有效性】对话框。

在【数据有效性】对话框中，可以限制输入到单元格中的数据类型，包括数值、日期、时间和文本等；可以限定相关类型的数据输入范围；设置输入提示信息，当输入的数据不符合有效性规则时发出出错警告提示信息。

2.5　案例 5　企业财务总账表和月利润表

“企业日常财务明细表”是对企业每日经济业务的记录，而“企业财务总账表”是对日常财务的汇总，总账表中的“期初余额”是上个月的“期末余额”，“期末余额”是“期初余额”和“本期发生”的借贷方合计。本案例用到前面案例的“会计科目代码表”和“企业日常财务明细表”，制作的“企业财务总账表”的参考效果如图 2.5-1 所示。

利润表又称损益表，它是反映企业一定时期生产经营成果的会计报表，主要有月利润表和年利润表。利润表通过统计一定时期企业的营业收入和相关的营业费用支出得出企业一定时期的净利润（或净亏损）。通过分析利润表中收入、费用等情况，可以反映企业的经营成果，以及企业今后的利润发展趋势及获利能力。制作的“企业月利润表”的效果如图 2.5-2 所示。

	企业财务总账表					
科目代码	科目名称	期初余额		本期发生		期末余额
		借方	贷方	借方	贷方	
101	现金	¥ 33,449	¥ -	¥ 400,000	¥ 102,000	¥ 331,449
102	银行存款	¥ 22,268	¥ -	¥ 706,500	¥ 155,000	¥ 573,768
109	其它货币资金	¥ 30,000	¥ -	¥ -	¥ -	¥ 30,000
111	短期投资	¥ 3,000	¥ -	¥ -	¥ -	¥ 3,000
112	应收票据	¥ 49,200	¥ -	¥ -	¥ -	¥ 49,200
113	应收账款	¥ 248,754	¥ -	¥ 6,500	¥ 6,500	¥ 248,754
114	坏账准备	¥ -	¥ -	¥ -	¥ 6,500	¥ -6,500
115	其它应收款	¥ 38,071	¥ -	¥ -	¥ -	¥ 38,071
119	预付账款	¥ 77,200	¥ -	¥ -	¥ -	¥ 77,200
121	材料采购	¥ 136,628	¥ -	¥ 35,000	¥ -	¥ 171,628
123	原材料	¥ 810,000	¥ -	¥ -	¥ 750,000	¥ 60,000
131	生产成本	¥ -	¥ -	¥ -	¥ -	¥ -
137	产成品	¥ -	¥ -	¥ -	¥ -	¥ -
139	待摊费用	¥ 10,000	¥ -	¥ -	¥ -	¥ 10,000
151	长期投资	¥ 500,000	¥ -	¥ -	¥ -	¥ 500,000
161	固定资产	¥ 96,300	¥ -	¥ -	¥ -	¥ 96,300
165	累计折旧	¥ -	¥ 84,520	¥ -	¥ -	¥ -84,520
169	在建工程	¥ 150,040	¥ -	¥ -	¥ -	¥ 150,040
171	无形资产	¥ 329,090	¥ -	¥ -	¥ -	¥ 329,090
181	递延资产	¥ 230,000	¥ -	¥ -	¥ -	¥ 230,000
201	短期借款	¥ -	¥ 60,000	¥ -	¥ -	¥ -60,000
202	应付票据	¥ -	¥ 40,000	¥ -	¥ -	¥ -40,000
203	应付账款	¥ -	¥ 190,760	¥ 100,000	¥ -	¥ -90,760
209	其它应付款	¥ -	¥ 10,000	¥ -	¥ -	¥ -10,000
211	应付工资	¥ -	¥ 20,000	¥ -	¥ -	¥ -20,000
214	应付福利费	¥ -	¥ 2,000	¥ -	¥ -	¥ -2,000
221	应交税金	¥ 144,000	¥ -	¥ -	¥ 150,000	¥ -6,000
229	其它应交款	¥ -	¥ 1,320	¥ -	¥ -	¥ -1,320
231	预提费用	¥ -	¥ 5,000	¥ -	¥ -	¥ -5,000
241	长期借款	¥ -	¥ 820,000	¥ -	¥ -	¥ -820,000
301	实收资本	¥ -	¥1,468,684	¥ -	¥ -	¥ -1,468,684
313	盈余公积	¥ -	¥ 60,000	¥ -	¥ -	¥ -60,000
321	本年利润	¥ -	¥ 91,209	¥ -	¥ -	¥ -91,209
322	利润分配	¥ -	¥ 54,507	¥ -	¥ -	¥ -54,507
401	生产成本	¥ -	¥ -	¥ -	¥ -	¥ -
501	主营业务收入	¥ -	¥ -	¥ -	¥ 1,000,000	¥ -1,000,000
502	主营业务成本	¥ -	¥ -	¥ 750,000	¥ -	¥ 750,000
503	营业费用	¥ -	¥ -	¥ 20,000	¥ -	¥ 20,000
511	管理费用	¥ -	¥ -	¥ 2,000	¥ -	¥ 2,000
535	所得税费用	¥ -	¥ -	¥ 150,000	¥ -	¥ 150,000

平衡测算	
借方合计	¥ 2,170,000
贷方合计	¥ 2,170,000
借贷差额	¥ -
是否平衡	平衡

图 2.5-1　企业财务总账表

企 业 月 利 润 表		
编制单位：xx公司	2010年9月	单位：元
项　　目	行　次	本 月 数
一、主营业务收入	1	¥ 1,000,000
减：主营业务成本	2	¥ 750,000
主营业务税金及附加	3	
二、主营业务利润（亏损以“-”填列）	4	¥ 250,000
加：本年利润（亏损以“-”填列）	5	¥ -
减：营业费用	6	¥ 20,000
管理费用	7	¥ 2,000
财务费用	8	
三、营业利润（亏损以“-”填列）	9	¥ 228,000
加：投资收益（亏损以“-”填列）	10	
补贴收入	11	
营业外收入	12	
减：营业外支出	13	
四、利润总额（亏损以“-”填列）	14	¥ 228,000
减：所得税费用	15	¥ 150,000
五、净利润（亏损以“-”填列）	16	¥ 78,000

企业日常财务明细表 | 企业财务总账表 | 企业月利润表 | 资产负债...

图 2.5-2　企业月利润表

2.5.1　建立“企业财务总账表”

“企业财务总账表”包括科目代码、科目名称、期初余额、本期发生、期末余额。新建一个工作表，命名为“企业财务总账表”，输入相关内容，对输入的内容进行格式化设置，为工作表添加边框和背景色，如图 2.5-3 所示。

	A	B	C	D	E	F	G
1	企业财务总账表						
2	科目代码	科目名称	期初余额		本期发生		期末余额
3			借方	贷方	借方	贷方	
4							
5							

会计科目代码表 / 企业日常账务明细表 / 企业财务总账表

图 2.5-3　“企业财务总账表”结构

2.5.2　输入初始数据

在“企业财务总账表”中输入“科目代码”“科目名称”“期初余额”的借、贷方期初余额。“期初余额”是上一月份的“期末余额”。

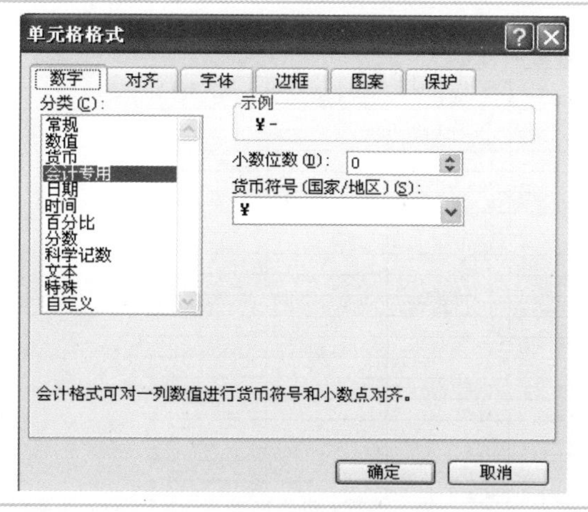

Step1　设置会计专用格式

选中 C4:G43 区域，在主菜单中选择【开始】→【数字】功能组，打开启动器→【会计专用】，在【小数位数】数字框中输入“0”，在【货币符号】下拉列表框中选择“¥”。

	A	B	C	D	E	F	G
1	企业财务总账表						
2	科目代码	科目名称	期初余额		本期发生		期末余额
3			借方	贷方	借方	贷方	
4	101	现金					
5	102	银行存款					
6	109	其它货币资金					
7	111	短期投资					
8	112	应收票据					
9	113	应收账款					
10	114	坏账准备					
11	115	其它应收款					
12	119	预付账款					
13	121	材料采购					
14	123	原材料					
15	131	生产成本					
16	137	产成品					
17	139	待摊费用					
18	151	长期投资					
19	161	固定资产					
20	165	累计折旧					
21	169	在建工程					
22	171	无形资产					
23	181	递延资产					
24	201	短期借款					
25	202	应付票据					

Step2　复制相关内容

将科目代码表的科目代码、科目名称复制到企业财务总账表中。

	A	B	C	D	E	F	G
1	企业财务总账表						
2	科目代码	科目名称	期初余额		本期发生		期末余额
3			借方	贷方	借方	贷方	
4	101	现金	¥ 33,449	¥ -			
5	102	银行存款	¥ 22,268	¥ -			
6	109	其它货币资金	¥ 30,000	¥ -			
7	111	短期投资	¥ 3,000	¥ -			
8	112	应收票据	¥ 49,200	¥ -			
9	113	应收账款	¥ 248,754	¥ -			
10	114	坏账准备	¥ -	¥ -			
11	115	其它应收款	¥ 38,071	¥ -			
12	119	预付账款	¥ 77,200	¥ -			
13	121	材料采购	¥ 136,628	¥ -			
14	123	原材料	¥ 810,000	¥ -			
15	131	生产成本	¥ -	¥ -			
16	137	产成品	¥ -	¥ -			
17	139	待摊费用	¥ 10,000	¥ -			
18	151	长期投资	¥ 500,000	¥ -			
19	161	固定资产	¥ 96,300	¥ -			
20	165	累计折旧	¥ -	¥ 84,520			
21	169	在建工程	¥ 150,040	¥ -			
22	171	无形资产	¥ 329,090	¥ -			
23	181	递延资产	¥ 230,000	¥ -			
24	201	短期借款	¥ -	¥ 60,000			

Step3　输入数据

输入借、贷方的期初余额（看不清或显示不下的内容参见图 2.5-1 和图 2.5-4，也可以调整常用工具栏中的显示比例）。

2.5.3　输入本期借方发生额

选中 E4 单元格，输入公式：

=SUMIF(企业日常账务明细表!$D$4:$D$24,A4,企业日常账务明细表!$G$4:$G$24)

填充 E4 单元格下面的同列其他单元格，则各科目代码本期发生的借方金额自动显示出来，如图 2.5-4 所示。

	A	B	C	D	E	F	G
1	企业财务总账表						
2	科目代码	科目名称	期初余额		本期发生		期末余额
3			借方	贷方	借方	贷方	
4	101	现金	¥ 33,449	¥ -	¥ 400,000		
5	102	银行存款	¥ 22,268	¥ -	¥ 706,500		
6	109	其它货币资金	¥ 30,000	¥ -	¥ -		
7	111	短期投资	¥ 3,000	¥ -	¥ -		
8	112	应收票据	¥ 49,200	¥ -	¥ -		
9	113	应收账款	¥ 248,754	¥ -	¥ 6,500		
10	114	坏账准备	¥ -	¥ -	¥ -		
11	115	其它应收款	¥ 38,071	¥ -	¥ -		
12	119	预付账款	¥ 77,200	¥ -	¥ -		
13	121	材料采购	¥ 136,628	¥ -	¥ 35,000		
14	123	原材料	¥ 810,000	¥ -	¥ -		
15	131	生产成本	¥ -	¥ -	¥ -		
16	137	产成品	¥ -	¥ -	¥ -		
17	139	待摊费用	¥ 10,000	¥ -	¥ -		
18	151	长期投资	¥ 500,000	¥ -	¥ -		
19	161	固定资产	¥ 96,300	¥ -	¥ -		
20	165	累计折旧	¥ -	¥ 84,520	¥ -		
21	169	在建工程	¥ 150,040	¥ -	¥ -		
22	171	无形资产	¥ 329,090	¥ -	¥ -		
23	181	递延资产	¥ 230,000	¥ -	¥ -		
24	201	短期借款	¥ -	¥ 60,000	¥ -		
25	202	应付票据	¥ -	¥ 40,000	¥ -		
26	203	应付账款	¥ -	¥ 190,760	¥ 100,000		
27	209	其它应付款	¥ -	¥ 10,000	¥ -		
28	211	应付工资	¥ -	¥ 20,000	¥ -		
29	214	应付福利费	¥ -	¥ 2,000	¥ -		
30	221	应交税金	¥ 144,000	¥ -	¥ -		
31	229	其它应交款	¥ -	¥ 1,320	¥ -		
32	231	预提费用	¥ -	¥ 5,000	¥ -		
33	241	长期借款	¥ -	¥ 820,000	¥ -		
34	301	实收资本	¥ -	¥1,468,684	¥ -		
35	313	盈余公积	¥ -	¥ 60,000	¥ -		
36	321	本年利润	¥ -	¥ 91,209	¥ -		
37	322	利润分配	¥ -	¥ 54,507	¥ -		
38	401	生产成本	¥ -	¥ -	¥ -		
39	501	主营业务收入	¥ -	¥ -	¥ -		
40	502	主营业务成本	¥ -	¥ -	¥ 750,000		
41	503	营业费用	¥ -	¥ -	¥ 20,000		
42	511	管理费用	¥ -	¥ -	¥ 2,000		
43	535	所得税费用	¥ -	¥ -	¥ 150,000		
44							

图 2.5-4　总账表的借方本期发生额

2.5.4　输入本期贷方发生额

选中 F4 单元格，输入公式：

=SUMIF(企业日常账务明细表!$D$4:$D$24,A4,企业日常账务明细表!$H$4:$H$24)

填充 F4 单元格下面的同列其他单元格，则各科目代码本期发生的贷方金额自动显示出来，如图 2.5-5 所示。

企业财务总账表						
科目代码	科目名称	期初余额		本期发生		期末余额
		借方	贷方	借方	贷方	
101	现金	¥ 33,449	¥ -	¥ 400,000	¥ 102,000	
102	银行存款	¥ 22,268	¥ -	¥ 706,500	¥ 155,000	
109	其它货币资金	¥ 30,000	¥ -	¥ -	¥ -	
111	短期投资	¥ 3,000	¥ -	¥ -	¥ -	
112	应收票据	¥ 49,200	¥ -	¥ -	¥ -	
113	应收账款	¥ 248,754	¥ -	¥ 6,500	¥ 6,500	
114	坏账准备	¥ -	¥ -	¥ -	¥ 6,500	
115	其它应收款	¥ 38,071	¥ -	¥ -	¥ -	
119	预付账款	¥ 77,200	¥ -	¥ -	¥ -	
121	材料采购	¥ 136,628	¥ -	¥ 35,000	¥ -	
123	原材料	¥ 810,000	¥ -	¥ -	¥ 750,000	
131	生产成本	¥ -	¥ -	¥ -	¥ -	
137	产成品	¥ -	¥ -	¥ -	¥ -	
139	待摊费用	¥ 10,000	¥ -	¥ -	¥ -	
151	长期投资	¥ 500,000	¥ -	¥ -	¥ -	
161	固定资产	¥ 96,300	¥ -	¥ -	¥ -	
165	累计折旧	¥ -	¥ 84,520	¥ -	¥ -	
169	在建工程	¥ 150,040	¥ -	¥ -	¥ -	
171	无形资产	¥ 329,090	¥ -	¥ -	¥ -	
181	递延资产	¥ 230,000	¥ -	¥ -	¥ -	
201	短期借款	¥ -	¥ 60,000	¥ -	¥ -	
202	应付票据	¥ -	¥ 40,000	¥ -	¥ -	
203	应付账款	¥ -	¥ 190,760	¥ 100,000	¥ -	
209	其它应付款	¥ -	¥ 10,000	¥ -	¥ -	
211	应付工资	¥ -	¥ 20,000	¥ -	¥ -	
214	应付福利费	¥ -	¥ 2,000	¥ -	¥ -	
221	应交税金	¥ 144,000	¥ -	¥ -	¥ 150,000	
229	其它应交款	¥ -	¥ 1,320	¥ -	¥ -	
231	预提费用	¥ -	¥ 5,000	¥ -	¥ -	
241	长期借款	¥ -	¥ 820,000	¥ -	¥ -	
301	实收资本	¥ -	¥1,468,684	¥ -	¥ -	
313	盈余公积	¥ -	¥ 60,000	¥ -	¥ -	
321	本年利润	¥ -	¥ 91,209	¥ -	¥ -	
322	利润分配	¥ -	¥ 54,507	¥ -	¥ -	
401	生产成本	¥ -	¥ -	¥ -	¥ -	
501	主营业务收入	¥ -	¥ -	¥ -	¥ 1,000,000	
502	主营业务成本	¥ -	¥ -	¥ 750,000	¥ -	
503	营业费用	¥ -	¥ -	¥ 20,000	¥ -	
511	管理费用	¥ -	¥ -	¥ 2,000	¥ -	
535	所得税费用	¥ -	¥ -	¥ 150,000	¥ -	

图 2.5-5　总账表的贷方本期发生额

2.5.5　计算期末余额

期末余额的计算公式：

期末余额=期初余额借方－期初余额贷方+本期发生借方－本期发生贷方

选中 G4 单元格，输入公式：

=C4－D4+E4－F4

填充 G4 单元格下面的同列其他单元格，如图 2.5-6 所示。

	A	B	C	D	E	F	G
1	企业财务总账表						
2	科目代码	科目名称	期初余额		本期发生		期末余额
3			借方	贷方	借方	贷方	
4	101	现金	¥ 33,449	¥ -	¥ 400,000	¥ 102,000	¥ 331,449
5	102	银行存款	¥ 22,268	¥ -	¥ 706,500	¥ 155,000	¥ 573,768
6	109	其它货币资金	¥ 30,000	¥ -	¥ -	¥ -	¥ 30,000
7	111	短期投资	¥ 3,000	¥ -	¥ -	¥ -	¥ 3,000
8	112	应收票据	¥ 49,200	¥ -	¥ -	¥ -	¥ 49,200
9	113	应收账款	¥ 248,754	¥ -	¥ 6,500	¥ 6,500	¥ 248,754
10	114	坏账准备	¥ -	¥ -	¥ -	¥ 6,500	¥ -6,500
11	115	其它应收款	¥ 38,071	¥ -	¥ -	¥ -	¥ 38,071
12	119	预付账款	¥ 77,200	¥ -	¥ -	¥ -	¥ 77,200
13	121	材料采购	¥ 136,628	¥ -	¥ 35,000	¥ -	¥ 171,628
14	123	原材料	¥ 810,000	¥ -	¥ -	¥ 750,000	¥ 60,000
15	131	生产成本	¥ -	¥ -	¥ -	¥ -	¥ -
16	137	产成品	¥ -	¥ -	¥ -	¥ -	¥ -
17	139	待摊费用	¥ 10,000	¥ -	¥ -	¥ -	¥ 10,000
18	151	长期投资	¥ 500,000	¥ -	¥ -	¥ -	¥ 500,000
19	161	固定资产	¥ 96,300	¥ -	¥ -	¥ -	¥ 96,300
20	165	累计折旧	¥ -	¥ 84,520	¥ -	¥ -	¥ -84,520
21	169	在建工程	¥ 150,040	¥ -	¥ -	¥ -	¥ 150,040
22	171	无形资产	¥ 329,090	¥ -	¥ -	¥ -	¥ 329,090
23	181	递延资产	¥ 230,000	¥ -	¥ -	¥ -	¥ 230,000
24	201	短期借款	¥ -	¥ 60,000	¥ -	¥ -	¥ -60,000
25	202	应付票据	¥ -	¥ 40,000	¥ -	¥ -	¥ -40,000
26	203	应付账款	¥ -	¥ 190,760	¥ 100,000	¥ -	¥ -90,760
27	209	其它应付款	¥ -	¥ 10,000	¥ -	¥ -	¥ -10,000
28	211	应付工资	¥ -	¥ 20,000	¥ -	¥ -	¥ -20,000
29	214	应付福利费	¥ -	¥ 2,000	¥ -	¥ -	¥ -2,000
30	221	应交税金	¥ 144,000	¥ -	¥ -	¥ 150,000	¥ -6,000
31	229	其它应交款	¥ -	¥ 1,320	¥ -	¥ -	¥ -1,320
32	231	预提费用	¥ -	¥ 5,000	¥ -	¥ -	¥ -5,000
33	241	长期借款	¥ -	¥ 820,000	¥ -	¥ -	¥ -820,000
34	301	实收资本	¥ -	¥1,468,684	¥ -	¥ -	¥ -1,468,684
35	313	盈余公积	¥ -	¥ 60,000	¥ -	¥ -	¥ -60,000
36	321	本年利润	¥ -	¥ 91,209	¥ -	¥ -	¥ -91,209
37	322	利润分配	¥ -	¥ 54,507	¥ -	¥ -	¥ -54,507
38	401	生产成本	¥ -	¥ -	¥ -	¥ -	¥ -
39	501	主营业务收入	¥ -	¥ -	¥ -	¥ 1,000,000	¥ -1,000,000
40	502	主营业务成本	¥ -	¥ -	¥ 750,000	¥ -	¥ 750,000
41	503	营业费用	¥ -	¥ -	¥ 20,000	¥ -	¥ 20,000
42	511	管理费用	¥ -	¥ -	¥ 2,000	¥ -	¥ 2,000
43	535	所得税费用	¥ -	¥ -	¥ 150,000	¥ -	¥ 150,000
44							

图 2.5-6 总账表的期末余额

2.5.6 添加平衡测算表

与“企业日常账务明细表”相似，添加借贷方平衡测算表来检验借贷方数额是否相等。建立平衡测算表并输入基本内容，如图 2.5-7 所示。

选中 J4 单元格，输入公式：

```
=SUM(E:E)
```

选中 J5 单元格，输入公式：

```
=SUM(F:F)
```

选中 J6 单元格，输入公式：

```
=J4-J5
```

选中 J7 单元格，输入公式：

```
=IF(J6=0,"平衡","不平衡")
```

运行效果如图 2.5-8 所示。

H	I	J
	平衡测算	
	借方合计	
	贷方合计	
	借贷差额	
	是否平衡	

图 2.5-7　平衡测算表的结构

H	I	J
	平衡测算	
	借方合计	¥　2,170,000
	贷方合计	¥　2,170,000
	借贷差额	¥　－
	是否平衡	平衡

图 2.5-8　平衡测算的运算结果

2.5.7　建立“企业月利润表”

（1）将前面已包含“会计科目代码表”“企业日常财务明细表”和“企业财务总账表”的工作簿改名为“企业财务管理”。

（2）打开“企业财务管理”工作簿，添加一个新工作表，将工作表标签“Sheet1”重命名为“企业月利润表”。

（3）在“企业月利润表”中输入标题、编制单位、编制日期、单位和列项目，设置格式、添加边框，在工作表的左侧和上方分别插入一列和一行，得到的效果如图 2.5-9 所示。

	A	B	C	D
1				
2		企 业 月 利 润 表		
3		编制单位：xx公司	2010年9月	单位：元
4		项　目	行　次	本 月 数
5				
6				
7				
8				
9				
10				

图 2.5-9　“企业月利润表”结构

（4）在“企业月利润表”中输入各个损益科目和行次，如图 2.5-10 所示。

	A	B	C	D
1				
2		企 业 月 利 润 表		
3		编制单位：xx公司	2010年9月	单位：元
4		项　目	行　次	本 月 数
5		一、主营业务收入	1	
6		减：主营业务成本	2	
7		主营业务税金及附加	3	
8		二、主营业务利润（亏损以“-”填列）	4	
9		加：本年利润（亏损以“-”填列）	5	
10		减：营业费用	6	
11		管理费用	7	
12		财务费用	8	
13		三、营业利润（亏损以“-”填列）	9	
14		加：投资收益（亏损以“-”填列）	10	
15		补贴收入	11	
16		营业外收入	12	
17		减：营业外支出	13	
18		四、利润总额（亏损以“-”填列）	14	
19		减：所得税费用	15	
20		五、净利润（亏损以“-”填列）	16	
21				

… 企业日常财务明细表　企业财务总账表　企业月利润表　资产负债…

图 2.5-10　输入科目和行次

2.5.8 计算利润表中各项内容

企业月利润表		
编制单位：xx公司	2010年9月	单位：元
项 目	行 次	本月数
一、主营业务收入	1	¥ 1,000,000
减：主营业务成本	2	
主营业务税金及附加	3	
二、主营业务利润（亏损以“-”填列）	4	
加：本年利润（亏损以“-”填列）	5	
减：营业费用	6	
管理费用	7	
财务费用	8	
三、营业利润（亏损以“-”填列）	9	
加：投资收益（亏损以“-”填列）	10	
补贴收入	11	
营业外收入	12	
减：营业外支出	13	
四、利润总额（亏损以“-”填列）	14	
减：所得税费用	15	
五、净利润（亏损以“-”填列）	16	

Step1 计算主营业务收入

将总账表中主营业务收入的贷方发生额汇总求和。

选中 D5 单元格，输入公式：

=SUMIF(企业财务总账表!A:A,501,企业财务总账表!F:F)

企业月利润表		
编制单位：xx公司	2010年9月	单位：元
项 目	行 次	本月数
一、主营业务收入	1	¥ 1,000,000
减：主营业务成本	2	¥ 750,000
主营业务税金及附加	3	
二、主营业务利润（亏损以“-”填列）	4	
加：本年利润（亏损以“-”填列）	5	
减：营业费用	6	
管理费用	7	
财务费用	8	
三、营业利润（亏损以“-”填列）	9	
加：投资收益（亏损以“-”填列）	10	
补贴收入	11	
营业外收入	12	
减：营业外支出	13	
四、利润总额（亏损以“-”填列）	14	
减：所得税费用	15	
五、净利润（亏损以“-”填列）	16	

Step2 计算主营业务成本

将总账表中主营业务成本的借方发生额汇总求和。

选中 D6 单元格，输入公式：

=SUMIF(企业财务总账表!A:A,502,企业财务总账表!E:E)

企业月利润表		
编制单位：xx公司	2010年9月	单位：元
项 目	行 次	本月数
一、主营业务收入	1	¥ 1,000,000
减：主营业务成本	2	¥ 750,000
主营业务税金及附加	3	
二、主营业务利润（亏损以“-”填列）	4	¥ 250,000
加：本年利润（亏损以“-”填列）	5	
减：营业费用	6	
管理费用	7	
财务费用	8	
三、营业利润（亏损以“-”填列）	9	
加：投资收益（亏损以“-”填列）	10	
补贴收入	11	
营业外收入	12	
减：营业外支出	13	
四、利润总额（亏损以“-”填列）	14	
减：所得税费用	15	
五、净利润（亏损以“-”填列）	16	

Step3 计算主营业务利润

主营业务利润=主营业务收入-主营业务成本。

选中 D8 单元格，输入公式：

=D5-D6-D7

Step4　计算其他损益科目的值

选中 D9 单元格，输入公式：

=SUMIF(企业财务总账表!A:A,321,企业财务总账表!E:E)

选中 D10 单元格，输入公式：

=SUMIF(企业财务总账表!A:A,503,企业财务总账表!E:E)

选中 D11 单元格，输入公式：

=SUMIF(企业财务总账表!A:A,511,企业财务总账表!E:E)

选中 D19 单元格，输入公式：

=SUMIF(企业财务总账表!A:A,535,企业财务总账表!E:E)

	B	C	D
1			
2	企 业 月 利 润 表		
3	编制单位：xx公司	2010年9月	单位：元
4	项　目	行　次	本 月 数
5	一、主营业务收入	1	¥ 1,000,000
6	减：主营业务成本	2	¥ 750,000
7	主营业务税金及附加	3	
8	二、主营业务利润（亏损以“-”填列）	4	¥ 250,000
9	加：本年利润（亏损以“-”填列）	5	¥ -
10	减：营业费用	6	¥ 20,000
11	管理费用	7	¥ 2,000
12	财务费用	8	
13	三、营业利润（亏损以“-”填列）	9	
14	加：投资收益（亏损以“-”填列）	10	
15	补贴收入	11	
16	营业外收入	12	
17	减：营业外支出	13	
18	四、利润总额（亏损以“-”填列）	14	
19	减：所得税费用	15	¥ 150,000
20	五、净利润（亏损以“-”填列）	16	

Step5　计算营业利润

营业利润=主营业务利润+本年利润-营业费用-管理费用-财务费用。

选中 D13 单元格，输入公式：

=D8+D9-D10-D11-D12

	B	C	D
1			
2	企 业 月 利 润 表		
3	编制单位：xx公司	2010年9月	单位：元
4	项　目	行　次	本 月 数
5	一、主营业务收入	1	¥ 1,000,000
6	减：主营业务成本	2	¥ 750,000
7	主营业务税金及附加	3	
8	二、主营业务利润（亏损以“-”填列）	4	¥ 250,000
9	加：本年利润（亏损以“-”填列）	5	¥ -
10	减：营业费用	6	¥ 20,000
11	管理费用	7	¥ 2,000
12	财务费用	8	
13	三、营业利润（亏损以“-”填列）	9	¥ 228,000
14	加：投资收益（亏损以“-”填列）	10	
15	补贴收入	11	
16	营业外收入	12	
17	减：营业外支出	13	
18	四、利润总额（亏损以“-”填列）	14	
19	减：所得税费用	15	¥ 150,000
20	五、净利润（亏损以“-”填列）	16	

Step6　计算利润总额

利润总额=营业利润+投资收益+补贴收入+营业外收入-营业外支出。

选中 D18 单元格，输入公式：

=D13+D14+D15+D16-D17

	B	C	D
1			
2	企 业 月 利 润 表		
3	编制单位：xx公司	2010年9月	单位：元
4	项　目	行　次	本 月 数
5	一、主营业务收入	1	¥ 1,000,000
6	减：主营业务成本	2	¥ 750,000
7	主营业务税金及附加	3	
8	二、主营业务利润（亏损以“-”填列）	4	¥ 250,000
9	加：本年利润（亏损以“-”填列）	5	¥ -
10	减：营业费用	6	¥ 20,000
11	管理费用	7	¥ 2,000
12	财务费用	8	
13	三、营业利润（亏损以“-”填列）	9	¥ 228,000
14	加：投资收益（亏损以“-”填列）	10	
15	补贴收入	11	
16	营业外收入	12	
17	减：营业外支出	13	
18	四、利润总额（亏损以“-”填列）	14	¥ 228,000
19	减：所得税费用	15	¥ 150,000
20	五、净利润（亏损以“-”填列）	16	

	B	C	D
1			
2	企 业 月 利 润 表		
3	编制单位：xx公司	2010年9月	单位：元
4	项 目	行 次	本 月 数
5	一、主营业务收入	1	¥ 1,000,000
6	减：主营业务成本	2	¥ 750,000
7	主营业务税金及附加	3	
8	二、主营业务利润（亏损以“-”填列）	4	¥ 250,000
9	加：本年利润（亏损以“-”填列）	5	¥ -
10	减：营业费用	6	¥ 20,000
11	管理费用	7	¥ 2,000
12	财务费用	8	
13	三、营业利润（亏损以“-”填列）	9	¥ 228,000
14	加：投资收益（亏损以“-”填列）	10	
15	补贴收入	11	
16	营业外收入	12	
17	减：营业外支出	13	
18	四、利润总额（亏损以“-”填列）	14	¥ 228,000
19	减：所得税费用	15	¥ 150,000
20	五、净利润（亏损以“-”填列）	16	¥ 78,000

Step7　计算净利润

净利润=利润总额-所得税。

选中 D20 单元格，输入公式：

=D18-D19

★　①利润表中空的位置表示本期业务发生中没有该项数据。

②利润表包括主营业务收入、主营业务利润、营业利润、利润总额和净利润等 5 个主要的损益科目，其表达的是企业在某一段时期内获利的能力。

2.5.9　相关 Excel 知识

1．SUMIF 函数

SUMIF 函数表示根据指定条件对若干单元格求和。语法格式如下：

SUMIF(range, criteria, sum_range)

其中，range 为用于条件判断的单元格区域；criteria 为确定哪些单元格将被相加求和的条件，其形式可以为数字、表达式或文本；sum_range 为需要求和的实际单元格。

示例：若数据如图 2.5-11 中的 A、B 列所示，则在 C2 单元格中输入公式：

=SUMIF(A2:A5,">160000",B2:B5)

结果显示在 C2 单元格中。

	A	B	C
1	属性值	佣金	
2	100,000	7,000	63,000
3	200,000	14,000	
4	300,000	21,000	
5	400,000	28,000	
6			

图 2.5-11　SUMIF 示例

2．用 VLOOKUP 函数替换 SUMIF 函数

由于总账表已经是各科目的合计数据，所以 SUMIF 函数的求和作用没有体现出来，当然使用 SUMIF 函数也没错只是没充分发挥它的作用，可以使用 VLOOKUP 函数直接调出相应科目的合计数据。

计算主营业务收入，在 D5 单元格中输入公式：

=VLOOKUP("501",企业财务总账表!A4:G43,6,0)

计算主营业务成本，在 D6 单元格中输入公式：

=VLOOKUP("502",企业财务总账表!A4:G43,6,0)

由于科目代码设为文本类型，所以加上双引号，如“501”，公式最后的参数 0 表示精确匹配。

2.6　案例 6　企业资产负债表

“企业资产负债表”是反映企业某一特定日期财务状况的会计报表，它表明企业某一特定日期所拥有或控制的经济资源、所承担的现有义务和所有者对净资产的要求权。资产负债表

日是指会计年末和会计中期期末，年度资产负债表日是指每年的 12 月 31 日，中期资产负债表日是指各会计中期期末，包括月末、季末和半年末。本案例使用前面案例的财务明细表、总账表建立资产负债表，企业资产负债表的效果如图 2.6-1 所示。

	A	B	C	D	E	F	G	H
1	资产负债表							
2	编制单位：			编制日期：				单位：元
3	资产	行次	年初数	期末数	负债及所有者权益	行次	年初数	期末数
4	流动资产：				流动负债：			
5	货币资金	1	632,000	935,217	短期借款	18	45,000	60,000
6	短期投资	2	50,000	3,000	应付票据	19	36,200	40,000
7	应收票据	3	300,000	49,200	应付账款	20	90,000	90,760
8	应收账款	4	232,000	248,754	其它应付款	21	38,000	10,000
9	减：坏账准备	5	2,300	6,500	应付工资	22	32,000	20,000
10	应收账款净额	6	229,700	242,254	应付福利费	23	1,300	2,000
11	预付账款	7	63,200	77,200	应交税金	24	4,000	6,000
12	其它应收款	8	20,120	38,071	其它应交款	25	2,000	1,320
13	存货	9	102,500	231,628	预提费用	26	2,350	5,000
14	待摊费用	10	15,000	10,000	流动负债合计		250,850	235,080
15	流动资产合计		1,112,520	1,586,570				
16	长期投资：				长期负债：			
17	长期投资	11	490,000	500,000	长期借款	27	919,500	820,000
18	固定资产：				负债合计		1,170,350	1,055,080
19	固定资产原值	12	95,000	96,300				
20	减：累计折旧	13	85,000	84,520				
21	固定资产净值	14	10,000	11,780	所有者权益：			
22	在建工程	15	145,000	150,040	实收资本	28	1,087,170	1,468,684
23	固定资产合计		155,000	161,820	盈余公积	29	50,000	60,000
24	无形资产	16	300,000	329,090	未分配利润	30		223,716
25	递延资产	17	250,000	230,000	所有者权益合计		1,137,170	1,752,400
26	无形资产递延资产合计		550,000	559,090				
27	资产合计		2,307,520	2,807,480	负债及所有者权益合计		2,307,520	2,807,480
28								

图 2.6-1　企业资产负债表

2.6.1　建立“资产负债表”

“资产负债表”中包括标题、编制单位、编制日期、单位和列项目，其中列项目包括资产、负债及所有者权益，以及各自的年初数、期末数、行次。行次是资产负债表中要求的各科目顺序号。输入标题和列项目，设置字体格式，添加边框和背景色，如图 2.6-2 所示。

选择 C4:D27 和 G4:H27 单元格区域，在主菜单中选择【开始】→【数字】，打开启动器→选择【数字】选项卡中的【货币】，设置小数位数为“0”、货币符号为“无”、负数为黑色“-1,234”，单击【确定】按钮。

	A	B	C	D	E	F	G	H
1	资产负债表							
2	编制单位：			编制日期：				单位：元
3	资产	行次	年初数	期末数	负债及所有者权益	行次	年初数	期末数
4	流动资产：				流动负债：			
5	货币资金	1			短期借款	18		
6	短期投资	2			应付票据	19		
7	应收票据	3			应付账款	20		
8	应收账款	4			其它应付款	21		
9	减：坏账准备	5			应付工资	22		
10	应收账款净额	6			应付福利费	23		
11	预付账款	7			应交税金	24		
12	其它应收款	8			其它应交款	25		
13	存货	9			预提费用	26		
14	待摊费用	10			流动负债合计			
15	流动资产合计							
16	长期投资：				长期负债：			
17	长期投资	11			长期借款	27		
18	固定资产：				负债合计			
19	固定资产原值	12						
20	减：累计折旧	13						
21	固定资产净值	14			所有者权益：			
22	在建工程	15			实收资本	28		
23	固定资产合计				盈余公积	29		
24	无形资产	16			未分配利润	30		
25	递延资产	17			所有者权益合计			
26	无形资产递延资产合计							
27	资产合计				负债及所有者权益合计			
28								

企业日常账务明细表 / 企业财务总账表 / 资产负债表

图 2.6-2　创建资产负债表

2.6.2 输入年初数

在 C4:C27 和 G4:G27 区域输入年初数，如图 2.6-3 所示。年初数是企业财务人员在上一个工作年度末根据企业的具体经营情况计算的数据（这里是虚拟数据）。

	A	B	C	D	E	F	G	H
1	资产负债表							
2	编制单位：			编制日期：				单位：元
3	资产	行次	年初数	期末数	负债及所有者权益	行次	年初数	期末数
4	流动资产：				流动负债：			
5	货币资金	1	632,000		短期借款	18	45,000	
6	短期投资	2	50,000		应付票据	19	36,200	
7	应收票据	3	300,000		应付账款	20	90,000	
8	应收账款	4	232,000		其它应付款	21	38,000	
9	减：坏账准备	5	2,300		应付工资	22	32,000	
10	应收账款净额	6	229,700		应付福利费	23	1,300	
11	预付账款	7	63,200		应交税金	24	4,000	
12	其它应收款	8	20,120		其它应交款	25	2,000	
13	存货	9	102,500		预提费用	26	2,350	
14	待摊费用	10	15,000		流动负债合计		250,850	
15	流动资产合计		1,112,520					
16	长期投资：				长期负债：			
17	长期投资	11	490,000		长期借款	27	919,500	
18	固定资产：				负债合计		1,170,350	
19	固定资产原值	12	95,000					
20	减：累计折旧	13	85,000					
21	固定资产净值	14	10,000		所有者权益：			
22	在建工程	15	145,000		实收资本	28	1,087,170	
23	固定资产合计		155,000		盈余公积	29	50,000	
24	无形资产	16	300,000		未分配利润	30		
25	递延资产	17	250,000		所有者权益合计		1,137,170	
26	无形资产递延资产合计		550,000					
27	资产合计		2,307,520		负债及所有者权益合计		2,307,520	
28								

图 2.6-3 输入年初数

2.6.3 计算流动资产

资产负债表中的基本项目分为流动资产、固定资产、流动负债、所有者权益。资产负债表中存在以下关系式：

（1）资产=负债+所有者权益。

（2）货币资金=现金+银行存款+其他货币资金。

（3）应收账款净额=应收账款-坏账准备。

（4）存货=材料采购+产成品+生产成本+原材料。

（5）流动资产合计=货币资金+短期投资+应收票据+应收账款净额+预付账款+其他应收款+存货+待摊费用。

（6）固定资产净值=固定资产原值-累计折旧。

（7）流动负债=短期负债+应付票据+应付账款+其他应付款+应付工资+应付福利费+应交税金+其他应交款+预提费用。

（8）负债合计=流动负债+长期负债。

（9）未分配利润=本年利润+利润分配+主营业务收入-主营业务成本-营业费用-管理费用-所得税。

（10）所有者权益=实收资本+盈余公积+未分配利润。

	A	B	C	D	E	F	G
1	资产负债表						
2	编制单位：			编制日期：			
3	资产	行次	年初数	期末数	负债及所有者权益	行次	年初数
4	流动资产：				流动负债：		
5	货币资金	1	632,000	935,217	短期借款	18	45,000
6	短期投资	2	50,000		应付票据	19	36,200
7	应收票据	3	300,000		应付账款	20	90,000
8	应收账款	4	232,000		其它应付款	21	38,000
9	减：坏账准备	5	2,300		应付工资	22	32,000
10	应收账款净额	6	229,700		应付福利费	23	1,300
11	预付账款	7	63,200		应交税金	24	4,000
12	其它应收款	8	20,120		其它应交款	25	2,000
13	存货	9	102,500		预提费用	26	2,350
14	待摊费用	10	15,000		流动负债合计		250,850
15	流动资产合计		1,112,520				
16	长期投资：				长期负债：		
17	长期投资	11	490,000		长期借款	27	919,500
18	固定资产：				负债合计		1,170,350
19	固定资产原值	12	95,000				
20	减：累计折旧	13	85,000				
21	固定资产净值	14	10,000		所有者权益：		
22	在建工程	15	145,000		实收资本	28	1,087,170
23	固定资产合计		155,000		盈余公积	29	50,000
24	无形资产	16	300,000		未分配利润	30	
25	递延资产	17	250,000		所有者权益合计		1,137,170
26	无形资产递延资产合计		550,000				
27	资产合计		2,307,520		负债及所有者权益合计		2,307,520
28							

Step1　编制“货币资金”

选中 D5 单元格，输入“=”号，单击“企业财务总账表”标签，选择 G4 单元格，输入“+”号，选择 G5 单元格，输入“+”号，选择 G6 单元格，按【Enter】键，得到输入公式：

=企业财务总账表!G4+企业财务总账表!G5+企业财务总账表!G6

	A	B	C	D	E	F	G
1	资产负债表						
2	编制单位：			编制日期：			
3	资产	行次	年初数	期末数	负债及所有者权益	行次	年初数
4	流动资产：				流动负债：		
5	货币资金	1	632,000	935,217	短期借款	18	45,000
6	短期投资	2	50,000	3,000	应付票据	19	36,200
7	应收票据	3	300,000		应付账款	20	90,000
8	应收账款	4	232,000		其它应付款	21	38,000
9	减：坏账准备	5	2,300		应付工资	22	32,000
10	应收账款净额	6	229,700		应付福利费	23	1,300
11	预付账款	7	63,200		应交税金	24	4,000
12	其它应收款	8	20,120		其它应交款	25	2,000
13	存货	9	102,500		预提费用	26	2,350
14	待摊费用	10	15,000		流动负债合计		250,850
15	流动资产合计		1,112,520				
16	长期投资：				长期负债：		
17	长期投资	11	490,000		长期借款	27	919,500
18	固定资产：				负债合计		1,170,350
19	固定资产原值	12	95,000				
20	减：累计折旧	13	85,000				
21	固定资产净值	14	10,000		所有者权益：		
22	在建工程	15	145,000		实收资本	28	1,087,170
23	固定资产合计		155,000		盈余公积	29	50,000
24	无形资产	16	300,000		未分配利润	30	
25	递延资产	17	250,000		所有者权益合计		1,137,170
26	无形资产递延资产合计		550,000				
27	资产合计		2,307,520		负债及所有者权益合计		2,307,520
28							

Step2　编制“短期投资”

选中 D6 单元格，输入公式：

=企业财务总账表!G7

	A	B	C	D	E	F	G
1	资产负债表						
2	编制单位：			编制日期：			
3	资产	行次	年初数	期末数	负债及所有者权益	行次	年初数
4	流动资产：				流动负债：		
5	货币资金	1	632,000	935,217	短期借款	18	45,000
6	短期投资	2	50,000	3,000	应付票据	19	36,200
7	应收票据	3	300,000	49,200	应付账款	20	90,000
8	应收账款	4	232,000		其它应付款	21	38,000
9	减：坏账准备	5	2,300		应付工资	22	32,000
10	应收账款净额	6	229,700		应付福利费	23	1,300
11	预付账款	7	63,200		应交税金	24	4,000
12	其它应收款	8	20,120		其它应交款	25	2,000
13	存货	9	102,500		预提费用	26	2,350
14	待摊费用	10	15,000		流动负债合计		250,850
15	流动资产合计		1,112,520				
16	长期投资：				长期负债：		
17	长期投资	11	490,000		长期借款	27	919,500
18	固定资产：				负债合计		1,170,350
19	固定资产原值	12	95,000				
20	减：累计折旧	13	85,000				
21	固定资产净值	14	10,000		所有者权益：		
22	在建工程	15	145,000		实收资本	28	1,087,170
23	固定资产合计		155,000		盈余公积	29	50,000
24	无形资产	16	300,000		未分配利润	30	
25	递延资产	17	250,000		所有者权益合计		1,137,170
26	无形资产递延资产合计		550,000				
27	资产合计		2,307,520		负债及所有者权益合计		2,307,520
28							

Step3　编制“应收票据”

选中 D7 单元格，输入公式：

=企业财务总账表!G8

	A	B	C	D	E	F	G
1	资产负债表						
2	编制单位：			编制日期：			
3	资产	行次	年初数	期末数	负债及所有者权益	行次	年初数
4	流动资产：				流动负债：		
5	货币资金	1	632,000	935,217	短期借款	18	45,000
6	短期投资	2	50,000	3,000	应付票据	19	36,200
7	应收票据	3	300,000	49,200	应付账款	20	90,000
8	应收账款	4	232,000	248,754	其它应付款	21	38,000
9	减：坏账准备	5	2,300		应付工资	22	32,000
10	应收账款净额	6	229,700		应付福利费	23	1,300
11	预付账款	7	63,200		应交税金	24	4,000
12	其它应收款	8	20,120		其它应交款	25	2,000
13	存货	9	102,500		预提费用	26	2,350
14	待摊费用	10	15,000		流动负债合计		250,850
15	流动资产合计		1,112,520				
16	长期投资：				长期负债：		
17	长期投资	11	490,000		长期借款	27	919,500
18	固定资产：				负债合计		1,170,350
19	固定资产原值	12	95,000				
20	减：累计折旧	13	85,000				
21	固定资产净值	14	10,000		所有者权益：		
22	在建工程	15	145,000		实收资本	28	1,087,170
23	固定资产合计		155,000		盈余公积	29	50,000
24	无形资产	16	300,000		未分配利润	30	
25	递延资产	17	250,000		所有者权益合计		1,137,170
26	无形资产递延资产合计		550,000				
27	资产合计		2,307,520		负债及所有者权益合计		2,307,520
28							

Step4　编制“应收账款”

选中 D8 单元格，输入公式：

=企业财务总账表!G9

	A	B	C	D	E	F	G
1	资产负债表						
2	编制单位：			编制日期：			
3	资产	行次	年初数	期末数	负债及所有者权益	行次	年初数
4	流动资产：				流动负债：		
5	货币资金	1	632,000	935,217	短期借款	18	45,000
6	短期投资	2	50,000	3,000	应付票据	19	36,200
7	应收票据	3	300,000	49,200	应付账款	20	90,000
8	应收账款	4	232,000	248,754	其它应付款	21	38,000
9	减：坏账准备	5	2,300	6,500	应付工资	22	32,000
10	应收账款净额	6	229,700		应付福利费	23	1,300
11	预付账款	7	63,200		应交税金	24	4,000
12	其它应收款	8	20,120		其它应交款	25	2,000
13	存货	9	102,500		预提费用	26	2,350
14	待摊费用	10	15,000		流动负债合计		250,850
15	流动资产合计		1,112,520				
16	长期投资：				长期负债：		
17	长期投资	11	490,000		长期借款	27	919,500
18	固定资产：				负债合计		1,170,350
19	固定资产原值	12	95,000				
20	减：累计折旧	13	85,000				
21	固定资产净值	14	10,000		所有者权益：		
22	在建工程	15	145,000		实收资本	28	1,087,170
23	固定资产合计		155,000		盈余公积	29	50,000
24	无形资产	16	300,000		未分配利润	30	
25	递延资产	17	250,000		所有者权益合计		1,137,170
26	无形资产递延资产合计		550,000				
27	资产合计		2,307,520		负债及所有者权益合计		2,307,520

Step5　编制"坏账准备"

选中 D9 单元格，输入公式：

=-企业财务总账表!G10

	A	B	C	D	E	F	G
1	资产负债表						
2	编制单位：			编制日期：			
3	资产	行次	年初数	期末数	负债及所有者权益	行次	年初数
4	流动资产：				流动负债：		
5	货币资金	1	632,000	935,217	短期借款	18	45,000
6	短期投资	2	50,000	3,000	应付票据	19	36,200
7	应收票据	3	300,000	49,200	应付账款	20	90,000
8	应收账款	4	232,000	248,754	其它应付款	21	38,000
9	减：坏账准备	5	2,300	6,500	应付工资	22	32,000
10	应收账款净额	6	229,700	242,254	应付福利费	23	1,300
11	预付账款	7	63,200		应交税金	24	4,000
12	其它应收款	8	20,120		其它应交款	25	2,000
13	存货	9	102,500		预提费用	26	2,350
14	待摊费用	10	15,000		流动负债合计		250,850
15	流动资产合计		1,112,520				
16	长期投资：				长期负债：		
17	长期投资	11	490,000		长期借款	27	919,500
18	固定资产：				负债合计		1,170,350
19	固定资产原值	12	95,000				
20	减：累计折旧	13	85,000				
21	固定资产净值	14	10,000		所有者权益：		
22	在建工程	15	145,000		实收资本	28	1,087,170
23	固定资产合计		155,000		盈余公积	29	50,000
24	无形资产	16	300,000		未分配利润	30	
25	递延资产	17	250,000		所有者权益合计		1,137,170
26	无形资产递延资产合计		550,000				
27	资产合计		2,307,520		负债及所有者权益合计		2,307,520

Step6　编制"应收账款净额"

选中 D10 单元格，输入公式：

=D8-D9

	A	B	C	D	E	F	G
1	资产负债表						
2	编制单位：			编制日期：			
3	资产	行次	年初数	期末数	负债及所有者权益	行次	年初数
4	流动资产：				流动负债：		
5	货币资金	1	632,000	935,217	短期借款	18	45,000
6	短期投资	2	50,000	3,000	应付票据	19	36,200
7	应收票据	3	300,000	49,200	应付账款	20	90,000
8	应收账款	4	232,000	248,754	其它应付款	21	38,000
9	减：坏账准备	5	2,300	6,500	应付工资	22	32,000
10	应收账款净额	6	229,700	242,254	应付福利费	23	1,300
11	预付账款	7	63,200	77,200	应交税金	24	4,000
12	其它应收款	8	20,120		其它应交款	25	2,000
13	存货	9	102,500		预提费用	26	2,350
14	待摊费用	10	15,000		流动负债合计		250,850
15	流动资产合计		1,112,520				
16	长期投资：				长期负债：		
17	长期投资	11	490,000		长期借款	27	919,500
18	固定资产：				负债合计		1,170,350
19	固定资产原值	12	95,000				
20	减：累计折旧	13	85,000				
21	固定资产净值	14	10,000		所有者权益：		
22	在建工程	15	145,000		实收资本	28	1,087,170
23	固定资产合计		155,000		盈余公积	29	50,000
24	无形资产	16	300,000		未分配利润	30	
25	递延资产	17	250,000		所有者权益合计		1,137,170
26	无形资产递延资产合计		550,000				
27	资产合计		2,307,520		负债及所有者权益合计		2,307,520

Step7　编制"预付账款"

选中 D11 单元格，输入公式：

=企业财务总账表!G12

	A	B	C	D	E	F	G
1	资产负债表						
2	编制单位：			编制日期：			
3	资产	行次	年初数	期末数	负债及所有者权益	行次	年初数
4	流动资产：				流动负债：		
5	货币资金	1	632,000	935,217	短期借款	18	45,000
6	短期投资	2	50,000	3,000	应付票据	19	36,200
7	应收票据	3	300,000	49,200	应付账款	20	90,000
8	应收账款	4	232,000	248,754	其它应付款	21	38,000
9	减：坏账准备	5	2,300	6,500	应付工资	22	32,000
10	应收账款净额	6	229,700	242,254	应付福利费	23	1,300
11	预付账款	7	63,200	77,200	应交税金	24	4,000
12	其它应收款	8	20,120	38,071	其它应交款	25	2,000
13	存货	9	102,500		预提费用	26	2,350
14	待摊费用	10	15,000		流动负债合计		250,850
15	流动资产合计		1,112,520				
16	长期投资：				长期负债：		
17	长期投资	11	490,000		长期借款	27	919,500
18	固定资产：				负债合计		1,170,350
19	固定资产原值	12	95,000				
20	减：累计折旧	13	85,000				
21	固定资产净值	14	10,000		所有者权益：		
22	在建工程	15	145,000		实收资本	28	1,087,170
23	固定资产合计		155,000		盈余公积	29	50,000
24	无形资产	16	300,000		未分配利润	30	
25	递延资产	17	250,000		所有者权益合计		1,137,170
26	无形资产递延资产合计		550,000				
27	资产合计		2,307,520		负债及所有者权益合计		2,307,520

Step8　编制"其他应收款"

选中 D12 单元格，输入公式：

=企业财务总账表!G11

资产负债表

资产	行次	年初数	期末数	负债及所有者权益	行次	年初数
编制单位：			编制日期：			
流动资产：				流动负债：		
货币资金	1	632,000	935,217	短期借款	18	45,000
短期投资	2	50,000	3,000	应付票据	19	36,200
应收票据	3	300,000	49,200	应付账款	20	90,000
应收账款	4	232,000	248,754	其它应付款	21	38,000
减：坏账准备	5	2,300	6,500	应付工资	22	32,000
应收账款净额	6	229,700	242,254	应付福利费	23	1,300
预付账款	7	63,200	77,200	应交税金	24	4,000
其它应收款	8	20,120	38,071	其它应交款	25	2,000
存货	9	102,500	231,628	预提费用	26	2,350
待摊费用	10	15,000		流动负债合计		250,850
流动资产合计		1,112,520				
长期投资：				长期负债：		
长期投资	11	490,000		长期借款	27	919,500
固定资产：				负债合计		1,170,350
固定资产原值	12	95,000				
减：累计折旧	13	85,000				
固定资产净值	14	10,000		所有者权益：		
在建工程	15	145,000		实收资本	28	1,087,170
固定资产合计		155,000		盈余公积	29	50,000
无形资产	16	300,000		未分配利润	30	
递延资产	17	250,000		所有者权益合计		1,137,170
无形资产递延资产合计		550,000				
资产合计		2,307,520		负债及所有者权益合计		2,307,520

Step9　编制“存货”

选中 D13 单元格，输入公式：

=企业财务总账表!G13+企业财务总账表!G14+企业财务总账表!G15+企业财务总账表!G16

资产负债表

资产	行次	年初数	期末数	负债及所有者权益	行次	年初数
编制单位：			编制日期：			
流动资产：				流动负债：		
货币资金	1	632,000	935,217	短期借款	18	45,000
短期投资	2	50,000	3,000	应付票据	19	36,200
应收票据	3	300,000	49,200	应付账款	20	90,000
应收账款	4	232,000	248,754	其它应付款	21	38,000
减：坏账准备	5	2,300	6,500	应付工资	22	32,000
应收账款净额	6	229,700	242,254	应付福利费	23	1,300
预付账款	7	63,200	77,200	应交税金	24	4,000
其它应收款	8	20,120	38,071	其它应交款	25	2,000
存货	9	102,500	231,628	预提费用	26	2,350
待摊费用	10	15,000	10,000	流动负债合计		250,850
流动资产合计		1,112,520				
长期投资：				长期负债：		
长期投资	11	490,000		长期借款	27	919,500
固定资产：				负债合计		1,170,350
固定资产原值	12	95,000				
减：累计折旧	13	85,000				
固定资产净值	14	10,000		所有者权益：		
在建工程	15	145,000		实收资本	28	1,087,170
固定资产合计		155,000		盈余公积	29	50,000
无形资产	16	300,000		未分配利润	30	
递延资产	17	250,000		所有者权益合计		1,137,170
无形资产递延资产合计		550,000				
资产合计		2,307,520		负债及所有者权益合计		2,307,520

Step10　编制“待摊费用”

选中 D14 单元格，输入公式：

=企业财务总账表!G17

资产负债表

资产	行次	年初数	期末数	负债及所有者权益	行次	年初数
编制单位：			编制日期：			
流动资产：				流动负债：		
货币资金	1	632,000	935,217	短期借款	18	45,000
短期投资	2	50,000	3,000	应付票据	19	36,200
应收票据	3	300,000	49,200	应付账款	20	90,000
应收账款	4	232,000	248,754	其它应付款	21	38,000
减：坏账准备	5	2,300	6,500	应付工资	22	32,000
应收账款净额	6	229,700	242,254	应付福利费	23	1,300
预付账款	7	63,200	77,200	应交税金	24	4,000
其它应收款	8	20,120	38,071	其它应交款	25	2,000
存货	9	102,500	231,628	预提费用	26	2,350
待摊费用	10	15,000	10,000	流动负债合计		250,850
流动资产合计		1,112,520	1,586,570			
长期投资：				长期负债：		
长期投资	11	490,000		长期借款	27	919,500
固定资产：				负债合计		1,170,350
固定资产原值	12	95,000				
减：累计折旧	13	85,000				
固定资产净值	14	10,000		所有者权益：		
在建工程	15	145,000		实收资本	28	1,087,170
固定资产合计		155,000		盈余公积	29	50,000
无形资产	16	300,000		未分配利润	30	
递延资产	17	250,000		所有者权益合计		1,137,170
无形资产递延资产合计		550,000				
资产合计		2,307,520		负债及所有者权益合计		2,307,520

Step11　编制“流动资产合计”

选中 D15 单元格，输入公式：

=D5+D6+D7+D10+D11+D12+D13+D14

2.6.4　计算其他资产

资产负债表

资产	行次	年初数	期末数	负债及所有者权益	行次	年初数
编制单位：			编制日期：			
流动资产：				流动负债：		
货币资金	1	632,000	935,217	短期借款	18	45,000
短期投资	2	50,000	3,000	应付票据	19	36,200
应收票据	3	300,000	49,200	应付账款	20	90,000
应收账款	4	232,000	248,754	其它应付款	21	38,000
减：坏账准备	5	2,300	6,500	应付工资	22	32,000
应收账款净额	6	229,700	242,254	应付福利费	23	1,300
预付账款	7	63,200	77,200	应交税金	24	4,000
其它应收款	8	20,120	38,071	其它应交款	25	2,000
存货	9	102,500	231,628	预提费用	26	2,350
待摊费用	10	15,000	10,000	流动负债合计		250,850
流动资产合计		1,112,520	1,586,570			
长期投资：				长期负债：		
长期投资	11	490,000	500,000	长期借款	27	919,500
固定资产：				负债合计		1,170,350
固定资产原值	12	95,000				
减：累计折旧	13	85,000				
固定资产净值	14	10,000		所有者权益：		
在建工程	15	145,000		实收资本	28	1,087,170
固定资产合计		155,000		盈余公积	29	50,000
无形资产	16	300,000		未分配利润	30	
递延资产	17	250,000		所有者权益合计		1,137,170
无形资产递延资产合计		550,000				
资产合计		2,307,520		负债及所有者权益合计		2,307,520

Step1　编制“长期投资”

选中 D17 单元格，输入公式：

=企业财务总账表!G18

	A	B	C	D	E	F	G
1	资产负债表						
2	编制单位：			编制日期：			
3	资产	行次	年初数	期末数	负债及所有者权益	行次	年初数
4	流动资产：				流动负债：		
5	货币资金	1	632,000	935,217	短期借款	18	45,000
6	短期投资	2	50,000	3,000	应付票据	19	36,200
7	应收票据	3	300,000	49,200	应付账款	20	90,000
8	应收账款	4	232,000	248,754	其它应付款	21	38,000
9	减：坏账准备	5	2,300	6,500	应付工资	22	32,000
10	应收账款净额	6	229,700	242,254	应付福利费	23	1,300
11	预付账款	7	63,200	77,200	应交税金	24	4,000
12	其它应收款	8	20,120	38,071	其它应交款	25	2,000
13	存货	9	102,500	231,628	预提费用	26	2,350
14	待摊费用	10	15,000	10,000	流动负债合计		250,850
15	流动资产合计		1,112,520	1,586,570			
16	长期投资：				长期负债：		
17	长期投资	11	490,000	500,000	长期借款	27	919,500
18	固定资产：				负债合计		1,170,350
19	固定资产原值	12	95,000	96,300			
20	减：累计折旧	13	85,000				
21	固定资产净值	14	10,000		所有者权益：		
22	在建工程	15	145,000		实收资本	28	1,087,170
23	固定资产合计		155,000		盈余公积	29	50,000
24	无形资产	16	300,000		未分配利润	30	
25	递延资产	17	250,000		所有者权益合计		1,137,170
26	无形资产递延资产合计		550,000				
27	资产合计		2,307,520		负债及所有者权益合计		2,307,520
28							

Step2 编制"固定资产原值"

选中 D19 单元格，输入公式：

=企业财务总账表!G19

	A	B	C	D	E	F	G
1	资产负债表						
2	编制单位：			编制日期：			
3	资产	行次	年初数	期末数	负债及所有者权益	行次	年初数
4	流动资产：				流动负债：		
5	货币资金	1	632,000	935,217	短期借款	18	45,000
6	短期投资	2	50,000	3,000	应付票据	19	36,200
7	应收票据	3	300,000	49,200	应付账款	20	90,000
8	应收账款	4	232,000	248,754	其它应付款	21	38,000
9	减：坏账准备	5	2,300	6,500	应付工资	22	32,000
10	应收账款净额	6	229,700	242,254	应付福利费	23	1,300
11	预付账款	7	63,200	77,200	应交税金	24	4,000
12	其它应收款	8	20,120	38,071	其它应交款	25	2,000
13	存货	9	102,500	231,628	预提费用	26	2,350
14	待摊费用	10	15,000	10,000	流动负债合计		250,850
15	流动资产合计		1,112,520	1,586,570			
16	长期投资：				长期负债：		
17	长期投资	11	490,000	500,000	长期借款	27	919,500
18	固定资产：				负债合计		1,170,350
19	固定资产原值	12	95,000	96,300			
20	减：累计折旧	13	85,000	84,520			
21	固定资产净值	14	10,000		所有者权益：		
22	在建工程	15	145,000		实收资本	28	1,087,170
23	固定资产合计		155,000		盈余公积	29	50,000
24	无形资产	16	300,000		未分配利润	30	
25	递延资产	17	250,000		所有者权益合计		1,137,170
26	无形资产递延资产合计		550,000				
27	资产合计		2,307,520		负债及所有者权益合计		2,307,520
28							

Step3 编制"累计折旧"

选中 D20 单元格，输入公式：

=-企业财务总账表!G20

	A	B	C	D	E	F	G
1	资产负债表						
2	编制单位：			编制日期：			
3	资产	行次	年初数	期末数	负债及所有者权益	行次	年初数
4	流动资产：				流动负债：		
5	货币资金	1	632,000	935,217	短期借款	18	45,000
6	短期投资	2	50,000	3,000	应付票据	19	36,200
7	应收票据	3	300,000	49,200	应付账款	20	90,000
8	应收账款	4	232,000	248,754	其它应付款	21	38,000
9	减：坏账准备	5	2,300	6,500	应付工资	22	32,000
10	应收账款净额	6	229,700	242,254	应付福利费	23	1,300
11	预付账款	7	63,200	77,200	应交税金	24	4,000
12	其它应收款	8	20,120	38,071	其它应交款	25	2,000
13	存货	9	102,500	231,628	预提费用	26	2,350
14	待摊费用	10	15,000	10,000	流动负债合计		250,850
15	流动资产合计		1,112,520	1,586,570			
16	长期投资：				长期负债：		
17	长期投资	11	490,000	500,000	长期借款	27	919,500
18	固定资产：				负债合计		1,170,350
19	固定资产原值	12	95,000	96,300			
20	减：累计折旧	13	85,000	84,520			
21	固定资产净值	14	10,000	11,780	所有者权益：		
22	在建工程	15	145,000		实收资本	28	1,087,170
23	固定资产合计		155,000		盈余公积	29	50,000
24	无形资产	16	300,000		未分配利润	30	
25	递延资产	17	250,000		所有者权益合计		1,137,170
26	无形资产递延资产合计		550,000				
27	资产合计		2,307,520		负债及所有者权益合计		2,307,520
28							

Step4 编制"固定资产净值"

选中 D21 单元格，输入公式：

=D19-D20

	A	B	C	D	E	F	G
1	资产负债表						
2	编制单位：			编制日期：			
3	资产	行次	年初数	期末数	负债及所有者权益	行次	年初数
4	流动资产：				流动负债：		
5	货币资金	1	632,000	935,217	短期借款	18	45,000
6	短期投资	2	50,000	3,000	应付票据	19	36,200
7	应收票据	3	300,000	49,200	应付账款	20	90,000
8	应收账款	4	232,000	248,754	其它应付款	21	38,000
9	减：坏账准备	5	2,300	6,500	应付工资	22	32,000
10	应收账款净额	6	229,700	242,254	应付福利费	23	1,300
11	预付账款	7	63,200	77,200	应交税金	24	4,000
12	其它应收款	8	20,120	38,071	其它应交款	25	2,000
13	存货	9	102,500	231,628	预提费用	26	2,350
14	待摊费用	10	15,000	10,000	流动负债合计		250,850
15	流动资产合计		1,112,520	1,586,570			
16	长期投资：				长期负债：		
17	长期投资	11	490,000	500,000	长期借款	27	919,500
18	固定资产：				负债合计		1,170,350
19	固定资产原值	12	95,000	96,300			
20	减：累计折旧	13	85,000	84,520			
21	固定资产净值	14	10,000	11,780	所有者权益：		
22	在建工程	15	145,000	150,040	实收资本	28	1,087,170
23	固定资产合计		155,000		盈余公积	29	50,000
24	无形资产	16	300,000		未分配利润	30	
25	递延资产	17	250,000		所有者权益合计		1,137,170
26	无形资产递延资产合计		550,000				
27	资产合计		2,307,520		负债及所有者权益合计		2,307,520
28							

Step5 编制"在建工程"

选中 D22 单元格，输入公式：

=企业财务总账表!G21

	A	B	C	D	E	F	G
1	资产负债表						
2	编制单位：			编制日期：			
3	资产	行次	年初数	期末数	负债及所有者权益	行次	年初数
4	流动资产：				流动负债：		
5	货币资金	1	632,000	935,217	短期借款	18	45,000
6	短期投资	2	50,000	3,000	应付票据	19	36,200
7	应收票据	3	300,000	49,200	应付账款	20	90,000
8	应收账款	4	232,000	248,754	其它应付款	21	38,000
9	减：坏账准备	5	2,300	6,500	应付工资	22	32,000
10	应收账款净额	6	229,700	242,254	应付福利费	23	1,300
11	预付账款	7	63,200	77,200	应交税金	24	4,000
12	其它应收款	8	20,120	38,071	其它应交款	25	2,000
13	存货	9	102,500	231,628	预提费用	26	2,350
14	待摊费用	10	15,000	10,000	流动负债合计		250,850
15	流动资产合计		1,112,520	1,586,570			
16	长期投资：				长期负债：		
17	长期投资	11	490,000	500,000	长期借款	27	919,500
18	固定资产：				负债合计		1,170,350
19	固定资产原值	12	95,000	96,300			
20	减：累计折旧	13	85,000	84,520			
21	固定资产净值	14	10,000	11,780	所有者权益：		
22	在建工程	15	145,000	150,040	实收资本	28	1,087,170
23	固定资产合计		155,000	161,820	盈余公积	29	50,000
24	无形资产	16	300,000		未分配利润	30	
25	递延资产	17	250,000		所有者权益合计		1,137,170
26	无形资产递延资产合计		550,000				
27	资产合计		2,307,520		负债及所有者权益合计		2,307,520
28							

Step6　编制“固定资产合计”

选中 D23 单元格，输入公式：

=D21+D22

	A	B	C	D	E	F	G
1	资产负债表						
2	编制单位：			编制日期：			
3	资产	行次	年初数	期末数	负债及所有者权益	行次	年初数
4	流动资产：				流动负债：		
5	货币资金	1	632,000	935,217	短期借款	18	45,000
6	短期投资	2	50,000	3,000	应付票据	19	36,200
7	应收票据	3	300,000	49,200	应付账款	20	90,000
8	应收账款	4	232,000	248,754	其它应付款	21	38,000
9	减：坏账准备	5	2,300	6,500	应付工资	22	32,000
10	应收账款净额	6	229,700	242,254	应付福利费	23	1,300
11	预付账款	7	63,200	77,200	应交税金	24	4,000
12	其它应收款	8	20,120	38,071	其它应交款	25	2,000
13	存货	9	102,500	231,628	预提费用	26	2,350
14	待摊费用	10	15,000	10,000	流动负债合计		250,850
15	流动资产合计		1,112,520	1,586,570			
16	长期投资：				长期负债：		
17	长期投资	11	490,000	500,000	长期借款	27	919,500
18	固定资产：				负债合计		1,170,350
19	固定资产原值	12	95,000	96,300			
20	减：累计折旧	13	85,000	84,520			
21	固定资产净值	14	10,000	11,780	所有者权益：		
22	在建工程	15	145,000	150,040	实收资本	28	1,087,170
23	固定资产合计		155,000	161,820	盈余公积	29	50,000
24	无形资产	16	300,000	329,090	未分配利润	30	
25	递延资产	17	250,000		所有者权益合计		1,137,170
26	无形资产递延资产合计		550,000				
27	资产合计		2,307,520		负债及所有者权益合计		2,307,520
28							

Step7　编制“无形资产”

选中 D24 单元格，输入公式：

=企业财务总账表!G22

	A	B	C	D	E	F	G
1	资产负债表						
2	编制单位：			编制日期：			
3	资产	行次	年初数	期末数	负债及所有者权益	行次	年初数
4	流动资产：				流动负债：		
5	货币资金	1	632,000	935,217	短期借款	18	45,000
6	短期投资	2	50,000	3,000	应付票据	19	36,200
7	应收票据	3	300,000	49,200	应付账款	20	90,000
8	应收账款	4	232,000	248,754	其它应付款	21	38,000
9	减：坏账准备	5	2,300	6,500	应付工资	22	32,000
10	应收账款净额	6	229,700	242,254	应付福利费	23	1,300
11	预付账款	7	63,200	77,200	应交税金	24	4,000
12	其它应收款	8	20,120	38,071	其它应交款	25	2,000
13	存货	9	102,500	231,628	预提费用	26	2,350
14	待摊费用	10	15,000	10,000	流动负债合计		250,850
15	流动资产合计		1,112,520	1,586,570			
16	长期投资：				长期负债：		
17	长期投资	11	490,000	500,000	长期借款	27	919,500
18	固定资产：				负债合计		1,170,350
19	固定资产原值	12	95,000	96,300			
20	减：累计折旧	13	85,000	84,520			
21	固定资产净值	14	10,000	11,780	所有者权益：		
22	在建工程	15	145,000	150,040	实收资本	28	1,087,170
23	固定资产合计		155,000	161,820	盈余公积	29	50,000
24	无形资产	16	300,000	329,090	未分配利润	30	
25	递延资产	17	250,000	230,000	所有者权益合计		1,137,170
26	无形资产递延资产合计		550,000				
27	资产合计		2,307,520		负债及所有者权益合计		2,307,520
28							

Step8　编制“递延资产”

选中 D25 单元格，输入公式：

=企业财务总账表!G23

	A	B	C	D	E	F	G
1	资产负债表						
2	编制单位：			编制日期：			
3	资产	行次	年初数	期末数	负债及所有者权益	行次	年初数
4	流动资产：				流动负债：		
5	货币资金	1	632,000	935,217	短期借款	18	45,000
6	短期投资	2	50,000	3,000	应付票据	19	36,200
7	应收票据	3	300,000	49,200	应付账款	20	90,000
8	应收账款	4	232,000	248,754	其它应付款	21	38,000
9	减：坏账准备	5	2,300	6,500	应付工资	22	32,000
10	应收账款净额	6	229,700	242,254	应付福利费	23	1,300
11	预付账款	7	63,200	77,200	应交税金	24	4,000
12	其它应收款	8	20,120	38,071	其它应交款	25	2,000
13	存货	9	102,500	231,628	预提费用	26	2,350
14	待摊费用	10	15,000	10,000	流动负债合计		250,850
15	流动资产合计		1,112,520	1,586,570			
16	长期投资：				长期负债：		
17	长期投资	11	490,000	500,000	长期借款	27	919,500
18	固定资产：				负债合计		1,170,350
19	固定资产原值	12	95,000	96,300			
20	减：累计折旧	13	85,000	84,520			
21	固定资产净值	14	10,000	11,780	所有者权益：		
22	在建工程	15	145,000	150,040	实收资本	28	1,087,170
23	固定资产合计		155,000	161,820	盈余公积	29	50,000
24	无形资产	16	300,000	329,090	未分配利润	30	
25	递延资产	17	250,000	230,000	所有者权益合计		1,137,170
26	无形资产递延资产合计		550,000	559,090			
27	资产合计		2,307,520		负债及所有者权益合计		2,307,520
28							

Step9　编制“无形资产递延资产合计”

选中 D26 单元格，输入公式：

=D24+D25

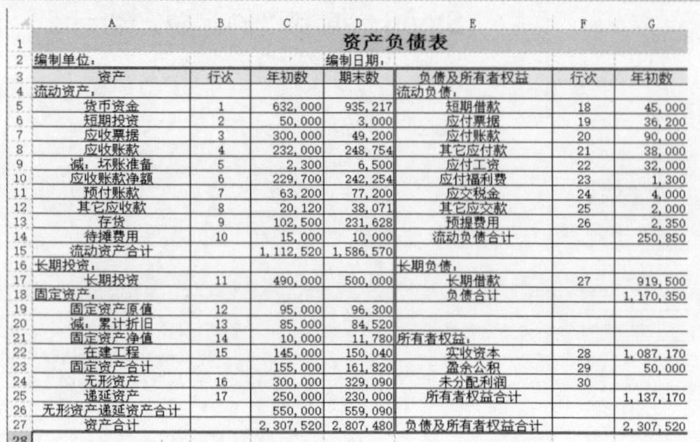

	A	B	C	D	E	F	G
1	资产负债表						
2	编制单位:			编制日期:			
3	资产	行次	年初数	期末数	负债及所有者权益	行次	年初数
4	流动资产:				流动负债:		
5	货币资金	1	632,000	935,217	短期借款	18	45,000
6	短期投资	2	50,000	3,000	应付票据	19	36,200
7	应收票据	3	300,000	49,200	应付账款	20	90,000
8	应收账款	4	232,000	248,754	其它应付款	21	38,000
9	减:坏账准备	5	2,300	6,500	应付工资	22	32,000
10	应收账款净额	6	229,700	242,254	应付福利费	23	1,300
11	预付账款	7	63,200	77,200	应交税金	24	4,000
12	其它应收款	8	20,120	38,071	其它应交款	25	2,000
13	存货	9	102,500	231,628	预提费用	26	2,350
14	待摊费用	10	15,000	10,000	流动负债合计		250,850
15	流动资产合计		1,112,520	1,586,570			
16	长期投资:				长期负债:		
17	长期投资	11	490,000	500,000	长期借款	27	919,500
18	固定资产:				负债合计		1,170,350
19	固定资产原值	12	95,000	96,300			
20	减:累计折旧	13	85,000	84,520			
21	固定资产净值	14	10,000	11,780	所有者权益:		
22	在建工程	15	145,000	150,040	实收资本	28	1,087,170
23	固定资产合计		155,000	161,820	盈余公积	29	50,000
24	无形资产	16	300,000	329,090	未分配利润	30	
25	递延资产	17	250,000	230,000	所有者权益合计		1,137,170
26	无形资产递延资产合计		550,000	559,090			
27	资产合计		2,307,520	2,807,480	负债及所有者权益合计		2,307,520
28							

Step10 编制“资产合计”

选中 D27 单元格，输入公式：

=D15+D17+D23+D26

2.6.5 计算负债

B	C	D	E	F	G	H
		资产负债表				
		编制日期:				单位:元
行次	年初数	期末数	负债及所有者权益	行次	年初数	期末数
			流动负债:			
1	632,000	935,217	短期借款	18	45,000	60,000
2	50,000	3,000	应付票据	19	36,200	
3	300,000	49,200	应付账款	20	90,000	
4	232,000	248,754	其它应付款	21	38,000	
5	2,300	6,500	应付工资	22	32,000	
6	229,700	242,254	应付福利费	23	1,300	
7	63,200	77,200	应交税金	24	4,000	
8	20,120	38,071	其它应交款	25	2,000	
9	102,500	231,628	预提费用	26	2,350	
10	15,000	10,000	流动负债合计		250,850	
	1,112,520	1,586,570				
			长期负债:			
11	490,000	500,000	长期借款	27	919,500	
			负债合计		1,170,350	
12	95,000	96,300				
13	85,000	84,520				
14	10,000	11,780	所有者权益:			
15	145,000	150,040	实收资本	28	1,087,170	
	155,000	161,820	盈余公积	29	50,000	
16	300,000	329,090	未分配利润	30		
17	250,000	230,000	所有者权益合计		1,137,170	
	550,000	559,090				
	2,307,520	2,807,480	负债及所有者权益合计		2,307,520	

Step1 编制“短期借款”

选中 H5 单元格，输入公式：

=-企业财务总账表!G24

B	C	D	E	F	G	H
		资产负债表				
		编制日期:				单位:元
行次	年初数	期末数	负债及所有者权益	行次	年初数	期末数
			流动负债:			
1	632,000	935,217	短期借款	18	45,000	60,000
2	50,000	3,000	应付票据	19	36,200	40,000
3	300,000	49,200	应付账款	20	90,000	
4	232,000	248,754	其它应付款	21	38,000	
5	2,300	6,500	应付工资	22	32,000	
6	229,700	242,254	应付福利费	23	1,300	
7	63,200	77,200	应交税金	24	4,000	
8	20,120	38,071	其它应交款	25	2,000	
9	102,500	231,628	预提费用	26	2,350	
10	15,000	10,000	流动负债合计		250,850	
	1,112,520	1,586,570				
			长期负债:			
11	490,000	500,000	长期借款	27	919,500	
			负债合计		1,170,350	
12	95,000	96,300				
13	85,000	84,520				
14	10,000	11,780	所有者权益:			
15	145,000	150,040	实收资本	28	1,087,170	
	155,000	161,820	盈余公积	29	50,000	
16	300,000	329,090	未分配利润	30		
17	250,000	230,000	所有者权益合计		1,137,170	
	550,000	559,090				
	2,307,520	2,807,480	负债及所有者权益合计		2,307,520	

Step2 编制“应付票据”

选中 H6 单元格，输入公式：

=-企业财务总账表!G25

B	C	D	E	F	G	H
		资产负债表				
		编制日期:				单位:元
行次	年初数	期末数	负债及所有者权益	行次	年初数	期末数
			流动负债:			
1	632,000	935,217	短期借款	18	45,000	60,000
2	50,000	3,000	应付票据	19	36,200	40,000
3	300,000	49,200	应付账款	20	90,000	90,760
4	232,000	248,754	其它应付款	21	38,000	
5	2,300	6,500	应付工资	22	32,000	
6	229,700	242,254	应付福利费	23	1,300	
7	63,200	77,200	应交税金	24	4,000	
8	20,120	38,071	其它应交款	25	2,000	
9	102,500	231,628	预提费用	26	2,350	
10	15,000	10,000	流动负债合计		250,850	
	1,112,520	1,586,570				
			长期负债:			
11	490,000	500,000	长期借款	27	919,500	
			负债合计		1,170,350	
12	95,000	96,300				
13	85,000	84,520				
14	10,000	11,780	所有者权益:			
15	145,000	150,040	实收资本	28	1,087,170	
	155,000	161,820	盈余公积	29	50,000	
16	300,000	329,090	未分配利润	30		
17	250,000	230,000	所有者权益合计		1,137,170	
	550,000	559,090				
	2,307,520	2,807,480	负债及所有者权益合计		2,307,520	

Step3 编制“应付账款”

选中 H7 单元格，输入公式：

=-企业财务总账表!G26

B	C	D	E	F	G	H
资产负债表						
		编制日期：				单位：元
行次	年初数	期末数	负债及所有者权益	行次	年初数	期末数
			流动负债：			
1	632,000	935,217	短期借款	18	45,000	60,000
2	50,000	3,000	应付票据	19	36,200	40,000
3	300,000	49,200	应付账款	20	90,000	90,760
4	232,000	248,754	其它应付款	21	38,000	10,000
5	2,300	6,500	应付工资	22	32,000	
6	229,700	242,254	应付福利费	23	1,300	
7	63,200	77,200	应交税金	24	4,000	
8	20,120	38,071	其它应交款	25	2,000	
9	102,500	231,628	预提费用	26	2,350	
10	15,000	10,000	流动负债合计		250,850	
	1,112,520	1,586,570				
			长期负债：			
11	490,000	500,000	长期借款	27	919,500	
			负债合计		1,170,350	
12	95,000	96,300				
13	85,000	84,520				
14	10,000	11,780	所有者权益：			
15	145,000	150,040	实收资本	28	1,087,170	
	155,000	161,820	盈余公积	29	50,000	
16	300,000	329,090	未分配利润	30		
17	250,000	230,000	所有者权益合计		1,137,170	
	550,000	559,090				
	2,307,520	2,807,480	负债及所有者权益合计		2,307,520	

Step4　编制"其他应付款"

选中 H8 单元格，输入公式：

=-企业财务总账表!G27

B	C	D	E	F	G	H
资产负债表						
		编制日期：				单位：元
行次	年初数	期末数	负债及所有者权益	行次	年初数	期末数
			流动负债：			
1	632,000	935,217	短期借款	18	45,000	60,000
2	50,000	3,000	应付票据	19	36,200	40,000
3	300,000	49,200	应付账款	20	90,000	90,760
4	232,000	248,754	其它应付款	21	38,000	10,000
5	2,300	6,500	应付工资	22	32,000	20,000
6	229,700	242,254	应付福利费	23	1,300	
7	63,200	77,200	应交税金	24	4,000	
8	20,120	38,071	其它应交款	25	2,000	
9	102,500	231,628	预提费用	26	2,350	
10	15,000	10,000	流动负债合计		250,850	
	1,112,520	1,586,570				
			长期负债：			
11	490,000	500,000	长期借款	27	919,500	
			负债合计		1,170,350	
12	95,000	96,300				
13	85,000	84,520				
14	10,000	11,780	所有者权益：			
15	145,000	150,040	实收资本	28	1,087,170	
	155,000	161,820	盈余公积	29	50,000	
16	300,000	329,090	未分配利润	30		
17	250,000	230,000	所有者权益合计		1,137,170	
	550,000	559,090				
	2,307,520	2,807,480	负债及所有者权益合计		2,307,520	

Step5　编制"应付工资"

选中 H9 单元格，输入公式：

=-企业财务总账表!G28

B	C	D	E	F	G	H
资产负债表						
		编制日期：				单位：元
行次	年初数	期末数	负债及所有者权益	行次	年初数	期末数
			流动负债：			
1	632,000	935,217	短期借款	18	45,000	60,000
2	50,000	3,000	应付票据	19	36,200	40,000
3	300,000	49,200	应付账款	20	90,000	90,760
4	232,000	248,754	其它应付款	21	38,000	10,000
5	2,300	6,500	应付工资	22	32,000	20,000
6	229,700	242,254	应付福利费	23	1,300	2,000
7	63,200	77,200	应交税金	24	4,000	
8	20,120	38,071	其它应交款	25	2,000	
9	102,500	231,628	预提费用	26	2,350	
10	15,000	10,000	流动负债合计		250,850	
	1,112,520	1,586,570				
			长期负债：			
11	490,000	500,000	长期借款	27	919,500	
			负债合计		1,170,350	
12	95,000	96,300				
13	85,000	84,520				
14	10,000	11,780	所有者权益：			
15	145,000	150,040	实收资本	28	1,087,170	
	155,000	161,820	盈余公积	29	50,000	
16	300,000	329,090	未分配利润	30		
17	250,000	230,000	所有者权益合计		1,137,170	
	550,000	559,090				
	2,307,520	2,807,480	负债及所有者权益合计		2,307,520	

Step6　编制"应付福利费"

选中 H10 单元格，输入公式：

=-企业财务总账表!G29

B	C	D	E	F	G	H
资产负债表						
		编制日期：				单位：元
行次	年初数	期末数	负债及所有者权益	行次	年初数	期末数
			流动负债：			
1	632,000	935,217	短期借款	18	45,000	60,000
2	50,000	3,000	应付票据	19	36,200	40,000
3	300,000	49,200	应付账款	20	90,000	90,760
4	232,000	248,754	其它应付款	21	38,000	10,000
5	2,300	6,500	应付工资	22	32,000	20,000
6	229,700	242,254	应付福利费	23	1,300	2,000
7	63,200	77,200	应交税金	24	4,000	6,000
8	20,120	38,071	其它应交款	25	2,000	
9	102,500	231,628	预提费用	26	2,350	
10	15,000	10,000	流动负债合计		250,850	
	1,112,520	1,586,570				
			长期负债：			
11	490,000	500,000	长期借款	27	919,500	
			负债合计		1,170,350	
12	95,000	96,300				
13	85,000	84,520				
14	10,000	11,780	所有者权益：			
15	145,000	150,040	实收资本	28	1,087,170	
	155,000	161,820	盈余公积	29	50,000	
16	300,000	329,090	未分配利润	30		
17	250,000	230,000	所有者权益合计		1,137,170	
	550,000	559,090				
	2,307,520	2,807,480	负债及所有者权益合计		2,307,520	

Step7　编制"应交税金"

选中 H11 单元格，输入公式：

=-企业财务总账表!G30

B	C	D	E	F	G	H
资产负债表						
		编制日期：				单位：元
行次	年初数	期末数	负债及所有者权益	行次	年初数	期末数
			流动负债：			
1	632,000	935,217	短期借款	18	45,000	60,000
2	50,000	3,000	应付票据	19	36,200	40,000
3	300,000	49,200	应付账款	20	90,000	90,760
4	232,000	248,754	其它应付款	21	38,000	10,000
5	2,300	6,500	应付工资	22	32,000	20,000
6	229,700	242,254	应付福利费	23	1,300	2,000
7	63,200	77,200	应交税金	24	4,000	6,000
8	20,120	38,071	其它应交款	25	2,000	1,320
9	102,500	231,628	预提费用	26	2,350	
10	15,000	10,000	流动负债合计		250,850	
	1,112,520	1,586,570				
			长期负债：			
11	490,000	500,000	长期借款	27	919,500	
			负债合计		1,170,350	
12	95,000	96,300				
13	85,000	84,520				
14	10,000	11,780	所有者权益：			
15	145,000	150,040	实收资本	28	1,087,170	
	155,000	161,820	盈余公积	29	50,000	
16	300,000	329,090	未分配利润	30		
17	250,000	230,000	所有者权益合计		1,137,170	
	550,000	559,090				
	2,307,520	2,807,480	负债及所有者权益合计		2,307,520	

Step8　编制“其他应交款”

选中 H12 单元格，输入公式：

=-企业财务总账表!G31

B	C	D	E	F	G	H
资产负债表						
		编制日期：				单位：元
行次	年初数	期末数	负债及所有者权益	行次	年初数	期末数
			流动负债：			
1	632,000	935,217	短期借款	18	45,000	60,000
2	50,000	3,000	应付票据	19	36,200	40,000
3	300,000	49,200	应付账款	20	90,000	90,760
4	232,000	248,754	其它应付款	21	38,000	10,000
5	2,300	6,500	应付工资	22	32,000	20,000
6	229,700	242,254	应付福利费	23	1,300	2,000
7	63,200	77,200	应交税金	24	4,000	6,000
8	20,120	38,071	其它应交款	25	2,000	1,320
9	102,500	231,628	预提费用	26	2,350	5,000
10	15,000	10,000	流动负债合计		250,850	
	1,112,520	1,586,570				
			长期负债：			
11	490,000	500,000	长期借款	27	919,500	
			负债合计		1,170,350	
12	95,000	96,300				
13	85,000	84,520				
14	10,000	11,780	所有者权益：			
15	145,000	150,040	实收资本	28	1,087,170	
	155,000	161,820	盈余公积	29	50,000	
16	300,000	329,090	未分配利润	30		
17	250,000	230,000	所有者权益合计		1,137,170	
	550,000	559,090				
	2,307,520	2,807,480	负债及所有者权益合计		2,307,520	

Step9　编制“预提费用”

选中 H13 单元格，输入公式：

=-企业财务总账表!G32

B	C	D	E	F	G	H
资产负债表						
		编制日期：				单位：元
行次	年初数	期末数	负债及所有者权益	行次	年初数	期末数
			流动负债：			
1	632,000	935,217	短期借款	18	45,000	60,000
2	50,000	3,000	应付票据	19	36,200	40,000
3	300,000	49,200	应付账款	20	90,000	90,760
4	232,000	248,754	其它应付款	21	38,000	10,000
5	2,300	6,500	应付工资	22	32,000	20,000
6	229,700	242,254	应付福利费	23	1,300	2,000
7	63,200	77,200	应交税金	24	4,000	6,000
8	20,120	38,071	其它应交款	25	2,000	1,320
9	102,500	231,628	预提费用	26	2,350	5,000
10	15,000	10,000	流动负债合计		250,850	235,080
	1,112,520	1,586,570				
			长期负债：			
11	490,000	500,000	长期借款	27	919,500	
			负债合计		1,170,350	
12	95,000	96,300				
13	85,000	84,520				
14	10,000	11,780	所有者权益：			
15	145,000	150,040	实收资本	28	1,087,170	
	155,000	161,820	盈余公积	29	50,000	
16	300,000	329,090	未分配利润	30		
17	250,000	230,000	所有者权益合计		1,137,170	
	550,000	559,090				
	2,307,520	2,807,480	负债及所有者权益合计		2,307,520	

Step10　编制“流动负债合计”

选中 H14 单元格，输入公式：

=H5+H6+H7+H8+H9+H10+H11+H12+H13

	B	C	D	E	F	G	H
1	资产负债表						
2			编制日期：				单位：元
3	行次	年初数	期末数	负债及所有者权益	行次	年初数	期末数
4				流动负债：			
5	1	632,000	935,217	短期借款	18	45,000	60,000
6	2	50,000	3,000	应付票据	19	36,200	40,000
7	3	300,000	49,200	应付账款	20	90,000	90,760
8	4	232,000	248,754	其它应付款	21	38,000	10,000
9	5	2,300	6,500	应付工资	22	32,000	20,000
10	6	229,700	242,254	应付福利费	23	1,300	2,000
11	7	63,200	77,200	应交税金	24	4,000	6,000
12	8	20,120	38,071	其它应交款	25	2,000	1,320
13	9	102,500	231,628	预提费用	26	2,350	5,000
14	10	15,000	10,000	流动负债合计		250,850	235,080
15		1,112,520	1,586,570				
16				长期负债：			
17	11	490,000	500,000	长期借款	27	919,500	820,000
18				负债合计		1,170,350	
19	12	95,000	96,300				
20	13	85,000	84,520				
21	14	10,000	11,780	所有者权益：			
22	15	145,000	150,040	实收资本	28	1,087,170	
23		155,000	161,820	盈余公积	29	50,000	
24	16	300,000	329,090	未分配利润	30		
25	17	250,000	230,000	所有者权益合计		1,137,170	
26		550,000	559,090				
27		2,307,520	2,807,480	负债及所有者权益合计		2,307,520	

Step11　编制“长期借款”

选中 H17 单元格，输入公式：

=-企业财务总账表!G33

	B	C	D	E	F	G	H
1			资产负债表				
2		编制日期:					单位：元
3	行次	年初数	期末数	负债及所有者权益	行次	年初数	期末数
4				流动负债:			
5	1	632,000	935,217	短期借款	18	45,000	60,000
6	2	50,000	3,000	应付票据	19	36,200	40,000
7	3	300,000	49,200	应付账款	20	90,000	90,760
8	4	232,000	248,754	其它应付款	21	38,000	10,000
9	5	2,300	6,500	应付工资	22	32,000	20,000
10	6	229,700	242,254	应付福利费	23	1,300	2,000
11	7	63,200	77,200	应交税金	24	4,000	6,000
12	8	20,120	38,071	其它应交款	25	2,000	1,320
13	9	102,500	231,628	预提费用	26	2,350	5,000
14	10	15,000	10,000	流动负债合计		250,850	235,080
15		1,112,520	1,586,570				
16				长期负债:			
17	11	490,000	500,000	长期借款	27	919,500	820,000
18				负债合计		1,170,350	1,055,080
19	12	95,000	96,300				
20	13	85,000	84,520				
21	14	10,000	11,780	所有者权益:			
22	15	145,000	150,040	实收资本	28	1,087,170	
23		155,000	161,820	盈余公积	29	50,000	
24	16	300,000	329,090	未分配利润	30		
25	17	250,000	230,000	所有者权益合计		1,137,170	
26		550,000	559,090				
27		2,307,520	2,807,480	负债及所有者权益合计		2,307,520	
28							

Step12 编制“负债合计”

选中 H18 单元格，输入公式：

=H14+H17

2.6.6 计算所有者权益

	B	C	D	E	F	G	H
1			资产负债表				
2		编制日期:					单位：元
3	行次	年初数	期末数	负债及所有者权益	行次	年初数	期末数
4				流动负债:			
5	1	632,000	935,217	短期借款	18	45,000	60,000
6	2	50,000	3,000	应付票据	19	36,200	40,000
7	3	300,000	49,200	应付账款	20	90,000	90,760
8	4	232,000	248,754	其它应付款	21	38,000	10,000
9	5	2,300	6,500	应付工资	22	32,000	20,000
10	6	229,700	242,254	应付福利费	23	1,300	2,000
11	7	63,200	77,200	应交税金	24	4,000	6,000
12	8	20,120	38,071	其它应交款	25	2,000	1,320
13	9	102,500	231,628	预提费用	26	2,350	5,000
14	10	15,000	10,000	流动负债合计		250,850	235,080
15		1,112,520	1,586,570				
16				长期负债:			
17	11	490,000	500,000	长期借款	27	919,500	820,000
18				负债合计		1,170,350	1,055,080
19	12	95,000	96,300				
20	13	85,000	84,520				
21	14	10,000	11,780	所有者权益:			
22	15	145,000	150,040	实收资本	28	1,087,170	1,468,684
23		155,000	161,820	盈余公积	29	50,000	
24	16	300,000	329,090	未分配利润	30		
25	17	250,000	230,000	所有者权益合计		1,137,170	
26		550,000	559,090				
27		2,307,520	2,807,480	负债及所有者权益合计		2,307,520	
28							

Step1 编制“实收资本”

选中 H22 单元格，输入公式：

=-企业财务总账表!G34

	B	C	D	E	F	G	H
1			资产负债表				
2		编制日期:					单位：元
3	行次	年初数	期末数	负债及所有者权益	行次	年初数	期末数
4				流动负债:			
5	1	632,000	935,217	短期借款	18	45,000	60,000
6	2	50,000	3,000	应付票据	19	36,200	40,000
7	3	300,000	49,200	应付账款	20	90,000	90,760
8	4	232,000	248,754	其它应付款	21	38,000	10,000
9	5	2,300	6,500	应付工资	22	32,000	20,000
10	6	229,700	242,254	应付福利费	23	1,300	2,000
11	7	63,200	77,200	应交税金	24	4,000	6,000
12	8	20,120	38,071	其它应交款	25	2,000	1,320
13	9	102,500	231,628	预提费用	26	2,350	5,000
14	10	15,000	10,000	流动负债合计		250,850	235,080
15		1,112,520	1,586,570				
16				长期负债:			
17	11	490,000	500,000	长期借款	27	919,500	820,000
18				负债合计		1,170,350	1,055,080
19	12	95,000	96,300				
20	13	85,000	84,520				
21	14	10,000	11,780	所有者权益:			
22	15	145,000	150,040	实收资本	28	1,087,170	1,468,684
23		155,000	161,820	盈余公积	29	50,000	60,000
24	16	300,000	329,090	未分配利润	30		
25	17	250,000	230,000	所有者权益合计		1,137,170	
26		550,000	559,090				
27		2,307,520	2,807,480	负债及所有者权益合计		2,307,520	
28							

Step2 编制“盈余公积”

选中 H23 单元格，输入公式：

=-企业财务总账表!G35

	B	C	D	E	F	G	H
1			资产负债表				
2		编制日期:					单位：元
3	行次	年初数	期末数	负债及所有者权益	行次	年初数	期末数
4				流动负债:			
5	1	632,000	935,217	短期借款	18	45,000	60,000
6	2	50,000	3,000	应付票据	19	36,200	40,000
7	3	300,000	49,200	应付账款	20	90,000	90,760
8	4	232,000	248,754	其它应付款	21	38,000	10,000
9	5	2,300	6,500	应付工资	22	32,000	20,000
10	6	229,700	242,254	应付福利费	23	1,300	2,000
11	7	63,200	77,200	应交税金	24	4,000	6,000
12	8	20,120	38,071	其它应交款	25	2,000	1,320
13	9	102,500	231,628	预提费用	26	2,350	5,000
14	10	15,000	10,000	流动负债合计		250,850	235,080
15		1,112,520	1,586,570				
16				长期负债:			
17	11	490,000	500,000	长期借款	27	919,500	820,000
18				负债合计		1,170,350	1,055,080
19	12	95,000	96,300				
20	13	85,000	84,520				
21	14	10,000	11,780	所有者权益:			
22	15	145,000	150,040	实收资本	28	1,087,170	1,468,684
23		155,000	161,820	盈余公积	29	50,000	60,000
24	16	300,000	329,090	未分配利润	30		223,716
25	17	250,000	230,000	所有者权益合计		1,137,170	
26		550,000	559,090				
27		2,307,520	2,807,480	负债及所有者权益合计		2,307,520	
28							

Step3 编制“未分配利润”

选中 H24 单元格，输入公式：

=-企业财务总账表!G36-企业财务总账表!G37-企业财务总账表!G39-企业财务总账表!G40-企业财务总账表!G41-企业财务总账表!G42-企业财务总账表!G43

★ 由于在总账表期末余额中借方金额为正、贷方金额为负，所以它们求和已经实现相减运算，对总结果取负表示以正数显示。

	B	C	D	E	F	G	H
1			资产负债表				
2			编制日期：				单位：元
3	行次	年初数	期末数	负债及所有者权益	行次	年初数	期末数
4				流动负债：			
5	1	632,000	935,217	短期借款	18	45,000	60,000
6	2	50,000	3,000	应付票据	19	36,200	40,000
7	3	300,000	49,200	应付账款	20	90,000	90,760
8	4	232,000	248,754	其它应付款	21	38,000	10,000
9	5	2,300	6,500	应付工资	22	32,000	20,000
10	6	229,700	242,254	应付福利费	23	1,300	2,000
11	7	63,200	77,200	应交税金	24	4,000	6,000
12	8	20,120	38,071	其它应交款	25	2,000	1,320
13	9	102,500	231,628	预提费用	26	2,350	5,000
14	10	15,000	10,000	流动负债合计		250,850	235,080
15		1,112,520	1,586,570				
16				长期负债：			
17	11	490,000	500,000	长期借款	27	919,500	820,000
18				负债合计		1,170,350	1,055,080
19	12	95,000	96,300				
20	13	85,000	84,520				
21	14	10,000	11,780	所有者权益：			
22	15	145,000	150,040	实收资本	28	1,087,170	1,468,684
23		155,000	161,820	盈余公积	29	50,000	60,000
24	16	300,000	329,090	未分配利润	30		223,716
25	17	250,000	230,000	所有者权益合计		1,137,170	1,752,400
26		550,000	559,090				
27		2,307,520	2,807,480	负债及所有者权益合计		2,307,520	

Step4 编制“所有者权益合计”

选中 H25 单元格，输入公式：

=H23+H22+H24

2.6.7 计算负债及所有者权益合计

负债及所有者权益合计的计算公式：

负债及所有者权益合计=负债合计+所有者权益合计

选中 H27 单元格，输入公式：

=H18+H25

上述内容输入完毕，“资产负债表”如图 2.6-4 所示。根据会计恒等式：资产=负债+所有者权益，可以判断“资产负债表”是否平衡，资产、负债及所有者权益合计的年初数要相等，期末数也要相等。

	A	B	C	D	E	F	G	H
1				资产负债表				
2	编制单位：			编制日期：				单位：元
3	资产	行次	年初数	期末数	负债及所有者权益	行次	年初数	期末数
4	流动资产：				流动负债：			
5	货币资金	1	632,000	935,217	短期借款	18	45,000	60,000
6	短期投资	2	50,000	3,000	应付票据	19	36,200	40,000
7	应收票据	3	300,000	49,200	应付账款	20	90,000	90,760
8	应收账款	4	232,000	248,754	其它应付款	21	38,000	10,000
9	减：坏账准备	5	2,300	6,500	应付工资	22	32,000	20,000
10	应收账款净额	6	229,700	242,254	应付福利费	23	1,300	2,000
11	预付账款	7	63,200	77,200	应交税金	24	4,000	6,000
12	其它应收款	8	20,120	38,071	其它应交款	25	2,000	1,320
13	存货	9	102,500	231,628	预提费用	26	2,350	5,000
14	待摊费用	10	15,000	10,000	流动负债合计		250,850	235,080
15	流动资产合计		1,112,520	1,586,570				
16	长期投资：				长期负债：			
17	长期投资	11	490,000	500,000	长期借款	27	919,500	820,000
18	固定资产：				负债合计		1,170,350	1,055,080
19	固定资产原值	12	95,000	96,300				
20	减：累计折旧	13	85,000	84,520				
21	固定资产净值	14	10,000	11,780	所有者权益：			
22	在建工程	15	145,000	150,040	实收资本	28	1,087,170	1,468,684
23	固定资产合计		155,000	161,820	盈余公积	29	50,000	60,000
24	无形资产	16	300,000	329,090	未分配利润	30		223,716
25	递延资产	17	250,000	230,000	所有者权益合计		1,137,170	1,752,400
26	无形资产递延资产合计		550,000	559,090				
27	资产合计		2,307,520	2,807,480	负债及所有者权益合计		2,307,520	2,807,480
28								

图 2.6-4 编制完的资产负债表

2.6.8 相关 Excel 知识

1．函数出错信息

Excel 常见出错信息如表 2.6-1 所示。

表 2.6-1　Excel 常见出错信息

序号	错误值	错误原因及解决方法
1	####	列宽不足以显示包含的内容，或者使用了负的日期或时间。通过拖动或双击列边界来调整列宽
2	#DIV/0!	公式中使用了除法分母包含零值的单元格或者空单元格
3	#VALUE!	使用的参数或操作数类型错误
4	#NAME!	出现未识别的公式文本
5	#NUM!	使用无效数字值时出现该错误
6	#REF!	当单元格引用无效时出现该错误
7	#N/A	当数值对函数或公式不可用时出现该错误
8	#NULL!	使用了不正确的区域运算符
9	循环引用	引用了自身所在的单元格

2. 公式审核

Excel 的公式审核提供了针对公式中出现常规错误的检查能力，在主菜单中选择【公式】→【公式审核】功能组，包括以下功能：

（1）错误检查：与语法检查类似，它用特定的规则检查公式中存在的问题，可以查找并发现常见错误。用户可以选择【文件】→【选项】→【公式】选项卡，对【错误检查规则】启用或关闭相应规则。

（2）追踪引用单元格、追踪从属单元格：可以用蓝色箭头等追踪引用单元格、从属单元格，便于观察公式的来龙去脉。追踪结束后可以用【移去箭头】→【移去单元格追踪箭头】或【移去从属单元格追踪箭头】将标记去掉，或【移去箭头】取消所有追踪箭头。

（3）公式求值：可以调出一个对话框，用逐步执行方式查看公式计算的顺序和结果，有助于了解复杂公式的计算过程。

（4）监视窗口：用于在监视窗口中添加监视，可以监视指定单元格的公式及其内容的变化，即使该单元格已经移出屏幕范围，仍然可以经由监视窗口持续观察。

2.6.9　学习一些财务知识

无论学习什么专业，都需要了解一些财务知识，并在以后的学习、工作中尽可能多学一些。学习专业知识，目的是做出产品、提供服务，这些需要资金支持，不了解财务信息就不知道能做什么。企业运作的目的是利润，不了解财务信息就不知道如何生成利润及相关影响因素，另外企业的管理、决策等都需要了解财务信息。

现行的会计复式记账法是在会计等式的基础上，将记账的账户分为资产、费用、所有者权益、负债、收入等账户，当一笔经济业务发生的时候，同时登记在两个或两个以上的账户中，并保持会计等式的左右相等。资产、费用类账户在等式左边，所有者权益、负债、收入类账户在等式右边。等式左边的账户发生增加，登记在“借”方，减少登记在“贷”方；而等式右边的账户则相反，发生增加登记在“贷”方，减少登记在“借”方。

通过下面的例子来说明复式记账的原理。

（1）王某将自有资金 200 万元存入银行，注册了一个小规模纳税人资格的企业，他担任企业法人代表。

借：银行存款 200 万元　　　　　贷：实收资本 200 万元

★ 会计等式：资产+费用=所有者权益+负债+收入。

企业收到资金，企业资产（银行存款）增加 200 万元，王某作为所有者（法人代表），他在企业的所有者权益（实收资本）也增加 200 万元。会计等式左右两边各增加 200 万元。

（2）王某觉得 200 万元资金不足以运营，于是以企业名义借款 100 万元，借款存入银行。

借：银行存款 100 万元　　　　　贷：短期借款 100 万元

★ 企业借款后，企业资产（银行存款）增加 100 万元，负债（短期借款）也增加 100 万元。会计等式左右两边各增加 100 万元。

（3）某日，企业用 12 万元购买库存商品一批，货款用银行存款支付。

借：库存商品 12 万元　　　　　贷：银行存款 12 万元

★ 企业购入库存商品，一方面企业资产（库存商品）增加 12 万元，另一方面资产（银行存款）减少 12 万元。会计等式左边同时增加和减少了 12 万元。

（4）某日，企业将库存商品（12 万元购入的那批）出售，销售款 20 万元，货款存入银行（为简洁，暂不考虑税款）。

分两步记账，第一步：

借：银行存款 20 万元　　　　　贷：主营业务收入 20 万元

★ 企业将商品销售，企业的收入（主营业务收入）增加 20 万元，同时资产（银行存款）也增加 20 万元。会计等式左右两边同时增加 20 万元。

第二步：

借：主营业务成本 12 万元　　　　　贷：库存商品 12 万元

★ 在商品销售业务中，销售业务的成本（主营业务成本）增加 12 万元，同时资产（库存商品）也减少 12 万元。会计等式左边同时增减 12 万元。

（5）企业缴纳办公租金、水电费等共 6 万元，用银行存款支付。

借：管理费用 6 万元　　　　　贷：银行存款 6 万元

★ 企业在运营过程中产生的办公租金、水电费等管理费用增加 6 万元，资产（银行存款）减少 6 万元。会计等式左边同时增加和减少了 6 万元。

（6）年末，企业计算本年的损益，为了简化模型，假设本年度只发生了这几笔业务。

结转本年度的损益分下面三步完成，第一步：

借：主营业务收入 20 万元　　　　　贷：本年利润 20 万元

★ 将所有企业收入转入"本年利润"账户的贷方。"本年利润"账户用于计算结转本年的收入与支出情况，属于所有者权益类账户，当发生增加时登记在"贷"方，当发生减少时登记在"借"方。"本年利润"账户余额如果在贷方，说明企业盈利；如果在借方，说明企业亏损。

第二步：

借：本年利润 18 万元　　　　　贷：主营业务成本 12 万元

管理费用 6 万元

★ 计算年度所有的成本及费用，结转入"本年利润"账户的借方。

第三步：

借：本年利润 2 万元　　　　　　　贷：利润分配-未分配利润 2 万元

★　结出本年实现净利润。从第一步和第二步可知本年利润有 2 万元的余额(20 万元-18 万元)，余额方向在贷方。

2.7　案例 7　企业资产负债表分析

资产负债表是企业三大对外报送报表（利润表、资产负债表、现金流量表）之一，指标均为时点指标，可反映企业某一时点上资产和负债的分布。通过对两个会计期间的资产负债数据进行对比，可以清楚地了解企业资产和负债的变化，通过观察变动幅度较大的指标，可为企业管理者提供决策参考。本案例用到案例 6 生成的“企业资产负债表”的数据，生成两个表对“企业资产负债表”进行分析，分别为“资产负债绝对变化对比分析表”（图 2.7-1）和“资产负债相对变化对比分析表”（图 2.7-2）。

	A	B	C	D	E	F	G	H	I	J	K	L	M	N
1	资产负债绝对变化对比分析表													
2	编制单位：					编制日期：2010年9月31日							单位：元	
3	资产	年初数	期末数	增加（减少）		金额	比率	负债及所有者权益	年初数	期末数	增加（减少）		金额	比率
4				金额	百分比	排序	排序				金额	百分比	排序	排序
5	流动资产：							流动负债：						
6	货币资金	332,000	323,783	-8,217	-2.48%	10	12	短期借款	45,000	-60,000	-105,000	-233.33%	2	2
7	短期投资	50,000	3,000	-47,000	-94.00%	5	4	应付票据	36,200	40,000	3,800	10.50%	10	11
8	应收票据		49,200	49,200	0.00%	4		应付账款	90,000	190,760	100,760	111.96%	3	3
9	应收账款	30,000	248,754	218,754	729.18%	1	2	其它应付款	40,000	10,000	-30,000	-75.00%	6	4
10	减：坏账准备	300	6,500	6,200	2066.67%	11	1	应付工资	32,000	20,000	-12,000	-37.50%	8	8
11	应收账款净额	29,700	242,254	212,554	715.67%			应付福利费	1,300	2,000	700	53.85%	12	5
12	预付账款	63,200	77,200	14,000	22.15%	8	8	应交税金	4,000	6,000	2,000	50.00%	11	6
13	其它应收款	10,120	38,071	27,951	276.20%	6	3	其它应交款	2,000	1,320	-680	-34.00%	13	9
14	存货	-407,000	-578,372	-171,372	42.11%	2	6	预提费用	350	5,000	4,650	1328.57%	9	1
15	待摊费用	15,000	10,000	-5,000	-33.33%	13	7	流动负债合计	250,850	215,080	-35,770	-14.26%		
16	流动资产合计	93,020	165,136	72,116	77.53%									
17	长期投资：							长期负债：						
18	长期投资	490,000	500,000	10,000	2.04%	9	13	长期借款	400,000	320,000	-80,000	-20.00%	4	10
19	固定资产：							负债合计	650,850	535,080	-115,770	-17.79%		
20	固定资产原值	95,000	96,300	1,300	1.37%	15	14							
21	减：累计折旧	85,000	84,520	-480	-0.56%	16	15							
22	固定资产净值	10,000	11,780	1,780	17.80%	14	9	所有者权益：						
23	在建工程	145,000	150,040	5,040	3.48%	12	11	实收资本	387,170	424,610	37,440	9.67%	5	12
24	固定资产合计	155,000	161,820	6,820	4.40%			盈余公积	50,000	30,000	-20,000	-40.00%	7	7
25	无形资产	100,000	160,050	60,050	60.05%	3	5	未分配利润		227,316	227,316	0.00%	1	
26	递延资产	250,000	230,000	-20,000	-8.00%	7	10	所有者权益合计	437,170	681,926	244,756	55.99%		
27	无形资产递延资产合计	350,000	390,050	40,050	11.44%									
28	资产合计	1,088,020	1,217,006	128,986	11.86%			负债及所有者权益合计	1,088,020	1,217,006	128,986	11.86%		

图 2.7-1　资产负债绝对变化对比分析表

	A	B	C	D	E	F	G	H	I	J	K	L	M	N	O	P
1	资产负债相对变化对比分析表															
2	编制单位：					编制日期：2010年9月31日									单位：元	
3	资产	年初数	期末数	年初结构	期末结构	比例增减	结构	增减	负债及所有者权益	年初数	期末数	年初结构	期末结构	比例增减	结构	增减
4							排序	排序							排序	排序
5	流动资产：								流动负债：							
6	货币资金	332,000	323,783	30.51%	26.60%	-3.91%	3	8	短期借款	45,000	-60,000	4.14%	-4.93%	-9.07%	5	3
7	短期投资	50,000	3,000	4.60%	0.25%	-4.35%	16	3	应付票据	36,200	40,000	3.33%	3.29%	-0.04%	6	13
8	应收票据		49,200	0.00%	4.04%	4.04%	11	5	应付账款	90,000	190,760	8.27%	15.67%	7.40%	4	4
9	应收账款	30,000	248,754	2.76%	20.44%	17.68%	4	1	其它应付款	40,000	10,000	3.68%	0.82%	-2.85%	9	5
10	减：坏账准备	300	6,500	0.03%	0.53%	0.51%	15	15	应付工资	32,000	20,000	2.94%	1.64%	-1.30%	8	7
11	应收账款净额	29,700	242,254	2.73%	19.91%	17.18%			应付福利费	1,300	2,000	0.12%	0.16%	0.04%	12	12
12	预付账款	63,200	77,200	5.81%	6.34%	0.53%	10	14	应交税金	4,000	6,000	0.37%	0.49%	0.13%	10	10
13	其它应收款	10,120	38,071	0.93%	3.13%	2.20%	12	9	其它应交款	2,000	1,320	0.18%	0.11%	-0.08%	13	11
14	存货	-407,000	-578,372	-37.41%	-47.52%	-10.12%	1	2	预提费用	350	5,000	0.03%	0.41%	0.38%	11	9
15	待摊费用	15,000	10,000	1.38%	0.82%	-0.56%	14	13	流动负债合计	250,850	215,080	23.06%	17.67%	-5.38%		
16	流动资产合计	93,020	165,136	8.55%	13.57%	5.02%										
17	长期投资：								长期负债：							
18	长期投资	490,000	500,000	45.04%	41.08%	-3.95%	2	7	长期借款	400,000	320,000	36.76%	26.29%	-10.47%	2	2
19	固定资产：								负债合计	650,850	535,080	59.82%	43.97%	-15.85%		
20	固定资产原值	95,000	96,300	8.73%	7.91%	-0.82%	8	12								
21	减：累计折旧	85,000	84,520	7.81%	6.94%	-0.87%	9	11								
22	固定资产净值	10,000	11,780	0.92%	0.97%	0.05%	13	16	所有者权益：							
23	在建工程	145,000	150,040	13.33%	12.33%	-1.00%	7	10	实收资本	387,170	424,610	35.58%	34.89%	-0.70%	1	8
24	固定资产合计	155,000	161,820	14.25%	13.30%	-0.95%			盈余公积	50,000	30,000	4.60%	2.47%	-2.13%	7	6
25	无形资产	100,000	160,050	9.19%	13.15%	3.96%	6	6	未分配利润		227,316	0.00%	18.68%	18.68%	3	1
26	递延资产	250,000	230,000	22.98%	18.90%	-4.08%	5	4	所有者权益合计	437,170	681,926	40.18%	56.03%	15.85%		
27	无形资产递延资产合计	350,000	390,050	32.17%	32.05%	-0.12%										
28	资产合计	1,088,020	1,217,006	100.00%	100.00%	0.00%			负债及所有者权益合计	1,088,020	1,217,006	100.00%	100.00%	0.00%		

图 2.7-2　资产负债相对变化对比分析表

2.7.1 建立“资产负债绝对变化对比分析表”

“资产负债绝对变化对比分析表”中包括标题、编制单位、编制日期、单位和列项目，其中列项目包括资产、负债及所有者权益、年初数、期末数、增加（减少）、金额排序、比率排序。输入标题和列项目，设置字体格式，添加边框和背景色，如图 2.7-3 所示。

	A	B	C	D	E	F	G	H	I	J	K	L	M	N
1	资产负债绝对变化对比分析表													
2	编制单位：					编制日期：2010年9月31日							单位：元	
3	资产	年初数	期末数	增加（减少）		金额排序	比率排序	负债及所有者权益	年初数	期末数	增加（减少）		金额排序	比率排序
4				金额	百分比						金额	百分比		

图 2.7-3 建立“资产负债绝对变化对比分析表”

2.7.2 导入“资产负债表”数据

将“资产负债表”中的内容复制到“资产负债绝对变化对比分析表”中，复制粘贴“期末数”时选择【选择性粘贴】→【数值】，在相应的合计数位置设置浅蓝色底纹（蓝色底纹位置不是科目余额，是一些计算数据），如图 2.7-4 所示。

	A	B	C	D	E	F	G	H	I	J	K	L	M	N
1	资产负债绝对变化对比分析表													
2	编制单位：					编制日期：2010年9月31日							单位：元	
3	资产	年初数	期末数	增加（减少）		金额排序	比率排序	负债及所有者权益	年初数	期末数	增加（减少）		金额排序	比率排序
4				金额	百分比						金额	百分比		
5	流动资产：							流动负债：						
6	货币资金	632,000	935,217					短期借款	45,000	60,000				
7	短期投资	50,000	3,000					应付票据	36,200	40,000				
8	应收票据	300,000	49,200					应付账款	90,000	90,760				
9	应收账款	232,000	248,754					其它应付款	38,000	10,000				
10	减：坏账准备	2,300	6,500					应付工资	32,000	20,000				
11	应收账款净额	229,700	242,254					应付福利费	1,300	2,000				
12	预付账款	63,200	77,200					应交税金	4,000	6,000				
13	其它应收款	20,120	38,071					其它应交款	2,000	1,320				
14	存货	102,500	231,628					预提费用	2,350	5,000				
15	待摊费用	15,000	10,000					流动负债合计	250,850	235,080				
16	流动资产合计	1,112,520	1,586,570											
17	长期投资：							长期负债：						
18	长期投资	490,000	500,000					长期借款	919,500	820,000				
19	固定资产：							负债合计	1,170,350	1,055,080				
20	固定资产原值	95,000	96,300											
21	减：累计折旧	85,000	84,520											
22	固定资产净值	10,000	11,780					所有者权益：						
23	在建工程	145,000	150,040					实收资本	1,087,170	1,468,684				
24	固定资产合计	155,000	161,820					盈余公积	50,000	60,000				
25	无形资产	300,000	329,090					未分配利润		223,716				
26	递延资产	250,000	230,000					所有者权益合计	1,137,170	1,752,400				
27	无形资产递延资产合计	550,000	559,090											
28	资产合计	2,307,520	2,807,480					负债及所有者权益合计	2,307,520	2,807,480				
29														

企业财务总账表 | 企业月利润表 | 资产负债表 | 资产负债绝对变化对比分析表 | 资产负债相对变 ...

图 2.7-4 导入“资产负债表”数据

2.7.3 计算资产类和负债类项目的绝对变化和变化幅度

	A	B	C	D	E	F	G
1	资产负债绝对变						
2	编制单位：					编制日期：20	
3	资产	年初数	期末数	增加（减少）		金额排序	比率排序
4				金额	百分比		
5	流动资产：						
6	货币资金	632,000	935,217	303,217			
7	短期投资	50,000	3,000	-47,000			
8	应收票据	300,000	49,200	-250,800			
9	应收账款	232,000	248,754	16,754			
10	减：坏账准备	2,300	6,500	4,200			
11	应收账款净额	229,700	242,254				
12	预付账款	63,200	77,200	14,000			
13	其它应收款	20,120	38,071	17,951			
14	存货	102,500	231,628	129,128			
15	待摊费用	15,000	10,000	-5,000			
16	流动资产合计	1,112,520	1,586,570				
17	长期投资：						
18	长期投资	490,000	500,000	10,000			
19	固定资产：						
20	固定资产原值	95,000	96,300	1,300			
21	减：累计折旧	85,000	84,520	-480			
22	固定资产净值	10,000	11,780	1,780			
23	在建工程	145,000	150,040	5,040			
24	固定资产合计	155,000	161,820				
25	无形资产	300,000	329,090	29,090			
26	递延资产	250,000	230,000	-20,000			
27	无形资产递延资产合计	550,000	559,090				
28	资产合计	2,307,520	2,807,480				

Step1 计算资产类项目的绝对变化

选中 D6 单元格，输入公式：

=C6-B6

填充 D7:D28 单元格区域，单击智能标记，选择【不带格式填充】。删除 D17、D19 内容，删除蓝色底纹单元格内容。

	A	B	C	D	E	F	G
1	资产负债绝对变						
2	编制单位：					编制日期：2	
3	资产	年初数	期末数	增加（减少）		金额	比率
4				金额	百分比	排序	排序
5	流动资产：						
6	货币资金	632,000	935,217	303,217	47.98%		
7	短期投资	50,000	3,000	-47,000	-94.00%		
8	应收票据	300,000	49,200	-250,800	-83.60%		
9	应收账款	232,000	248,754	16,754	7.22%		
10	减：坏账准备	2,300	6,500	4,200	182.61%		
11	应收账款净额	229,700	242,254				
12	预付账款	63,200	77,200	14,000	22.15%		
13	其它应收款	20,120	38,071	17,951	89.22%		
14	存货	102,500	231,628	129,128	125.98%		
15	待摊费用	15,000	10,000	-5,000	-33.33%		
16	流动资产合计	1,112,520	1,586,570				
17	长期投资：						
18	长期投资	490,000	500,000	10,000	2.04%		
19	固定资产：						
20	固定资产原值	95,000	96,300	1,300	1.37%		
21	减：累计折旧	85,000	84,520	-480	-0.56%		
22	固定资产净值	10,000	11,780	1,780	17.80%		
23	在建工程	145,000	150,040	5,040	3.48%		
24	固定资产合计	155,000	161,820				
25	无形资产	300,000	329,090	29,090	9.70%		
26	递延资产	250,000	230,000	-20,000	-8.00%		
27	无形资产递延资产合计	550,000	559,090				
28	资产合计	2,307,520	2,807,480				

Step2　计算资产类项目的变化幅度

选中 E6 单元格，输入公式：

=IF(B6=0,0,D6/B6)

填充 E7:E28 单元格区域，单击智能标记，选择【不带格式填充】。删除 E17、E19 内容，删除蓝色底纹单元格内容。

设置 E6:E28 的格式，在主菜单中选择【开始】→【数字】，打开启动器→【百分比】，设置小数位数为 2。

H	I	J	K	L	M	N
变化对比分析表						
10年9月31日					单位：元	
负债及所有者权益	年初数	期末数	增加（减少）		金额	比率
			金额	百分比	排序	排序
流动负债：						
短期借款	45,000	60,000	15,000			
应付票据	36,200	40,000	3,800			
应付账款	90,000	90,760	760			
其它应付款	38,000	10,000	-28,000			
应付工资	32,000	20,000	-12,000			
应付福利费	1,300	2,000	700			
应交税金	4,000	6,000	2,000			
其它应交款	2,000	1,320	-680			
预提费用	2,350	5,000	2,650			
流动负债合计	250,850	235,080				
长期负债：						
长期借款	919,500	820,000	-99,500			
负债合计	1,170,350	1,055,080				
所有者权益：						
实收资本	1,087,170	1,468,684	381,514			
盈余公积	50,000	60,000	10,000			
未分配利润		223,716	223,716			
所有者权益合计	1,137,170	1,752,400				
负债及所有者权益合计	2,307,520	2,807,480				

Step3　计算负债类项目的绝对变化

选中 K6 单元格，输入公式：

=J6-I6

填充 K7:K28 单元格区域，单击智能标记，选择【不带格式填充】。删除蓝色底纹单元格内容。

H	I	J	K	L	M	N
变化对比分析表						
10年9月31日					单位：元	
负债及所有者权益	年初数	期末数	增加（减少）		金额	比率
			金额	百分比	排序	排序
流动负债：						
短期借款	45,000	60,000	15,000	33.33%		
应付票据	36,200	40,000	3,800	10.50%		
应付账款	90,000	90,760	760	0.84%		
其它应付款	38,000	10,000	-28,000	-73.68%		
应付工资	32,000	20,000	-12,000	-37.50%		
应付福利费	1,300	2,000	700	53.85%		
应交税金	4,000	6,000	2,000	50.00%		
其它应交款	2,000	1,320	-680	-34.00%		
预提费用	2,350	5,000	2,650	112.77%		
流动负债合计	250,850	235,080				
长期负债：						
长期借款	919,500	820,000	-99,500	-10.82%		
负债合计	1,170,350	1,055,080				
所有者权益：						
实收资本	1,087,170	1,468,684	381,514	35.09%		
盈余公积	50,000	60,000	10,000	20.00%		
未分配利润		223,716	223,716	0.00%		
所有者权益合计	1,137,170	1,752,400				
负债及所有者权益合计	2,307,520	2,807,480				

Step4　计算负债类项目的变化幅度

选中 L6 单元格，输入公式：

=IF(I6=0,0,K6/I6)

填充 L7:L28 单元格区域，单击智能标记，选择【不带格式填充】。删除蓝色底纹单元格内容。

设置 L6:L28 的格式，在主菜单中选择【开始】→【数字】，打开启动器→【百分比】，设置小数位数为 2。

J	K	L	M	N	O	P	Q	R
		单位：元			辅助区			
期末数	增加（减少）		金额	比率	资产类数据		负债类数据	
	金额	百分比	排序	排序	金额绝对值	百分比绝对值	绝对值	百分比绝对值
60,000	15,000	33.33%			303,217			
40,000	3,800	10.50%			47,000			
90,760	760	0.84%			250,800			
10,000	-28,000	-73.68%			16,754			
20,000	-12,000	-37.50%			4,200			
2,000	700	53.85%						
6,000	2,000	50.00%			14,000			
1,320	-680	-34.00%			17,951			
5,000	2,650	112.77%			129,128			
235,080					5,000			
820,000	-99,500	-10.82%			10,000			
1,055,080								
					1,300			
					480			
					1,780			
1,468,684	381,514	35.09%			5,040			
60,000	10,000	20.00%						
223,716	223,716	0.00%			29,090			
1,752,400					20,000			
2,807,480								

Step5　设置辅助区

在表的右侧建立辅助区，目的是提取各科目的绝对值，便于排序。

计算资产增加金额绝对值，选中 O6 单元格，输入公式：

=IF(D6="","",ABS(D6))

填充 O7:O28 单元格区域。

I	J	K	L	M	N	O	P	Q	R
			单位：元			辅助区			
年初数	期末数	增加（减少）		金额	比率	资产类数据		负债类数据	
		金额	百分比	排序	排序	金额绝对值	百分比绝对值	绝对值	百分比绝对值
45,000	60,000	15,000	33.33%			303,217	47.98%		
36,200	40,000	3,800	10.50%			47,000	94.00%		
90,000	90,760	760	0.84%			250,800	83.60%		
38,000	10,000	-28,000	-73.68%			16,754	7.22%		
32,000	20,000	-12,000	-37.50%			4,200	182.61%		
1,300	2,000	700	53.85%						
4,000	6,000	2,000	50.00%			14,000	22.15%		
2,000	1,320	-680	-34.00%			17,951	89.22%		
2,350	5,000	2,650	112.77%			129,128	125.98%		
250,850	235,080					5,000	33.33%		
919,500	820,000	-99,500	-10.82%			10,000	2.04%		
1,170,350	1,055,080								
						1,300	1.37%		
						480	0.56%		
						1,780	17.80%		
1,087,170	1,468,684	381,514	35.09%			5,040	3.48%		
50,000	60,000	10,000	20.00%						
	223,716	223,716	0.00%			29,090	9.70%		
1,137,170	1,752,400					20,000	8.00%		
2,307,520	2,807,480								

Step6　计算资产增加百分比绝对值

选中 P6 单元格，输入公式：

=IF(E6="","",ABS(E6))

填充 P7:P28 单元格区域。

	A	B	C	D	E	F	G
1	资产负债绝对						
2	编制单位：					编制日期：2	
3	资产	年初数	期末数	增加（减少）		金额	比率
4				金额	百分比	排序	排序
5	流动资产：						
6	货币资金	632,000	935,217	303,217	47.98%	1	
7	短期投资	50,000	3,000	-47,000	-94.00%	4	
8	应收票据	300,000	49,200	-250,800	-83.60%	2	
9	应收账款	232,000	248,754	16,754	7.22%	8	
10	减：坏账准备	2,300	6,500	4,200	182.61%	13	
11	应收账款净额	229,700	242,254				
12	预付账款	63,200	77,200	14,000	22.15%	9	
13	其它应收款	20,120	38,071	17,951	89.22%	7	
14	存货	102,500	231,628	129,128	125.98%	3	
15	待摊费用	15,000	10,000	-5,000	-33.33%	12	
16	流动资产合计	1,112,520	1,586,570				
17	长期投资：						
18	长期投资	490,000	500,000	10,000	2.04%	10	
19	固定资产：						
20	固定资产原值	95,000	96,300	1,300	1.37%	15	
21	减：累计折旧	85,000	84,520	-480	-0.56%	16	
22	固定资产净值	10,000	11,780	1,780	17.80%	14	
23	在建工程	145,000	150,040	5,040	3.48%	11	
24	固定资产合计	155,000	161,820				
25	无形资产	300,000	329,090	29,090	9.70%	5	
26	递延资产	250,000	230,000	-20,000	-8.00%	6	
27	无形资产递延资产合计	550,000	559,090				
28	资产合计	2,307,520	2,807,480				
29							

Step7　资产按增加金额排序

选中 F6 单元格，输入公式：

=IF(D6="","",RANK(ABS(D6),$O$6:$O$28))

填充 F7:F28 单元格区域，单击智能标记，选择【不带格式填充】。

B	C	D	E	F	G	H
						资产负债绝对变化对比分析表
						编制日期：2010年9月31日
年初数	期末数	增加（减少）		金额排序	比率排序	负债及所有者权益
		金额	百分比			
						流动负债：
632,000	935,217	303,217	47.98%	1	6	短期借款
50,000	3,000	-47,000	-94.00%	4	3	应付票据
300,000	49,200	-250,800	-83.60%	2	5	应付账款
232,000	248,754	16,754	7.22%	8	12	其它应付款
2,300	6,500	4,200	182.61%	13	1	应付工资
229,700	242,254					应付福利费
63,200	77,200	14,000	22.15%	9	8	应交税金
20,120	38,071	17,951	89.22%	7	4	其它应交款
102,500	231,628	129,128	125.98%	3	2	预提费用
15,000	10,000	-5,000	-33.33%	12	7	流动负债合计
1,112,520	1,586,570					
						长期负债：
490,000	500,000	10,000	2.04%	10	14	长期借款
						负债合计
95,000	96,300	1,300	1.37%	15	15	
85,000	84,520	-480	-0.56%	16	16	
10,000	11,780	1,780	17.80%	14	9	所有者权益：
145,000	150,040	5,040	3.48%	11	13	实收资本
155,000	161,820					盈余公积
300,000	329,090	29,090	9.70%	5	10	未分配利润
250,000	230,000	-20,000	-8.00%	6	11	所有者权益合计
550,000	559,090					
2,307,520	2,807,480					债及所有者权益合计

Step8　资产按增加百分比排序

选中 G6 单元格，输入公式：

=IF(E6="","",RANK(ABS(E6),$P$6:$P$28))

填充 G7:G28 单元格区域，单击智能标记，选择【不带格式填充】。

K	L	M	N	O	P	Q	R	S
		单位：元		辅助区				
增加（减少）		金额排序	比率排序	资产类数据		负债类数据		
金额	百分比			金额绝对值	百分比绝对值	绝对值	百分比绝对值	
15,000	33.33%			303,217	47.98%	15000		
3,800	10.50%			47,000	94.00%	3800		
760	0.84%			250,800	83.60%	760		
-28,000	-73.68%			16,754	7.22%	28000		
-12,000	-37.50%			4,200	182.61%	12000		
700	53.85%					700		
2,000	50.00%			14,000	22.15%	2000		
-680	-34.00%			17,951	89.22%	680		
2,650	112.77%			129,128	125.98%	2650		
				5,000	33.33%			
-99,500	-10.82%			10,000	2.04%	99500		
				1,300	1.37%			
				480	0.56%			
				1,780	17.80%			
381,514	35.09%			5,040	3.48%	381514		
10,000	20.00%					10000		
223,716	0.00%			29,090	9.70%	223716		
				20,000	8.00%			

Step9　计算负债增加金额绝对值

在辅助区选中 Q6 单元格，输入公式：

=IF(K6="","",ABS(K6))

填充 Q7:Q28 单元格区域。

K	L	M	N	O	P	Q	R	S
		单位：元		辅助区				
增加（减少）		金额排序	比率排序	资产类数据		负债类数据		
金额	百分比			金额绝对值	百分比绝对值	绝对值	百分比绝对值	
15,000	33.33%			303,217	47.98%	15000	33.33%	
3,800	10.50%			47,000	94.00%	3800	10.50%	
760	0.84%			250,800	83.60%	760	0.84%	
-28,000	-73.68%			16,754	7.22%	28000	73.68%	
-12,000	-37.50%			4,200	182.61%	12000	37.50%	
700	53.85%					700	53.85%	
2,000	50.00%			14,000	22.15%	2000	50.00%	
-680	-34.00%			17,951	89.22%	680	34.00%	
2,650	112.77%			129,128	125.98%	2650	112.77%	
				5,000	33.33%			
-99,500	-10.82%			10,000	2.04%	99500	10.82%	
				1,300	1.37%			
				480	0.56%			
				1,780	17.80%			
381,514	35.09%			5,040	3.48%	381514	35.09%	
10,000	20.00%					10000	20.00%	
223,716	0.00%			29,090	9.70%	223716	0.00%	
				20,000	8.00%			

Step10　计算负债增加百分比绝对值

选中 R6 单元格，输入公式：

=IF(L6="","",ABS(L6))

填充 R7:R28 单元格区域。

I	J	K	L	M	N	O	P	Q
				单位：元			辅助区	
年初数	期末数	增加（减少）		金额	比率	资产类数据		负
		金额	百分比	排序	排序	金额绝对值	百分比绝对值	绝对值
45,000	60,000	15,000	33.33%	5		303,217	47.98%	15000
36,200	40,000	3,800	10.50%	8		47,000	94.00%	3800
90,000	90,760	760	0.84%	11		250,800	83.60%	760
38,000	10,000	-28,000	-73.68%	4		16,754	7.22%	28000
32,000	20,000	-12,000	-37.50%	6		4,200	182.61%	12000
1,300	2,000	700	53.85%	12				700
4,000	6,000	2,000	50.00%	10		14,000	22.15%	2000
2,000	1,320	-680	-34.00%	13		17,951	89.22%	680
2,350	5,000	2,650	112.77%	9		129,128	125.98%	2650
250,850	235,080					5,000	33.33%	
919,500	820,000	-99,500	-10.82%	3		10,000	2.04%	99500
1,170,350	1,055,080							
						1,300	1.37%	
						480	0.56%	
						1,780	17.80%	
1,087,170	1,468,684	381,514	35.09%	1		5,040	3.48%	381514
50,000	60,000	10,000	20.00%	7				10000
	223,716	223,716	0.00%	2		29,090	9.70%	223716
1,137,170	1,752,400					20,000	8.00%	
2,307,520	2,807,480							

Step11　负债按增加金额排序

选中 M6 单元格，输入公式：

=IF(K6="","",RANK(ABS(K6),$Q$6:$Q$28))

填充 M7:M28 单元格区域，单击智能标记，选择【不带格式填充】。

K	L	M	N	O	P	Q	R
		单位：元			辅助区		
增加（减少）		金额	比率	资产类数据		负债类数据	
金额	百分比	排序	排序	金额绝对值	百分比绝对值	绝对值	百分比绝对值
15,000	33.33%	5	8	303,217	47.98%	15000	33.33%
3,800	10.50%	8	11	47,000	94.00%	3800	10.50%
760	0.84%	11	12	250,800	83.60%	760	0.84%
-28,000	-73.68%	4	2	16,754	7.22%	28000	73.68%
-12,000	-37.50%	6	5	4,200	182.61%	12000	37.50%
700	53.85%	12	3			700	53.85%
2,000	50.00%	10	4	14,000	22.15%	2000	50.00%
-680	-34.00%	13	7	17,951	89.22%	680	34.00%
2,650	112.77%	9	1	129,128	125.98%	2650	112.77%
				5,000	33.33%		
-99,500	-10.82%	3	10	10,000	2.04%	99500	10.82%
				1,300	1.37%		
				480	0.56%		
				1,780	17.80%		
381,514	35.09%	1	6	5,040	3.48%	381514	35.09%
10,000	20.00%	7	9			10000	20.00%
223,716	0.00%	2	13	29,090	9.70%	223716	0.00%
				20,000	8.00%		

Step12　负债按增加百分比排序

选中 N6 单元格，输入公式：

=IF(L6="","",RANK(ABS(L6),$R$6:$R$28))

填充 N7:N28 单元格区域，单击智能标记，选择【不带格式填充】。

2.7.4　建立“资产负债相对变化对比分析表”

“资产负债相对变化对比分析表”中包括标题、编制单位、编制日期、单位和列项目，其中列项目包括资产、负债及所有者权益、年初数、期末数、年初结构、期末结构、比例增减、结构排序、增减排序。输入标题和列项目，设置字体格式，添加边框和背景色，如图 2.7-5 所示。

	A	B	C	D	E	F	G	H	I	J	K	L	M	N	O	P
1	资产负债相对变化对比分析表															
2	编制单位：					编制日期：2010年9月31日									单位：元	
3	资产	年初数	期末数	年初结构	期末结构	比例增减	结构排序	增减排序	负债及所有者权益	年初数	期末数	年初结构	期末结构	比例增减	结构排序	增减排序

图 2.7-5　建立“资产负债相对变化对比分析表”

2.7.5　导入“资产负债表”数据

将“资产负债表”中的内容复制到“资产负债相对变化对比分析表”，复制粘贴“期末数”时选择【选择性粘贴】→【数值】，在相应的合计数位置设置浅蓝色底纹，如图 2.7-6 所示。设置 D6:F28、L6:N28 的格式，在主菜单中选择【开始】→【数字】，打开启动器→在【数字】选项卡中选择【百分比】，设置小数位数为 2。设置 G6:H28、O6:P28 的格式，在主菜单中选择【开始】→【数字】，打开启动器→在【数字】选项卡中选择【数值】，设置小数位数为 0。

	A	B	C	D	E	F	G	H	I	J	K	L	M	N	O	P
1	资产负债相对变化对比分析表															
2	编制单位：					编制日期：2010年9月31日									单位：元	
3-4	资产	年初数	期末数	年初结构	期末结构	比例增减	结构排序	增减排序	负债及所有者权益	年初数	期末数	年初结构	期末结构	比例增减	结构排序	增减排序
5	流动资产：								流动负债：							
6	货币资金	632,000	935,217						短期借款	45,000	60,000					
7	短期投资	50,000	3,000						应付票据	36,200	40,000					
8	应收票据	300,000	49,200						应付账款	90,000	90,760					
9	应收账款	232,000	248,754						其它应付款	38,000	10,000					
10	减：坏账准备	2,300	6,500						应付工资	32,000	20,000					
11	应收账款净额	229,700	242,254						应付福利费	1,300	2,000					
12	预付账款	63,200	77,200						应交税金	4,000	6,000					
13	其它应收款	20,120	38,071						其它应交款	2,000	1,320					
14	存货	102,500	231,628						预提费用	2,350	5,000					
15	待摊费用	15,000	10,000						流动负债合计	250,850	235,080					
16	流动资产合计	1,112,520	1,586,570													
17	长期投资：								长期负债：							
18	长期投资	490,000	500,000						长期借款	919,500	820,000					
19	固定资产：								负债合计	1,170,350	1,055,080					
20	固定资产原值	95,000	96,300													
21	减：累计折旧	85,000	84,520													
22	固定资产净值	10,000	11,780						所有者权益：							
23	在建工程	145,000	150,040						实收资本	1,087,170	1,468,684					
24	固定资产合计	155,000	161,820						盈余公积	50,000	60,000					
25	无形资产	300,000	329,090						未分配利润		223,716					
26	递延资产	250,000	230,000						所有者权益合计	1,137,170	1,752,400					
27	无形资产递延资产合计	550,000	559,090													
28	资产合计	2,307,520	2,807,480						负债及所有者权益合计	2,307,520	2,807,480					

图 2.7-6　导入“资产负债表”数据

2.7.6　计算资产类和负债类项目的相对变化和变化幅度

	A	B	C	D	E	F	G	H
1	资产负债相对变							
2	编制单位：					编制日期：2010年9月		
3-4	资产	年初数	期末数	年初结构	期末结构	比例增减	结构排序	增减排序
5	流动资产：							
6	货币资金	632,000	935,217	27.39%				
7	短期投资	50,000	3,000	2.17%				
8	应收票据	300,000	49,200	13.00%				
9	应收账款	232,000	248,754	10.05%				
10	减：坏账准备	2,300	6,500	0.10%				
11	应收账款净额	229,700	242,254					
12	预付账款	63,200	77,200	2.74%				
13	其它应收款	20,120	38,071	0.87%				
14	存货	102,500	231,628	4.44%				
15	待摊费用	15,000	10,000	0.65%				
16	流动资产合计	1,112,520	1,586,570					
17	长期投资：							
18	长期投资	490,000	500,000	21.23%				
19	固定资产：							
20	固定资产原值	95,000	96,300	4.12%				
21	减：累计折旧	85,000	84,520	3.68%				
22	固定资产净值	10,000	11,780	0.43%				
23	在建工程	145,000	150,040	6.28%				
24	固定资产合计	155,000	161,820					
25	无形资产	300,000	329,090	13.00%				
26	递延资产	250,000	230,000	10.83%				
27	无形资产递延资产合计	550,000	559,090					
28	资产合计	2,307,520	2,807,480					

Step1　计算资产类项目年初结构

选中 D6 单元格，输入公式：

=IF($B$28=0,0,B6/$B$28)

填充 D7:D28 单元格区域，单击智能标记，选择【不带格式填充】。删除 D17、D19 内容，删除蓝色底纹单元格内容。

	A	B	C	D	E	F	G	H
1	资产负债相对变							
2	编制单位：					编制日期：2010年9月		
3-4	资产	年初数	期末数	年初结构	期末结构	比例增减	结构排序	增减排序
5	流动资产：							
6	货币资金	632,000	935,217	27.39%	33.31%			
7	短期投资	50,000	3,000	2.17%	0.11%			
8	应收票据	300,000	49,200	13.00%	1.75%			
9	应收账款	232,000	248,754	10.05%	8.86%			
10	减：坏账准备	2,300	6,500	0.10%	0.23%			
11	应收账款净额	229,700	242,254					
12	预付账款	63,200	77,200	2.74%	2.75%			
13	其它应收款	20,120	38,071	0.87%	1.36%			
14	存货	102,500	231,628	4.44%	8.25%			
15	待摊费用	15,000	10,000	0.65%	0.36%			
16	流动资产合计	1,112,520	1,586,570					
17	长期投资：							
18	长期投资	490,000	500,000	21.23%	17.81%			
19	固定资产：							
20	固定资产原值	95,000	96,300	4.12%	3.43%			
21	减：累计折旧	85,000	84,520	3.68%	3.01%			
22	固定资产净值	10,000	11,780	0.43%	0.42%			
23	在建工程	145,000	150,040	6.28%	5.34%			
24	固定资产合计	155,000	161,820					
25	无形资产	300,000	329,090	13.00%	11.72%			
26	递延资产	250,000	230,000	10.83%	8.19%			
27	无形资产递延资产合计	550,000	559,090					
28	资产合计	2,307,520	2,807,480					

Step2　计算资产类项目期末结构

选中 E6 单元格，输入公式：

=IF($C$28=0,0,C6/$C$28)

填充 E7:E28 单元格区域，单击智能标记，选择【不带格式填充】。删除 E17、E19 内容，删除蓝色底纹单元格内容。

Step3　计算资产类项目结构变化

选中 F6 单元格，输入公式：

=IF(E6="","",E6-D6)

填充 F7:F28 单元格区域，单击智能标记，选择【不带格式填充】。

	A	B	C	D	E	F	G	H
1	资产负债相对							
2	编制单位：					编制日期：2010年9,		
3 4	资产	年初数	期末数	年初结构	期末结构	比例增减	结构排序	增减排序
5	流动资产：							
6	货币资金	632, 000	935, 217	27. 39%	33. 31%	5. 92%		
7	短期投资	50, 000	3, 000	2. 17%	0. 11%	-2. 06%		
8	应收票据	300, 000	49, 200	13. 00%	1. 75%	-11. 25%		
9	应收账款	232, 000	248, 754	10. 05%	8. 86%	-1. 19%		
10	减：坏账准备	2, 300	6, 500	0. 10%	0. 23%	0. 13%		
11	应收账款净额	229, 700	242, 254					
12	预付账款	63, 200	77, 200	2. 74%	2. 75%	0. 01%		
13	其它应收款	20, 120	38, 071	0. 87%	1. 36%	0. 48%		
14	存货	102, 500	231, 628	4. 44%	8. 25%	3. 81%		
15	待摊费用	15, 000	10, 000	0. 65%	0. 36%	-0. 29%		
16	流动资产合计	1, 112, 520	1, 586, 570					
17	长期投资：							
18	长期投资	490, 000	500, 000	21. 23%	17. 81%	-3. 43%		
19	固定资产：							
20	固定资产原值	95, 000	96, 300	4. 12%	3. 43%	-0. 69%		
21	减：累计折旧	85, 000	84, 520	3. 68%	3. 01%	-0. 67%		
22	固定资产净值	10, 000	11, 780	0. 43%	0. 42%	-0. 01%		
23	在建工程	145, 000	150, 040	6. 28%	5. 34%	-0. 94%		
24	固定资产合计	155, 000	161, 820					
25	无形资产	300, 000	329, 090	13. 00%	11. 72%	-1. 28%		
26	递延资产	250, 000	230, 000	10. 83%	8. 19%	-2. 64%		
27	无形资产递延资产合计	550, 000	559, 090					
28	资产合计	2, 307, 520	2, 807, 480					

Step4　计算负债类项目年初结构

选中 L6 单元格，输入公式：

=IF($J$28=0,0,J6/$J$28)

填充 L7:L28 单元格区域，单击智能标记，选择【不带格式填充】。删除非科目单元格内容，删除蓝色底纹单元格内容。

I	J	K	L	M	N	O	P
变化对比分析表							
31日						单位：元	
负债及所有者权益	年初数	期末数	年初结构	期末结构	比例增减	结构排序	增减排序
流动负债：							
短期借款	45, 000	60, 000	1. 95%				
应付票据	36, 200	40, 000	1. 57%				
应付账款	90, 000	90, 760	3. 90%				
其它应付款	38, 000	10, 000	1. 65%				
应付工资	32, 000	20, 000	1. 39%				
应付福利费	1, 300	2, 000	0. 06%				
应交税金	4, 000	6, 000	0. 17%				
其它应交款	2, 000	1, 320	0. 09%				
预提费用	2, 350	5, 000	0. 10%				
流动负债合计	250, 850	235, 080					
长期负债：							
长期借款	919, 500	820, 000	39. 85%				
负债合计	1, 170, 350	1, 055, 080					
所有者权益：							
实收资本	1, 087, 170	1, 468, 684	47. 11%				
盈余公积	50, 000	60, 000	2. 17%				
未分配利润		223, 716	0. 00%				
所有者权益合计	1, 137, 170	1, 752, 400					
负债及所有者权益合计	2, 307, 520	2, 807, 480					

Step5　计算负债类项目期末结构

选中 M6 单元格，输入公式：

=IF($K$28=0,0,K6/$K$28)

填充 M7:M28 单元格区域，单击智能标记，选择【不带格式填充】。删除非科目单元格内容，删除蓝色底纹单元格内容。

	I	J	K	L	M	N	O	P
1	变化对比分析表							
2	31日						单位：元	
3 4	负债及所有者权益	年初数	期末数	年初结构	期末结构	比例增减	结构排序	增减排序
5	流动负债：							
6	短期借款	45, 000	60, 000	1. 95%	2. 14%			
7	应付票据	36, 200	40, 000	1. 57%	1. 42%			
8	应付账款	90, 000	90, 760	3. 90%	3. 23%			
9	其它应付款	38, 000	10, 000	1. 65%	0. 36%			
10	应付工资	32, 000	20, 000	1. 39%	0. 71%			
11	应付福利费	1, 300	2, 000	0. 06%	0. 07%			
12	应交税金	4, 000	6, 000	0. 17%	0. 21%			
13	其它应交款	2, 000	1, 320	0. 09%	0. 05%			
14	预提费用	2, 350	5, 000	0. 10%	0. 18%			
15	流动负债合计	250, 850	235, 080					
16								
17	长期负债：							
18	长期借款	919, 500	820, 000	39. 85%	29. 21%			
19	负债合计	1, 170, 350	1, 055, 080					
20								
21								
22	所有者权益：							
23	实收资本	1, 087, 170	1, 468, 684	47. 11%	52. 31%			
24	盈余公积	50, 000	60, 000	2. 17%	2. 14%			
25	未分配利润		223, 716	0. 00%	7. 97%			
26	所有者权益合计	1, 137, 170	1, 752, 400					
27								
28	负债及所有者权益合计	2, 307, 520	2, 807, 480					
29								

Step6　计算负债类项目结构变化

选中 N6 单元格，输入公式：

=IF(M6="","",M6-L6)

填充 N7:N28 单元格区域，单击智能标记，选择【不带格式填充】。

	I	J	K	L	M	N	O	P
1	变化对比分析表							
2	]31日						单位：元	
3 4	负债及所有者权益	年初数	期末数	年初结构	期末结构	比例增减	结构排序	增减排序
5	流动负债：							
6	短期借款	45,000	60,000	1.95%	2.14%	0.19%		
7	应付票据	36,200	40,000	1.57%	1.42%	-0.14%		
8	应付账款	90,000	90,760	3.90%	3.23%	-0.67%		
9	其它应付款	38,000	10,000	1.65%	0.36%	-1.29%		
10	应付工资	32,000	20,000	1.39%	0.71%	-0.67%		
11	应付福利费	1,300	2,000	0.06%	0.07%	0.01%		
12	应交税金	4,000	6,000	0.17%	0.21%	0.04%		
13	其它应交款	2,000	1,320	0.09%	0.05%	-0.04%		
14	预提费用	2,350	5,000	0.10%	0.18%	0.08%		
15	流动负债合计	250,850	235,080					
16								
17	长期负债：							
18	长期借款	919,500	820,000	39.85%	29.21%	-10.64%		
19	负债合计	1,170,350	1,055,080					
20								
21								
22	所有者权益：							
23	实收资本	1,087,170	1,468,684	47.11%	52.31%	5.20%		
24	盈余公积	50,000	60,000	2.17%	2.14%	-0.03%		
25	未分配利润		223,716	0.00%	7.97%	7.97%		
26	所有者权益合计	1,137,170	1,752,400					
27								
28	负债及所有者权益合计	2,307,520	2,807,480					

Step7　设置辅助区

建立辅助区，目的是取绝对值，便于排序。

计算资产期末结构绝对值，选择 Q6 单元格，输入公式：

=IF(E6="","",ABS(E6)))

填充 Q7:Q28 单元格区域，单击智能标记，选择【不带格式填充】。

L	M	N	O	P	Q	R	S	T	U
			单位：元		辅助区				
					资产类数据		负债类数据		
年初结构	期末结构	比例增减	结构排序	增减排序	期末结构	增减	期末结构	增减	
1.95%	2.14%	0.19%			33.31%				
1.57%	1.42%	-0.14%			0.11%				
3.90%	3.23%	-0.67%			1.75%				
1.65%	0.36%	-1.29%			8.86%				
1.39%	0.71%	-0.67%			0.23%				
0.06%	0.07%	0.01%							
0.17%	0.21%	0.04%			2.75%				
0.09%	0.05%	-0.04%			1.36%				
0.10%	0.18%	0.08%			8.25%				
					0.36%				
39.85%	29.21%	-10.64%			17.81%				
					3.43%				
					3.01%				
					0.42%				
47.11%	52.31%	5.20%			5.34%				
2.17%	2.14%	-0.03%							
0.00%	7.97%	7.97%			11.72%				
					8.19%				

Step8　计算资产类结构排序

选中 G6 单元格，输入公式：

=IF(E6="","",RANK(ABS(E6), $Q$6:$Q$28))

填充 G7:G28 单元格区域，单击智能标记，选择【不带格式填充】。

	A	B	C	D	E	F	G	H
1						资产负债相对		
2	编制单位：					编制日期：2010年9月		
3 4	资产	年初数	期末数	年初结构	期末结构	比例增减	结构排序	增减排序
5	流动资产：							
6	货币资金	632,000	935,217	27.39%	33.31%	5.92%	1	
7	短期投资	50,000	3,000	2.17%	0.11%	-2.06%	16	
8	应收票据	300,000	49,200	13.00%	1.75%	-11.25%	11	
9	应收账款	232,000	248,754	10.05%	8.86%	-1.19%	4	
10	减：坏账准备	2,300	6,500	0.10%	0.23%	0.13%	15	
11	应收账款净额	229,700	242,254					
12	预付账款	63,200	77,200	2.74%	2.75%	0.01%	10	
13	其它应收款	20,120	38,071	0.87%	1.36%	0.48%	12	
14	存货	102,500	231,628	4.44%	8.25%	3.81%	5	
15	待摊费用	15,000	10,000	0.65%	0.36%	-0.29%	14	
16	流动资产合计	1,112,520	1,586,570					
17	长期投资：							
18	长期投资	490,000	500,000	21.23%	17.81%	-3.43%	2	
19	固定资产：							
20	固定资产原值	95,000	96,300	4.12%	3.43%	-0.69%	8	
21	减：累计折旧	85,000	84,520	3.68%	3.01%	-0.67%	9	
22	固定资产净值	10,000	11,780	0.43%	0.42%	-0.01%	13	
23	在建工程	145,000	150,040	6.28%	5.34%	-0.94%	7	
24	固定资产合计	155,000	161,820					
25	无形资产	300,000	329,090	13.00%	11.72%	-1.28%	3	
26	递延资产	250,000	230,000	10.83%	8.19%	-2.64%	6	
27	无形资产递延资产合计	550,000	559,090					
28	资产合计	2,307,520	2,807,480					

Step9 计算资产类比例增减绝对值

选中 R6 单元格，输入公式：

=IF(F6="","",ABS(F6))

填充 R7:R28 单元格区域，单击智能标记，选择【不带格式填充】。

	K	L	M	N	O	P	Q	R	S	T
1										
2					单位：元		辅助区			
3	期末数	年初结构	期末结构	比例增减	结构	增减	资产类数据		负债类数据	
4					排序	排序	期末结构	增减	期末结构	增减
5										
6	-60,000	4.14%	-4.93%	-9.07%			26.60%	3.91%		
7	40,000	3.33%	3.29%	-0.04%			0.25%	4.35%		
8	190,760	8.27%	15.67%	7.40%			4.04%	4.04%		
9	10,000	3.68%	0.82%	-2.85%			20.44%	17.68%		
10	20,000	2.94%	1.64%	-1.30%			0.53%	0.51%		
11	2,000	0.12%	0.16%	0.04%						
12	6,000	0.37%	0.49%	0.13%			6.34%	0.53%		
13	1,320	0.18%	0.11%	-0.08%			3.13%	2.20%		
14	5,000	0.03%	0.41%	0.38%			47.52%	10.12%		
15	215,080	23.06%	17.67%	-5.38%			0.82%	0.56%		
16										
17										
18	320,000	36.76%	26.29%	-10.47%			41.08%	3.95%		
19	535,080	59.82%	43.97%	-15.85%						
20							7.91%	0.82%		
21							6.94%	0.87%		
22							0.97%	0.05%		
23	424,610	35.58%	34.89%	-0.70%			12.33%	1.00%		
24	30,000	4.60%	2.47%	-2.13%						
25	227,316	0.00%	18.68%	18.68%			13.15%	3.96%		
26	681,926	40.18%	56.03%	15.85%			18.90%	4.08%		
27										
28	1,217,006	100.00%	100.00%	0.00%						

Step10 计算资产类比例增减排序

选中 H6 单元格，输入公式：

=IF(F6="","",RANK(ABS(F6), $R$6:$R$28))

填充 H7:H28 单元格区域，单击智能标记，选择【不带格式填充】。

	A	B	C	D	E	F	G	H
1						资产负债相对		
2	编制单位：					编制日期：2010年9		
3	资产	年初数	期末数	年初结构	期末结构	比例增减	结构排序	增减排序
5	流动资产：							
6	货币资金	632,000	935,217	27.39%	33.31%	5.92%	1	2
7	短期投资	50,000	3,000	2.17%	0.11%	-2.06%	16	6
8	应收票据	300,000	49,200	13.00%	1.75%	-11.25%	11	1
9	应收账款	232,000	248,754	10.05%	8.86%	-1.19%	4	8
10	减：坏账准备	2,300	6,500	0.10%	0.23%	0.13%	15	14
11	应收账款净额	229,700	242,254					
12	预付账款	63,200	77,200	2.74%	2.75%	0.01%	10	16
13	其它应收款	20,120	38,071	0.87%	1.36%	0.48%	12	12
14	存货	102,500	231,628	4.44%	8.25%	3.81%	5	3
15	待摊费用	15,000	10,000	0.65%	0.36%	-0.29%	14	13
16	流动资产合计	1,112,520	1,586,570					
17	长期投资：							
18	长期投资	490,000	500,000	21.23%	17.81%	-3.43%	2	4
19	固定资产：							
20	固定资产原值	95,000	96,300	4.12%	3.43%	-0.69%	8	10
21	减：累计折旧	85,000	84,520	3.68%	3.01%	-0.67%	9	11
22	固定资产净值	10,000	11,780	0.43%	0.42%	-0.01%	13	15
23	在建工程	145,000	150,040	6.28%	5.34%	-0.94%	7	9
24	固定资产合计	155,000	161,820					
25	无形资产	300,000	329,090	13.00%	11.72%	-1.28%	3	7
26	递延资产	250,000	230,000	10.83%	8.19%	-2.64%	6	5
27	无形资产递延资产合计	550,000	559,090					
28	资产合计	2,307,520	2,807,480					

Step11 计算负债类期末结构数据绝对值

选中 S6 单元格，输入公式：

=IF(M6="","",ABS(M6))

填充 S7:S28 单元格区域，单击智能标记，选择【不带格式填充】。

K	L	M	N	O	P	Q	R	S	T	U
				单位：元		辅助区				
期末数	年初结构	期末结构	比例增减	结构	增减	资产类数据		负债类数据		
				排序	排序	期末结构	增减	期末结构	增减	
60,000	1.95%	2.14%	0.19%			33.31%	5.92%	2.14%		
40,000	1.57%	1.42%	-0.14%			0.11%	2.06%	1.42%		
90,760	3.90%	3.23%	-0.67%			1.75%	11.25%	3.23%		
10,000	1.65%	0.36%	-1.29%			8.86%	1.19%	0.36%		
20,000	1.39%	0.71%	-0.67%			0.23%	0.13%	0.71%		
2,000	0.06%	0.07%	0.01%					0.07%		
6,000	0.17%	0.21%	0.04%			2.75%	0.01%	0.21%		
1,320	0.09%	0.05%	-0.04%			1.36%	0.48%	0.05%		
5,000	0.10%	0.18%	0.08%			8.25%	3.81%	0.18%		
235,080						0.36%	0.29%			
820,000	39.85%	29.21%	-10.64%			17.81%	3.43%	29.21%		
1,055,080										
						3.43%	0.69%			
						3.01%	0.67%			
						0.42%	0.01%			
1,468,684	47.11%	52.31%	5.20%			5.34%	0.94%	52.31%		
60,000	2.17%	2.14%	-0.03%					2.14%		
223,716	0.00%	7.97%	7.97%			11.72%	1.28%	7.97%		
1,752,400						8.19%	2.64%			
2,807,480										

K	L	M	N	O	P	Q	R	S	T
				单位：元		辅助区			
期末数	年初结构	期末结构	比例增减	结构排序	增减排序	资产类数据		负债类数据	
						期末结构	增减	期末结构	增减
60,000	1.95%	2.14%	0.19%	5		33.31%	5.92%	2.14%	
40,000	1.57%	1.42%	-0.14%	7		0.11%	2.06%	1.42%	
90,760	3.90%	3.23%	-0.67%	4		1.75%	11.25%	3.23%	
10,000	1.65%	0.36%	-1.29%	9		8.86%	1.19%	0.36%	
20,000	1.39%	0.71%	-0.67%	8		0.23%	0.13%	0.71%	
2,000	0.06%	0.07%	0.01%	12				0.07%	
6,000	0.17%	0.21%	0.04%	10		2.75%	0.01%	0.21%	
1,320	0.09%	0.05%	-0.04%	13		1.36%	0.48%	0.05%	
5,000	0.10%	0.18%	0.08%	11		8.25%	3.81%	0.18%	
235,080						0.36%	0.29%		
820,000	39.85%	29.21%	-10.64%	2		17.81%	3.43%	29.21%	
1,055,080									
						3.43%	0.69%		
						3.01%	0.67%		
						0.42%	0.01%		
1,468,684	47.11%	52.31%	5.20%	1		5.34%	0.94%	52.31%	
60,000	2.17%	2.14%	-0.03%	5				2.14%	
223,716	0.00%	7.97%	7.97%	3		11.72%	1.28%	7.97%	
1,752,400						8.19%	2.64%		
2,807,480									

Step12　计算负债类结构排序

选中 O6 单元格，输入公式：

=IF(M6="","",RANK(ABS(M6), $S$6:$S$28))

填充 O7:O28 单元格区域，单击智能标记，选择【不带格式填充】。

K	L	M	N	O	P	Q	R	S	T
				单位：元		辅助区			
期末数	年初结构	期末结构	比例增减	结构排序	增减排序	资产类数据		负债类数据	
						期末结构	增减	期末结构	增减
60,000	1.95%	2.14%	0.19%	5		33.31%	5.92%	2.14%	0.19%
40,000	1.57%	1.42%	-0.14%	7		0.11%	2.06%	1.42%	0.14%
90,760	3.90%	3.23%	-0.67%	4		1.75%	11.25%	3.23%	0.67%
10,000	1.65%	0.36%	-1.29%	9		8.86%	1.19%	0.36%	1.29%
20,000	1.39%	0.71%	-0.67%	8		0.23%	0.13%	0.71%	0.67%
2,000	0.06%	0.07%	0.01%	12				0.07%	0.01%
6,000	0.17%	0.21%	0.04%	10		2.75%	0.01%	0.21%	0.04%
1,320	0.09%	0.05%	-0.04%	13		1.36%	0.48%	0.05%	0.04%
5,000	0.10%	0.18%	0.08%	11		8.25%	3.81%	0.18%	0.08%
235,080						0.36%	0.29%		
820,000	39.85%	29.21%	-10.64%	2		17.81%	3.43%	29.21%	10.64%
1,055,080									
						3.43%	0.69%		
						3.01%	0.67%		
						0.42%	0.01%		
1,468,684	47.11%	52.31%	5.20%	1		5.34%	0.94%	52.31%	5.20%
60,000	2.17%	2.14%	-0.03%	5				2.14%	0.03%
223,716	0.00%	7.97%	7.97%	3		11.72%	1.28%	7.97%	7.97%
1,752,400						8.19%	2.64%		
2,807,480									

Step13　计算负债类比例增减数据绝对值

选中 T6 单元格，输入公式：

=ABS(N6)

填充 T7:T28 单元格区域，单击智能标记，选择【不带格式填充】。

K	L	M	N	O	P	Q	R	S	T
				单位：元		辅助区			
期末数	年初结构	期末结构	比例增减	结构排序	增减排序	资产类数据		负债类数据	
						期末结构	增减	期末结构	增减
60,000	1.95%	2.14%	0.19%	5	7	33.31%	5.92%	2.14%	0.19%
40,000	1.57%	1.42%	-0.14%	7	8	0.11%	2.06%	1.42%	0.14%
90,760	3.90%	3.23%	-0.67%	4	6	1.75%	11.25%	3.23%	0.67%
10,000	1.65%	0.36%	-1.29%	9	4	8.86%	1.19%	0.36%	1.29%
20,000	1.39%	0.71%	-0.67%	8	5	0.23%	0.13%	0.71%	0.67%
2,000	0.06%	0.07%	0.01%	12	13			0.07%	0.01%
6,000	0.17%	0.21%	0.04%	10	10	2.75%	0.01%	0.21%	0.04%
1,320	0.09%	0.05%	-0.04%	13	11	1.36%	0.48%	0.05%	0.04%
5,000	0.10%	0.18%	0.08%	11	9	8.25%	3.81%	0.18%	0.08%
235,080						0.36%	0.29%		
820,000	39.85%	29.21%	-10.64%	2	1	17.81%	3.43%	29.21%	10.64%
1,055,080									
						3.43%	0.69%		
						3.01%	0.67%		
						0.42%	0.01%		
1,468,684	47.11%	52.31%	5.20%	1	3	5.34%	0.94%	52.31%	5.20%
60,000	2.17%	2.14%	-0.03%	5	12			2.14%	0.03%
223,716	0.00%	7.97%	7.97%	3	2	11.72%	1.28%	7.97%	7.97%
1,752,400						8.19%	2.64%		
2,807,480									

Step14　计算负债类比例增减排序

选中 P6 单元格，输入公式：

=IF(N6="","",RANK(ABS(N6), $T$6:$T$28))

填充 P7:P28 单元格区域，单击智能标记，选择【不带格式填充】。

2.8　案例 8　固定资产折旧

企业固定资产在使用的过程中会发生有形和无形的损耗，其价值会逐渐转移到成本或费用中去，企业对使用的固定资产必须按期计提折旧。

固定资产折旧是指在固定资产的使用寿命期内，按照确定的方法对固定资产的应计折旧额进行系统分摊。应计折旧额是指应当计提折旧的固定资产原价扣除其预计净残值后的余额。

平均年限法是指在规定的折旧年限内，根据原始价值和预计净残值率计算折旧额，并将其均衡地分摊到各期的一种方法，即在计提固定资产折旧数额时，每年提取的折旧额是相等的。双倍余额递减折旧法是一种加速折旧的方法，采用一个固定的折旧率乘以一个递减的设备资产初期账面值，得到每期的折旧额。采用双倍余额递减法计提固定资产折旧数额时，应当在其固定资产折旧年限到期的前两年，将固定资产净值扣除预计净残值后的余额平均摊销。

本案例先建立“企业固定资产汇总表”，然后建立“企业固定资产平均年限折旧法分析表”，如图 2.8-1 所示，使用 SLN 函数计算固定资产平均年限折旧数据，案例中的制表时间按 2004 年 12 月 30 日、折旧年限按 8 年、设备残值率按 3%计算。建立“计算机设备的双倍余额递减折旧分析表”，如图 2.8-2 所示，使用 DDB 函数计算固定资产双倍余额递减折旧数据。

企业固定资产平均年限折旧法分析表												
编制单位：XX公司							2004年12月					单位：元
序号	固定资产名称	单位	数量	总价值	启用时间	当前时间	折旧年限	月折旧额	折旧月数	本年折旧月数	本年折旧额	总折旧额
1	计算机	台	30	241500	2001年6月2日	2004年12月30日	8	¥2,440	42	12	¥29,282	¥102,487
2	打印机	台	20	103200	2002年4月5日	2004年12月30日	8	¥1,043	32	12	¥12,513	¥33,368
3	显示器	台	40	88400	2002年8月11日	2004年12月30日	8	¥893	28	12	¥10,719	¥25,010
4	UPS	台	50	162500	2001年9月19日	2004年12月30日	8	¥1,642	39	12	¥19,703	¥64,035
5	笔记本	台	20	239000	2003年9月15日	2004年12月30日	8	¥2,415	15	12	¥28,979	¥36,223
6	计算机	台	20	156400	2004年6月11日	2004年12月30日	8	¥1,580	6	6	¥9,482	¥9,482
7	打印机	台	30	119400	2004年7月13日	2004年12月30日	8	¥1,206	5	5	¥6,032	¥6,032
8	笔记本	台	10	108600	2004年10月22日	2004年12月30日	8	¥1,097	2	2	¥2,195	¥2,195
											¥118,904	¥278,832

图 2.8-1 企业固定资产平均年限折旧法分析表

计算机设备的双倍余额递减折旧分析表			
原值		预计残值	使用年限
241500		7245	8
年份	折旧数额	总折旧	剩余价值
1	60375	60375	181125
2	45281	105656	135844
3	33961	139617	101883
4	25471	165088	76412
5	19103	184191	57309
6	14327	198518	42982
7	17868	216387	25113
8	17868	234255	7245

图 2.8-2 计算机设备的双倍余额递减折旧分析表

2.8.1 建立“固定资产汇总表”

“固定资产汇总表”包括序号、固定资产名称、单位、数量、单价、总价值、购买时间、启用时间、生产厂家。输入相应数据并格式化。

企业固定资产汇总表								
序号	固定资产名称	单位	数量	单价	总价值	购买时间	启用时间	生产厂家
1								
2								
3								
4								
5								
6								
7								
8								

Step1 新建工作表

插入一个新工作表，改名为“企业固定资产汇总表”。输入标题和各字段名称，标题合并居中，设置合适字体。

A 列序号采用填充输入。

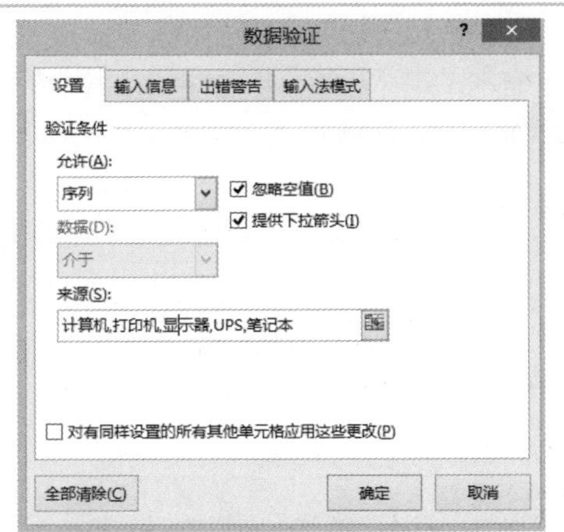

Step2　设置"固定资产名称"输入的数据验证

选中 B3 单元格，在主菜单中选择【数据】→【数据验证】→【数据验证】→【设置】，在【允许】处选择"序列"，在【来源】处输入"计算机,打印机,显示器,UPS,笔记本"。

填充 B3:B10 单元格区域。

★ 在【来源】处输入的内容用英文状态逗号分开。

Step3　"固定资产名称"输入

输入"固定资产名称"时，单击下拉按钮，从下拉列表中选择输入。

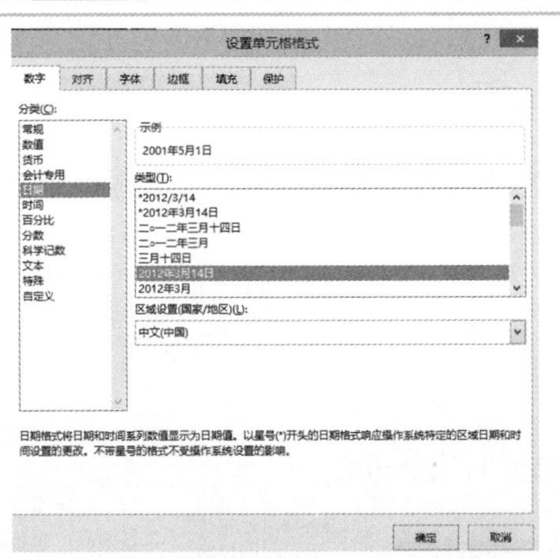

Step4　设置日期格式

选中 G3:H10，在主菜单中选择【开始】→【数字】，打开启动器→【日期】，选择类型"2012 年 3 月 14 日"。

Step5　设置"生产厂家"输入的数据验证

选中 I3 单元格，在主菜单中选择【数据】→【数据验证】→【数据验证】→【设置】，在【允许】处选择"序列"，在【来源】处输入"IBM,EPSON,联想,HP,山特"。

填充 I3:I10 单元格区域。

★ 在【来源】处输入的内容用英文状态逗号分开。

企业固定资产汇总表								
序号	固定资产名称	单位	数量	单价	总价值	购买时间	启用时间	生产厂家
1	计算机	台	30	8050	241500	2001年5月1日	2001年6月2日	IBM
2								
3								
4								
5								
6								
7								
8								

IBM
EPSON
联想
HP
山特

Step6 “生产厂家”输入

输入“生产厂家”时，单击下拉按钮，从下拉列表中选择输入。

输入其他内容，得到“企业固定资产汇总表”，如图 2.8-3 所示。

企业固定资产汇总表								
序号	固定资产名称	单位	数量	单价	总价值	购买时间	启用时间	生产厂家
1	计算机	台	30	8050	241500	2001年5月1日	2001年6月2日	IBM
2	打印机	台	20	5160	103200	2002年3月16日	2002年4月5日	EPSON
3	显示器	台	40	2210	88400	2002年6月20日	2002年8月11日	联想
4	UPS	台	50	3250	162500	2001年7月21日	2001年9月19日	山特
5	笔记本	台	20	11950	239000	2003年8月20日	2003年9月15日	东芝
6	计算机	台	20	7820	156400	2004年2月25日	2004年6月11日	联想
7	打印机	台	30	3980	119400	2004年6月17日	2004年7月13日	HP
8	笔记本	台	10	10860	108600	2004年9月7日	2004年10月22日	东芝

图 2.8-3　企业固定资产汇总表

2.8.2　建立“企业固定资产平均年限折旧法分析表”

“企业固定资产平均年限折旧法分析表”的列项目包括序号、固定资产名称、单位、数量、总价值、启用时间、当前时间、折旧年限、月折旧额、折旧月数、本年折旧月数、本年折旧额和总折旧额等。输入标题、列标题，设置字体格式，为工作表添加边框和背景色，如图 2.8-4 所示。

企业固定资产平均年限折旧法分析表												
编制单位：XX公司							2004年12月					单位：元
序号	固定资产名称	单位	数量	总价值	启用时间	当前时间	折旧年限	月折旧额	折旧月数	本年折旧月数	本年折旧额	总折旧额

企业固定资产平均年限折旧法分析表　单个设备双倍余额递减 …

图 2.8-4　企业固定资产平均年限折旧法分析表

★　在 H3 单元格设置自动换行，在主菜单中选择【开始】→【字体】，打开启动器→【对齐】→【文本控制】，勾选【自动换行】。

2.8.3　复制初始数据

从“企业固定资产汇总表”向“企业固定资产平均年限折旧法分析表”复制相关数据，如图 2.8-5 所示。

企业固定资产平均年限折旧法分析表

编制单位：XX公司　　2004年12月　　单位：元

序号	固定资产名称	单位	数量	总价值	启用时间	当前时间	折旧年限	月折旧额	折旧月数	本年折旧月数	本年折旧额	总折旧额
1	计算机	台	30	241500	2001年6月2日							
2	打印机	台	20	103200	2002年4月5日							
3	显示器	台	40	88400	2002年8月11日							
4	UPS	台	50	162500	2001年9月19日							
5	笔记本	台	20	239000	2003年9月15日							
6	计算机	台	20	156400	2004年6月11日							
7	打印机	台	30	119400	2004年7月13日							
8	笔记本	台	10	108600	2004年10月22日							

企业固定资产汇总表 / 企业固定资产平均年限折旧法分析表 / Sheet3

图 2.8-5　复制初始数据

2.8.4　输入当前时间和折旧年限

“当前时间”就是编制此表时间，本案例按 2004 年 12 月 30 日计算，在相应位置输入“当前时间”。输入“折旧年限”，本案例按 8 年计算。在实际应用中，“折旧年限”是由企业主管部门根据有关规定和固定资产的实际情况确定的，一经确定，不能随意修改，如图 2.8-6 所示。

企业固定资产平均年限折旧法分析表

编制单位：XX公司　　2004年12月　　单位：元

序号	固定资产名称	单位	数量	总价值	启用时间	当前时间	折旧年限	月折旧额	折旧月数	本年折旧月数	本年折旧额	总折旧额
1	计算机	台	30	241500	2001年6月2日	2004年12月30日	8					
2	打印机	台	20	103200	2002年4月5日	2004年12月30日	8					
3	显示器	台	40	88400	2002年8月11日	2004年12月30日	8					
4	UPS	台	50	162500	2001年9月19日	2004年12月30日	8					
5	笔记本	台	20	239000	2003年9月15日	2004年12月30日	8					
6	计算机	台	20	156400	2004年6月11日	2004年12月30日	8					
7	打印机	台	30	119400	2004年7月13日	2004年12月30日	8					
8	笔记本	台	10	108600	2004年10月22日	2004年12月30日	8					

企业固定资产汇总表 / 企业固定资产平均年限折旧法分析表 / Sheet3

图 2.8-6　输入“当前时间”和“折旧年限”

2.8.5　计算月折旧额

使用 SLN 函数计算“月折旧额”，SLN 函数的参数 life 若输入年数则计算出年折旧额，若输入月数则计算出月折旧额，若输入天数则计算出每天折旧额。

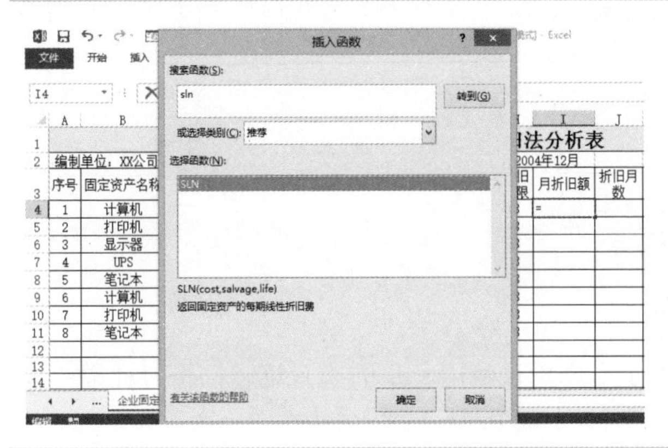

Step1　插入 SLN 函数

选中 I4 单元格，选择【公式】→【插入函数】菜单命令，打开【插入函数】对话框，在【搜索函数】处输入“sln”，单击【转到】按钮，在【选择函数】处显示“SLN”。

★ 输入公式名称时不区分大小写。

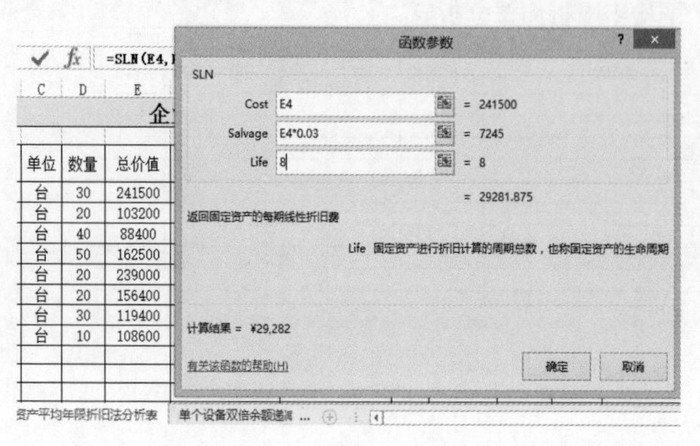

Step2 输入公式参数

单击【确定】按钮，打开【函数参数】对话框，在【Cost】文本框中输入代表固定资产原值的单元格 E4，在【Salvage】文本框中输入残值 E4*0.03，在【Life】文本框中输入折旧年限 8。

★ 输入 E4 时，可以用鼠标单击 E4 单元格，若被对话框挡住，可单击文本框右侧的折叠按钮。

I4 =SLN(E4,E4*0.03,8)

企业固定资产平均年限折旧法分析表

编制单位：XX公司 2004年12月

序号	固定资产名称	单位	数量	总价值	启用时间	当前时间	折旧年限	月折旧额	折旧月数
1	计算机	台	30	241500	2001年6月2日	2004年12月30日	8	¥29,282	
2	打印机	台	20	103200	2002年4月5日	2004年12月30日	8		
3	显示器	台	40	88400	2002年8月11日	2004年12月30日	8		
4	UPS	台	50	162500	2001年9月19日	2004年12月30日	8		
5	笔记本	台	20	239000	2003年9月15日	2004年12月30日	8		
6	计算机	台	20	156400	2004年6月11日	2004年12月30日	8		
7	打印机	台	30	119400	2004年7月13日	2004年12月30日	8		
8	笔记本	台	10	108600	2004年10月22日	2004年12月30日	8		

Step3 显示年折旧额

单击【确定】按钮，显示 SLN 函数计算结果。

★ 由于在 SLN 函数的 life 参数中输入 8 年，因此得到的是年折旧额。

SLN =SLN(E4,E4*0.03,8)/12

企业固定资产平均年限折旧法分析表

编制单位：XX公司 2004年12月

序号	固定资产名称	单位	数量	总价值	启用时间	当前时间	折旧年限	月折旧额	折旧月数
1	计算机	台	30	241500	2001年6月2日	2004年12月30日	8	3,8)/12	
2	打印机	台	20	103200	2002年4月5日	2004年12月30日	8		
3	显示器	台	40	88400	2002年8月11日	2004年12月30日	8		
4	UPS	台	50	162500	2001年9月19日	2004年12月30日	8		
5	笔记本	台	20	239000	2003年9月15日	2004年12月30日	8		
6	计算机	台	20	156400	2004年6月11日	2004年12月30日	8		
7	打印机	台	30	119400	2004年7月13日	2004年12月30日	8		
8	笔记本	台	10	108600	2004年10月22日	2004年12月30日	8		

Step4 计算月折旧额

在编辑栏中修改公式。编辑栏显示 I4 单元格的年折旧额计算公式，将光标移到公式的末尾，输入/12，此时 I4 单元格公式为：

=SLN(E4,E4*0.03,8)/12

企业固定资产平均年限折旧法分析表

编制单位：XX公司 2004年12月

序号	固定资产名称	单位	数量	总价值	启用时间	当前时间	折旧年限	月折旧额	折旧月数
1	计算机	台	30	241500	2001年6月2日	2004年12月30日	8	¥2,440	
2	打印机	台	20	103200	2002年4月5日	2004年12月30日	8	¥1,043	
3	显示器	台	40	88400	2002年8月11日	2004年12月30日	8	¥893	
4	UPS	台	50	162500	2001年9月19日	2004年12月30日	8	¥1,642	
5	笔记本	台	20	239000	2003年9月15日	2004年12月30日	8	¥2,415	
6	计算机	台	20	156400	2004年6月11日	2004年12月30日	8	¥1,580	
7	打印机	台	30	119400	2004年7月13日	2004年12月30日	8	¥1,206	
8	笔记本	台	10	108600	2004年10月22日	2004年12月30日	8	¥1,097	

Step5 填充公式

按【Enter】键，得到月折旧额。

对 I5:I11 单元格区域采用填充输入公式。

2.8.6 计算总折旧月数和本年折旧月数

企业在计提固定资产折旧时一般是从固定资产投入使用月份的次月算起，按月计提；停止使用的固定资产，从停止使用月份的次月起停止计提折旧。

Step1　计算折旧月数

"折旧月数"是固定资产自"启用时间"到"当前时间"的总折旧月数。选中 J4 单元格，输入公式：

=INT(DAYS360(F4,G4)/30)

★ DAY360 函数计算两个参数之间相差天数，除 30 取整得到相差月数。

企业固定资产平均年限折旧法分析表

单位：XX公司　　2004年12月

固定资产名称	单位	数量	总价值	启用时间	当前时间	折旧年限	月折旧额	折旧月数	本年折旧月数
计算机	台	30	241500	2001年6月2日	2004年12月30日	8	¥2, 440	42	
打印机	台	20	103200	2002年4月5日	2004年12月30日	8	¥1, 043		
显示器	台	40	88400	2002年8月11日	2004年12月30日	8	¥893		
UPS	台	50	162500	2001年9月19日	2004年12月30日	8	¥1, 642		
笔记本	台	20	239000	2003年9月15日	2004年12月30日	8	¥2, 415		
计算机	台	20	156400	2004年6月11日	2004年12月30日	8	¥1, 580		
打印机	台	30	119400	2004年7月13日	2004年12月30日	8	¥1, 206		
笔记本	台	10	108600	2004年10月22日	2004年12月30日	8	¥1, 097		

Step2　填充公式

拖动填充该列的其他单元格，其他固定资产的"折旧月数"自动显示出来。

企业固定资产平均年限折旧法分析表

单位：XX公司　　2004年12月

固定资产名称	单位	数量	总价值	启用时间	当前时间	折旧年限	月折旧额	折旧月数	本年折旧月数
计算机	台	30	241500	2001年6月2日	2004年12月30日	8	¥2, 440	42	
打印机	台	20	103200	2002年4月5日	2004年12月30日	8	¥1, 043	32	
显示器	台	40	88400	2002年8月11日	2004年12月30日	8	¥893	28	
UPS	台	50	162500	2001年9月19日	2004年12月30日	8	¥1, 642	39	
笔记本	台	20	239000	2003年9月15日	2004年12月30日	8	¥2, 415	15	
计算机	台	20	156400	2004年6月11日	2004年12月30日	8	¥1, 580	6	
打印机	台	30	119400	2004年7月13日	2004年12月30日	8	¥1, 206	5	
笔记本	台	10	108600	2004年10月22日	2004年12月30日	8	¥1, 097	2	

Step3　计算本年折旧月数

因为当前记账时间为 12 月份，所以"折旧月数"大于 12 的"启用时间"在 2004 年之前，其"本年折旧月数"为 12 个月。"折旧月数"不大于 12 的"启用时间"在 2004 年之后，其"本年折旧月数"与"折旧月数"相同。

K4 单元格公式为：

=IF(J4>12,12,J4)

企业固定资产平均年限折旧法分析表

单位：XX公司　　2004年12月

固定资产名称	单位	数量	总价值	启用时间	当前时间	折旧年限	月折旧额	折旧月数	本年折旧月数	本年折旧额
计算机	台	30	241500	2001年6月2日	2004年12月30日	8	¥2, 440	42	12	
打印机	台	20	103200	2002年4月5日	2004年12月30日	8	¥1, 043	32		
显示器	台	40	88400	2002年8月11日	2004年12月30日	8	¥893	28		
UPS	台	50	162500	2001年9月19日	2004年12月30日	8	¥1, 642	39		
笔记本	台	20	239000	2003年9月15日	2004年12月30日	8	¥2, 415	15		
计算机	台	20	156400	2004年6月11日	2004年12月30日	8	¥1, 580	6		
打印机	台	30	119400	2004年7月13日	2004年12月30日	8	¥1, 206	5		
笔记本	台	10	108600	2004年10月22日	2004年12月30日	8	¥1, 097	2		

Step4　填充公式

拖动填充该列的其他单元格，其他固定资产的"本年折旧月数"自动显示出来。

企业固定资产平均年限折旧法分析表

单位：XX公司　　2004年12月

固定资产名称	单位	数量	总价值	启用时间	当前时间	折旧年限	月折旧额	折旧月数	本年折旧月数	本年折旧额
计算机	台	30	241500	2001年6月2日	2004年12月30日	8	¥2, 440	42	12	
打印机	台	20	103200	2002年4月5日	2004年12月30日	8	¥1, 043	32	12	
显示器	台	40	88400	2002年8月11日	2004年12月30日	8	¥893	28	12	
UPS	台	50	162500	2001年9月19日	2004年12月30日	8	¥1, 642	39	12	
笔记本	台	20	239000	2003年9月15日	2004年12月30日	8	¥2, 415	15	12	
计算机	台	20	156400	2004年6月11日	2004年12月30日	8	¥1, 580	6	6	
打印机	台	30	119400	2004年7月13日	2004年12月30日	8	¥1, 206	5	5	
笔记本	台	10	108600	2004年10月22日	2004年12月30日	8	¥1, 097	2	2	

2.8.7　计算本年折旧额和总折旧额

Step1　计算本年折旧额

采用平均年限法计算折旧数额，每月的折旧额相等，所以：

本年折旧额=月折旧额*本年折旧月数

选中 L4 单元格，输入公式：

=I4*K4

企业固定资产平均年限折旧法分析表

2004年12月　　单位：元

总价值	启用时间	当前时间	折旧年限	月折旧额	折旧月数	本年折旧月数	本年折旧额	总折旧额
241500	2001年6月2日	2004年12月30日	8	¥2, 440	42	12	¥29,282	
103200	2002年4月5日	2004年12月30日	8	¥1, 043	32	12		
88400	2002年8月11日	2004年12月30日	8	¥893	28	12		
162500	2001年9月19日	2004年12月30日	8	¥1, 642	39	12		
239000	2003年9月15日	2004年12月30日	8	¥2, 415	15	12		
156400	2004年6月11日	2004年12月30日	8	¥1, 580	6	6		
119400	2004年7月13日	2004年12月30日	8	¥1, 206	5	5		
108600	2004年10月22日	2004年12月30日	8	¥1, 097	2	2		

Step2 填充公式

拖动填充该列的其他单元格，其他固定资产的“本年折旧额”自动显示出来。

企业固定资产平均年限折旧法分析表

2004年12月　　单位：元

总价值	启用时间	当前时间	折旧年限	月折旧额	折旧月数	本年折旧月数	本年折旧额	总折旧额
241500	2001年6月2日	2004年12月30日	8	¥2,440	42	12	¥29,282	
103200	2002年4月5日	2004年12月30日	8	¥1,043	32	12	¥12,513	
88400	2002年8月11日	2004年12月30日	8	¥893	28	12	¥10,719	
162500	2001年9月19日	2004年12月30日	8	¥1,642	39	12	¥19,703	
239000	2003年9月15日	2004年12月30日	8	¥2,415	15	12	¥28,979	
156400	2004年6月11日	2004年12月30日	8	¥1,580	6	6	¥9,482	
119400	2004年7月13日	2004年12月30日	8	¥1,206	5	5	¥6,032	
108600	2004年10月22日	2004年12月30日	8	¥1,097	2	2	¥2,195	

Step3 计算总折旧额

总折旧额=月折旧额×折旧月数

选中 M4 单元格，输入公式：

=I4*J4

业固定资产平均年限折旧法分析表

2004年12月　　单位：元

启用时间	当前时间	折旧年限	月折旧额	折旧月数	本年折旧月数	本年折旧额	总折旧额
2001年6月2日	2004年12月30日	8	¥2,440	42	12	¥29,282	¥102,487
2002年4月5日	2004年12月30日	8	¥1,043	32	12	¥12,513	
2002年8月11日	2004年12月30日	8	¥893	28	12	¥10,719	
2001年9月19日	2004年12月30日	8	¥1,642	39	12	¥19,703	
2003年9月15日	2004年12月30日	8	¥2,415	15	12	¥28,979	
2004年6月11日	2004年12月30日	8	¥1,580	6	6	¥9,482	
2004年7月13日	2004年12月30日	8	¥1,206	5	5	¥6,032	
2004年10月22日	2004年12月30日	8	¥1,097	2	2	¥2,195	

Step4 填充公式

拖动填充该列的其他单元格，其他固定资产的“总折旧额”自动显示出来。

业固定资产平均年限折旧法分析表

2004年12月　　单位：元

启用时间	当前时间	折旧年限	月折旧额	折旧月数	本年折旧月数	本年折旧额	总折旧额
2001年6月2日	2004年12月30日	8	¥2,440	42	12	¥29,282	¥102,487
2002年4月5日	2004年12月30日	8	¥1,043	32	12	¥12,513	¥33,368
2002年8月11日	2004年12月30日	8	¥893	28	12	¥10,719	¥25,010
2001年9月19日	2004年12月30日	8	¥1,642	39	12	¥19,703	¥64,035
2003年9月15日	2004年12月30日	8	¥2,415	15	12	¥28,979	¥36,223
2004年6月11日	2004年12月30日	8	¥1,580	6	6	¥9,482	¥9,482
2004年7月13日	2004年12月30日	8	¥1,206	5	5	¥6,032	¥6,032
2004年10月22日	2004年12月30日	8	¥1,097	2	2	¥2,195	¥2,195

Step5 计算“本年折旧额”的总计

选中 L12 单元格，输入公式：

=SUM(L4:L11)

业固定资产平均年限折旧法分析表

2004年12月　　单位：元

启用时间	当前时间	折旧年限	月折旧额	折旧月数	本年折旧月数	本年折旧额	总折旧额
2001年6月2日	2004年12月30日	8	¥2,440	42	12	¥29,282	¥102,487
2002年4月5日	2004年12月30日	8	¥1,043	32	12	¥12,513	¥33,368
2002年8月11日	2004年12月30日	8	¥893	28	12	¥10,719	¥25,010
2001年9月19日	2004年12月30日	8	¥1,642	39	12	¥19,703	¥64,035
2003年9月15日	2004年12月30日	8	¥2,415	15	12	¥28,979	¥36,223
2004年6月11日	2004年12月30日	8	¥1,580	6	6	¥9,482	¥9,482
2004年7月13日	2004年12月30日	8	¥1,206	5	5	¥6,032	¥6,032
2004年10月22日	2004年12月30日	8	¥1,097	2	2	¥2,195	¥2,195
						¥118,904	

Step6 计算“总折旧额”的总计

选中 M12 单元格，输入公式：

=SUM(M4:M11)

业固定资产平均年限折旧法分析表

2004年12月　　单位：元

启用时间	当前时间	折旧年限	月折旧额	折旧月数	本年折旧月数	本年折旧额	总折旧额
2001年6月2日	2004年12月30日	8	¥2,440	42	12	¥29,282	¥102,487
2002年4月5日	2004年12月30日	8	¥1,043	32	12	¥12,513	¥33,368
2002年8月11日	2004年12月30日	8	¥893	28	12	¥10,719	¥25,010
2001年9月19日	2004年12月30日	8	¥1,642	39	12	¥19,703	¥64,035
2003年9月15日	2004年12月30日	8	¥2,415	15	12	¥28,979	¥36,223
2004年6月11日	2004年12月30日	8	¥1,580	6	6	¥9,482	¥9,482
2004年7月13日	2004年12月30日	8	¥1,206	5	5	¥6,032	¥6,032
2004年10月22日	2004年12月30日	8	¥1,097	2	2	¥2,195	¥2,195
						¥118,904	¥278,832

2.8.8　添加饼形图

通过饼形图显示各折旧额所占比例情况。

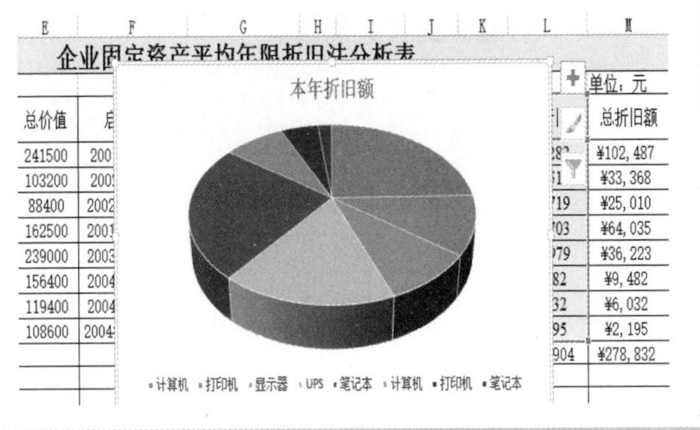

Step1　“本年折旧额”占比

选择 B3:B11，按住 Ctrl 键选择 L3:L11，选中两个不连续区域。在主菜单中选择【插入】→【图表】→【饼图】，选择“三维饼图”。

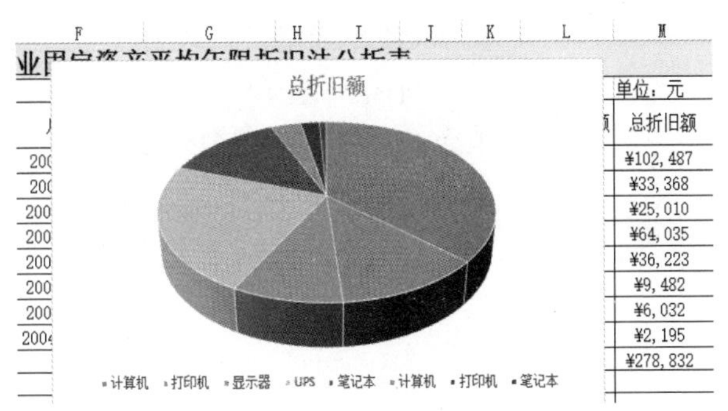

Step2　“总折旧额”占比

选择 B3:B11，按住 Ctrl 键选择 M3:M11，选中两个不连续区域。在主菜单中选择【插入】→【图表】→【饼图】，选择“三维饼图”。

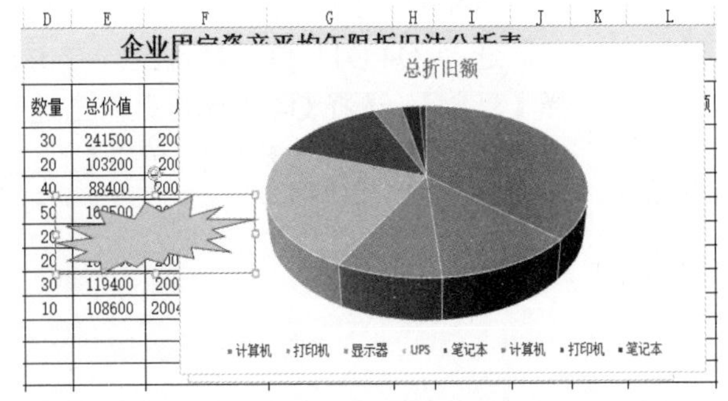

Step3　添加图形

在主菜单中选择【插入】→【插图】→【形状】→【星与旗帜】，选择“爆炸形 2”。

选中该图形，单击绘图工具菜单中的【格式】→【形状样式】→【形状填充】，选择“白色 背景 1 深色 15%”。

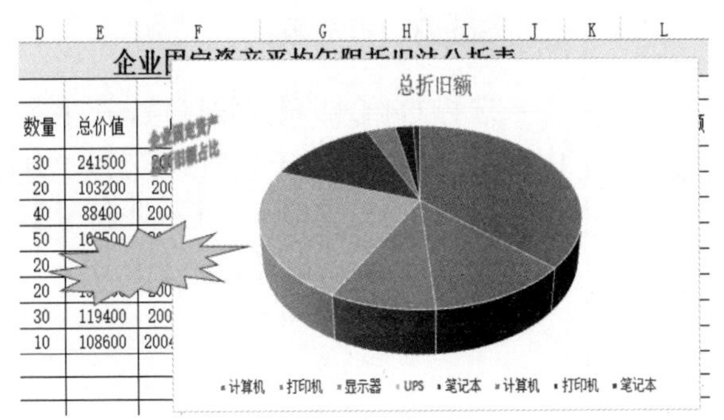

Step4　添加艺术字

在主菜单中选择【插入】→【文本】→【艺术字】，选择第 1 排第 3 个，字体设为 12 号，适当调整大小。

选中该艺术字，单击绘图工具菜单中的【格式】→【形状样式】→【形状效果】→【三维旋转】→【透视】，选择“右向对比透视”。

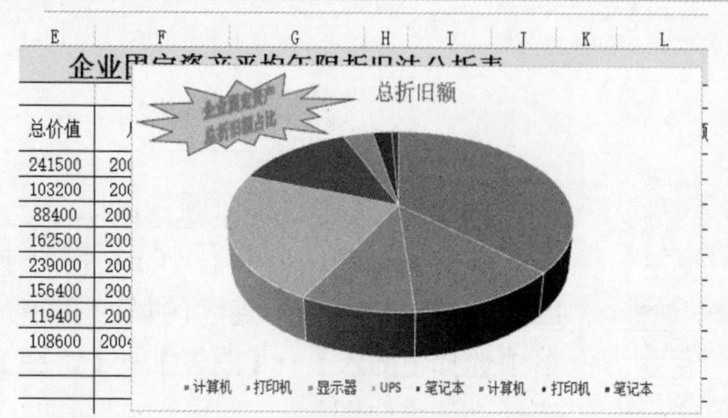

Step5 艺术字、图形组合

将艺术字、图形放在一起，按【Ctrl】键选中两者，右击选择【组合】。将组合图形移到合适位置。

2.8.9 数据合并与拆分

将单位、数量两列数据进行合并、拆分。

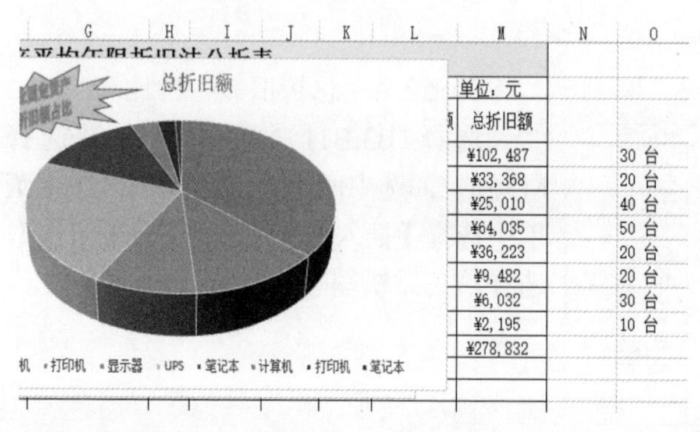

Step1 合并数据

选择 O4 单元格，输入公式：

=D4&" "&C4

填充 O4:O11 单元格区域。

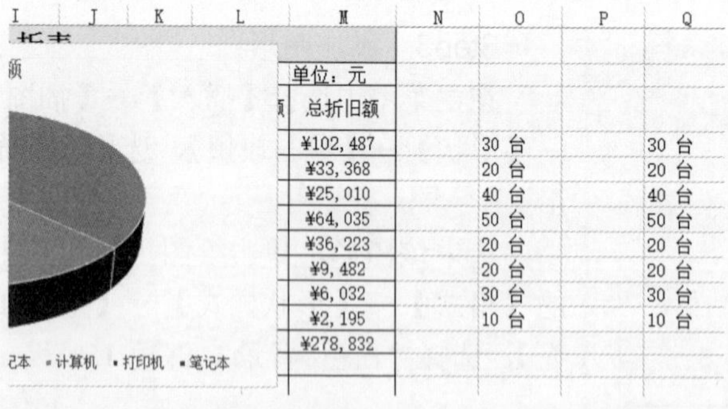

Step2 复制数值

选择 O4:O11 单元格区域，右击选择【复制】，选择 Q4 单元格，右击选择【选择性粘贴】→【数值】，单击【确定】按钮。

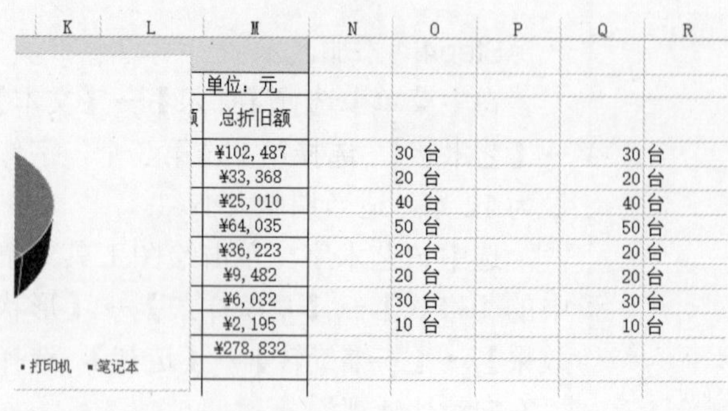

Step3 拆分数据

选择 Q4:Q11 单元格区域，在主菜单中选择【数据】→【分列】，选择“分隔符号”→【下一步】，在【分隔符号】中选择“空格”，单击【完成】按钮。

2.8.10　制作“单个设备的双倍余额递减折旧分析表”

以“序号 1”设备为例，制作折旧分析表，观察双倍余额递减折旧的情况。

	A	B	C	D
1	计算机设备的双倍余额递减折旧分析表			
2	原值		预计残值	使用年限
3	241500		7245	8
4	年份	折旧数额	总折旧	剩余价值
5	1			
6	2			
7	3			
8	4			
9	5			
10	6			
11	7			
12	8			
13				

单个设备双倍余额递减折旧分析表 / 企业固定

Step1　新建工作表

插入一个新工作表，改名为“单个设备双倍余额递减折旧分析表”。输入相关内容并格式化。

设置 B5:D12 单元格区域格式为不含小数的数值型。

	A	B	C	D
1	计算机设备的双倍余额递减折旧分析表			
2	原值		预计残值	使用年限
3	241500		7245	8
4	年份	折旧数额	总折旧	剩余价值
5	1	60375		
6	2	45281		
7	3	33961		
8	4	25471		
9	5	19103		
10	6	14327		
11	7			
12	8			
13				

单个设备双倍余额递减折旧分析表 / 企业固定

Step2　计算折旧数额

选中 B5 单元格，输入公式：

=DDB($A$3,$C$3,$D$3,A5,2)

填充 B6:B10 单元格区域。

★ 按【F4】键，相对地址转换为绝对地址。

	A	B	C	D
1	计算机设备的双倍余额递减折旧分析表			
2	原值		预计残值	使用年限
3	241500		7245	8
4	年份	折旧数额	总折旧	剩余价值
5	1	60375	60375	
6	2	45281	105656	
7	3	33961	139617	
8	4	25471	165088	
9	5	19103	184191	
10	6	14327	198518	
11	7			
12	8			
13				

单个设备双倍余额递减折旧分析表 / 企业固定

Step3　计算总折旧

在 C5 单元格中输入公式：

=B5

在 C6 单元格中输入公式：

=C5+B6

用 C6 填充 C7:C10 单元格区域。

	A	B	C	D
1	计算机设备的双倍余额递减折旧分析表			
2	原值		预计残值	使用年限
3	241500		7245	8
4	年份	折旧数额	总折旧	剩余价值
5	1	60375	60375	181125
6	2	45281	105656	135844
7	3	33961	139617	101883
8	4	25471	165088	76412
9	5	19103	184191	57309
10	6	14327	198518	42982
11	7			
12	8			
13				

单个设备双倍余额递减折旧分析表 / 企业固定

Step4　计算“剩余价值”

在 D5 单元格中输入公式：

=$A$3-C5

填充 D6:D10 单元格区域。

	A	B	C	D
1	计算机设备的双倍余额递减折旧分析表			
2	原值		预计残值	使用年限
3	241500		7245	8
4	年份	折旧数额	总折旧	剩余价值
5	1	60375	60375	181125
6	2	45281	105656	135844
7	3	33961	139617	101883
8	4	25471	165088	76412
9	5	19103	184191	57309
10	6	14327	198518	42982
11	7	21491		
12	8	21491		
13				

单个设备双倍余额递减折旧分析表 / 企业固定

Step5 计算最后两年的折旧数额

最后两年要将剩余的价值平摊，平摊值为(D10-C3)/2。

在 B11、B12 单元格中输入公式：

=(D10-C3)/2

	A	B	C	D
1	计算机设备的双倍余额递减折旧分析表			
2	原值		预计残值	使用年限
3	241500		7245	8
4	年份	折旧数额	总折旧	剩余价值
5	1	60375	60375	181125
6	2	45281	105656	135844
7	3	33961	139617	101883
8	4	25471	165088	76412
9	5	19103	184191	57309
10	6	14327	198518	42982
11	7	17868	216387	25113
12	8	17868	234255	7245

单个设备双倍余额递减折旧分析表

Step6 填充其他的数据

用 C10 填充 C11:C12 单元格区域。

用 D10 填充 D11:D12 单元格区域。

2.8.11 相关 Excel 知识

1. SLN 函数

返回某项资产在一个期间中的线性折旧值。语法格式如下：

SLN(cost,salvage,life)

其中，cost 为资产原值，salvage 为资产在折旧期末的价值（也称资产残值），life 为折旧期限（有时也称资产的使用寿命）。

示例：若数据如图 2.8-20 中的 A2:A3 所示，则在 A5 单元格中输入公式：

=SLN(A2,A3,A4)

结果显示在 A5 单元格中，表示每年折旧值为 2250 元。

	A	B
1	数据	说明
2	30,000	资产原值
3	7500	资产残值
4	10	使用寿命
5	2,250	每年折旧值
6		

图 2.8-20 SLN 示例

2. INT 函数

将数字向下舍入到最接近的整数。语法格式如下：

INT(number)

其中，number 为需要进行向下舍入取整的实数。

示例：A2 单元格数值为 19.5，在 A3、A4、A5 单元格中输入公式。

公式	说明
A3：=INT(8.9)	将 8.9 向下舍入到最接近的整数（8）
A4：=INT(-8.9)	将-8.9 向下舍入到最接近的整数（-9）
A5：=A2-INT(A2)	返回单元格 A2 中正实数的小数部分（0.5）

3. DAYS360 函数

按照一年 360 天的算法（每个月以 30 天计，一年共计 12 个月）返回两日期间相差的天数，这在一些会计计算中将会用到。如果财务系统是基于一年 12 个月，每月 30 天，可用此函数帮助计算支付款项。语法格式如下：

DAYS360(start_date,end_date,method)

其中，start_date 和 end_date 是用于计算期间天数的起止日期；method 为一个逻辑值，可省略。

示例：A1 单元格为日期型数据“2008-1-30”，A2 单元格为日期型数据“2008-2-1”，在 A3 单元格中输入公式：

=DAYS360(A2,A3)

结果为 1，计算出两个日期之间的天数。

4. DDB 函数

使用双倍余额递减法或其他指定方法计算一笔资产在给定期间内的折旧值。双倍余额递减法以加速的比率计算折旧。折旧在第一阶段是最高的，在后继阶段中会减少。DDB 使用下面的公式计算一个阶段的折旧值：

资产原值-资产残值-前面阶段的折旧总值*余额递减速率/生命周期

语法格式如下：

DDB(cost,salvage,life,period,factor)

其中，cost 为资产原值；salvage 为资产在折旧期末的价值（也称资产残值）；life 为折旧期限（有时也称资产的使用寿命）；period 为需要计算折旧值的期间，period 必须使用与 life 相同的单位；factor 为余额递减速率，如果 factor 被省略，则假设为 2（双倍余额递减法）。

示例：若数据如图 2.8-21 中的 A2:A4 所示，则在 A6 单元格中输入公式：

=DDB(A2,A3,A4*365,1)

结果显示在 A6 单元格中（1.32）。计算第一天的折旧值，Microsoft Excel 自动将 factor 设置为 2。

在 A7 单元格中输入公式：

=DDB(A2,A3,A4*12,1,2)

结果显示在 A7 单元格中（40）。计算第一个月的折旧值。

在 A8 单元格中输入公式：

=DDB(A2,A3,A4,1,2)

结果显示在 A8 单元格中（480）。计算第一年的折旧值。

	A	B
1	数据	说明
2	2400	资产原值
3	300	资产残值
4	10	使用寿命
5		
6	¥ 1.32	
7	¥ 40.00	
8	¥ 480.00	
9	¥ 306.00	
10	¥ 22.12	
11		

图 2.8-21 DDB 示例

在 A9 单元格中输入公式：

=DDB(A2,A3,A4,2,1.5)

结果显示在 A9 单元格中（306）。计算第二年的折旧值，使用了 1.5 倍余额递减速率，而不用双倍余额递减法。

在 A10 单元格中输入公式：

=DDB(A2,A3,A4,10)

结果显示在 A10 单元格中（22.12）。计算第十年的折旧值，Microsoft Excel 自动将 factor 设置为 2。

5. ABS 函数

返回数字的绝对值，绝对值没有符号。语法格式如下：

ABS(number)

其中，number 为需要计算其绝对值的实数。

2.9 公式习题

2.9.1 单科成绩表的制作

1. 任务与要求

在图 2.9-1 所示的表格中完成如下操作：

（1）在 F 列计算总评成绩：计算方法为平时占 20%，期中占 20%，期末占 60%，保留整数。

（2）用 E 列数据计算，在 J9 单元格计算考试人数。

（3）用 F 列数据计算，在 J10 单元格计算总分；在 J11 单元格计算平均分；在 J12 单元格计算最高分；在 J13 单元格计算最低分；在 J14 单元格计算及格率；在 J15 单元格计算不及格比率；在 J16 单元格计算中的比率，在 J17 单元格计算良好率；在 J18 单元格计算优秀率；凡是比率都设置为百分比格式，小数位数为 0。

（4）设置 C3:E33 范围的数据有效性为 0～100 之间的整数，出错警告为“你输入的成绩不在 0～100 之间，请重新输入！”。

（5）设置总评成绩列的条件格式：分数<60 的字体设置为红色，60～75 之间的字体设置为绿色，75～85 之间的设置为蓝色，≥85 的字体设置为紫色。

成绩册

学号	姓名	平时	期中	期末	总评成绩
1	张浩	60	83	40	
2	高琦华	84	83	84	
3	刘宗芬	90	74	90	
4	任秀清	92	78	80	
5	刘帼	96	80	84	
6	杨长福	90	73	90	
7	马丽娜	67	70	36	
8	丛培林	96	71	83	
9	李桂荣	98	78	80	
10	吕芳	96	63	96	
11	杨洋	94	56	76	
12	傅莉	92	89	92	
13	郑春燕	96	78	80	
14	曹汝慧	94	87	84	
15	唐君秀	98	86	83	
16	杨亚琴	92	97	92	
17	孟健君	94	67	80	
18	张杰	96	62	81	
19	梁丹	88	74	70	
20	姜宏	96	58	72	
21	邸君	80	82	80	
22	陈保全	96	69	82	
23	张冬	96	68	84	
24	宋辉	98	83	78	
25	马志红	98	78	79	
26	肖淑妹	90	82	90	
27	刘秀英	88	81	78	
28	王霞	90	73	90	
29	毛凤京	98	75	87	
30	苗洁	92	82	50	

总评成绩分析表

项目	I	J
考试人数		
总分		
平均分		
最高分		
最低分		
及格率		
不及格的比率（60以下的比率）	59.4	
中的比率（60-75之间的比率）	74.4	
良好率（75-85之间的比率）	84.4	
优秀率(85分以上的百分比)	100.0	

图 2.9-1 单科成绩表

2. 操作步骤

（1）在 F4 单元格中输入公式“=C4*0.2+D4*0.2+E4*0.6”，按【Enter】键，双击填充柄即可完成总评成绩的计算。

（2）在 J9 单元格中输入公式“=COUNT(E4:E33)”。

（3）在 J10 单元格中输入公式“=SUM(F4:F33)”，在 J11 单元格中输入公式“=AVERAGE(F4:F33)”，在 J12 单元格中输入公式“=MAX(F4:F33)”，在 J13 单元格中输入公式“=MIN(F4:F33)”，在 J14 单元格中输入公式“=COUNTIF(F4:F33,">=59.5")/COUNT(F4:F33)”，设置为百分比格式，单击【开始】→【单元格格式】，在【数字】选项卡中选择【百分比】，小数位数设置为 0，如图 2.9-2 所示。

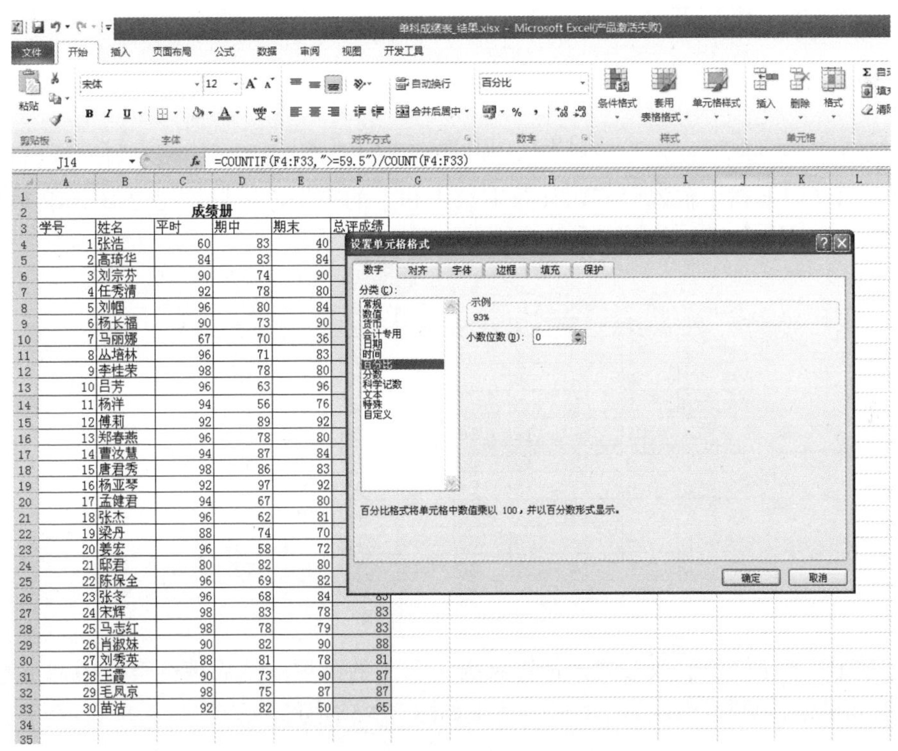

图 2.9-2　设置单元格格式

在 J15 单元格中输入公式“=COUNTIF(F4:F33,"<59.5")/COUNT(F4:F33)”，在 J16 单元格中输入公式“=(COUNTIF(F4:F33,">=59.5")-COUNTIF(F4:F33,">=74.5"))/ COUNT(F4:F33)”，在 J17 单元格中输入公式“=(COUNTIF(F4:F33,">=74.5")-COUNTIF(F4:F33,">=84.5"))/ COUNT(F4:F33)”，在 J18 单元格中输入公式=COUNTIF(F4:F33,">=85")/COUNT(F4:F33)（补充：J15:J18 的计算可以尝试用 Frequency 函数，方法是：选中 J15:J18 单元格区域，输入公式“=FREQUENCY (F4:F33,I15:I18)/COUNT(F4:F33)”，按【Ctrl+Shift+Enter】组合键。有关 FREQUENCY 的资料可以查看 Excel 帮助）。

（4）选中 C3:E33 单元格区域，单击【数据】→【数据工具】→【数据有效性】→【数据有效性】，进行设置，接着单击“出错警告”选项卡，在【错误信息】里输入“你输入的成绩不在 0～100 之间，请重新输入！”。

2.9.2 九九乘法口诀表的制作

1. 任务与要求

制作九九乘法口诀表，如图 2.9-3 所示。

	A	B	C	D	E	F	G	H	I	J
1		1	2	3	4	5	6	7	8	9
2	1									
3	2									
4	3									
5	4									
6	5									
7	6									
8	7									
9	8									
10	9									

图 2.9-3 九九乘法口诀表初步

（1）在 B2 单元格中输入公式，计算乘数 1 和 1 的乘积，然后填充至 B10 单元格，再填充至 J10 单元格中计算相应乘数的乘积。结果如图 2.9-4 所示。

	A	B	C	D	E	F	G	H	I	J
1		1	2	3	4	5	6	7	8	9
2	1	1	2	3	4	5	6	7	8	9
3	2	2	4	6	8	10	12	14	16	18
4	3	3	6	9	12	15	18	21	24	27
5	4	4	8	12	16	20	24	28	32	36
6	5	5	10	15	20	25	30	35	40	45
7	6	6	12	18	24	30	36	42	48	54
8	7	7	14	21	28	35	42	49	56	63
9	8	8	16	24	32	40	48	56	64	72
10	9	9	18	27	36	45	54	63	72	81

图 2.9-4 计算结果

（2）在 B2 单元格中输入公式，计算乘数 1 和 1 的乘积，然后填充至 B10 单元格，再填充至 J10 单元格中计算相应乘数的乘积。结果如图 2.9-5 所示。

	A	B	C	D	E	F	G	H	I	J
1		1	2	3	4	5	6	7	8	9
2	1	1								
3	2	2	4							
4	3	3	6	9						
5	4	4	8	12	16					
6	5	5	10	15	20	25				
7	6	6	12	18	24	30	36			
8	7	7	14	21	28	35	42	49		
9	8	8	16	24	32	40	48	56	64	
10	9	9	18	27	36	45	54	63	72	81

图 2.9-5 计算结果

（3）在 A1 单元格中输入公式，计算乘数 1 和 1 的乘积“1×1=1”，然后填充至 A9 单元格，再填充至 I9 单元格中计算相应乘数的乘积。结果如图 2.9-6 所示。

	A	B	C	D	E	F	G	H	I
1	1×1=1								
2	1×2=2	2×2=4							
3	1×3=3	2×3=6	3×3=9						
4	1×4=4	2×4=8	3×4=12	4×4=16					
5	1×5=5	2×5=10	3×5=15	4×5=20	5×5=25				
6	1×6=6	2×6=12	3×6=18	4×6=24	5×6=30	6×6=36			
7	1×7=7	2×7=14	3×7=21	4×7=28	5×7=35	6×7=42	7×7=49		
8	1×8=8	2×8=16	3×8=24	4×8=32	5×8=40	6×8=48	7×8=56	8×8=64	
9	1×9=9	2×9=18	3×9=27	4×9=36	5×9=45	6×9=54	7×9=63	8×9=72	9×9=81

图 2.9-6　计算结果

2. 操作步骤

（1）在 B2 单元格中输入公式“=$A2*B$1”，填充至 B10 单元格，接着向右填充至 I9 单元格。

（2）在 B2 单元格中输入公式“=IF($A2>=B$1,$A2*B$1,"")”，填充至 B10 单元格，接着向右填充至 I9 单元格。

（3）在 B2 单元格中输入公式“=IF(ROW(A1)>=COLUMN(A1),COLUMN(A1)&"×"&ROW(A1)&"="&ROW(A1)*COLUMN(A1),"")”，填充至 B10 单元格，接着向右填充至 I9 单元格。

2.9.3 评分表的制作

1. 任务与要求

（1）在某高校好声音比赛中，有 10 个评委，评分方法为去掉一个最高分，去掉一个最低分，然后再求平均分，如图 2.9-7 所示，在 L2 单元格中输入公式计算选择手 1 的最后得分，然后填充复制到以下单元格算出各位选择手的最后得分。

（2）在 M2 单元格中输入公式计算选择手 1 的最后排名，然后填充复制到以下单元格中得到各选择手的排名（降序）。

L2

	A	B	C	D	E	F	G	H	I	J	K	L	M	N
1		评委1	评委2	评委3	评委4	评委5	评委6	评委7	评委8	评委9	评委10	最后得分	排名	
2	选手1	89	74	68	87	90	65	67	87	96	87			
3	选手2	76	89	90	66	75	67	64	87	56	84			
4	选手3	76	87	75	87	80	89	78	78	67	81			
5	选手4	87	65	98	78	97	67	86	86	75	90			
6	选手5	88	67	78	67	87	87	75	85	86	78			
7	选手6	89	87	78	78	67	76	54	86	75	79			
8	选手7	90	85	79	89	84	82	86	76	67	75			
9	选手8	79	86	74	78	91	78	86	86	86	83			
10	选手9	76	76	65	75	97	68	97	91	65	91			
11	选手10	85	86	75	71	68	85	67	68	83	79			
12	选手11	76	86	67	75	91	87	81	56	83	84			
13	选手12	65	65	86	84	72	98	68	75	97	82			
14	选手13	72	75	86	83	73	78	71	81	76	73			
15	选手14	65	85	97	86	68	67	86	76	75	89			
16	选手15	75	71	68	79	80	87	89	90	78	82			
17														
18														
19														

图 2.9-7　评分表

2. 操作步骤

在 L2 单元格中输入公式“=(SUM(B2:K2)-MAX(B2:K2)-MIN(B2:K2))/(COUNT(B2:K2)-2)”，拖动填充柄填充至 L16 单元格（该题可以使用函数 TRIMMEAN 计算，即输入公式“=TRIMMEAN(B2:K2,0.2)”，然后填充。TRIMMEAN 函数的作用是返回数据集的内部平均值。函数 TRIMMEAN 先从数据集的头部和尾部除去一定百分比的数据点，然后再求余下数据的平均值。当希望在数据分析中剔除一部分数据的计算时，可以使用此函数。TRIMMEAN 函数的语法结构为：TRIMMEAN(array, percent)，其中第一个参数 array 是需要进行整理并求平均值的一组数据或数据区域；第二个参数 percent 是在计算时所要除去的数据点的比例。如果在 10 个数据点的集合中，要除去 2 个数据点，头部除去 1 个，尾部除去 1 个，共除去 2 个，那么 Percent = 2/10=0.2）。

（2）在 M2 单元格中输入公式“=RANK.EQ(L2,$L$2:$L$16)”，拖动填充柄填充至 M16 单元格。

2.9.4 身份证号的相关计算

1. 任务与要求

在图 2.9-8 所示的表格中进行如下操作：

（1）在 G 列根据身份证号计算出生年月，如张一然同学的出生年月显示为“1998-08-08”。

（2）在 H 列根据身份证号计算出性别，身份证号码倒数第二位为性别位，单数为男，偶数为女。

（3）在 I 列根据 G 列的出生日期计算年龄。

（4）在 M 列计算是否录取，三门成绩中只要有一门不及格就显示“不录取”，否则显示“录取”。

（5）设置 G 列、H 列、I 列和 M 列单元格是可以编辑的，其他列都是锁定的，密码为 1234。

	A	B	C	D	E	F	G	H	I	J	K	L	M
1	序号	学号	姓名	身份证号	班级	入学成绩	出生年月日	性别	年龄	英语	数学	语文	录取否
2	1	3201601001	张一然	110102199808080138	信管	567				92	83	80	
3	2	3201601002	赵景龙	110102199801070010	信管	587				84	83	84	
4	3	3201601003	张诚彬	110101199908081117	信管	601				56	74	90	
5	4	3201601004	李耀	110101199808081836	信管	598				92	78	80	
6	5	3201602001	张乐	110102199807081800	计算机	602				96	80	84	
7	6	3201602002	张莉琼	110101199705122100	计算机	581				45	73	90	
8	7	3201602003	荣钦玉	110101199712082430	计算机	591				94	70	94	
9	8	3201602004	张晓静	110101199805123131	计算机	587				46	71	83	
10	9	3201602005	符佩	110101199908082306	计算机	578				98	78	80	
11	10	3201602006	李圆	110101199905123339	计算机	561				96	63	96	
12													
13													
14													

图 2.9-8 身份证号相关计算

2. 操作步骤

（1）在 G2 单元格中输入公式“=DATE(MID(D2,7,4),MID(D2,11,2),MID(D2,13,2))”，注意此时单元格显示的结果不一定是日期形式，在【数字格式】下拉列表中选择“长日期”，双击填充柄进行填充（注意：现在通用的是 18 位身份证号，如果有 15 位的身份证号，那么该如何计算呢？感兴趣的读者可以自行练习）。

（2）在 H2 单元格中输入公式“=IF(MOD(MID(D2,17,1),2)=0,"女","男")”，双击填充柄进行填充。

（3）在 I2 单元格中输入公式“=INT((TODAY()-G2)/365.25)”（也可以输入公式“=DATEDIF(G2,TODAY(),"Y")”），双击填充柄进行填充。

（4）在 M2 单元格中输入公式“=IF(OR(J2<60,K2<60,L2<60),"不录取","录取")”（或者输入公式“=IF(MIN(J2:L2)<60,"不录取","录取")”），双击填充柄进行填充。

（5）选定 G 列、H 列、I 列和 M 列并右击，设置单元格格式，在【保护】选项卡中取消勾选“锁定”复选择框，如图 2.9-9 所示；单击【审阅】→【更改】→【保护工作表】，输入密码，如图 2.9-10 所示。

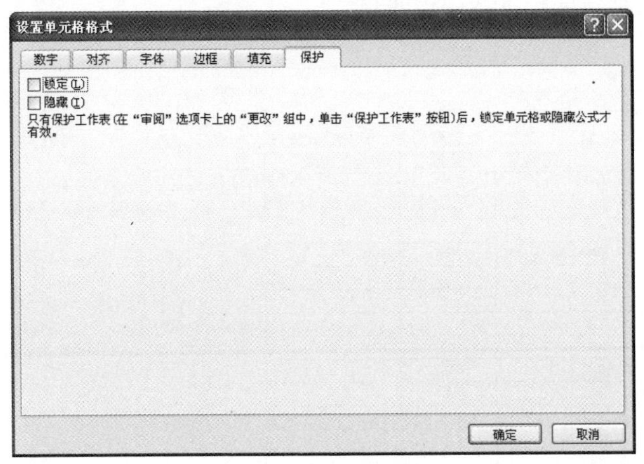

图 2.9-9　设置单元格格式

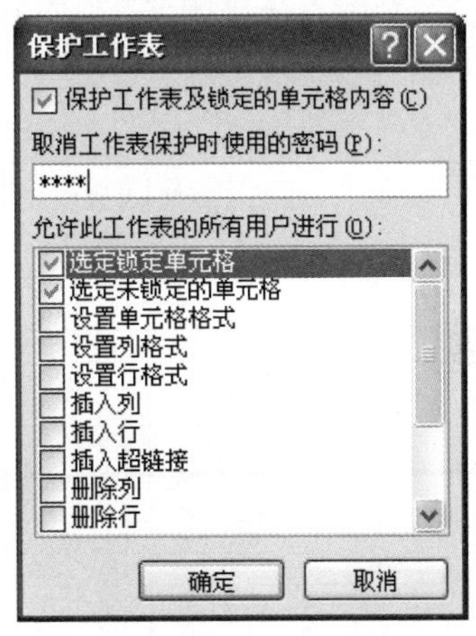

图 2.9-10　保护工作表

DATEDIF 函数是 Excel 的隐藏函数，在帮助和插入公式里面没有，功能是返回两个日期之间的年/月/日间隔数。常使用 DATEDIF 函数计算两日期之差。

语法如下：

DATEDIF(start_date,end_date,unit)

start_date 是一个日期，代表时间段内的第一个日期或起始日期（起始日期必须在 1900 年之后）；end_date 是一个日期，代表时间段内的最后一个日期或结束日期；unit 是所需信息的返回类型。

注意：结束日期必须大于起始日期。

假如 A1 单元格写的也是一个日期，那么下面的三个公式可以计算出 A1 单元格的日期和今天的时间差，分别是年数差、月数差、天数差。注意下面公式中的引号、逗号和括号都是在英文状态下输入的。

=DATEDIF(A1,TODAY(),"Y")：计算年数差。

=DATEDIF(A1,TODAY(),"M")：计算月数差。

=DATEDIF(A1,TODAY(),"D")：计算天数差。

"Y"：时间段中的整年数。

"M"：时间段中的整月数。

"D"：时间段中的天数。

"MD"：起始日期与结束日期的同月间隔天数。忽略日期中的月份和年份。

"YD"：起始日期与结束日期的同年间隔天数。忽略日期中的年份。

"YM"：起始日期与结束日期的间隔月数。忽略日期中的年份。

2.9.5 统计组装量最值和排名的相关计算

1. 任务与要求

（1）sheet1 表（图 2.9-11）中按月记录了某企业组装车间员工一季度组装某产品的数量，根据已提供数据，在其中完成以下操作：统计每位员工的一季度组装量、一季度组装量降序排名和一季度组装量百分比排名，百分比排名结果按百分比样式显示。

	A	B	C	D	E	F	G	H	I	J
1	姓名	性别	分组	一月	二月	三月	一季度组装量	一季度组装量排名	一季度组装量百分比排名	
2	员工1	女	1组	94	81	91				
3	员工2	男	1组	76	79	67				
4	员工3	男	1组	95	65	81				
5	员工4	男	1组	83	65	90				
6	员工5	男	1组	92	96	91				
7	员工6	男	1组	88	95	65				
8	员工7	女	1组	66	78	75				
9	员工8	女	1组	88	90	86				
10	员工9	女	1组	87	77	93				
11	员工10	男	1组	53	100	89				
12	员工11	女	1组	85	69	81				
13	员工12	男	1组	56	81	25				
14	员工13	男	1组	90	82	84				
15	员工14	男	1组	75	86	92				
16	员工15	女	1组	96	92	35				
17	员工16	女	1组	65	90	77				

图 2.9-11　基本组装量数据表

（2）在 sheet2 表（图 2.9-12）中完成排名前五位的一季度组装量和末五位的一季度组装量的统计。

	A	B	C	D
1	排名	排名前五位的一季度组装量	排名末五位的一季度组装量	
2	1			
3	2			
4	3			
5	4			
6	5			

图 2.9-12　组装量统计表

2. 操作步骤

（1）在 sheet1 的 G2 单元格中输入公式：=SUM(D2:F2)，然后向下填充。

在 sheet1 的 H2 单元格中输入公式：=RANK(G2,$G$2:$G$31)，然后向下填充。

在 sheet1 的 I2 单元格中输入公式：=PERCENTRANK($G$2:$G$31,G2)，然后向下填充。

（2）在 sheet2 的 B2 单元格中输入公式：=LARGE(sheet1!$G$2:$G$31,sheet2!A2)，然后向下填充。

在 sheet2 的 C2 单元格中输入公式：=SMALL(sheet1!$G$2:$G$31,sheet2!A2)，然后向下填充。

3. 函数简介

（1）PERCENTRANK 函数。

格式：PERCENTRANK(array,x,[significance])

功能：返回某个数值在一个数据集中的百分比排位，此处的百分比值范围为 0～1（包含 0 和 1）。

说明：array 必需，定义相对位置的数值数据区域；x 必需，是需要得到排位的数值；significance 可选，指定返回的百分比值的有效位数，如果省略则保留 3 位小数。

如果数组里没有与 x 相匹配的值，函数 PERCENTRANK 将进行插值以返回正确的百分比排位。函数返回值在 0～1（包含 0 和 1）之间变化，最大的数排位是 1，最小的数排位是 0。

该函数与 Excel 的早期版本兼容，在未来版本中可能不再使用，替代函数为 PERCENTRANK.INC 和 PERCENTRANK.EXC 两个函数。

（2）PERCENTRANK.INC 函数。

格式：PERCENTRANK.INC(array,x,[significance])

功能：同上。

（3）PERCENTRANK.EXC 函数。

格式：PERCENTRANK.EXC(array,x,[significance])

功能：返回某个数值在一个数据集中的百分比排位，此处的百分比值范围为 0～1（不包含 0 和 1）。

说明：函数返回值在 0～1（不包含 0 和 1）之间变化。

（4）LARGE 函数。

格式：LARGE(array,k)

功能：返回数据集中第 k 个最大值。

说明：array 必需，需要确定第 k 个最大值的数据区域；k 必需，返回值在数据区域中的排位（从大到小排）。

例如，在有 N 个数的数据集中，LARGE(array,1)返回最大值，LARGE(array,N) 返回最小值。

（5）SMALL 函数。

格式：SMALL(array,k)

功能：返回数据集中第 k 个最小值。

说明：array 必需，需要确定第 k 个最小值的数据区域；k 必需，返回值在数据区域中的排位（从小到大）。

例如，在有 N 个数的数据集中，SMALL (array,1)返回最小值，SMALL (array,N) 返回最大值。

2.9.6 分组统计组装量

1. 任务与要求

sheet1 表（图 2.9-13）中按月记录了某企业组装车间员工一季度组装某产品的数量，根据已提供数据，在 sheet2 表（图 2.9-14）中完成以下操作：

（1）按组分性别统计一季度组装量。

（2）按组分性别统计人数。

（3）按组分性别统计一季度人均组装量。

（4）所有结果为整数。

	A	B	C	D	E	F	G	H
1	姓名	性别	分组	一月	二月	三月		
2	员工1	女	1组	94	81	91		
3	员工2	男	1组	76	79	67		
4	员工3	男	1组	96	65	81		
5	员工4	男	1组	84	65	90		
6	员工5	男	1组	92	96	91		
7	员工6	男	1组	88	95	67		
8	员工7	女	1组	66	92	75		
9	员工8	女	1组	88	92	86		
10	员工9	女	1组	87	77	93		
11	员工10	男	1组	53	72	89		
12	员工11	女	1组	85	69	81		
13	员工12	男	2组	96	81	85		
23	员工22	女	3组	94	73	85		
24	员工23	男	3组	66	86	91		
25	员工24	男	3组	67	95	88		
26	员工25	男	3组	79	75	85		
27	员工26	女	3组	92	72	89		
28	员工27	男	3组	93	73	86		
29	员工28	男	3组	93	81	80		
30	员工29	女	3组	95	91	75		
31	员工30	男	3组	82	94	89		
32								

图 2.9-13　基本统计数据

	A	B	C	D	E	F	G	H
1	分组	男组装量	女组装量	男人数	女人数	男人均组装量	女人均组装量	
2	1组							
3	2组							
4	3组							

图 2.9-14　各类统计

2. 操作步骤

（1）在 B2 单元格中输入公式：=SUMPRODUCT((sheet1!$C$2:$C$31=sheet2!$A2)*(sheet1!$B$2:$B$31=LEFT(sheet2!B$1,1))*(sheet1!$D$2:$F$31))，然后向下填充。

在 C2 单元格中输入公式：=SUMPRODUCT((sheet1!$C$2:$C$31=sheet2!$A2)*(sheet1!$B$2:$B$31=LEFT(sheet2!C$1,1))*(sheet1!$D$2:$F$31))（也可以由 B2 单元格中的公式填充得到），然后向下填充。

（2）在 D2 单元格中输入公式：=COUNTIFS(sheet1!$C$2:$C$31,sheet2!$A2,sheet1!$B$2:$B$31,LEFT(sheet2!D$1,1))，然后向下填充。

在 E2 单元格中输入公式：=COUNTIFS(sheet1!$C$2:$C$31,sheet2!$A2,sheet1!$B$2:$B$31,LEFT(sheet2!E$1,1))（也可以由 D2 单元格中的公式填充得到），然后向下填充。

（3）在 F2 单元格中输入公式：=ROUND(B2/D2,0)，然后向下填充。

在 G2 单元格中输入公式：=ROUND(C2/E2,0)（也可以由 F2 单元格中的公式填充得到），然后向下填充。

3．函数简介

（1）SUMPRODUCT 函数。

功能：计算给定的几组数组中对应元素的乘积之和。换句话说，SUMPRODUCT 函数先对各组数字中对应的数字进行乘法运算，然后再对乘积进行求和。

格式：SUMPRODUCT(array1,[array2],[array3],…)

说明：array1 必选，表示要参与计算的第一个数组，如果只有一个参数那么 SUMPRODUCT 函数直接返回该参数中的各元素之和；array2,array3,...可选，表示要参与计算的第 2～255 个数组。

使用注意事项：

①如果不止一个参数，即有多个数组参数，那么每个数组参数的维数必须相同，否则 SUMPRODUCT 函数将返回错误值#VALUE!。例如，如果第一个参数为 A1:A5，那么第二个参数就不能是 B1:B6。

②如果参数中包含非数值型的数据，SUMPRODUCT 函数将按 0 来处理。

（2）countifs 函数。

功能：countifs 函数是 Microsoft Excel 软件中的一个统计函数，用来计算多个区域中满足给定条件的单元格的个数，可以同时设定多个条件。

格式：countifs(criteria_range1,criteria1,criteria_range2,criteria2,…)

说明：criteria_range1 为第一个需要计算其中满足某个条件的单元格数目的单元格区域（简称条件区域）；criteria1 为第一个区域中将被计算在内的条件（简称条件），其形式可以为数字、表达式、文本。例如，条件可以表示为 48、"48"、">48" 或 "广州"；同理，criteria_range2 为第二个条件区域，criteria2 为第二个条件，依此类推。最终结果为多个区域中满足所有条件的单元格个数。

注意：countifs 函数的用法与 countif 函数类似，但 countif 针对单一条件，而 countifs 可以实现多个条件同时求结果。

2.9.7　定位查找数据

1．任务

在 F21 单元格（图 2.9-15）中输入公式，实现给定行列坐标，能够查找出表格中对应的数据，并且为查找到的数据所在的行和列设置条件格式。

	A	B	C	D	E	F	G	H	I	J	K	L	M	N	O
1		90	90.1	90.2	90.3	90.4	90.5	90.6	90.7	90.8	90.9	91	91.1	91.2	91.3
2	9.5	95.7	95.8	95.9	96	96.1	96.2	96.3	96.4	96.5	96.6	96.7	96.8	96.9	97
3	9	95.6	95.7	95.8	95.9	96	96.1	96.2	96.3	96.4	96.5	96.6	96.7	96.8	96.9
4	8.5	95.5	95.6	95.7	95.8	95.9	96	96.1	96.2	96.3	96.4	96.5	96.6	96.7	96.8
5	8	95.4	95.5	95.6	95.7	95.8	95.9	96	96.1	96.2	96.3	96.4	96.5	96.6	96.7
6	7.5	95.3	95.4	95.5	95.6	95.7	95.8	95.9	96	96.1	96.2	96.3	96.4	96.5	96.6
7	7	95.2	95.3	95.4	95.5	95.6	95.7	95.8	95.9	96	96.1	96.2	96.3	96.4	96.5
8	6.5	95.1	95.2	95.3	95.4	95.5	95.6	95.7	95.8	95.9	96	96.1	96.2	96.3	96.4
9	6	95	95.1	95.2	95.3	95.4	95.5	95.6	95.7	95.8	95.9	96	96.1	96.2	96.3
10	5.5	94.9	95	95.1	95.2	95.3	95.4	95.5	95.6	95.7	95.8	95.9	96	96.1	96.2
11	5	94.8	94.9	95	95.1	95.2	95.3	95.4	95.5	95.6	95.7	95.8	95.9	96	96.1
12	4.5	94.7	94.8	94.9	95	95.1	95.2	95.3	95.4	95.5	95.6	95.7	95.8	95.9	96
13	4	94.6	94.7	94.8	94.9	95	95.1	95.2	95.3	95.4	95.5	95.6	95.7	95.8	95.9
14	3.5	94.5	94.6	94.7	94.8	94.9	95	95.1	95.2	95.3	95.4	95.5	95.6	95.7	95.8
15	3	94.4	94.5	94.6	94.7	94.8	94.9	95	95.1	95.2	95.3	95.4	95.5	95.6	95.7
16	2.5	94.3	94.4	94.5	94.6	94.7	94.8	94.9	95	95.1	95.2	95.3	95.4	95.5	95.6
17	2	94.2	94.3	94.4	94.5	94.6	94.7	94.8	94.9	95	95.1	95.2	95.3	95.4	95.5
18															
19		输入条件													
20		行	列			结果									
21															

定位查找

图 2.9-15　定位查找数据

2. 操作步骤

设置 B21 单元格的数据有效性，数据来源为“=$A$2:$A$17”；设置 C21 单元格的数据有效性，数据来源为“=$B$1:$O$1”；在 F21 单元格中输入公式=INDEX(B2:O17,MATCH(B21,A2:A17,0),MATCH(C21,B1:O1,0))。

设置条件格式：选中 B2 单元格，单击【条件格式】→【新建规则】，在【类型】下拉列表框中选择【公式】，输入=($B$21=$A2)+($C$21=B$1)，进行格式设置，最后单击【确定】按钮；选中 B2 单元格，单击格式刷，按住【Shift】键单击 O17 单元格。

3. 函数简介

（1）MATCH 函数。

功能：返回指定数值在指定数组区域中的位置。

格式：MATCH(lookup_value, lookup_array, match_type)

lookup_value 为需要在数据表（lookup_array）中查找的值。可以为数值（数字、文本或逻辑值）或对数字、文本或逻辑值的单元格引用。可以包含通配符、星号（*）和问号（?）。星号可以匹配任何字符序列，问号可以匹配单个字符。

lookup_array 为可能包含有所要查找数值的连续的单元格区域，区域必须是某一行或某一列，即必须为一维数据，引用的查找区域是一维数组。

match_type 表示查询的指定方式，用数字-1、0 或 1 表示，match_type 省略相当于 match_type 为 1 的情况。

为 1 时，查找小于或等于 lookup_value 的最大数值在 lookup_array 中的位置，lookup_array 必须按升序排列：否则，当遇到比 lookup_value 更大的值时，即时终止查找并返回此值之前小于或等于 lookup_value 的最大数值的位置。

为 0 时，查找等于 lookup_value 的第一个数值，lookup_array 按任意顺序排列。

为-1 时，查找大于或等于 lookup_value 的最小数值在 lookup_array 中的位置，lookup_array 必须按降序排列。利用 MATCH 函数的查找功能时，当查找条件存在时，MATCH 函数结果为具体位置（数值），否则显示#N/A 错误。

注意：当所查找对象在指定区域未发现匹配对象时将报错。

（2）INDEX 函数。

功能：返回表或区域中的值或对值的引用。函数 INDEX()有两种形式：数组形式和引用形式。数组形式通常返回数值或数值数组；引用形式通常返回引用，返回特定行和列交叉处单元格的引用。如果该引用是由非连续选定区域组成的，则可以选择要用作查找范围的选定区域。

格式：

INDEX(array,row_num,column_num)：返回数组中指定的单元格或单元格数组的数值。

INDEX(reference,row_num,column_num,area_num)：返回引用中指定单元格或单元格区域的引用。

说明：array 为单元格区域或数组常数；row_num 为数组中某行的行序号，函数从该行返回数值，如果省略 row_num 则必须有 column_num；column_num 是数组中某列的列序号，函数从该列返回数值，如果省略 column_num 则必须有 row_num；reference 是对一个或多个单元格区域的引用，如果为引用输入一个不连续的选定区域，必须用括号括起来；area_num 是选择引用中的一个区域，并返回该区域中 row_num 和 column_num 的交叉区域。选中或输入的第一个区域序号为 1，第二个为 2，依此类推。如果省略 area_num，则 INDEX 函数使用区域 1。

案例：如果 A1=68、A2=96、A3=90，则公式“=INDEX(A1:A3,1,1)”返回 68。

2.9.8　截取字符串

1. 任务

如图 2.9-16 所示，根据 A 列内容，在 B 列输入公式能够得到 A 列中相应的城市。

	A	B	C	D
1	地址	地区		
2	中国工商银行北京市丰台支行	北京市		
3	中国工商银行香格里拉市解放路支行	香格里拉市		
4	中国工商银行上海市闸北路支行	上海市		
5	中国工商银行广州市越秀支行	广州市		
6	中国工商银行呼和浩特市四方支行	呼和浩特市		
7	中国工商银行ABC市某某支行	ABC市		
8	中国工商银行桂林市象鼻山支行	桂林市		
9				
10				

图 2.9-16　截取字符串

2. 操作步骤

在 B2 单元格中输入公式“=MID(A2,7,FIND("市",A2,1)-6)”，然后向下填充。

Find 函数可以返回一个字符串在另一个字符串中出现的起始位置。该函数有三个参数：第一个参数是要查找的字符串，第二个参数是被查找的字符串，第三个参数是其开始搜索的字符位置，一般省略，默认为 1。

第3章　数据管理与分析

3.1　数据管理与分析基础

Excel不仅可以用于输入数据、使用公式和函数，还可以实现数据的计算与分析功能，帮助用户解决复杂问题，模拟运行的可能结果，求出解决问题的最佳方案。这些数据管理与分析工具包括模拟运算表、单变量求解、方案管理器、规划求解。

1. 模拟运算表

模拟运算表是工作表的一个单元格区域，它可以显示出公式中某些数值的变化对计算结果的影响。模拟运算表为求解某一个运算中所有可能的变化值的组合提供了捷径，并且可以将不同的计算结果同时显示在工作表中，以便对数据进行查找和比较。主要包括单变量模拟运算表和双变量模拟运算表。

单变量模拟运算表可以对一个变量输入不同的值来查看其对公式的影响，双变量模拟运算表可以对两个变量输入不同的值来查看它们对公式的影响。

2. 单变量求解

单变量求解是计算假定一个公式要取得某一个结果值，其中变量的引用单元格应取值多少的问题，即求解一元方程的自变量X值，只要是一元方程的问题都可以使用单变量求解。

3. 方案管理器

方案是Excel保存在工作表中并可以自动替换的一组值，可以使用方案来预测工作表模型的输出结果，同时还可以在工作表中创建并保存不同的数值组，然后切换到任意的新方案以查看不同的结果。

4. 规划求解

规划求解能够对多个变量的线性和非线性问题进行求解，以得到最优值。利用规划求解可以帮助用户实现最优方案的设计。规划求解是为工作表中的目标单元格中的公式找到一个优化值，通过改变输入单元格中的多个值求出最优解，同时保证工作表中的其他公式保持在设置的极限范围。

规划求解具有以下特点：在进行规划求解时可以指定多个可调整的单元格；可以设置可调整单元格可能的数值约束；可以求出特定工作表单元格的解的最大值或最小值；可以对一个问题求出多个解。

适合使用规划求解的问题具有以下特点：目标单元格的解具有单一性；目标单元格的解必须符合一定的约束条件和限制；输入值直接或者间接影响约束条件和目标单元格的解。

3.2　案例 9　员工贷款购房

购房是每个人都可能涉及的事情，由于购房金额较大，更多人采用贷款方式。贷款分为公积金贷款和商业贷款。公积金贷款利率较低，但额度及年限常常受限，商业贷款较灵活，而且对首套房用户，由于降息优惠，利率很接近公积金贷款利率。本案例叙述了等额贷款、等本贷款的区别，解释了人们对两种贷款存在的迷惑，以及在实际中应选择采取哪种贷款方式。

本案例设计“购房贷款计划表”，使用了多种函数及分析工具：使用 PMT 函数计算月还款额；使用单变量模拟运算表计算不同贷款利率情况下月还款额的变化；使用双变量模拟运算表计算贷款利率和贷款年限同时变化时对月还款额的影响；使用方案管理器计算贷款利率、年限、总额都变化时对月还款额的影响；使用单变量求解计算贷款年限问题；计算等额贷款、等本贷款还款情况表。

3.2.1　建立“购房贷款计划表”

“购房贷款计划表”分几个区域，用水平空框隔开。第一个区域是房屋情况，包括总价值、首付金额、贷款金额，下面的几个区域是针对各种变化情况计算月还款额，如图 3.2-1 所示。

	A	B	C	D	E	F
1	购房贷款计划表					
2	房屋情况					
3	总价值		首付金额		贷款金额	
4	¥600,000		¥200,000		¥400,000	
5						
6	利率变动时月还款额					
7	贷款额度	贷款年限	月利率		月还款额	
8	¥400,000	15	0.44%			
9	月利率					
10	月还款额					
11						
12	利率与贷款年限同时变化时月还款额					
13	月利率	贷款年限（年）				
14		5	10	15	20	25
15	0.36%					
16	0.40%					
17	0.44%					
18	0.51%					
19						
20	方案		贷款金额	贷款年限	月利率	月还款额
21			¥500,000	25	0.38%	

图 3.2-1　购房贷款计划表

3.2.2　使用 PMT 函数计算月还款额

计算贷款额度 40 万元、贷款年限 15 年、贷款月利率 0.44%的月还款额，计算结果放在 E8 单元格中。

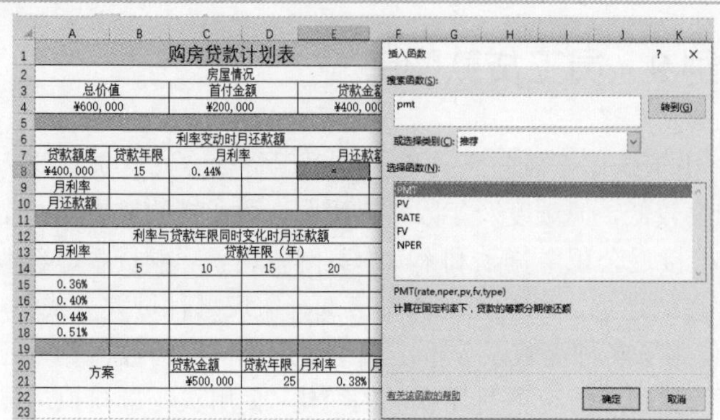

Step1 插入 PMT 函数

选中 E8 单元格，单击【公式】→【插入函数】菜单命令，打开【插入函数】对话框，在【搜索函数】处输入“pmt”，单击【转到】按钮，在【选择函数】处显示“PMT”。

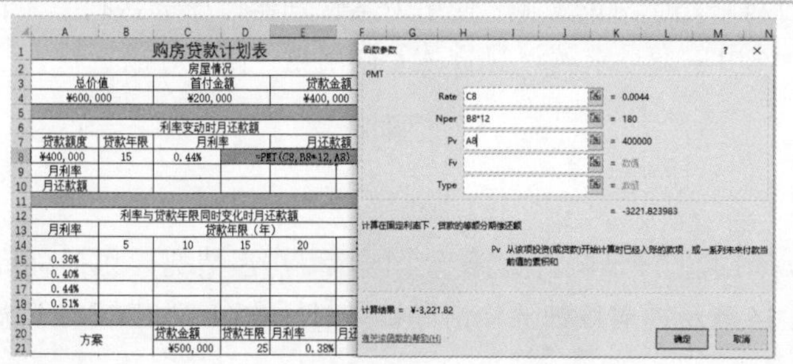

Step2 输入公式参数

单击【确定】按钮，打开【函数参数】对话框，在【Rate】文本框中输入月利率“C8”，在【Nper】文本框中输入贷款期限“B8*12”，在【Pv】文本框中输入贷款额度“A8”。

★ 【Nper】参数为年限*12。因为 Rate 输入贷款月利率，所以 Nper 要输入月数。

	A	B	C	D	E	F
1	购房贷款计划表					
2	房屋情况					
3	总价值		首付金额		贷款金额	
4	¥600, 000		¥200, 000		¥400, 000	
5						
6	利率变动时月还款额					
7	贷款额度	贷款年限	月利率		月还款额	
8	¥400, 000	15	0. 44%		¥-3, 221. 82	
9	月利率					
10	月还款额					
11						
12	利率与贷款年限同时变化时月还款额					
13	月利率	贷款年限（年）				
14		5	10	15	20	25
15	0. 36%					
16	0. 40%					
17	0. 44%					
18	0. 51%					
19						
20	方案		贷款金额	贷款年限	月利率	月还款额
21			¥500, 000	25	0. 38%	

Step3 显示月还款额

单击【确定】按钮，显示 pmt 函数计算结果。

3.2.3 使用单变量模拟运算表

如果贷款购房的利率变动而贷款年限和贷款总金额不变，那么要计算月还款额可使用单变量模拟运算表，即只有一个变量变化而且变量变化及结果数是有限的。A8 单元格为贷款额度 40 万元，B8 单元格为贷款年限 15 年，在 C9:F9 区域放置了各种利率，需要计算相应利率下的月还款额，并填在对应利率下面的单元格中。

	A	B	C	D	E	F
1	购房贷款计划表					
2	房屋情况					
3	总价值		首付金额		贷款金额	
4	¥600,000		¥200,000		¥400,000	
5						
6	利率变动时月还款额					
7	贷款额度	贷款年限	月利率		月还款额	
8	¥400,000	15	0.44%		¥-3,222	
9	月利率		0.36%	0.40%	0.44%	0.51%
10	月还款额	¥-3,222				
11						
12	利率与贷款年限同时变化时月还款额					
13	月利率	贷款年限（年）				
14		5	10	15	20	25
15	0.36%					
16	0.40%					
17	0.44%					
18	0.51%					
19						
20	方案		贷款金额	贷款年限	月利率	月还款额
21			¥500,000	25	0.38%	

Step1　输入公式

选中 B10 单元格，输入公式：

=PMT(C8,B8*12,A8)

	A	B	C	D	E	F
1	购房贷款计划表					
2	房屋情况					
3	总价值		首付金额		贷款金额	
4	¥600,000		¥200,000		¥400,000	
5						
6	利率变动时月还款额					
7	贷款额度	贷款年限	月利率		月还款额	
8	¥400,000	15	0.44%		¥-3,221.82	
9	月利率		0.36%	0.40%	0.44%	0.51%
10	月还款额	¥-3,221.82				
11						
12	利率与贷款年限同时变化时月还款额					
13	月利率	贷款年限（年）				
14		5	10	15	20	25
15	0.36%					
16	0.40%					
17	0.44%					
18	0.51%					
19						
20	方案		贷款金额	贷款年限	月利率	月还款额
21			¥500,000	25	0.38%	

模拟运算表

输入引用行的单元格(R): $C$8

输入引用列的单元格(C):

确定　取消

Step2　输入模拟分析参数

选中 B9:F10 单元格区域，在主菜单中选择【数据】→【模拟分析】→【模拟运算表】，打开【模拟运算表】对话框，在【输入引用行的单元格】文本框中输入“$C$8”。

	A	B	C	D	E	F
1	购房贷款计划表					
2	房屋情况					
3	总价值		首付金额		贷款金额	
4	¥600,000		¥200,000		¥400,000	
5						
6	利率变动时月还款额					
7	贷款额度	贷款年限	月利率		月还款额	
8	¥400,000	15	0.44%		¥-3,221.82	
9	月利率		0.36%	0.40%	0.44%	0.51%
10	月还款额	¥-3,221.82	-3023.30426	-3121.66	-3221.82398	-3401.41
11						
12	利率与贷款年限同时变化时月还款额					
13	月利率	贷款年限（年）				
14		5	10	15	20	25
15	0.36%					
16	0.40%					
17	0.44%					
18	0.51%					
19						
20	方案		贷款金额	贷款年限	月利率	月还款额
21			¥500,000	25	0.38%	

Step3　显示模拟运算结果

单击【确定】按钮，使用单变量模拟运算获得在月利率变化情况下的月还款额情况。

★　因为可变的月利率在同一行，所以选择输入引用行，这时单元格公式(即 B10 单元格公式)在模拟表的左下方，若选择引用列，单元格公式应在模拟运算表的右上方。

3.2.4　使用双变量模拟运算表

如果要观察贷款月利率和年限同时变化时月还款额的情况，需要使用双变量模拟运算表。

	A	B	C	D	E	F
1	购房贷款计划表					
2	房屋情况					
3	总价值		首付金额		贷款金额	
4	¥600, 000		¥200, 000		¥400, 000	
5						
6	利率变动时月还款额					
7	贷款额度	贷款年限	月利率		月还款额	
8	¥400, 000	15	0. 44%		¥-3, 222	
9	月利率		0. 36%	0. 40%	0. 44%	0. 51%
10	月还款额	¥-3, 222	¥-3,023	¥-3,122	¥-3,222	¥-3,401
11						
12	利率与贷款年限同时变化时月还款额					
13	月利率	贷款年限（年）				
14	¥-3, 221. 82	5	10	15	20	25
15	0. 36%					
16	0. 40%					
17	0. 44%					
18	0. 51%					
19						
20	方案		贷款金额	贷款年限	月利率	月还款额
21			¥500, 000	25	0. 38%	

Step1　输入公式

选中 A14 单元格，输入公式：

=PMT(C8,B8*12,A8)

	A	B	C	D	E	F
1	购房贷款计划表					
2	房屋情况					
3	总价值		首付金额		贷款金额	
4	¥600, 000		¥200, 000		¥400, 000	
5						
6	利率变动时月还款额					
7	贷款额度	贷款年限	月利率		月还款额	
8	¥400, 000	15	0. 44%		¥-3, 222	
9	月利率		0. 36%	0. 40%	0. 44%	0. 51%
10	月还款额	¥-3, 222	¥-3,023	¥-3,122	¥-3,222	¥-3,401
11						
12	利率与贷款年限同时变化时月还款额					
13	月利率	贷款年限（年）				
14	¥-3, 221. 82	5	10	15	20	25
15	0. 36%					
16	0. 40%					
17	0. 44%					
18	0. 51%					
19						
20	方案		贷款金额	贷款年限	月利率	月还款额
21			¥500, 000	25	0. 38%	

模拟运算表

输入引用行的单元格(R): $B$8

输入引用列的单元格(C): $C$8

确定　取消

Step2　输入模拟分析参数

选择 A14:F18 单元格区域，在主菜单中选择【数据】→【模拟分析】→【模拟运算表】，打开【模拟运算表】对话框，在【输入引用行的单元格】文本框中输入“$B$8”，在【输入引用列的单元格】文本框中输入“$C$8”。

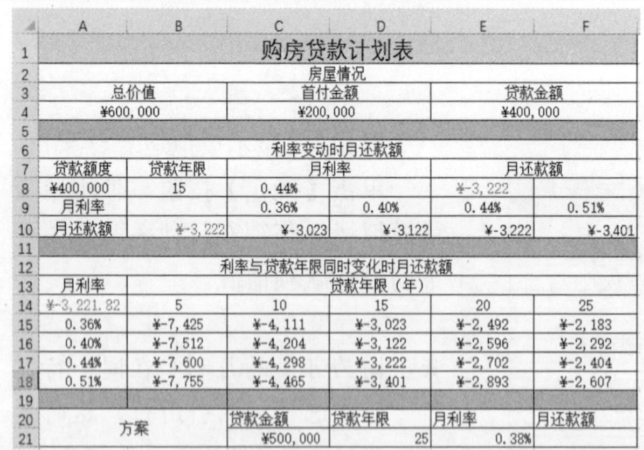

	A	B	C	D	E	F
1	购房贷款计划表					
2	房屋情况					
3	总价值		首付金额		贷款金额	
4	¥600, 000		¥200, 000		¥400, 000	
5						
6	利率变动时月还款额					
7	贷款额度	贷款年限	月利率		月还款额	
8	¥400, 000	15	0. 44%		¥-3, 222	
9	月利率		0. 36%	0. 40%	0. 44%	0. 51%
10	月还款额	¥-3, 222	¥-3,023	¥-3,122	¥-3,222	¥-3,401
11						
12	利率与贷款年限同时变化时月还款额					
13	月利率	贷款年限（年）				
14	¥-3, 221. 82	5	10	15	20	25
15	0. 36%	¥-7, 425	¥-4, 111	¥-3, 023	¥-2, 492	¥-2, 183
16	0. 40%	¥-7, 512	¥-4, 204	¥-3, 122	¥-2, 596	¥-2, 292
17	0. 44%	¥-7, 600	¥-4, 298	¥-3, 222	¥-2, 702	¥-2, 404
18	0. 51%	¥-7, 755	¥-4, 465	¥-3, 401	¥-2, 893	¥-2, 607
19						
20	方案		贷款金额	贷款年限	月利率	月还款额
21			¥500, 000	25	0. 38%	

Step3　显示模拟运算结果

单击【确定】按钮，使用双变量模拟运算获得在月利率、年限同时变化情况下的月还款额情况。

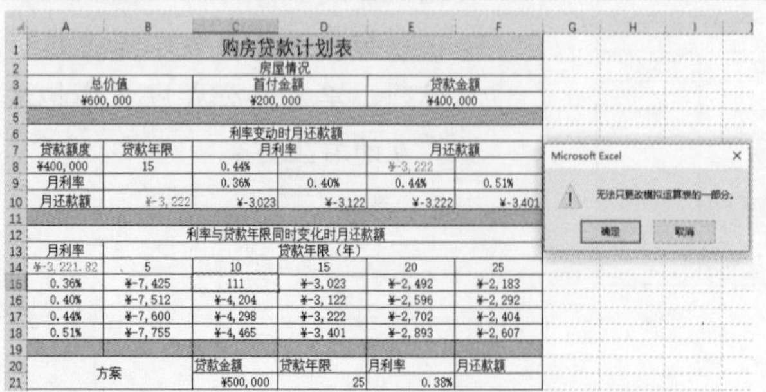

	A	B	C	D	E	F
1	购房贷款计划表					
2	房屋情况					
3	总价值		首付金额		贷款金额	
4	¥600, 000		¥200, 000		¥400, 000	
5						
6	利率变动时月还款额					
7	贷款额度	贷款年限	月利率		月还款额	
8	¥400, 000	15	0. 44%		¥-3, 222	
9	月利率		0. 36%	0. 40%	0. 44%	0. 51%
10	月还款额	¥-3, 222	¥-3,023	¥-3,122	¥-3,222	¥-3,401
11						
12	利率与贷款年限同时变化时月还款额					
13	月利率	贷款年限（年）				
14	¥-3, 221. 82	5	10	15	20	25
15	0. 36%	¥-7, 425	111	¥-3, 023	¥-2, 492	¥-2, 183
16	0. 40%	¥-7, 512	¥-4, 204	¥-3, 122	¥-2, 596	¥-2, 292
17	0. 44%	¥-7, 600	¥-4, 298	¥-3, 222	¥-2, 702	¥-2, 404
18	0. 51%	¥-7, 755	¥-4, 465	¥-3, 401	¥-2, 893	¥-2, 607
19						
20	方案		贷款金额	贷款年限	月利率	月还款额
21			¥500, 000	25	0. 38%	

Step4　退出修改状态

鼠标放在模拟运算结果的某一单元格上，若要修改或删除（按【Delete】键或输入其他内容），则出现对话框提示“无法只更改模拟运算表的一部分”，单击【确定】按钮退出修改状态，若不能退出，按【Esc】键。

★　若进入数组公式修改状态，既不能修改又不能退出时，按【Esc】键退出修改状态。

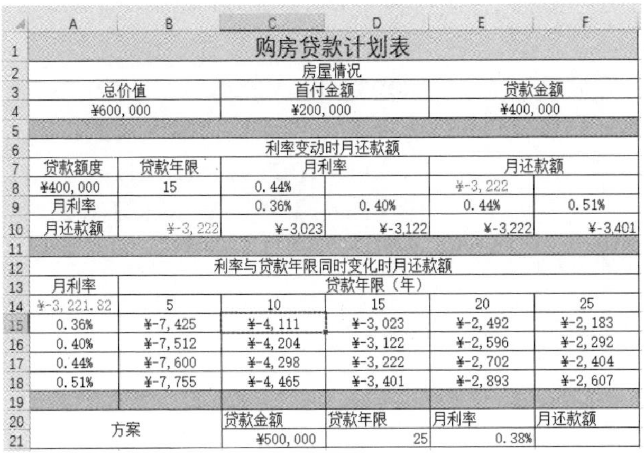

	A	B	C	D	E	F
1	购房贷款计划表					
2	房屋情况					
3	总价值		首付金额		贷款金额	
4	¥600,000		¥200,000		¥400,000	
5						
6	利率变动时月还款额					
7	贷款额度	贷款年限	月利率		月还款额	
8	¥400,000	15	0.44%		¥-3,222	
9	月利率		0.36%	0.40%	0.44%	0.51%
10	月还款额	¥-3,222	¥-3,023	¥-3,122	¥-3,222	¥-3,401
11						
12	利率与贷款年限同时变化时月还款额					
13	月利率	贷款年限（年）				
14	¥-3,221.82	5	10	15	20	25
15	0.36%	¥-7,425	¥-4,111	¥-3,023	¥-2,492	¥-2,183
16	0.40%	¥-7,512	¥-4,204	¥-3,122	¥-2,596	¥-2,292
17	0.44%	¥-7,600	¥-4,298	¥-3,222	¥-2,702	¥-2,404
18	0.51%	¥-7,755	¥-4,465	¥-3,401	¥-2,893	¥-2,607
19						
20	方案		贷款金额	贷款年限	月利率	月还款额
21			¥500,000	25	0.38%	

Step5　运算结果的删除

选中双变量模拟运算表结果区域的任意一个单元格，编辑栏中显示"={表(B8,C8)}"，表示运算结果都保存在二维数组中。

数组是一个整体，不能删除或修改其中的局部内容。若要删除，需要选中整个结果区域 B15:F18，然后按【Delete】键。

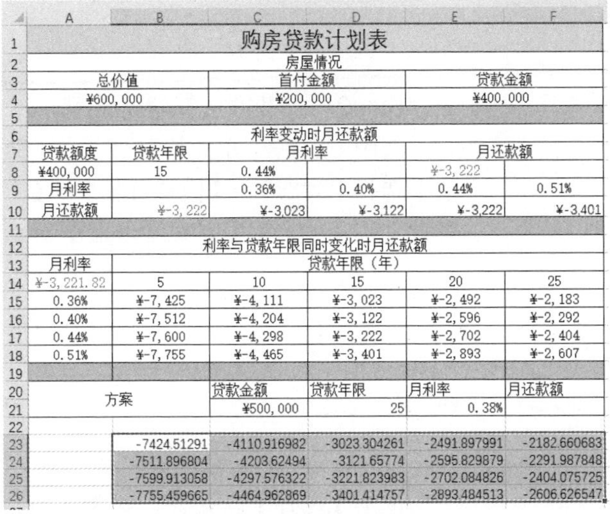

	A	B	C	D	E	F
1	购房贷款计划表					
2	房屋情况					
3	总价值		首付金额		贷款金额	
4	¥600,000		¥200,000		¥400,000	
5						
6	利率变动时月还款额					
7	贷款额度	贷款年限	月利率		月还款额	
8	¥400,000	15	0.44%		¥-3,222	
9	月利率		0.36%	0.40%	0.44%	0.51%
10	月还款额	¥-3,222	¥-3,023	¥-3,122	¥-3,222	¥-3,401
11						
12	利率与贷款年限同时变化时月还款额					
13	月利率	贷款年限（年）				
14	¥-3,221.82	5	10	15	20	25
15	0.36%	¥-7,425	¥-4,111	¥-3,023	¥-2,492	¥-2,183
16	0.40%	¥-7,512	¥-4,204	¥-3,122	¥-2,596	¥-2,292
17	0.44%	¥-7,600	¥-4,298	¥-3,222	¥-2,702	¥-2,404
18	0.51%	¥-7,755	¥-4,465	¥-3,401	¥-2,893	¥-2,607
19						
20	方案		贷款金额	贷款年限	月利率	月还款额
21			¥500,000	25	0.38%	
22						
23		-7424.51291	-4110.916982	-3023.304261	-2491.897991	-2182.660683
24		-7511.896804	-4203.62494	-3121.65774	-2595.829879	-2291.987848
25		-7599.913058	-4297.576322	-3221.823983	-2702.084826	-2404.075725
26		-7755.459665	-4464.962869	-3401.414757	-2893.484513	-2606.626547

Step6　数值复制

若使用模拟运算结果的数据，不需要数组结果，则可以采用复制数值的方法，将数组结果转变成常量。

选中 B15:F18 单元格区域并复制。选择 B23 单元格并右击，在弹出的快捷菜单中选择【选择性粘贴】→【粘贴数值】→【值】。

3.2.5　使用方案管理器

如果购房贷款的月利率、贷款年限和贷款金额同时发生变化，这时要计算在不同情况下的月还款额，则需要使用方案管理器。使用方案管理器时先要定义方案，现在有 3 种贷款类型，如表 3.2-1 所示。

表 3.2-1　3 种贷款类型

贷款类型	公积金贷款	商业性贷款	组合贷款
贷款金额/元	¥600,000	¥400,000	¥500,000
贷款年限/年	30	20	25
月利率/%	0.34	0.42	0.38

1. 定义方案

	A	B	C	D	E	F
1	购房贷款计划表					
2	房屋情况					
3	总价值		首付金额		贷款金额	
4	¥600,000		¥200,000		¥400,000	
5						
6	利率变动时月还款额					
7	贷款额度	贷款年限	月利率		月还款额	
8	¥400,000	15	0.44%		¥-3,222	
9	月利率		0.36%	0.40%	0.44%	0.51%
10	月还款额	¥-3,222	¥-3,023	¥-3,122	¥-3,222	¥-3,401
11						
12	利率与贷款年限同时变化时月还款额					
13	月利率	贷款年限（年）				
14	¥-3,221.82	5	10	15	20	25
15	0.36%	¥-7,425	¥-4,111	¥-3,023	¥-2,492	¥-2,183
16	0.40%	¥-7,512	¥-4,204	¥-3,122	¥-2,596	¥-2,292
17	0.44%	¥-7,600	¥-4,298	¥-3,222	¥-2,702	¥-2,404
18	0.51%	¥-7,755	¥-4,465	¥-3,401	¥-2,893	¥-2,607
19						
20	方案		贷款金额	贷款年限	月利率	月还款额
21			¥500,000	25	0.38%	¥-2,796

Step1 输入公式

选择 F21 单元格，输入公式：

=PMT(E21,D21*12,C21)

按【Enter】键，显示计算结果。

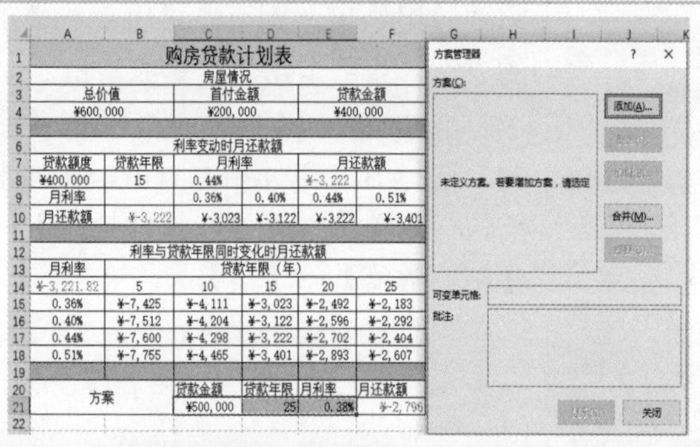

Step2 打开方案管理器

选中 C21:E21 单元格区域，在主菜单中选择【数据】→【模拟分析】→【方案管理器】，打开【方案管理器】对话框。

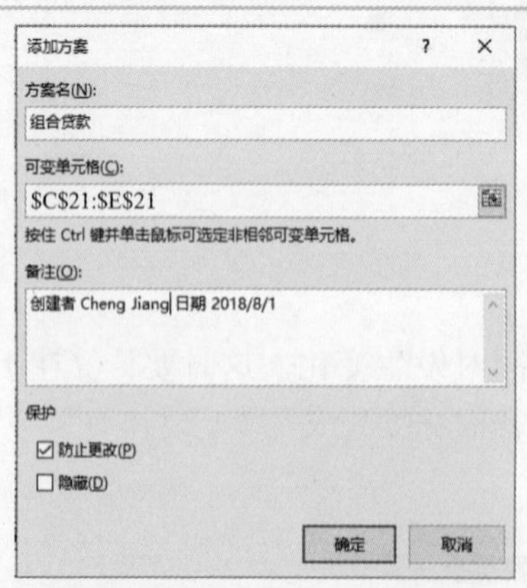

Step3 添加方案

单击【添加】按钮，打开【添加方案】对话框，在【方案名】文本框中输入“组合贷款”，在【可变单元格】文本框中输入“$C$21:$E$21”。

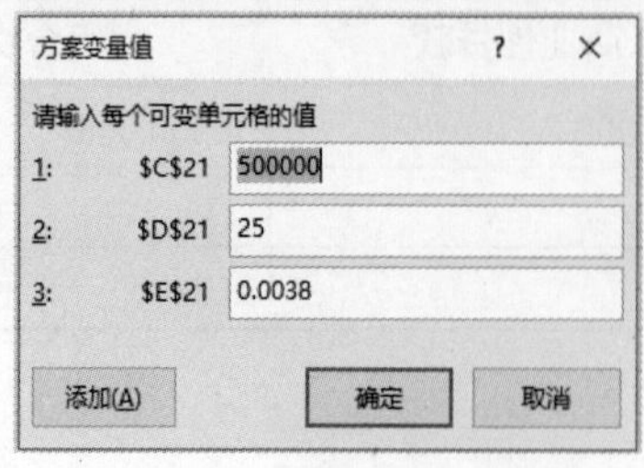

Step4 输入方案变量值

单击【确定】按钮，打开【方案变量值】对话框。$C$21 为“贷款金额”，输入“500000”；$D$21 为“贷款年限”，输入“25”；$E$21 为“月利率”，输入“0.0038”。

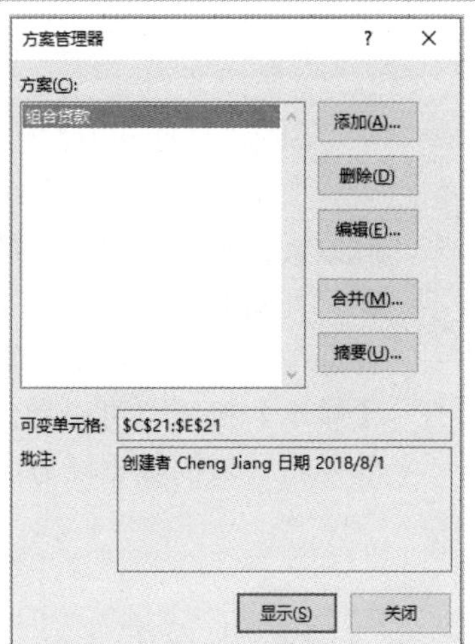

Step5　完成添加方案

单击【确定】按钮返回【方案管理器】对话框，在【方案】文本框中显示已添加的“组合贷款”方案。

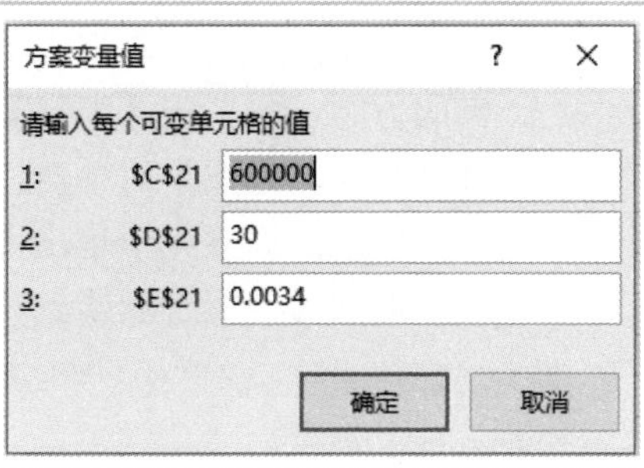

Step6　添加“公积金贷款”方案

用同样方法添加“公积金贷款”方案，“贷款金额”输入“600000”，“贷款年限”输入“30”，“月利率”输入“0.0034”。

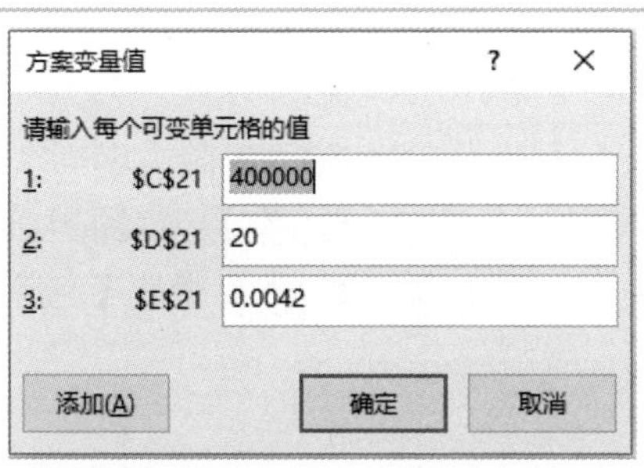

Step7　添加“商业性贷款”方案

用同样的方法添加“商业性贷款”方案，“贷款金额”输入“400000”，“贷款年限”输入“20”，“月利率”输入“0.0042”。

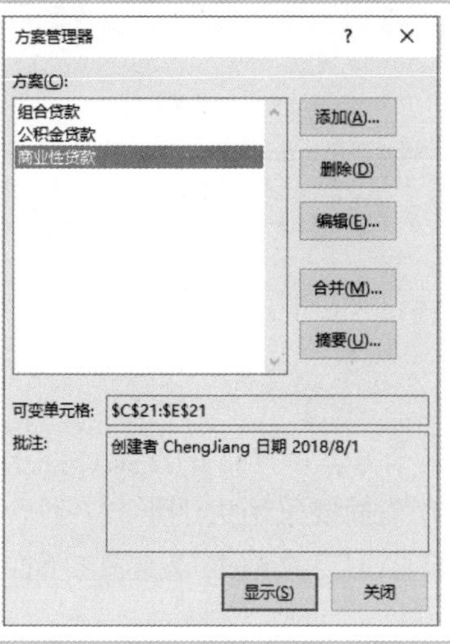

Step8　显示已添加方案

单击【确定】按钮返回【方案管理器】对话框，在【方案】文本框中显示创建的 3 个方案。

2. 操作方案

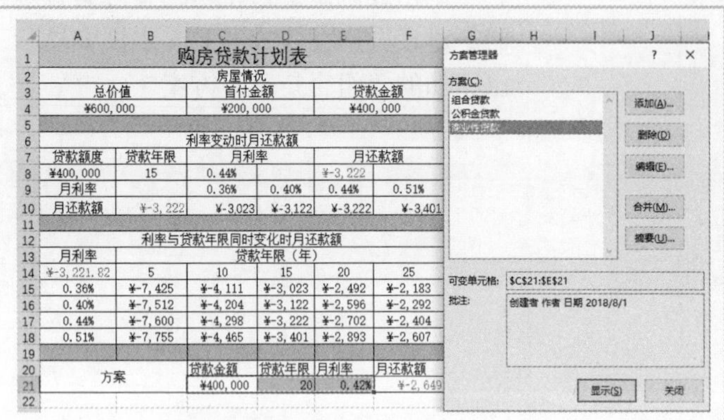

Step1 打开方案管理器

在主菜单中选择【数据】→【模拟分析】→【方案管理器】，打开【方案管理器】对话框。在【方案】列表框中单击要显示的方案，再单击【显示】按钮，可以看到 C21:E21 单元格区域的数据随方案而变化。

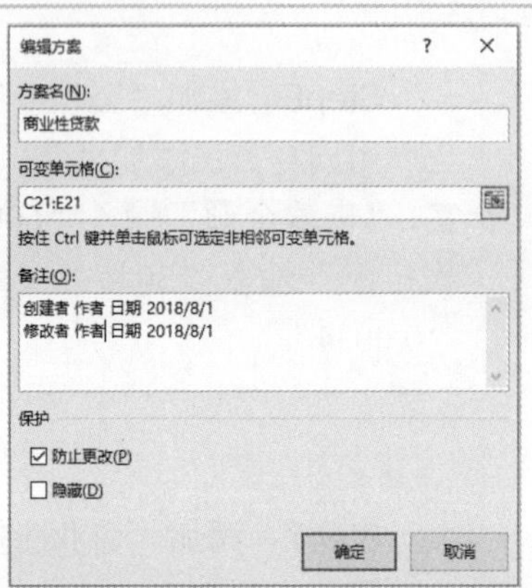

Step2 编辑方案

在【方案】列表框中单击要编辑的方案，再单击【编辑】按钮，打开【编辑方案】对话框，进行相应的修改，修改完毕单击【确定】按钮返回【方案管理器】对话框。

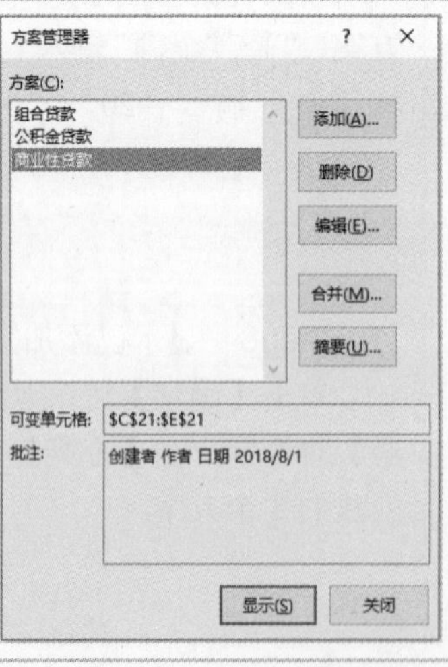

Step3 删除方案

在【方案】列表框中单击要删除的方案，然后单击【删除】按钮。

3. 生成方案报告

Excel 的方案功能允许用户生成报告，用来查看多个方案所产生的结果，便于进行对比分析。方案报告分为方案摘要和方案数据透视表两种，方案摘要采用大纲形式，适合于较简单的方案管理，如果方案中定义了多种结果单元格，则适合使用方案数据透视表。下面给出生成方案报告的操作步骤。

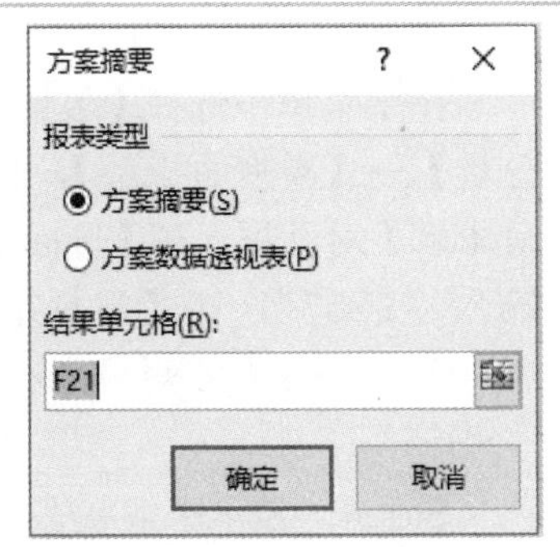

Step1　打开【方案摘要】对话框

在主菜单中选择【数据】→【模拟分析】→【方案管理器】，打开【方案管理器】对话框。单击【摘要】按钮，打开【方案摘要】对话框。

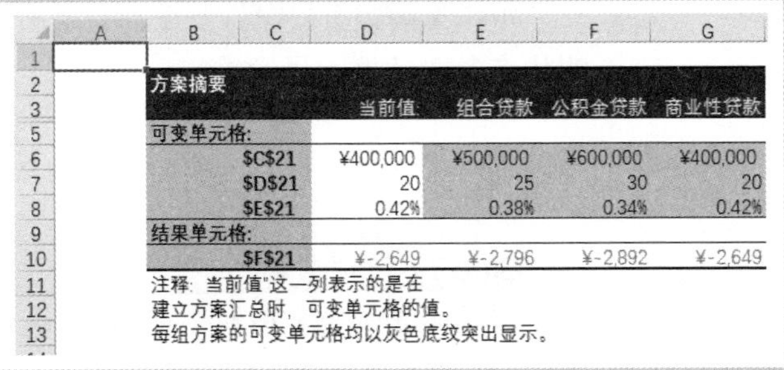

方案摘要	当前值:	组合贷款	公积金贷款	商业性贷款
可变单元格:				
$C$21	¥400,000	¥500,000	¥600,000	¥400,000
$D$21	20	25	30	20
$E$21	0.42%	0.38%	0.34%	0.42%
结果单元格:				
$F$21	¥-2,649	¥-2,796	¥-2,892	¥-2,649

注释: 当前值"这一列表示的是在
建立方案汇总时, 可变单元格的值。
每组方案的可变单元格均以灰色底纹突出显示。

Step2　生成方案摘要报告

在【报表类型】处选择【方案摘要】单选按钮，在【结果单元格】中输入方案结果放置的 F21 单元格。

单击【确定】按钮，生成方案摘要报告。

3.2.6　单变量求解的应用

问题：某职工每月偿还贷款的金额为 3000 元，银行贷款月利率：5～10 年为 0.4%，10～20 年为 0.5%，该员工要贷款 40 万元，应该选择哪种贷款方案？

解决步骤如下：

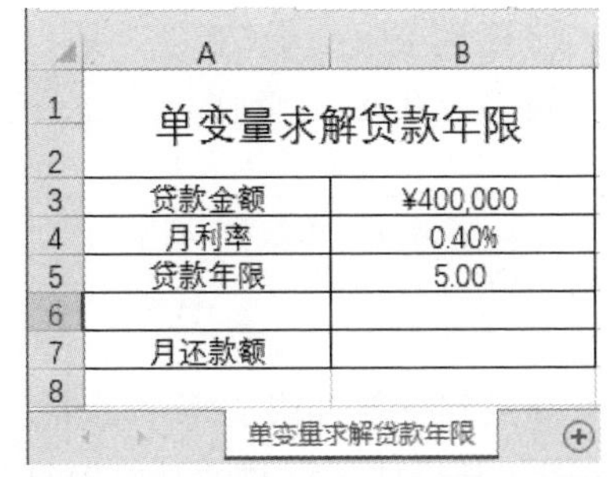

单变量求解贷款年限	
贷款金额	¥400,000
月利率	0.40%
贷款年限	5.00
月还款额	

单变量求解贷款年限

Step1　建立工作表

添加一个工作表，重命名为“单变量求解贷款年限”，输入标题和内容并格式化，贷款年限暂时输入“5”。

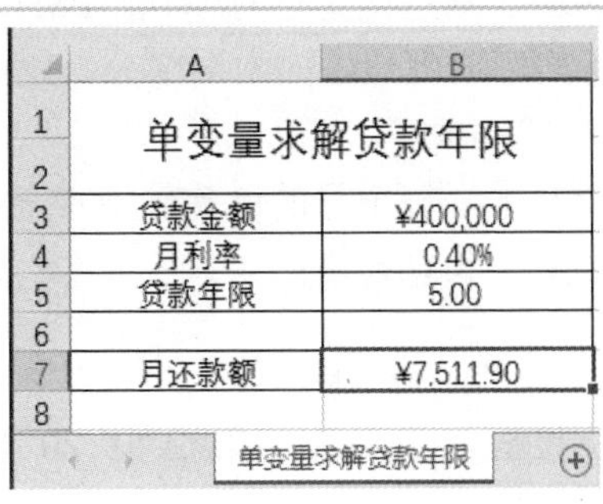

单变量求解贷款年限	
贷款金额	¥400,000
月利率	0.40%
贷款年限	5.00
月还款额	¥7,511.90

单变量求解贷款年限

Step2　输入公式

选中 B7 单元格，输入公式：

=PMT(B4,B5*12,-B3)

显示计算结果。

★　使用 PMT 公式时，月还款额与本金符号相反，若使月还款额为正数，要在本金前加负号。

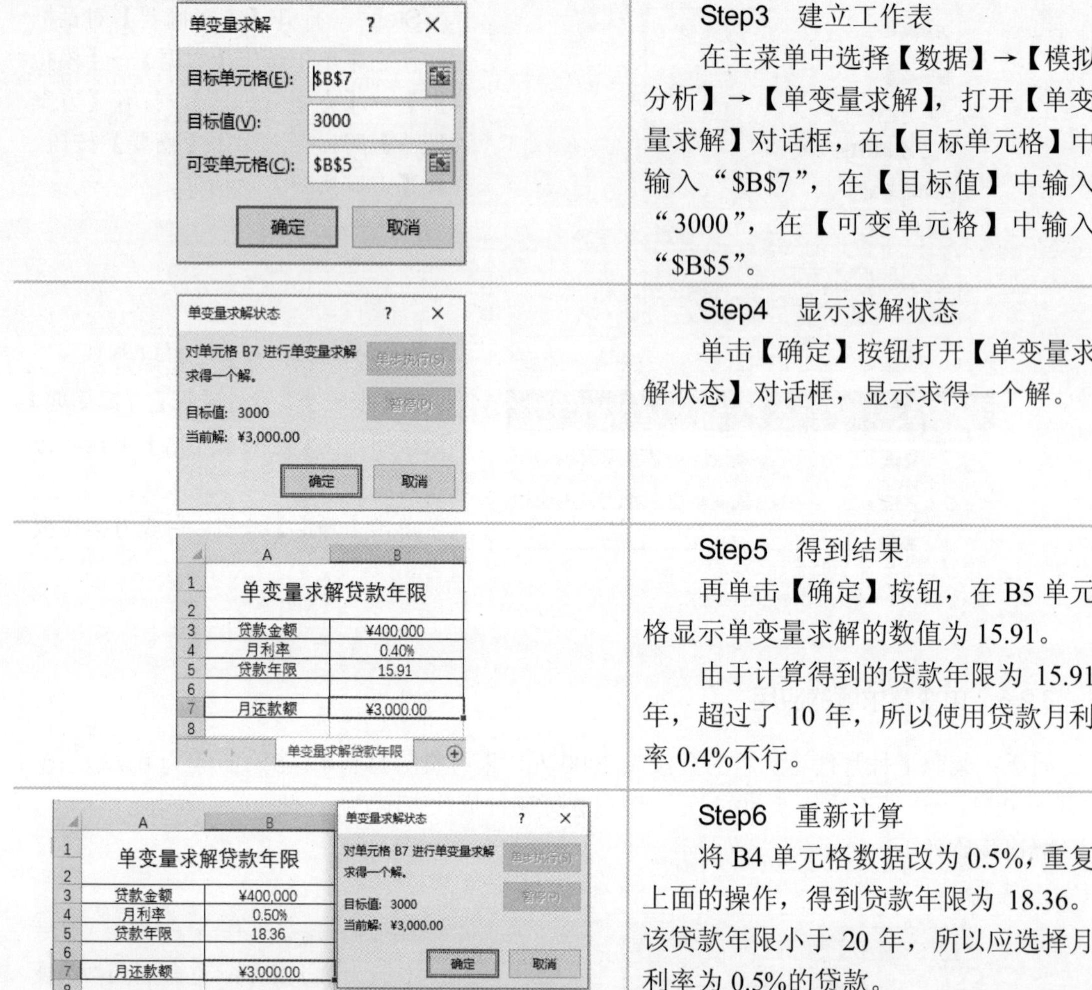

Step3 建立工作表

在主菜单中选择【数据】→【模拟分析】→【单变量求解】，打开【单变量求解】对话框，在【目标单元格】中输入“$B$7”，在【目标值】中输入“3000”，在【可变单元格】中输入“$B$5”。

Step4 显示求解状态

单击【确定】按钮打开【单变量求解状态】对话框，显示求得一个解。

Step5 得到结果

再单击【确定】按钮，在 B5 单元格显示单变量求解的数值为 15.91。

由于计算得到的贷款年限为 15.91 年，超过了 10 年，所以使用贷款月利率 0.4%不行。

Step6 重新计算

将 B4 单元格数据改为 0.5%，重复上面的操作，得到贷款年限为 18.36。该贷款年限小于 20 年，所以应选择月利率为 0.5%的贷款。

3.2.7 住房按揭贷款的等额还款与等本还款

等额还款是把本金总额与利息总额相加，然后平均摊到还款期限的每个月中，每个月的还款额是固定的，但每月还款额中的本金比重逐月递增、利息比重逐月递减。PMT 函数计算等额还款每期应偿还的金额，PPMT 函数计算等额还款每期应偿还的本金部分，IPMT 函数计算等额还款每期应偿还的利息部分，其中：PMT=PPMT+IPMT。

等本还款是把本金总额平均摊到还款期限的每个月中，每个月的还款额中本金部分相同、利息部分逐月递减，月还款额逐月递减。等本还款本金、利息计算：

利息=(本金-已归还本金累计额)×每月利息

每月还款=(贷款本金/还款月数)+(本金-已归还本金累计额)×每月利息

小王买了一套价值 100 万元的住房，首付 20%，按揭贷款 80%，贷款期限 20 年，年利率 6%，列表计算等额还款和等本还款，步骤如下：

（1）新建一个工作表，重命名为“等额还款与等本还款表”，输入相应内容、合并单元格、添加底纹，“期数”填充序列至 244 行，金额数据区域设为货币类型、2 位小数，如图 3.2-2 所示。

住房按揭贷款情况：	贷款金额	800000.00	月利率	0.50%	还款期限	240		
期数	等额还款				等本还款			
	偿还本金	偿还利息	本息合计	贷款余额	偿还本金	偿还利息	本息合计	贷款余额
1								
2								
3								
4								
5								
6								
7								
8								
9								
10								
11								
12								

等额还款与等本还款

图 3.2-2　建立“等额还款与等本还款表”

（2）计算等额还款。

B5　=PPMT($F$1,A5,$H$1,-$

住房按揭贷款情况：		贷款金额	800000.00	月利率
期数	等额还款			
	偿还本金	偿还利息	本息合计	贷款余额
1	¥1,731.45			
2				
3				
4				
5				
6				

Step1　计算“偿还本金”

选择 B5 单元格，输入公式：

=PPMT(F1,A5,H1,-D1)

按【F4】键将 F1、H1、D1 转变为绝对地址，公式为：

=PPMT($F$1,A5,$H$1,-$D$1)

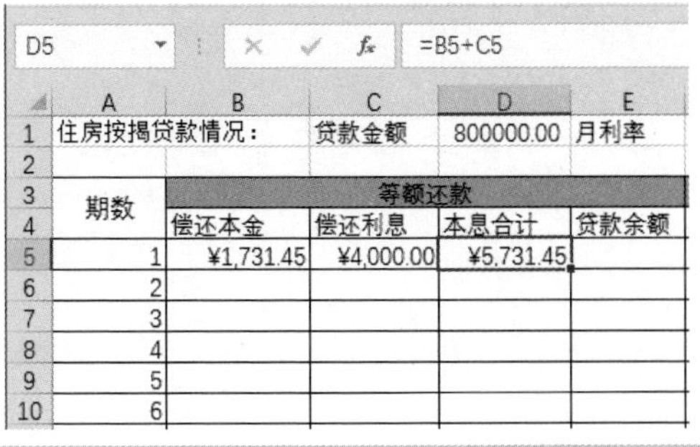
C5　=IPMT($F$1,A5,$H$1,-$D

住房按揭贷款情况：		贷款金额	800000.00	月利率
期数	等额还款			
	偿还本金	偿还利息	本息合计	贷款余额
1	¥1,731.45	¥4,000.00		
2				
3				
4				
5				
6				

Step2　计算“偿还利息”

选择 C5 单元格，输入公式：

=IPMT(F1,A5,H1,-D1)

按【F4】键将 F1、H1、D1 转变为绝对地址，公式为：

=IPMT($F$1,A5,$H$1,-$D$1)

D5　=B5+C5

住房按揭贷款情况：		贷款金额	800000.00	月利率
期数	等额还款			
	偿还本金	偿还利息	本息合计	贷款余额
1	¥1,731.45	¥4,000.00	¥5,731.45	
2				
3				
4				
5				
6				

Step3　计算“本息合计”

选择 D5 单元格，输入公式：

=B5+C5

E5 | =$D$1-B5

	A	B	C	D	E
1	住房按揭贷款情况：		贷款金额	800000.00	月利率
2					
3	期数	等额还款			
4		偿还本金	偿还利息	本息合计	贷款余额
5	1	¥1,731.45	¥4,000.00	¥5,731.45	¥798,268.55
6	2				
7	3				
8	4				
9	5				
10	6				
11	7				
12	8				
13	9				
14	10				

Step4　计算“贷款余额”

选择 E5 单元格，输入公式：

=D1-B5

选择 E6 单元格，输入公式：

=E5-B6

	A	B	C	D	E
1	住房按揭贷款情况：		贷款金额	800000.00	月利率
2					
3	期数	等额还款			
4		偿还本金	偿还利息	本息合计	贷款余额
5	1	¥1,731.45	¥4,000.00	¥5,731.45	¥798,268.55
6	2	¥1,740.11	¥3,991.34	¥5,731.45	¥796,528.45
7	3	¥1,748.81	¥3,982.64	¥5,731.45	¥794,779.64
8	4	¥1,757.55	¥3,973.90	¥5,731.45	¥793,022.09
9	5	¥1,766.34	¥3,965.11	¥5,731.45	¥791,255.75
10	6	¥1,775.17	¥3,956.28	¥5,731.45	¥789,480.58
11	7	¥1,784.05	¥3,947.40	¥5,731.45	¥787,696.54
12	8	¥1,792.97	¥3,938.48	¥5,731.45	¥785,903.57
13	9	¥1,801.93	¥3,929.52	¥5,731.45	¥784,101.64
241	237	¥5,618.24	¥113.21	¥5,731.45	¥17,023.82
242	238	¥5,646.33	¥85.12	¥5,731.45	¥11,377.49
243	239	¥5,674.56	¥56.89	¥5,731.45	¥5,702.93
244	240	¥5,702.93	¥28.51	¥5,731.45	¥0.00

Step5　填充 240 期

选择 B5:D5 单元格区域，填充至 B6:D6 单元格区域，再选择 B6:E6 单元格区域，填充至 244 行。

选中 14 行至 240 行，右击并选择【隐藏】。

★　选择连续行时，先单击起始行，按住【Shift】键，再单击终止行。

	A	B	C	D	E
1	住房按揭贷款情况：		贷款金额	800000.00	月利率
2					
3	期数	等额还款			
4		偿还本金	偿还利息	本息合计	贷款余额
5	1	¥1,731.45	¥4,000.00	¥5,731.45	¥798,268.55
6	2	¥1,740.11	¥3,991.34	¥5,731.45	¥796,528.45
7	3	¥1,748.81	¥3,982.64	¥5,731.45	¥794,779.64
8	4	¥1,757.55	¥3,973.90	¥5,731.45	¥793,022.09
9	5	¥1,766.34	¥3,965.11	¥5,731.45	¥791,255.75
10	6	¥1,775.17	¥3,956.28	¥5,731.45	¥789,480.58
11	7	¥1,784.05	¥3,947.40	¥5,731.45	¥787,696.54
12	8	¥1,792.97	¥3,938.48	¥5,731.45	¥785,903.57
13	9	¥1,801.93	¥3,929.52	¥5,731.45	¥784,101.64
241	237	¥5,618.24	¥113.21	¥5,731.45	¥17,023.82
242	238	¥5,646.33	¥85.12	¥5,731.45	¥11,377.49
243	239	¥5,674.56	¥56.89	¥5,731.45	¥5,702.93
244	240	¥5,702.93	¥28.51	¥5,731.45	¥0.00
245	合计	¥800,000.00	¥575,547.63	¥1,375,547.63	

Step6　计算“合计”

选择 B245 单元格，输入公式：

=SUM(B5:B244)

填充 C245:D245 单元格区域。

（3）计算等本还款。

fx　=$D$1/$H$1

D	E	F	G	H	I
800000.00	月利率	0.50%	还款期限	240	
额还款		等本还款			
本息合计	贷款余额	偿还本金	偿还利息	本息合计	贷款余额
¥5,731.45	¥798,268.55	3333.33			
¥5,731.45	¥796,528.45	3333.33			
¥5,731.45	¥794,779.64				
¥5,731.45	¥793,022.09				
¥5,731.45	¥791,255.75				
¥5,731.45	¥789,480.58				
¥5,731.45	¥787,696.54				
¥5,731.45	¥785,903.57				
¥5,731.45	¥784,101.64				
¥5,731.45	¥17,023.82				
¥5,731.45	¥11,377.49				
¥5,731.45	¥5,702.93				
¥5,731.45	¥0.00				
¥1,375,547.63					

Step1　计算“偿还本金”

选择 F5 单元格，输入公式：

=$D$1/$H$1

填充 F6 单元格。

★　每月还款本金=贷款本金/还款月数

fx　=$D$1*$F$1

D	E	F	G	H	I
800000.00	月利率	0.50%	还款期限	240	
额还款		等本还款			
本息合计	贷款余额	偿还本金	偿还利息	本息合计	贷款余额
¥5,731.45	¥798,268.55	3333.33	4000.00		
¥5,731.45	¥796,528.45	3333.33			
¥5,731.45	¥794,779.64				
¥5,731.45	¥793,022.09				
¥5,731.45	¥791,255.75				
¥5,731.45	¥789,480.58				
¥5,731.45	¥787,696.54				
¥5,731.45	¥785,903.57				
¥5,731.45	¥784,101.64				
¥5,731.45	¥17,023.82				
¥5,731.45	¥11,377.49				
¥5,731.45	¥5,702.93				
¥5,731.45	¥0.00				
¥1,375,547.63					

Step2　计算"偿还利息"

选择 G5 单元格，输入公式：

=$D$1*$F$1

选择 G6 单元格，输入公式：

=I5*$F$1

★　每月还款利息=(本金-已归还本金累计额)×每月利息

fx　=F5+G5

D	E	F	G	H	I
800000.00	月利率	0.50%	还款期限	240	
额还款		等本还款			
本息合计	贷款余额	偿还本金	偿还利息	本息合计	贷款余额
¥5,731.45	¥798,268.55	3333.33	4000.00	7333.33	
¥5,731.45	¥796,528.45	3333.33	0		
¥5,731.45	¥794,779.64				
¥5,731.45	¥793,022.09				
¥5,731.45	¥791,255.75				
¥5,731.45	¥789,480.58				
¥5,731.45	¥787,696.54				
¥5,731.45	¥785,903.57				
¥5,731.45	¥784,101.64				
¥5,731.45	¥17,023.82				
¥5,731.45	¥11,377.49				
¥5,731.45	¥5,702.93				
¥5,731.45	¥0.00				
¥1,375,547.63					

Step3　计算"本息合计"

选择 H5 单元格，输入公式：

=F5+G5

填充 H6 单元格。

★　每月还款=(贷款本金/还款月数)+(本金-已归还本金累计额)×每月利息

fx　=I5-F6

D	E	F	G	H	I
800000.00	月利率	0.50%	还款期限	240	
额还款		等本还款			
本息合计	贷款余额	偿还本金	偿还利息	本息合计	贷款余额
¥5,731.45	¥798,268.55	3333.33	4000.00	7333.33	796666.67
¥5,731.45	¥796,528.45	3333.33	3983.33	7316.67	793333.33
¥5,731.45	¥794,779.64				
¥5,731.45	¥793,022.09				
¥5,731.45	¥791,255.75				
¥5,731.45	¥789,480.58				
¥5,731.45	¥787,696.54				
¥5,731.45	¥785,903.57				
¥5,731.45	¥784,101.64				
¥5,731.45	¥17,023.82				
¥5,731.45	¥11,377.49				
¥5,731.45	¥5,702.93				
¥5,731.45	¥0.00				
¥1,375,547.63					

Step4　计算"贷款余额"

选择 I5 单元格，输入公式：

=$D$1-$F$5

选择 I6 单元格，输入公式：

=I5-F6

F	G	H	I
0.50%	还款期限	240	
等本还款			
偿还本金	偿还利息	本息合计	贷款余额
3333.33	4000.00	7333.33	796666.67
3333.33	3983.33	7316.67	793333.33
3333.33	3966.67	7300.00	790000.00
3333.33	3950	7283.33	786666.67
3333.33	3933.33	7266.67	783333.33
3333.33	3916.67	7250.00	780000.00
3333.33	3900	7233.33	776666.67
3333.33	3883.33	7216.67	773333.33
3333.33	3866.67	7200.00	770000.00
3333.33	66.6667	3400.00	10000.00
3333.33	50	3383.33	6666.67
3333.33	33.3333	3366.67	3333.33
3333.33	16.6667	3350.00	-0.00
800000	482000	1282000	

Step5　填充 240 期

选择 F6:I6 单元格区域，填充至 244 行。

F	G	H	I
0.50%	还款期限	240	
等本还款			
偿还本金	偿还利息	本息合计	贷款余额
¥3,333.33	¥4,000.00	¥7,333.33	¥796,666.67
¥3,333.33	¥3,983.33	¥7,316.67	¥793,333.33
¥3,333.33	¥3,966.67	¥7,300.00	¥790,000.00
¥3,333.33	¥3,950.00	¥7,283.33	¥786,666.67
¥3,333.33	¥3,933.33	¥7,266.67	¥783,333.33
¥3,333.33	¥3,916.67	¥7,250.00	¥780,000.00
¥3,333.33	¥3,900.00	¥7,233.33	¥776,666.67
¥3,333.33	¥3,883.33	¥7,216.67	¥773,333.33
¥3,333.33	¥3,866.67	¥7,200.00	¥770,000.00
¥3,333.33	¥66.67	¥3,400.00	¥10,000.00
¥3,333.33	¥50.00	¥3,383.33	¥6,666.67
¥3,333.33	¥33.33	¥3,366.67	¥3,333.33
¥3,333.33	¥16.67	¥3,350.00	¥-0.00
¥800,000.00	¥482,000.00	¥1,282,000.00	

Step6　计算“合计”

选择 F245 单元格，输入公式：

=SUM(F5:F244)

填充 G245:H245 单元格区域。

选中 F5:I245 单元格区域，在主菜单中选择【开始】→【数字】，打开启动器→【货币】，设置 2 位小数，加货币符号。

=ROUND(I243-F244,2)

D	E	F	G	H	I
300000.00	月利率	0.50%	还款期限	240	
款		等本还款			
合计	贷款余额	偿还本金	偿还利息	本息合计	贷款余额
¥5,731.45	¥798,268.55	¥3,333.33	¥4,000.00	¥7,333.33	¥796,666.67
¥5,731.45	¥796,528.45	¥3,333.33	¥3,983.33	¥7,316.67	¥793,333.33
¥5,731.45	¥794,779.64	¥3,333.33	¥3,966.67	¥7,300.00	¥790,000.00
¥5,731.45	¥793,022.09	¥3,333.33	¥3,950.00	¥7,283.33	¥786,666.67
¥5,731.45	¥791,255.75	¥3,333.33	¥3,933.33	¥7,266.67	¥783,333.33
¥5,731.45	¥789,480.58	¥3,333.33	¥3,916.67	¥7,250.00	¥780,000.00
¥5,731.45	¥787,696.54	¥3,333.33	¥3,900.00	¥7,233.33	¥776,666.67
¥5,731.45	¥785,903.57	¥3,333.33	¥3,883.33	¥7,216.67	¥773,333.33
¥5,731.45	¥784,101.64	¥3,333.33	¥3,866.67	¥7,200.00	¥770,000.00
¥5,731.45	¥17,023.82	¥3,333.33	¥66.67	¥3,400.00	¥10,000.00
¥5,731.45	¥11,377.49	¥3,333.33	¥50.00	¥3,383.33	¥6,666.67
¥5,731.45	¥5,702.93	¥3,333.33	¥33.33	¥3,366.67	¥3,333.33
¥5,731.45	¥0.00	¥3,333.33	¥16.67	¥3,350.00	¥0.00
375,547.63		¥800,000.00	¥482,000.00	¥1,282,000.00	

Step7　修改公式

在 I244 中出现“¥-0.00”是因为该单元格只显示 2 位小数，实际是个非零值。可以采用 ROUND 函数取整去掉多余小数部分，修改 I244 公式为：

=ROUND(I243-F244,2)

（4）图形分析。

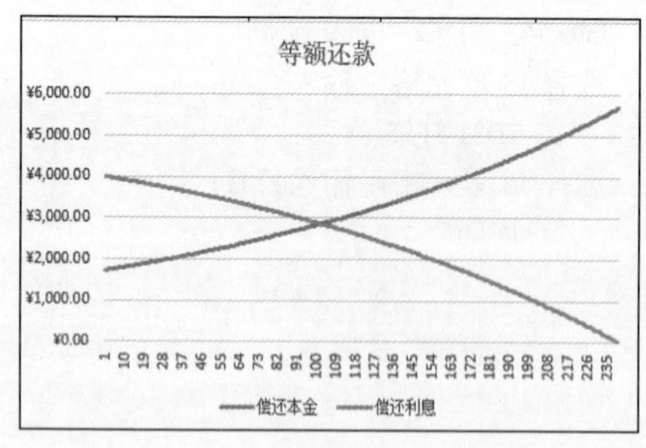

Step1　等额还款

单击【全选】按钮，在行标处右击，选择【取消隐藏】。

选择 B4:C244 单元格区域，插入图形，选择折线图，修改图形标题为“等额还款”。

从图形可以看出，偿还本金逐月增加，偿还利息逐月减少，两者在约 100 期（约 9 年）时相等。

★　选择连续区域时，先单击左上角起始单元格，按住【Shift】键，再单击右下角终止单元格。

偿还利息

Step2　等本还款

选择 G4:G244 单元格区域，插入图形，选择折线图。

从图形可以看出，偿还利息逐月下降，最后接近 0。

D	E	F	G	H	I	J
¥5,731.45	¥82,628.14	¥3,333.33	¥266.67	¥3,600.00	¥50,000.00	
¥5,731.45	¥77,309.83	¥3,333.33	¥250.00	¥3,583.33	¥46,666.67	
¥5,731.45	¥71,964.93	¥3,333.33	¥233.33	¥3,566.67	¥43,333.33	
¥5,731.45	¥66,593.31	¥3,333.33	¥216.67	¥3,550.00	¥40,000.00	
¥5,731.45	¥61,194.83	¥3,333.33	¥200.00	¥3,533.33	¥36,666.67	
¥5,731.45	¥55,769.35	¥3,333.33	¥183.33	¥3,516.67	¥33,333.33	
¥5,731.45	¥50,316.75	¥3,333.33	¥166.67	¥3,500.00	¥30,000.00	
¥5,731.45	¥44,836.89	¥3,333.33	¥150.00	¥3,483.33	¥26,666.67	
¥5,731.45	¥39,329.62	¥3,333.33	¥133.33	¥3,466.67	¥23,333.33	
¥5,731.45	¥33,794.82	¥3,333.33	¥116.67	¥3,450.00	¥20,000.00	
¥5,731.45	¥28,232.35	¥3,333.33	¥100.00	¥3,433.33	¥16,666.67	
¥5,731.45	¥22,642.06	¥3,333.33	¥83.33	¥3,416.67	¥13,333.33	
¥5,731.45	¥17,023.82	¥3,333.33	¥66.67	¥3,400.00	¥10,000.00	
¥5,731.45	¥11,377.49	¥3,333.33	¥50.00	¥3,383.33	¥6,666.67	
¥5,731.45	¥5,702.93	¥3,333.33	¥33.33	¥3,366.67	¥3,333.33	
¥5,731.45	¥0.00	¥3,333.33	¥16.67	¥3,350.00	¥0.00	
¥1,375,547.63		¥800,000.00	¥482,000.00	¥1,282,000.00		¥93,547.63

Step3　“合计”比较

选择 J245 单元格，输入公式：

=D245-H245

等额还款比等本还款多支付利息：¥93,547.63。

等本还款方式前期还款额比等额还款方式高出很多，可见等本还款方式初期还款压力比较大。等额还款方式总利息支出较等本还款方式要多，用多付出利息来换取还款压力的减轻和资金的使用。若要提前还贷，选择等本还款方式为好；若想长期使用资金，选择等额还款方式为好。

3.2.8　相关 Excel 函数

（1）财务函数 PMT：基于固定利率及等额分期付款方式返回贷款的每期付款额。语法格式如下：

PMT(rate,nper,pv,fv,type)

参数作用：rate 为贷款利率；nper 为该项贷款的付款总次数；pv 为本金；fv 为未来值，或在最后一次付款后希望得到的现金余额，如果省略 fv，则假设其值为 0，也就是一笔贷款的未来值为 0；type 为数字 0 或 1，用以指定各期的付款时间是在期初还是在期末。

（2）PPMT：返回根据定期固定付款和固定利率而定的投资在已知期间内的本金偿付额。语法格式如下：

PPMT(rate, per, nper, pv, [fv], [type])

参数作用：rate 为贷款利率；per 为指定期数，该值必须在 1～nper 范围内；nper 为该项贷款的付款总期数；pv 为本金；fv 为未来值，或在最后一次付款后希望得到的现金余额，如果省略 fv，则假设其值为 0；type 为数字 0 或 1，用以指定各期的付款时间是在期初还是在期末。

（3）IPMT：基于固定利率及等额分期付款方式返回给定期数内对投资的利息偿还额。语法格式如下：

IPMT(rate, per, nper, pv, [fv], [type])

参数作用：rate 为各期利率；per 为用于计算其利息数额的期数，必须在 1～nper 之间；nper 为贷款的付款总期数；pv 为本金；fv 为未来值，或在最后一次付款后希望得到的现金余额，如果省略 fv，则假定其值为 0；type 为数字 0 或 1，用以指定各期的付款时间是在期初还是在期末。

3 个函数的关系：PMT=PPMT+IPMT。

3.3　案例 10　商品进货量决策

商品进货量决策对于企业的经营至关重要，如果各种商品的进货量不合理，可能会导致严重缺货，也可能会导致大量商品过剩等，这些现象的直接后果是企业不能获得最大的经营利润，甚至可能引起亏损。使用 Excel 的“规划求解”可帮助用户准确、高效地进行商品进货量决策。

某销售企业在两个月内销售彩电、冰箱、洗衣机的经营能力空间为 60 平方米，可调用资金为 10 万元，每种商品的销售利润等情况如图 3.3-1 所示，如何根据给定的条件确定每种商品的最佳进货量，从而求得这两个月的最大利润额？

	A	B	C	D	E	F	G
1	商品进货量决策表						
2	进货时间	2014/4/1	销售利润 元/台	销售量 台/天	占用空间 平米/台	占用资金 元/台	最佳进货量
3	彩电		¥1,300	0.6	1.5	¥1,800	
4	冰箱		¥2,000	0.4	2.5	¥3,000	
5	洗衣机		¥1,500	0.8	2.2	¥2,400	
6	时间限制		60	空间限制	60	资金限制	¥100,000
7	销售时间			实需空间		实用资金	
8	总利润						
9							
10							

商品进货量决策表 | Sheet1

图 3.3-1　商品进货量决策工作表

3.3.1　加载“规划求解”工具

默认情况下，“规划求解”功能不在菜单栏和功能区组中，需要加载程序，加载步骤如下：

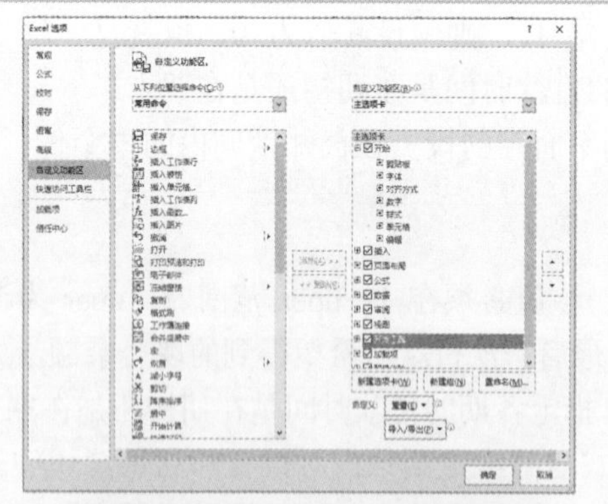

Step1　选择“开发工具”

在菜单栏中选择【文件】→【选项】→【自定义功能区】，在右侧窗格中勾选【开发工具】，单击【确定】按钮。

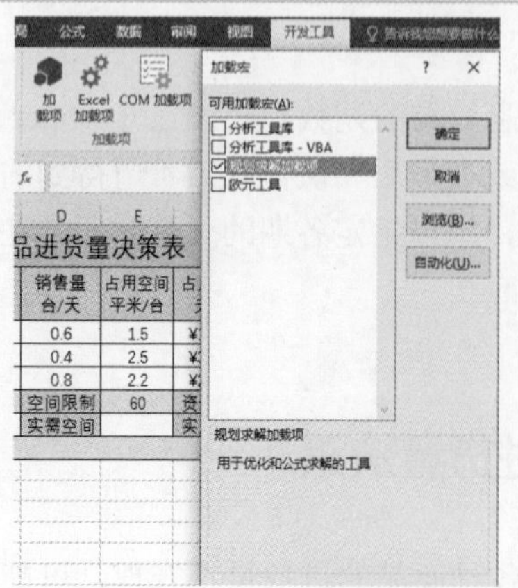

Step2　加载“规划求解”

在菜单栏中选择【开发工具】→【COM 加载项】，勾选【规划求解加载项】，单击【确定】按钮。

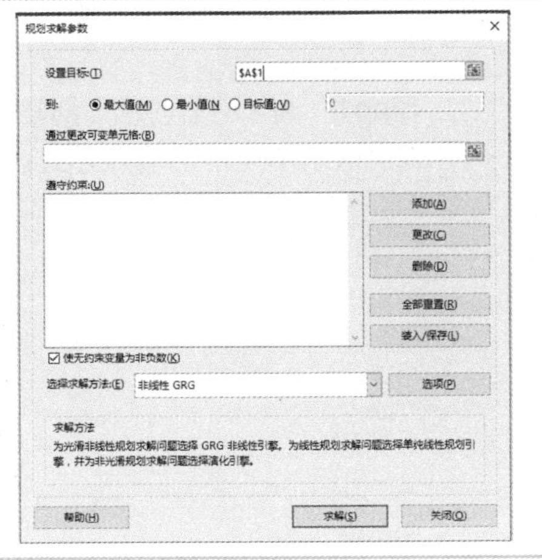

Step3　运行“规划求解”

在菜单栏中选择【数据】→【规划求解】。

3.3.2　建立问题求解模型

建立一个工作表，命名为“商品进货量决策表”，将问题的各种已知条件添加进去，进行一些格式化：合并单元格、自动换行、字体设置、数值设置、添加底纹，得到的工作表如图 3.3-2 所示。

	A	B	C	D	E	F	G
1	商品进货量决策表						
2	进货时间	2014/4/1	销售利润元/台	销售量台/天	占用空间平米/台	占用资金元/台	最佳进货量
3	彩电		¥1,300	0.6	1.5	¥1,800	
4	冰箱		¥2,000	0.4	2.5	¥3,000	
5	洗衣机		¥1,500	0.8	2.2	¥2,400	
6	时间限制		60	空间限制	60	资金限制	¥100,000
7	销售时间			实需空间		实用资金	
8	总利润						
9							
10							

商品进货量决策表　Sheet1

图 3.3-2　建立求解模型

3.3.3　输入计算公式

对商品进货量决策表中的各个项目进行计算时，应该遵循下列计算公式：

（1）销售时间=彩电进货量/彩电每天销售量+冰箱进货量/冰箱每天销售量+洗衣机进货量/洗衣机每天销售量。

（2）实需空间=彩电进货量*彩电每台占用空间+冰箱进货量*冰箱每台占用空间+洗衣机进货量*洗衣机每台占用空间。

（3）实用资金=彩电进货量*彩电每台占用资金+冰箱进货量*冰箱每台占用资金+洗衣机进货量*洗衣机每台占用资金。

（4）总利润=彩电进货量*彩电每台销售利润+冰箱进货量*冰箱每台销售利润+洗衣机进货量*洗衣机每台销售利润。

将这些公式添加到工作表中，步骤如下：

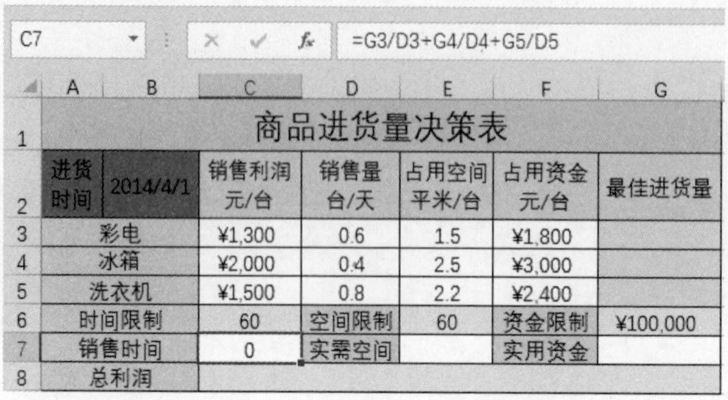

C7 =G3/D3+G4/D4+G5/D5

	A	B	C	D	E	F	G
1	商品进货量决策表						
2	进货时间	2014/4/1	销售利润 元/台	销售量 台/天	占用空间 平米/台	占用资金 元/台	最佳进货量
3	彩电		¥1,300	0.6	1.5	¥1,800	
4	冰箱		¥2,000	0.4	2.5	¥3,000	
5	洗衣机		¥1,500	0.8	2.2	¥2,400	
6	时间限制		60	空间限制	60	资金限制	¥100,000
7	销售时间		0	实需空间		实用资金	
8	总利润						

Step1　为“销售时间”创建公式

选中C7单元格，输入公式：

=G3/D3+G4/D4+G5/D5

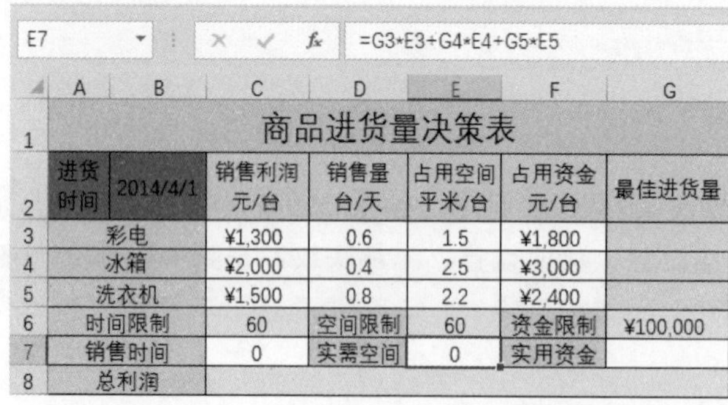

E7 =G3*E3+G4*E4+G5*E5

	A	B	C	D	E	F	G
1	商品进货量决策表						
2	进货时间	2014/4/1	销售利润 元/台	销售量 台/天	占用空间 平米/台	占用资金 元/台	最佳进货量
3	彩电		¥1,300	0.6	1.5	¥1,800	
4	冰箱		¥2,000	0.4	2.5	¥3,000	
5	洗衣机		¥1,500	0.8	2.2	¥2,400	
6	时间限制		60	空间限制	60	资金限制	¥100,000
7	销售时间		0	实需空间	0	实用资金	
8	总利润						

Step2　为“实需空间”创建公式

选中E7单元格，输入公式：

=G3*E3+G4*E4+G5*E5

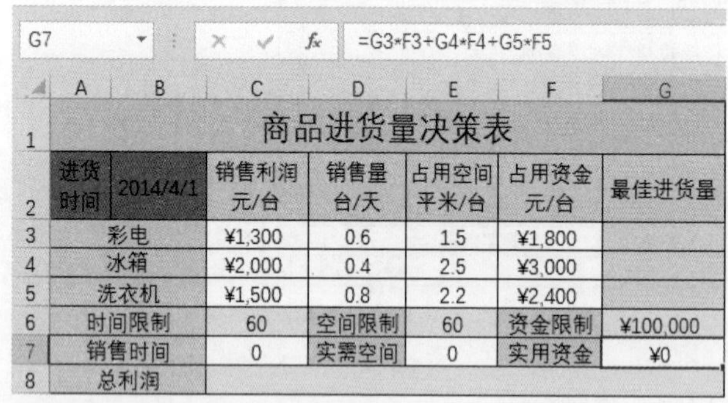

G7 =G3*F3+G4*F4+G5*F5

	A	B	C	D	E	F	G
1	商品进货量决策表						
2	进货时间	2014/4/1	销售利润 元/台	销售量 台/天	占用空间 平米/台	占用资金 元/台	最佳进货量
3	彩电		¥1,300	0.6	1.5	¥1,800	
4	冰箱		¥2,000	0.4	2.5	¥3,000	
5	洗衣机		¥1,500	0.8	2.2	¥2,400	
6	时间限制		60	空间限制	60	资金限制	¥100,000
7	销售时间		0	实需空间	0	实用资金	¥0
8	总利润						

Step3　为“实用资金”创建公式

选中G7单元格，输入公式：

=G3*F3+G4*F4+G5*F5

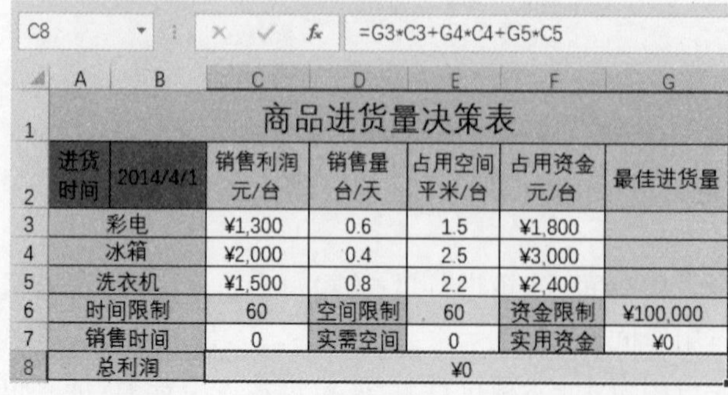

C8 =G3*C3+G4*C4+G5*C5

	A	B	C	D	E	F	G
1	商品进货量决策表						
2	进货时间	2014/4/1	销售利润 元/台	销售量 台/天	占用空间 平米/台	占用资金 元/台	最佳进货量
3	彩电		¥1,300	0.6	1.5	¥1,800	
4	冰箱		¥2,000	0.4	2.5	¥3,000	
5	洗衣机		¥1,500	0.8	2.2	¥2,400	
6	时间限制		60	空间限制	60	资金限制	¥100,000
7	销售时间		0	实需空间	0	实用资金	¥0
8	总利润		¥0				

Step4　为“总利润”创建公式

选中C8单元格，输入公式：

=G3*C3+G4*C4+G5*C5

★　公式输入后，因为还没有输入各商品的进货量，所以上述公式计算结果都为0。

3.3.4　设置规划求解参数

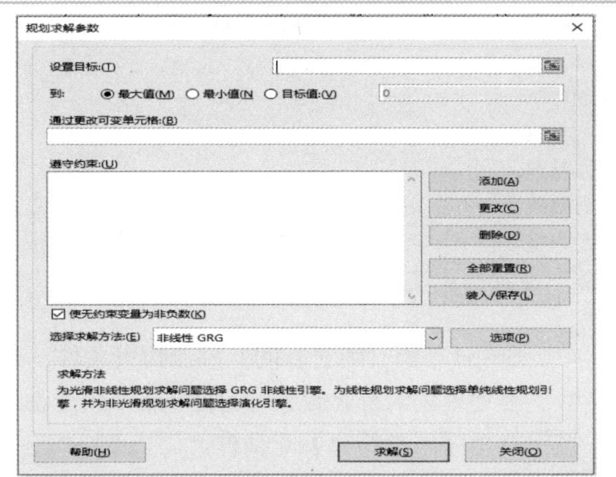

Step1　打开规划求解

在菜单栏中单击【数据】→【规划求解】，打开【规划求解参数】对话框。在其中设置各项参数，包括目标单元格、可变单元格和约束条件。

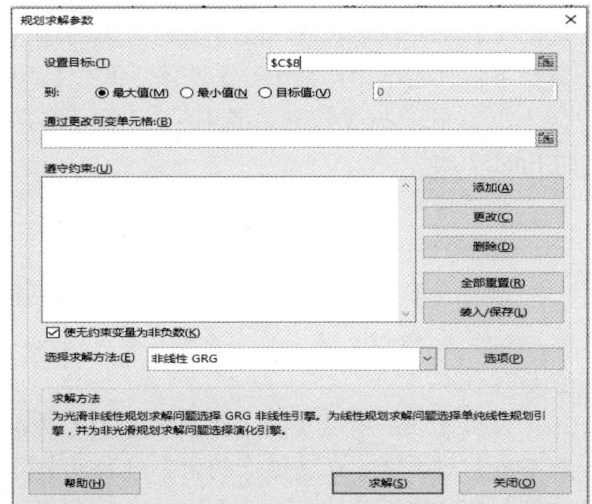

Step2　设置目标单元格

单击【设置目标】文本框右侧的折叠按钮，选择 C8 单元格，再单击折叠按钮，选中的目标单元格$C$8显示在【设置目标】文本框中。

在【到:】选项组中选择【最大值】单选按钮。

★　本案例的目标就是利润最大化，所以设“总利润”所在单元格 C8 为目标最大化。

Step3　设置可变单元格

单击【通过更改可变单元格】文本框右侧的折叠按钮，选择 G3:G5 单元格区域，按【Enter】键，文本框显示选中的可变单元格的绝对引用$G$3:$G$5。

★　可变单元格也就是问题中的变量，这些变量如何组合才能使利润最大化？

3.3.5 设置约束条件

约束条件是指“规划求解”中设置的限制条件。本案例主要有以下约束条件：

销售时间<时间限制，即 C7<=C6，C6=60。

实需空间<空间限制，即 E7<=E6，E6=60。

实用资金<资金限制，即 G7<=G6，G6=100000。

彩电进货量为正整数，即 G3>0 且 G3 为整数。

冰箱进货量为正整数，即 G4>0 且 G4 为整数。

洗衣机进货量为正整数，即 G5>0 且 G5 为整数。

为“销售时间”“实需空间”“实用资金”设置约束条件的操作步骤如下：

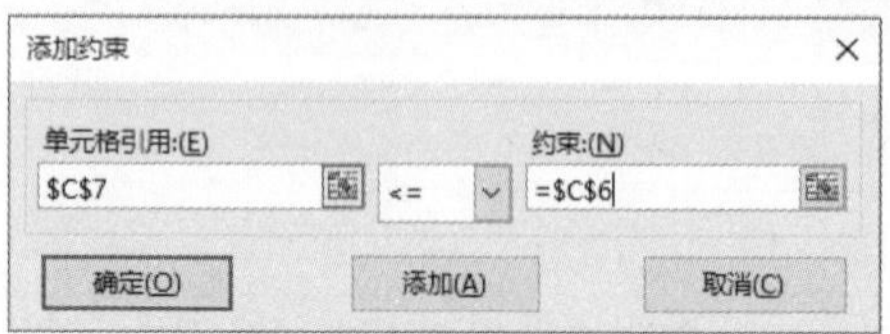

Step1 为“销售时间”添加约束条件

在【规划求解参数】对话框中，单击【添加】按钮打开【添加约束】对话框。

单击【单元格引用】文本框右侧的折叠按钮，选择 C7 单元格，按【Enter】键；在其右侧的运算符下拉列表框中选择【<=】选项；单击【约束】文本框右侧的折叠按钮，选择 C6 单元格，按【Enter】键。

★ 设置约束条件 C7<=C6。

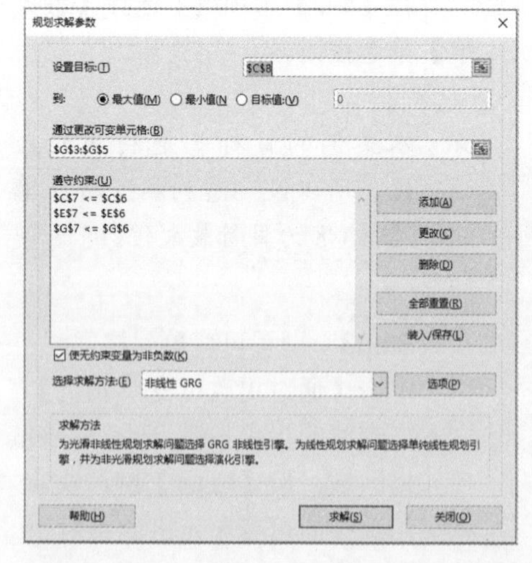

Step2 添加其余约束条件

用前一步同样的方法为“实需空间”添加约束，设置 E7<=E6；为“实用资金”添加约束，设置 G7<=G6。

设置完成后单击【确定】按钮返回【规划求解参数】对话框，在【遵守约束】列表框中可以看到添加的约束条件。

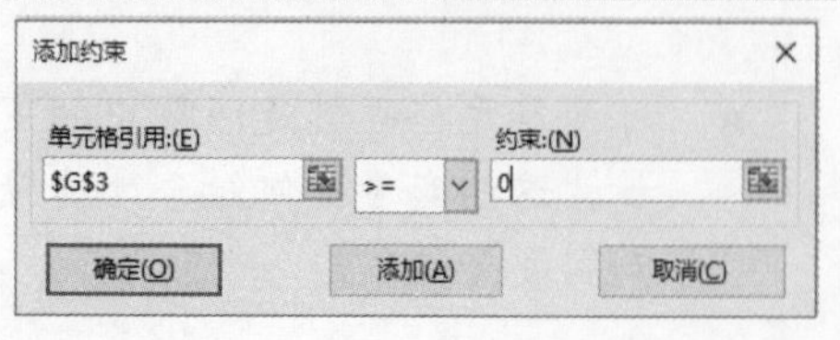

Step3 为“彩电”添加正数约束

在【规划求解参数】对话框中，单击【添加】按钮打开【添加约束】对话框。单击【单元格引用】文本框右侧的折叠按钮，选择 G3 单元格，在【运算符】下拉列表框中选择【>=】选项，在【约束】文本框中输入 0。

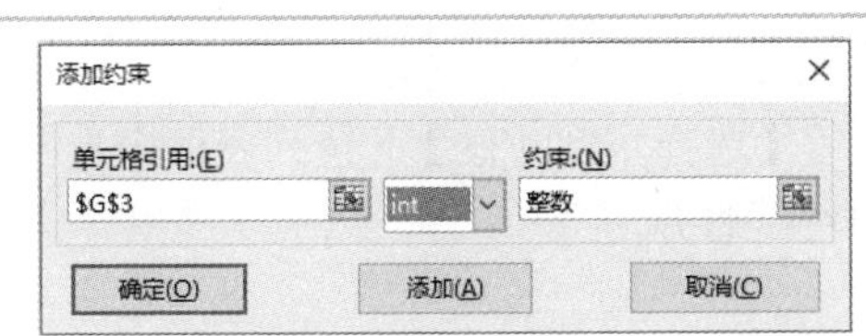

Step4 为“彩电”添加整数约束

单击【添加】按钮，在【添加约束】对话框中单击【单元格引用】文本框右侧的折叠按钮，选择 G3 单元格，在【运算符】下拉列表框中选择【Int】选项，在【约束】文本框中将自动出现“整数”。

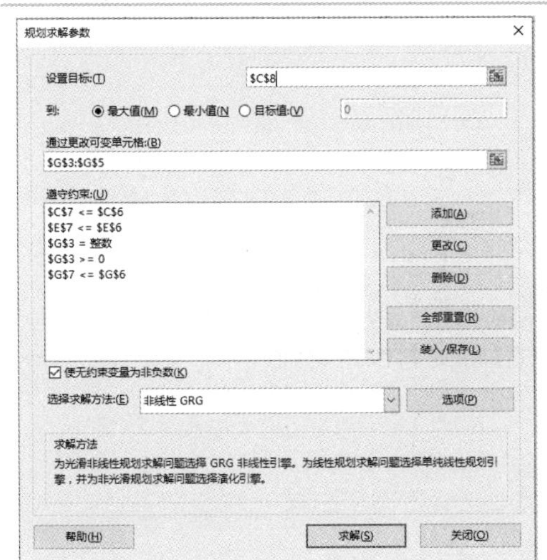

Step5 显示“彩电”约束条件

单击【确定】按钮返回【规划求解参数】对话框，在【遵守约束】列表框中显示为彩电进货量添加的约束条件。

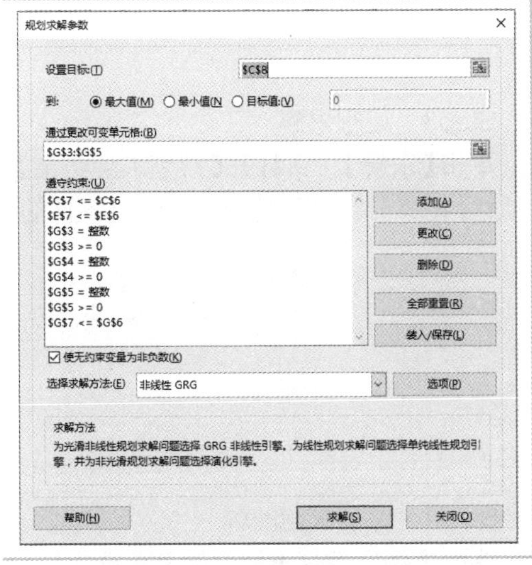

Step6 为“冰箱”和“洗衣机”添加正整数约束条件

用前两步同样的方法，在 G4 单元格为“冰箱”添加正整数约束条件，在 G5 单元格为“洗衣机”添加正整数约束条件。在【遵守约束】列表框中显示添加的约束条件。

★ 修改或删除某些设置过的约束条件：在【规划求解参数】对话框的【约束】列表框中选择需要修改或者删除的约束条件，然后单击【更改】或者【删除】按钮。若清空所有约束条件，则单击【全部重置】按钮。

3.3.6 用规划求解工具求解

完成了添加约束条件操作之后，用规划求解工具来对问题求解，操作步骤如下：

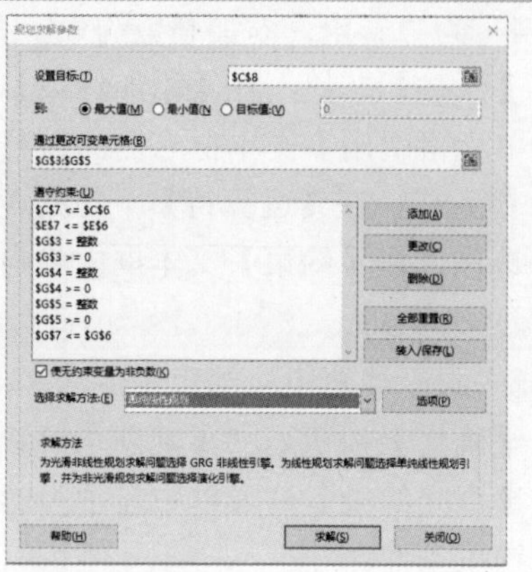

Step1　选择求解方法

在【选择求解方法】下拉列表框中选择“单纯线性规划”。

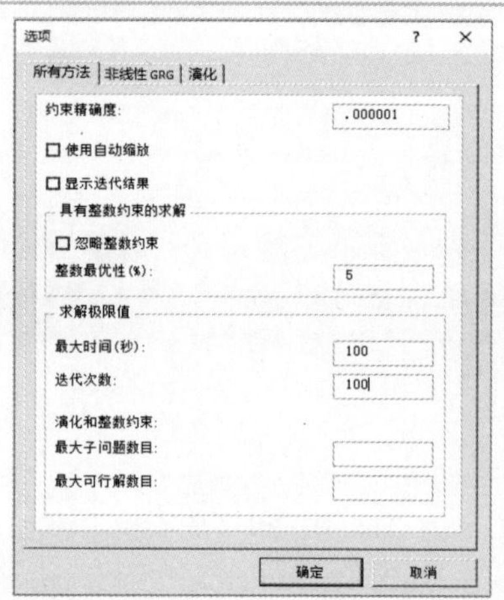

Step2　设置整数约束

单击【选项】按钮打开【选项】对话框，在【忽略整数约束】复选择框处取消勾选，单击【确定】按钮返回。

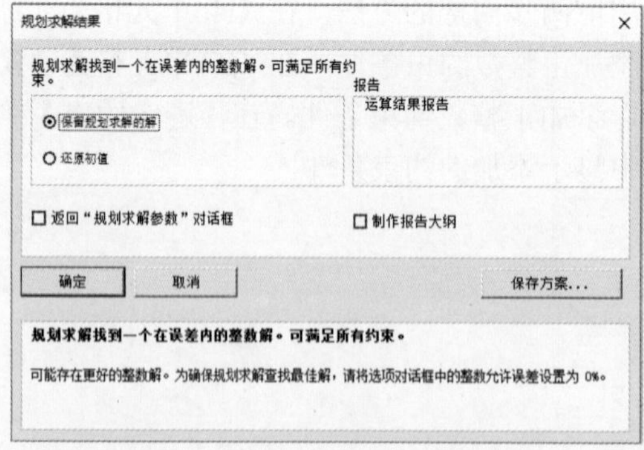

Step3　运行求解

单击【求解】按钮打开【规划求解结果】对话框，在第一行显示是否找到满足条件的解。

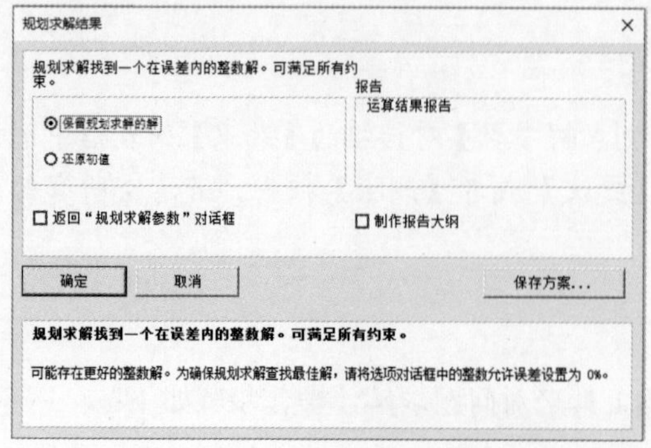

Step4　保留求到的解

选中【保留规划求解的解】单选按钮，单击【确定】按钮，则在工作表中显示求解的结果，如图 3.3-3 所示。

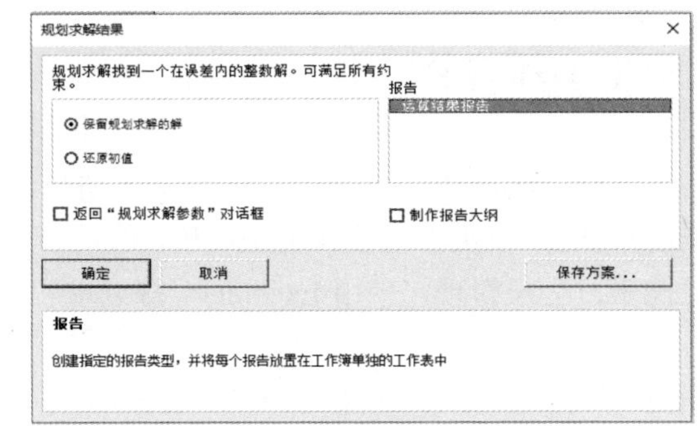

Step5　生成运算结果报告

在【规划求解结果】对话框的【报告】列表框中选择【运算结果报告】，单击【确定】按钮，即可自动生成一份“运算结果报告”并显示在“运算结果报告 1”工作表中。如图 3.3-4 所示。报告中列出了各单元格取值情况、运算情况。

★　线性关系指关系式中各变量以一次方出现，非线性关系指变量以高次方出现或复杂的无法描述的关系。在选择求解方法时，可以使用线性、非线性方法，演化方法一般很少用。本案例线性、非线性方法都能得到结果。

	A	B	C	D	E	F	G
1	商品进货量决策表						
2	进货时间	2014/4/1	销售利润元/台	销售量台/天	占用空间平米/台	占用资金元/台	最佳进货量
3	彩电		¥1,300	0.6	1.5	¥1,800	29
4	冰箱		¥2,000	0.4	2.5	¥3,000	2
5	洗衣机		¥1,500	0.8	2.2	¥2,400	5
6	时间限制		60	空间限制	60	资金限制	¥100,000
7	销售时间		59.583333	实需空间	59.5	实用资金	¥70,200
8	总利润		¥49,200				

图 3.3-3　规划求解运算结果

从图 3.3-3 中可以看到，规划求解的最佳进货量分别是彩电 29 台、冰箱 2 台、洗衣机 5 台，这样在两个月内可实现经营的最大利润额 49200 元。达到最大利润时实用资金为 70200 元，由于受到其他条件限制，实用资金并没有达到最大使用值，这与我们通常的认识有差别。

Microsoft Excel 16.0 运算结果报告
工作表: [第三章 数据管理与分析.xlsx]商品进货量决策表
报告的建立: 2018/8/7 10:53:43
结果: 规划求解找到一个在误差内的整数解。可满足所有约束。
规划求解引擎
引擎: 单纯线性规划
求解时间: .063 秒。
迭代次数: 3 子问题: 12
规划求解选项
最大时间 100 秒, 迭代 100, Precision .000001
最大子问题数目 无限制, 最大整数解数目 无限制, 整数允许误差 5%, 假设为非负数

目标单元格 (最大值)

单元格	名称	初值	终值
$C$8	总利润 销售利润元/台	¥0	¥49,200

可变单元格

单元格	名称	初值	终值	整数
$G$3	彩电 最佳进货量	0	29	整数
$G$4	冰箱 最佳进货量	0	2	整数
$G$5	洗衣机 最佳进货量	0	5	整数

约束

单元格	名称	单元格值	公式	状态	型数值
$C$7	销售时间 销售利润元/台	59.58333333	$C$7<=$C$6	未到限制值	0.416666667
$E$7	实需空间 占用空间平米/台	59.5	$E$7<=$E$6	未到限制值	0.5
$G$7	实用资金 最佳进货量	¥70,200	$G$7<=$G$6	未到限制值	29800
$G$3	彩电 最佳进货量	29	$G$3>=0	未到限制值	29
$G$4	冰箱 最佳进货量	2	$G$4>=0	未到限制值	1
$G$5	洗衣机 最佳进货量	5	$G$5>=0	未到限制值	5
$G$3=整数					
$G$4=整数					
$G$5=整数					

图 3.3-4　运算结果报告

3.4 案例 11 员工值班安排

在节假日，为保证正常处理企业的一些事情，经常需要安排员工值班。安排员工值班需要考虑企业因素及员工的自身情况，既要协调好各方要求，又要合理安排员工值班，这是一个较复杂的选择最佳方案的决策问题，若手工安排此事，会很繁琐，使用 Excel 的“规划求解”可以快速解决此类问题。

问题：某企业国庆节放假 7 天，需要安排员工值班，每天一人值班，这 7 个人是刘伟、李明、王涛、刘大海、周小琴、田亮、王静。企业安排员工值班时要考虑员工自身要求，7 个需要安排值班的员工有以下条件：

（1）刘伟要比周小琴早 5 天值班。

（2）李明要比刘伟晚 2 天值班。

（3）王涛要比周小琴晚 1 天值班。

（4）刘大海要比田亮早若干天值班。

（5）周小琴要比田亮晚若干天值班。

（6）田亮在 4 号有空，要安排他 4 号值班。

3.4.1 建立“员工值班安排表”

（1）建立如图 3.4-1 所示的“员工值班安排表”，输入相应内容，将工作表更名为“值班安排”。

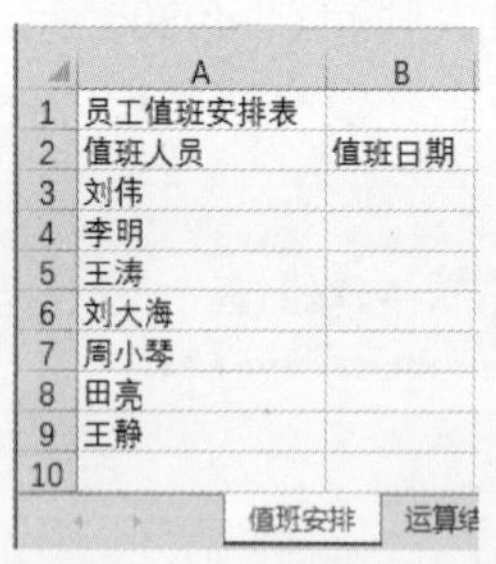

	A	B
1	员工值班安排表	
2	值班人员	值班日期
3	刘伟	
4	李明	
5	王涛	
6	刘大海	
7	周小琴	
8	田亮	
9	王静	
10		

图 3.4-1 员工值班安排表

（2）在 B8 单元格中输入 4，然后根据问题要求在 B3:B8 单元格区域输入相应的关系式。

在 B3 单元格中输入公式：

=B7−5

在 B4 单元格中输入公式：

=B3+2

在 B5 单元格中输入公式：

=B7+1

在 B6 单元格中输入公式：

=B8−D3

在 B7 单元格中输入公式：

=B8+D4

在关系式中，若干天无法用具体数值表示，因此采用引用单元格 D3、D4 作为变量来表示若干天。输入关系式后，系统在各单元格自动显示一定的数值，如图 3.4-2 所示。显示的数据并不是最终结果，只是由一些默认值产生的结果。

	A	B
1	员工值班安排表	
2	值班人员	值班日期
3	刘伟	-1
4	李明	1
5	王涛	5
6	刘大海	4
7	周小琴	4
8	田亮	4
9	王静	
10		

值班安排　运算结

图 3.4-2　输入关系式的“员工值班安排表”

3.4.2　设置变量、输入公式

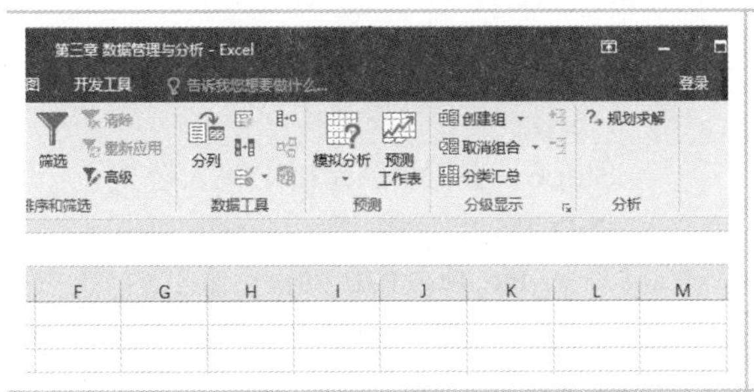

Step1　加载规划求解工具

在主菜单中选择【数据】，看功能区中是否有【规划求解】工具，若没有则按照前一个案例操作，加载【规划求解】。

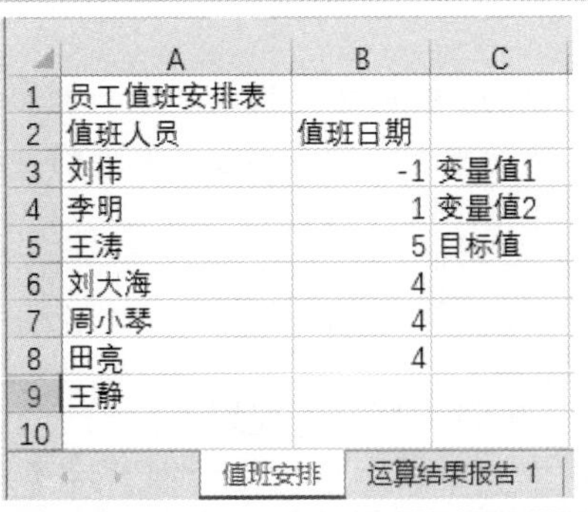

	A	B	C
1	员工值班安排表		
2	值班人员	值班日期	
3	刘伟	-1	变量值1
4	李明	1	变量值2
5	王涛	5	目标值
6	刘大海	4	
7	周小琴	4	
8	田亮	4	
9	王静		
10			

值班安排　运算结果报告 1

Step2　确定变量、目标值位置

在 C3 单元格中输入“变量值 1”，在 C4 单元格中输入“变量值 2”，在 C5 单元格中输入“目标值”，目标值用于后面的计算，限制值班日期取值。

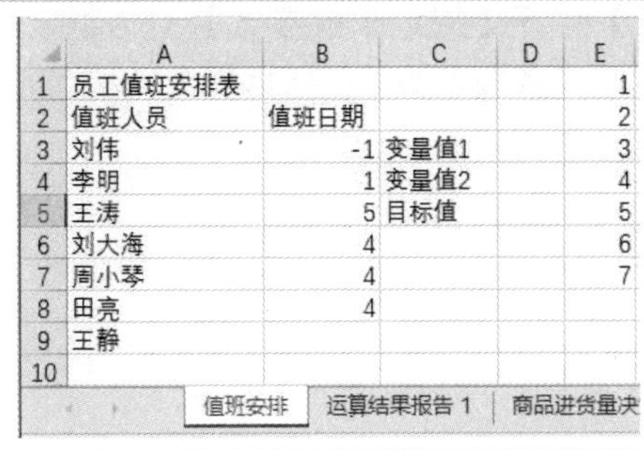

	A	B	C	D	E
1	员工值班安排表				1
2	值班人员	值班日期			2
3	刘伟	-1	变量值1		3
4	李明	1	变量值2		4
5	王涛	5	目标值		5
6	刘大海	4			6
7	周小琴	4			7
8	田亮	4			
9	王静				
10					

值班安排　运算结果报告 1　商品进货量决

Step3　加入辅助运算数据

在 E1:E7 单元格区域填充输入 1～7 数据。准备在 E8 单元格求 1～7 的乘积。

★　由于无论怎么安排，每个人的值班日期都是 7 天中的 1 天，7 个人的值班日期之积都是 1～7 的乘积。

Step4　搜索 PRODUCT 函数

选中 E8 单元格，在主菜单中选择【公式】→【插入函数】打开【插入函数】对话框，在【搜索函数】处输入“product”，单击【转到】按钮，在【选择函数】列表框中出现“PRODUCT”。

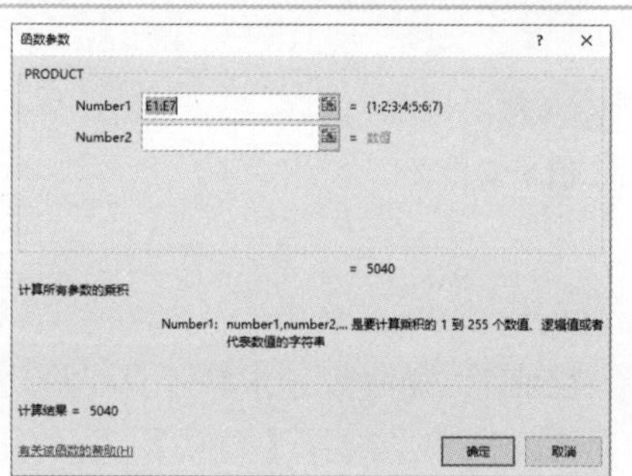

Step5　计算乘积

单击【确定】按钮打开【函数参数】对话框，在【PRODUCT】组合框的【Number1】文本框中输入“E1:E7”，单击【确定】按钮，在 E8 单元格显示 1～7 乘积结果 5040。

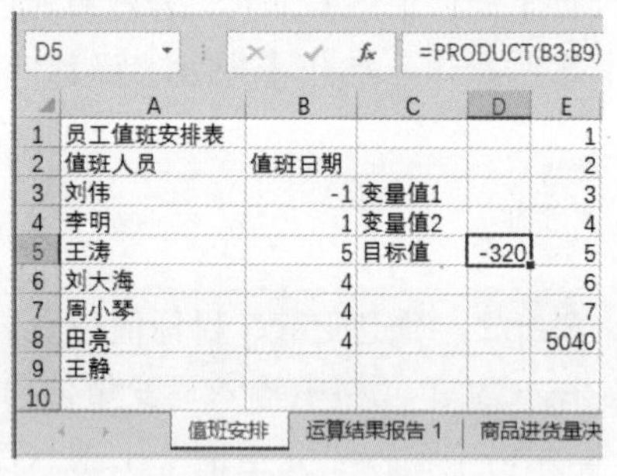

Step6　在 D5 单元格中输入公式

选择 D5 单元格，输入公式：

=PRODUCT(B3:B9)

按【Enter】键，在 D5 单元格中自动显示结果。

★　在 D5 单元格计算各日期的乘积，后面将该乘积限定为 5040 来限制日期取值为 1～7。

3.4.3　设置规划求解参数

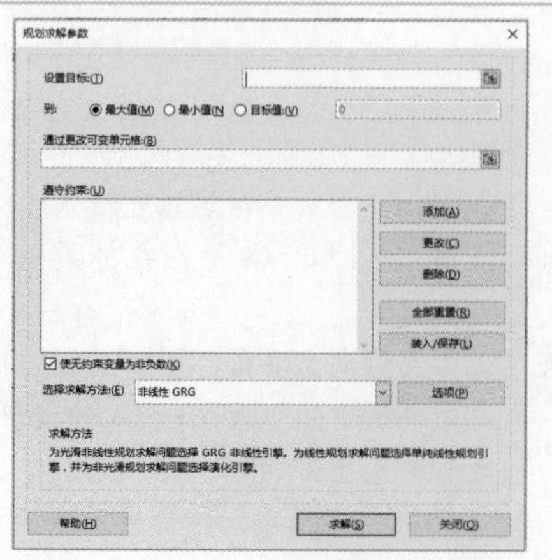

Step1　打开“规划求解”

在菜单栏中单击【数据】→【规划求解】打开【规划求解参数】对话框，在其中设置各项参数，包括目标单元格、可变单元格和约束条件。

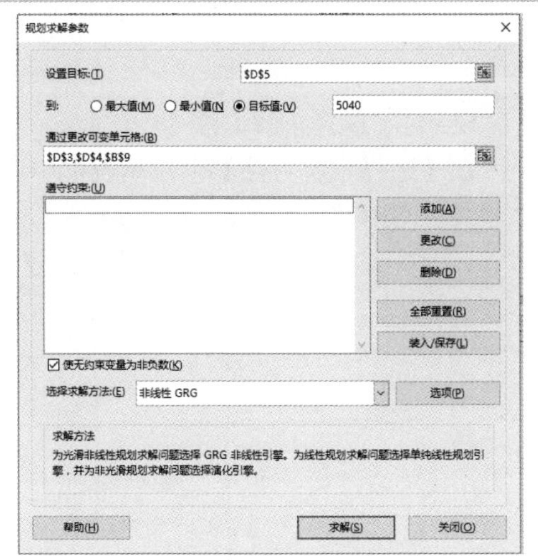

Step2　设置可变单元格、目标单元格

在【设置目标】文本框中输入“$D$5”。在【到:】选项组中选中【目标值】单选按钮，在其右侧的文本框中输入目标值“5040”，在【通过更改可变单元格】文本框中输入“$D$3,$D$4,$B$9”。

★　单元格参数是通过单击相应单元格输入的，自动转换为绝对地址。

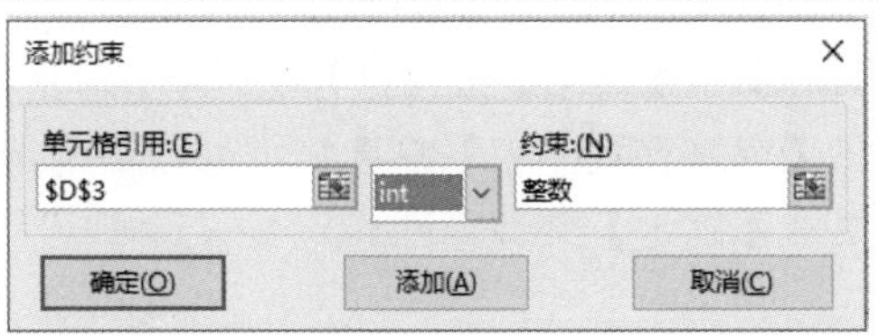

Step3　设置约束条件

单击【添加】按钮，弹出【添加约束】对话框，设置 D3 为整数。

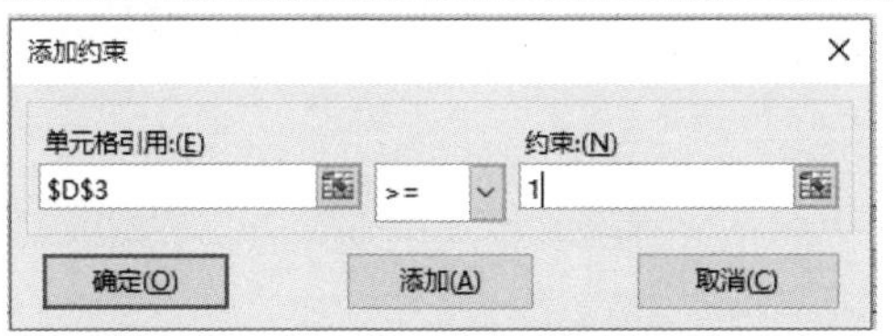

Step4　设置约束条件

单击【添加】按钮，设置 D3 大于等于 1。

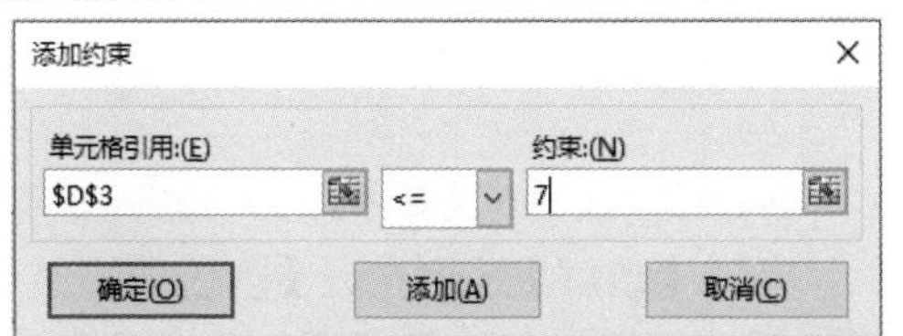

Step5　设置约束条件

单击【添加】按钮，设置 D3 小于等于 7。

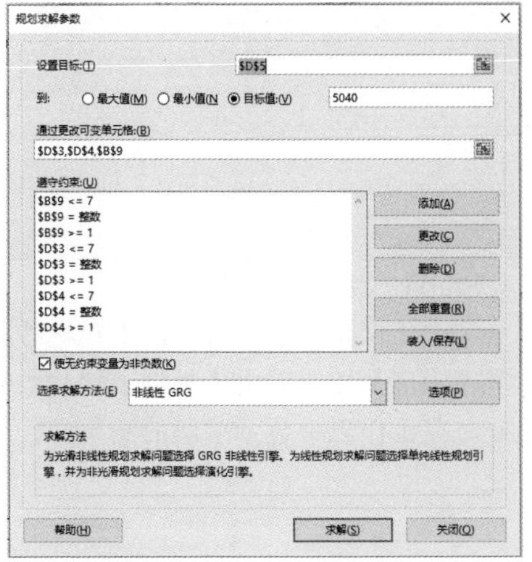

Step6　设置约束条件

同样，设置 D4、B9 为小于等于 7、大于等于 1 的整数。单击【确定】按钮返回【规划求解参数】对话框，显示所添加的约束条件。

3.4.4 用规划求解工具求解

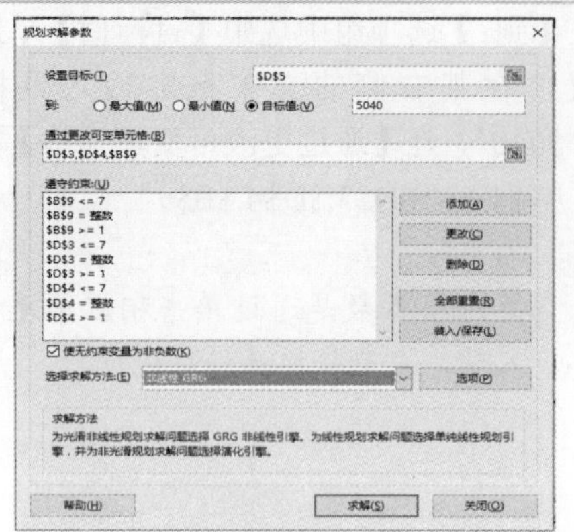

Step1 选择求解方法

在【选择求解方法】下拉列表框中选择“非线性 GRG”。

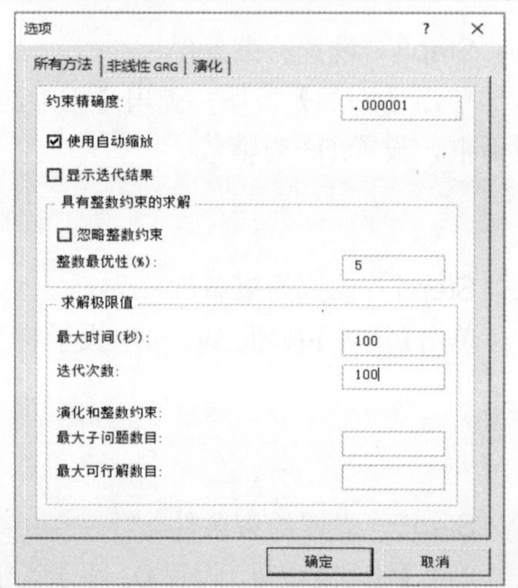

Step2 设置整数约束

单击【选项】按钮打开【选项】对话框，在【忽略整数约束】复选择框处取消勾选，单击【确定】按钮返回。

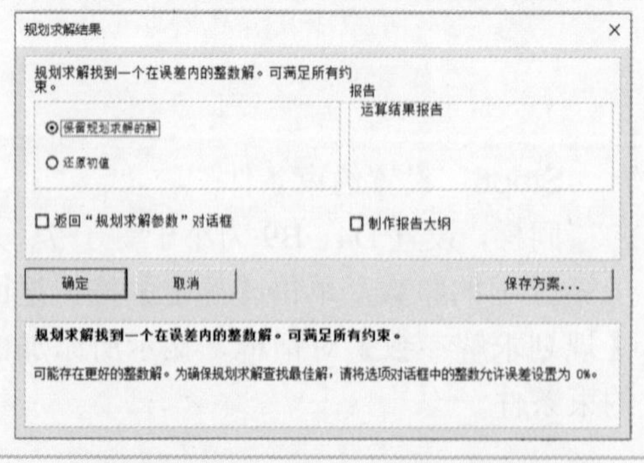

Step3 运行求解

单击【求解】按钮打开【规划求解结果】对话框，在第一行显示是否找到满足条件的解。

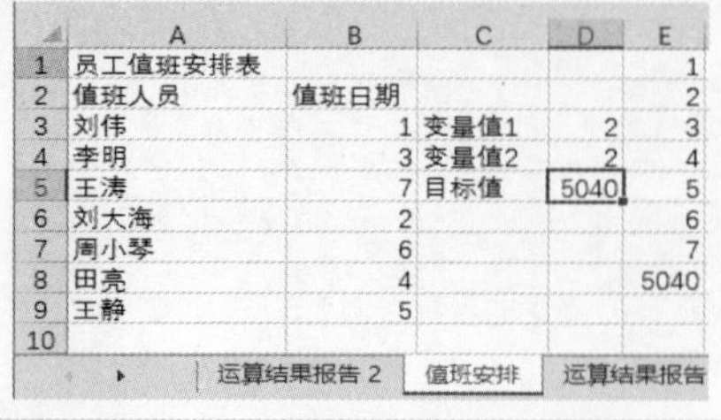

	A	B	C	D	E
1	员工值班安排表				1
2	值班人员	值班日期			2
3	刘伟	1	变量值1	2	3
4	李明	3	变量值2	2	4
5	王涛	7	目标值	5040	5
6	刘大海	2			6
7	周小琴	6			7
8	田亮	4			5040
9	王静	5			
10					

Step4 保留求到的解

选中【保留规划求解的解】单选按钮，单击【确定】按钮退出【规划求解参数】对话框，在工作表中显示求解的结果。

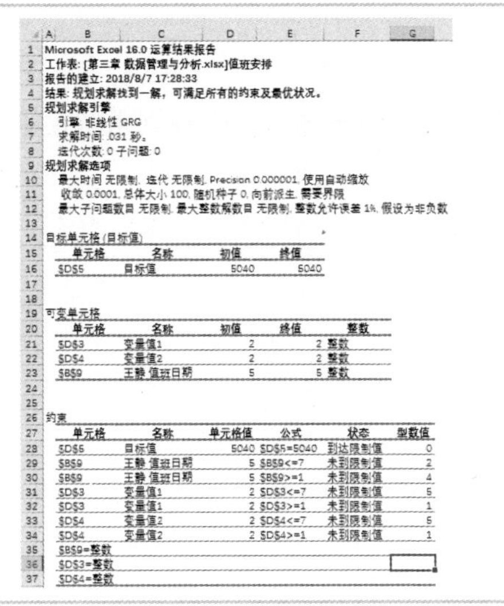

Microsoft Excel 16.0 运算结果报告
工作表: [第三章 数据管理与分析.xlsx]值班安排
报告的建立: 2018/8/7 17:28:33
结果: 规划求解找到一解，可满足所有的约束及最优状况。
规划求解引擎
引擎: 非线性 GRG
求解时间: .031 秒。
迭代次数: 0 子问题: 0
规划求解选项
最大时间 无限制, 迭代 无限制, Precision 0.000001, 使用自动缩放
收敛 0.0001, 总体大小 100, 随机种子 0, 向前派生, 需要界限
最大子问题数目 无限制, 最大整数解数目 无限制, 整数允许误差 1%, 假设为非负数

目标单元格 (目标值)

单元格	名称	初值	终值
$D$5	目标值	5040	5040

可变单元格

单元格	名称	初值	终值	整数
$D$3	变量值1	2	2	整数
$D$4	变量值2	2	2	整数
$B$9	王静 值班日期	5	5	整数

约束

单元格	名称	单元格值	公式	状态	型数值
$D$5	目标值	5040	$D$5=5040	到达限制值	0
$B$9	王静 值班日期	5	$B$9<=7	未到限制值	2
$B$9	王静 值班日期	5	$B$9>=1	未到限制值	4
$D$3	变量值1	2	$D$3<=7	未到限制值	5
$D$3	变量值1	2	$D$3>=1	未到限制值	1
$D$4	变量值2	2	$D$4<=7	未到限制值	5
$D$4	变量值2	2	$D$4>=1	未到限制值	1
$B$9=整数					
$D$3=整数					
$D$4=整数					

Step5　生成运算结果报告

若在前一步，在【规划求解结果】对话框的【报告】列表框中选择【运算结果报告】，然后单击【确定】按钮，即可自动生成一份“运算结果报告”并显示在“运算结果报告1”工作表中。

3.4.5　保存规划求解模型

规划求解对话框自动显示上一次所设定的参数，如果用户修改了对话框参数，或表格中包括多个规划求解模型时，除了保留最近的参数外，无法自动保留其他模型的参数设置。

如果用户需要保留当前规划求解的模型和参数设置，可以使用保存规划求解模型的功能。

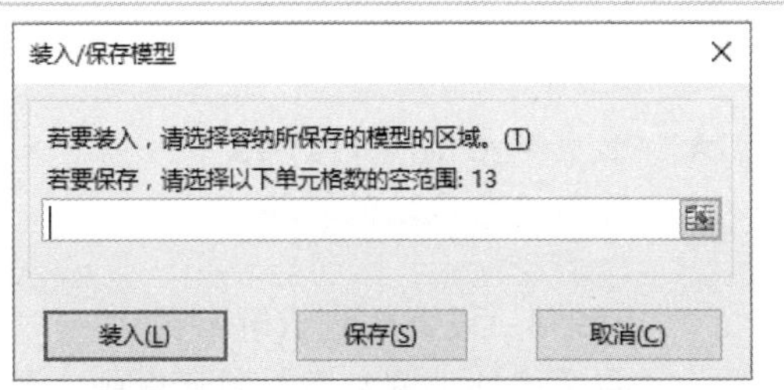

Step1　保存模型

在“值班安排”工作表中，在主菜单中选择【数据】→【规划求解】→【装入/保存】，打开【装入/保存模型】对话框。

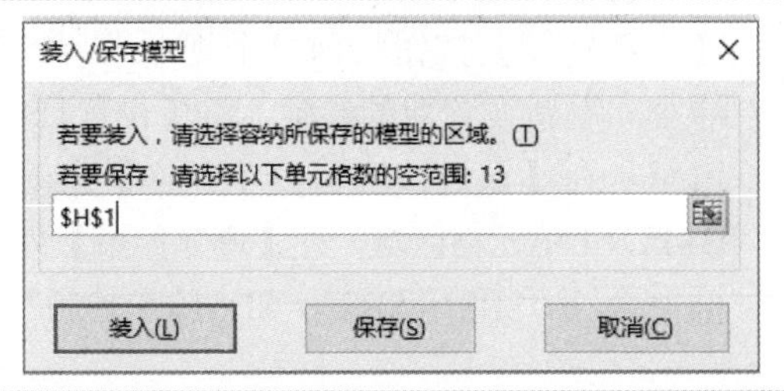

Step2　输入起始位置

找到一处空白区域，输入保存模型参数的起始位置，本例选择 H1，单击【保存】按钮。

	A	B	C	D	E	F	G	H
1	员工值班安排表				1			TRUE
2	值班人员	值班日期			2			3
3	刘伟	1	变量值1	2	3			TRUE
4	李明	3	变量值2	2	4			TRUE
5	王涛	7	目标值	5040	5			TRUE
6	刘大海	2			6			TRUE
7	周小琴	6			7			TRUE
8	田亮	4			5040			TRUE
9	王静	5						TRUE
10								TRUE
11								TRUE
12								100
13								100

Step3　显示保存结果

回到【规划求解参数】对话框，单击【关闭】按钮，值班安排规划求解模型参数保存在 H1:H13 单元格区域。

3.4.6 在工作表中再加入一个规划求解模型

为了演示多个规划求解问题，在“员工值班”工作表中再加入一个规划求解模型，求解三元一次方程组：

$$\begin{cases}3x-2y+7z=35\\-5x+6y+3z=28\\2x-3y-5z=-21\end{cases}$$

13	未知数	x	y	z
14	方程解			
15	方程1系数	3	-2	7
16	方程2系数	-5	6	3
17	方程3系数	2	-3	-5
18	方程1算式		方程1结果	35
19	方程2算式		方程2结果	28
20	方程3算式		方程3结果	-21

Step1 建立模型

将方程组参数输入到表中的单元格中，建立“三元一次方程组”模型。

13	未知数	x	y	z
14	方程解			
15	方程1系数	3	-2	7
16	方程2系数	-5	6	3
17	方程3系数	2	-3	-5
18	方程1算式	0	方程1结果	35
19	方程2算式	0	方程2结果	28
20	方程3算式	0	方程3结果	-21

Step2 输入关系式

在 B18 单元格中输入公式：

=B15*$B$14+C15*$C$14+D15*$D$14

选中 B18 单元格，填充 B19、B20 单元格。

★ 选中单元格，按【F4】键实现相对地址与绝对地址的转换。

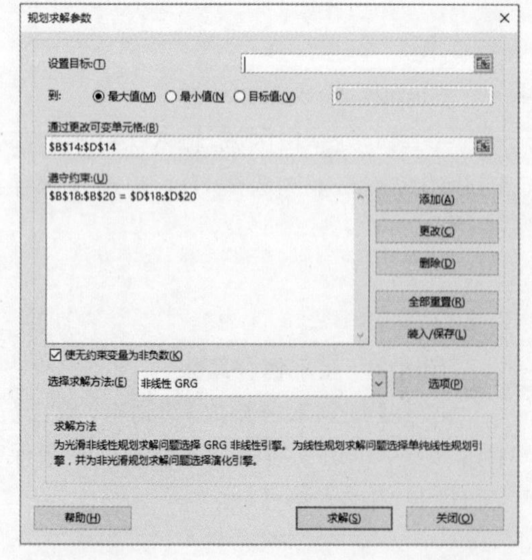

Step3 设置规划求解参数

在【规划求解参数】对话框中，单击【全部重置】按钮将前一个规划求解参数清空。重新设置新的参数，将【设置目标】留空，在【通过改变可变单元格】中输入 B14:D14 单元格区域，在【遵守约束】列表框中输入“$B$18:$B$20=$D$18:$D$20”。

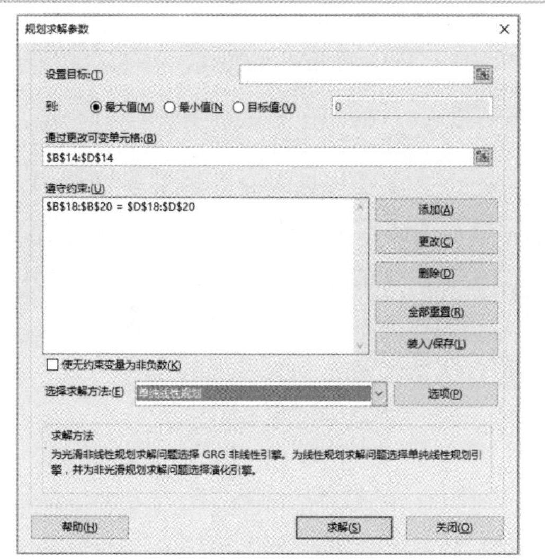

Step4　设置规划求解参数

在【规划求解参数】对话框中，取消勾选【使无约束变量为非负数】，在【选择求解方法】下拉列表框中选择“单纯线性规划”。

★　本例选择“非线性 GRG”也可以求解。

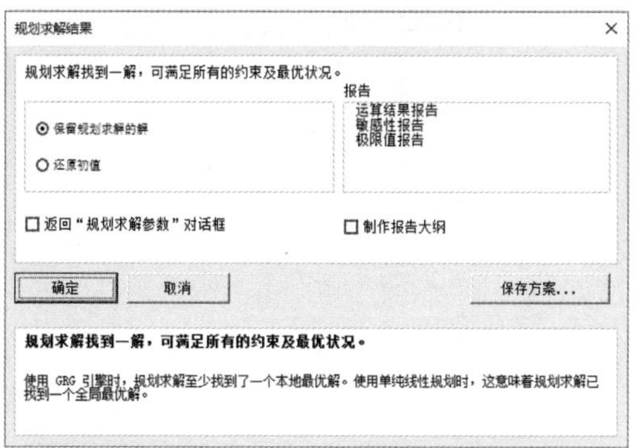

Step5　求解

单击【求解】按钮打开【规划求解结果】对话框，在第一行显示找到一个解，单击【保留规划求解的解】单选按钮，然后单击【确定】按钮。

13	未知数	x	y	z
14	方程解	148.75	138.25	-19
15	方程1系数	3	-2	7
16	方程2系数	-5	6	3
17	方程3系数	2	-3	-5
18	方程1算式	35	方程1结果	35
19	方程2算式	28	方程2结果	28
20	方程3算式	-21	方程3结果	-21

Step6　显示求解结果

在工作表中显示求解结果：x=148.75，y=138.25，z=-19。

13	未知数	x	y	z		
14	方程解	148.75	138.25	-19.25		3
15	方程1系数	3	-2	7		TRUE
16	方程2系数	-5	6	3		100
17	方程3系数	2	-3	-5		100
18	方程1算式	35	方程1结果	35		
19	方程2算式	28	方程2结果	28		
20	方程3算式	-21	方程3结果	-21		

Step7　保存模型参数

在【规划求解参数】对话框中，单击【装入/保存】按钮打开【装入/保存模型】对话框，输入保存起始位置$F$13，单击【保存】按钮，将模型保存在 F13:F17 单元格区域。

3.4.7　在工作表中的不同模型之间切换

当做完“三元一次方程”求解问题时，再次打开“规划求解”工具，则其中都是求解“三元一次方程组”的模型参数。若要切换到“员工值班”问题，则可以装入先前保存的“员工值班”模型，即可避免重新输入“员工值班”规划求解的各参数。同理，若要从“员工值班”问题切换到“三元一次方程组”，则可装入保存的“三元一次方程组”模型。

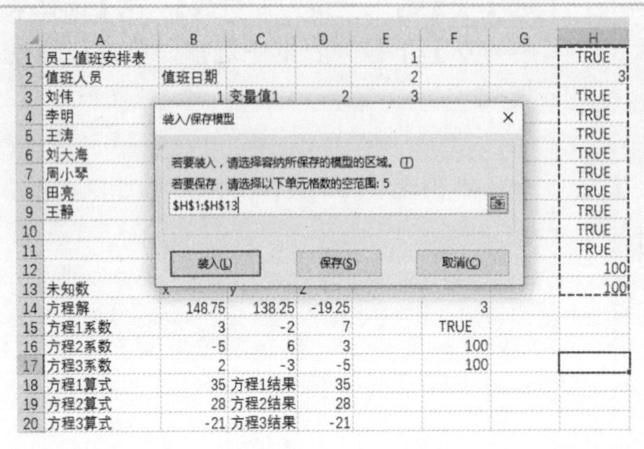

Step1　装入“员工值班”模型参数

在【规划求解参数】对话框中，单击【装入/保存】按钮打开【装入/保存模型】对话框，输入装入参数单元格区域$H$1:$H$13，单击【装入】按钮。

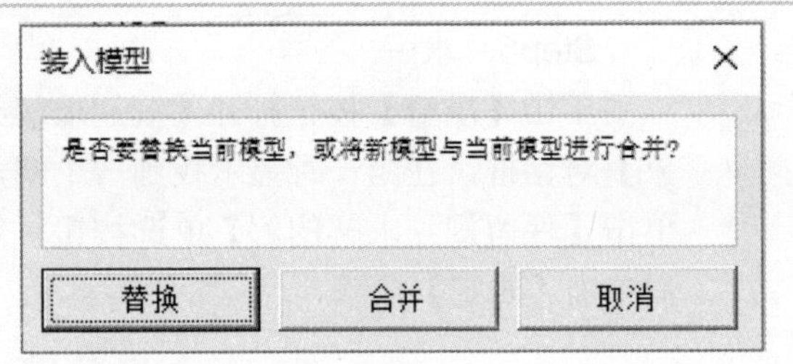

Step2　装入模型参数

打开【装入模型】对话框，单击【替换】按钮。

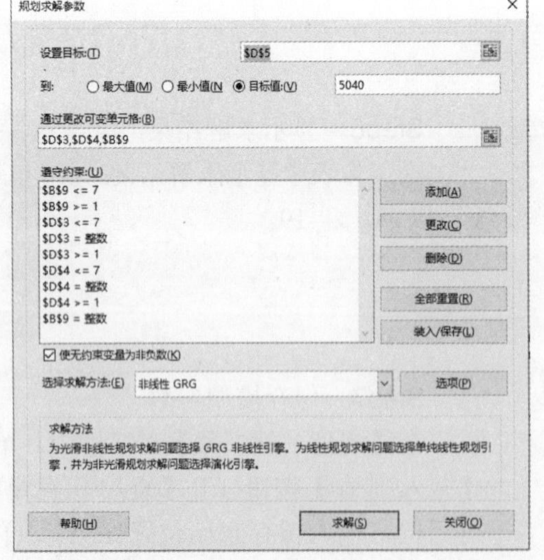

Step3　显示模型参数

重新装入模型参数，在【规划求解参数】对话框中显示新装入的参数。

★　在选择装入模型参数所在的单元格区域时，必须输入模型参数存放的整个单元格区域，不能仅输入起始位置。

3.4.8　相关 Excel 知识

函数 PRODUCT：将所有以参数形式给出的数字相乘并返回乘积值。语法格式如下：

PRODUCT(number1, number2, number3, …)

其中，number1, number2, number3,…为 1～30 个需要相乘的数字参数。

3.5　案例 12　生产决策问题

在生产领域中，正确的生产决策有助于带来最佳的经济效益，而错误的决策无疑将带来损失。生产决策一般是指在生产领域中，对生产什么、生产多少及如何生产等几个方面的问题做出的决策。要做出正确的决策，不能光靠经验和想象，要采用科学的方法，使用 Excel 的规划求解可以解决经济价值最优的生产决策问题。

问题：某工厂生产甲、乙两种产品，生产一个甲产品需要 A、B、C 三种原料量分别为 8、5、4，可获利润为 9。生产一个乙产品需要 A、B、C 三种原料量分别为 6、5、9，可获利润为 12。现在工厂共有 A、B、C 三种原料量分别为 360、250、350，求生产甲、乙两种产品各多少才能使利润最大？最大利润是多少？

3.5.1　建立生产决策问题求解模型

建立一个工作表，命名为“生产决策”，将问题的各种已知条件添加进去，进行一些格式化：合并单元格、字体设置、数值设置、添加底纹，得到的工作表如图 3.5-1 所示。

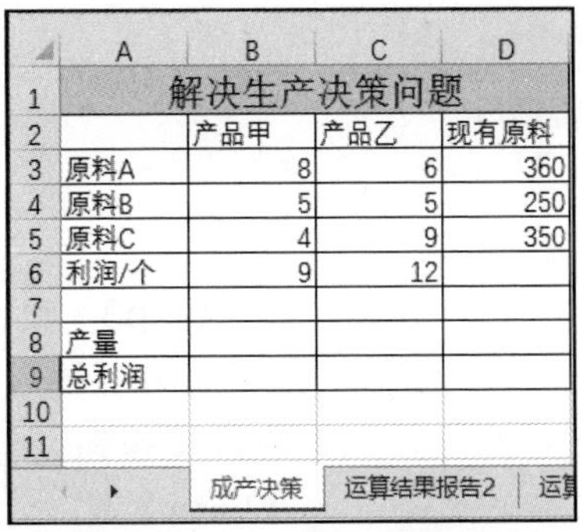

	A	B	C	D
1	解决生产决策问题			
2		产品甲	产品乙	现有原料
3	原料A	8	6	360
4	原料B	5	5	250
5	原料C	4	9	350
6	利润/个	9	12	
7				
8	产量			
9	总利润			
10				
11				

成产决策　运算结果报告2　运算

图 3.5-1　建立解决问题模型

在模型中，以 B8 单元格、C8 单元格为产品未知量，在 B9 单元格计算总利润，把问题化为如何确定 B8、C8 的取值才能使 B9 为最大值。

3.5.2　输入计算公式

B9　=SUMPRODUCT(B6:C6,B8:C8)

	A	B	C	D	E	F
1	解决生产决策问题					
2		产品甲	产品乙	现有原料		
3	原料A	8	6	360		
4	原料B	5	5	250		
5	原料C	4	9	350		
6	利润/个	9	12			
7						
8	产量					
9	总利润	0				
10						
11						

成产决策　运算结果报告2　运算结果报告 2　值班安排

Step1　输入公式

在 B9 单元格中输入公式：

=SUMPRODUCT(B6:C6,B8:C8)

输入公式后，总利润 B9 为 0，因为 B8、C8 默认值为 0。

★　SUMPRODUCT 函数实现两个数组对应元素乘积之和。产品甲的产量与产品甲的每个利润相乘，再加上产品乙的产量与产品乙的每个利润相乘，从而得到总利润。

3.5.3 设置参数、添加约束

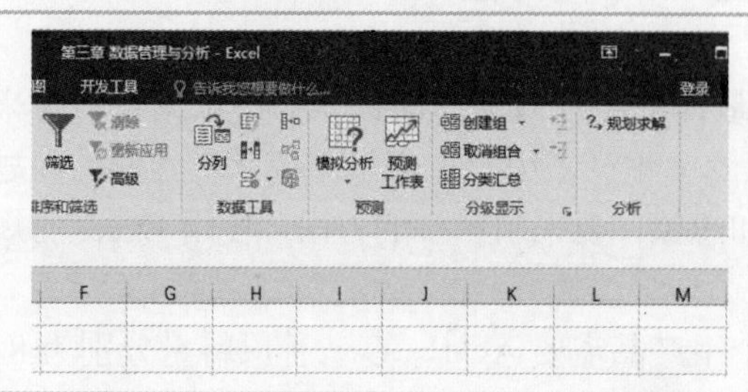

Step1 加载规划求解工具

在主菜单中选择【数据】→【规划求解】，看功能区是否有【规划求解】工具，若没有则按照“商品进货量决策”案例操作，加载【规划求解】工具。

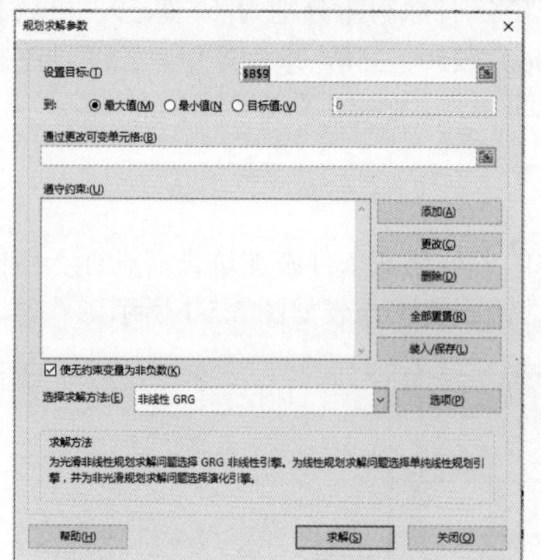

Step2 设置目标单元格

在【规划求解参数】对话框中，单击【设置目标】文本框右侧的折叠按钮，选择 B9 单元格，再单击折叠按钮，选中的目标单元格$B$9显示在【设置目标】文本框中。

在【到:】选项组中选择【最大值】单选按钮。

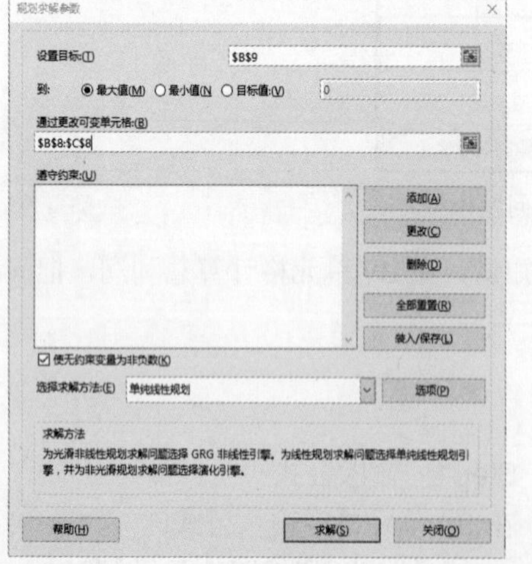

Step3 设置可变单元格

单击【通过更改可变单元格】文本框右侧的折叠按钮，选择 B8:C8 单元格区域，按【Enter】键，文本框中显示选中的可变单元格的绝对引用$B$8:$C$8。

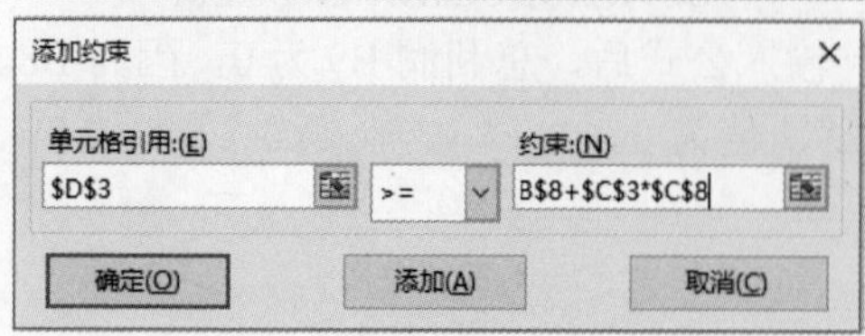

Step4 添加约束条件

在【规划求解参数】对话框中，单击【添加】按钮打开【添加约束】对话框。

单击【单元格引用】文本框使光标落在文本框内，选择 D3 单元格；在中间运算符下拉列表框中选择【>=】选项；在【约束】文本框中输入“$B$3*$B$8+$C$3*$C$8”。

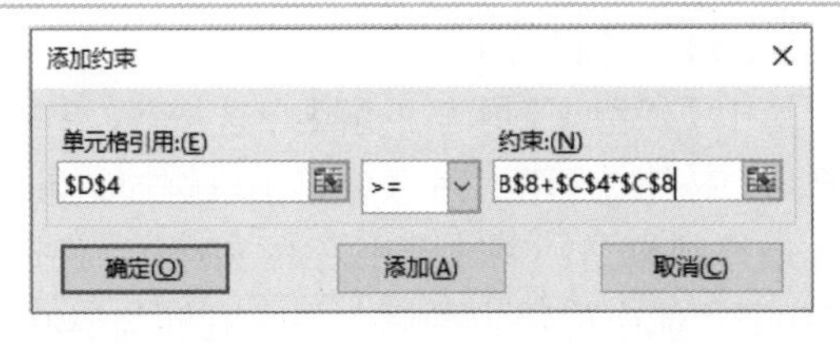

Step5　添加约束条件

单击【添加】按钮，在【添加约束】对话框中继续添加约束条件。

单击【单元格引用】文本框使光标落在文本框内，选择 D4 单元格；在中间运算符下拉列表框中选择【>=】选项；在【约束】文本框中输入“$B$4*$B$8+$C$4*$C$8”。

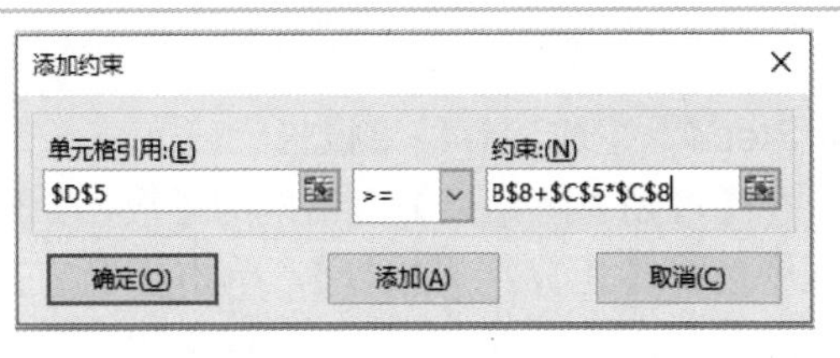

Step6　添加约束条件

单击【添加】按钮，在【添加约束】对话框中继续添加约束条件。

单击【单元格引用】文本框使光标落在文本框内，选择 D5 单元格；在中间运算符下拉列表框中选择【>=】选项；在【约束】文本框中输入“$B$5*$B$8+$C$5*$C$8”。

★　添加约束条件，使各种原料的使用不能超过已知量。

3.5.4　用规划求解工具求解

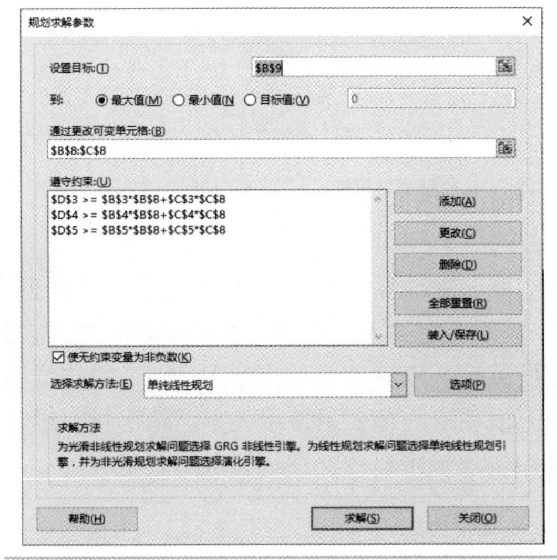

Step1　选择求解方法

在【选择求解方法】下拉列表框中选择“单纯线性规划”。

★　本例用“非线性 GRG”也能求解。

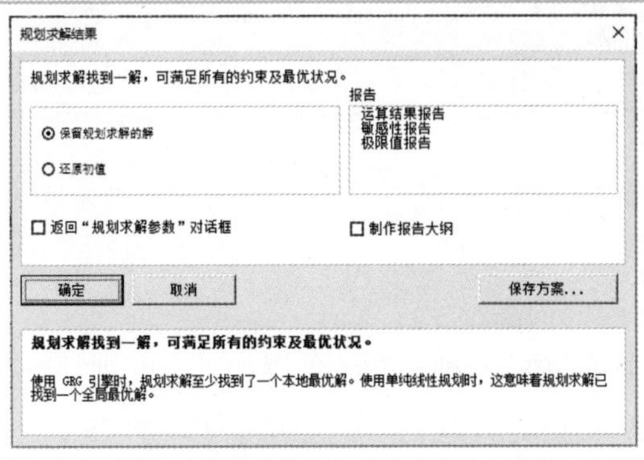

Step2　运行求解

单击【求解】按钮打开【规划求解结果】对话框，在第一行显示是否找到满足条件的解。

	A	B	C	D
1	解决生产决策问题			
2		产品甲	产品乙	现有原料
3	原料A	8	6	360
4	原料B	5	5	250
5	原料C	4	9	350
6	利润/个	9	12	
7				
8	产量	20	30	
9	总利润	540		
10				
11				

运算结果报告 3 | 成产决策 | 运

Step3　得到结果

选中【保留规划求解的解】单选按钮，单击【确定】按钮，则在工作表中显示求解的结果。

最终结果是：需生产甲产品 20 个、乙产品 30 个才能产生最大利润，最大利润为 540。

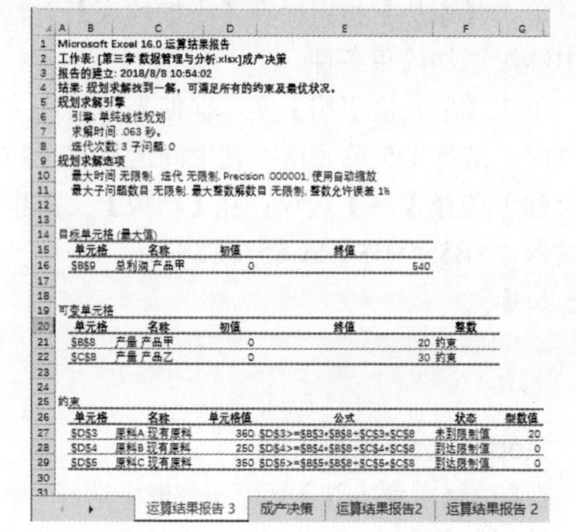

Microsoft Excel 16.0 运算结果报告
工作表: [第三章 数据管理与分析.xlsx]成产决策
报告的建立: 2018/8/8 10:54:02
结果: 规划求解找到一解，可满足所有的约束及最优状况。
规划求解引擎
引擎: 单纯线性规划
求解时间: .063 秒。
迭代次数: 3 子问题: 0
规划求解选项
最大时间 无限制, 迭代 无限制, Precision .000001, 使用自动缩放
最大子问题数目 无限制, 最大整数解数目 无限制, 整数允许误差 1%

目标单元格 (最大值)

单元格	名称	初值	终值
$B$9	总利润 产品甲	0	540

可变单元格

单元格	名称	初值	终值	整数
$B$8	产量 产品甲	0	20	约束
$C$8	产量 产品乙	0	30	约束

约束

单元格	名称	单元格值	公式	状态	型数值
$D$3	原料A 现有原料	360	$D$3>=$B$3*$B$8+$C$3*$C$8	未到限制值	20
$D$4	原料B 现有原料	250	$D$4>=$B$4*$B$8+$C$4*$C$8	到达限制值	0
$D$5	原料C 现有原料	350	$D$5>=$B$5*$B$8+$C$5*$C$8	到达限制值	0

运算结果报告 3 | 成产决策 | 运算结果报告2 | 运算结果报告 2

Step4　生成运算结果报告

在【规划求解结果】对话框的【报告】列表框中选择【运算结果报告】，单击【确定】按钮，即可自动生成一份“运算结果报告”并显示在“运算结果报告 1”工作表中，报告中列出了各单元格取值情况、运算情况。

3.6　案例 13　运输配送问题

运输配送是指如何确定以最优的方式运输货物，既要满足各方货物需求，又要使运费最低。

问题：某木材公司拥有 3 个木材资源区和 5 个需要供应的木材市场，木材资源区 1、2、3 每年能生产的木材量分别是 1600、1500、1800 万板英尺，木材市场 1、2、3、4、5 每年能销售的木材量分别为 1200、1000、800、900、1000 万板英尺。该公司使用火车运输木材，运输成本如图 3.6-1 所示。求木材资源区应如何向各个市场运输木材才能使运输成本最低？

	A	B	C	D	E	F
1	木材资源区	使用火车运输单位成本（万元）				
2		市场1	市场2	市场3	市场4	市场5
3	1	72	62	45	55	66
4	2	69	62	60	49	60
5	3	64	66	63	61	50
6						

图 3.6-1　运输成本

3.6.1　建立运输配送问题求解模型

建立一个工作表，命名为“运输配送决策”，将问题的各种已知条件添加进去，进行一些格式化：合并单元格、字体设置、数值设置、添加底纹，得到的工作表如图 3.6-2 所示。

运输配送决策							
木材资源区	运往市场量（百万板英尺）						
	市场1	市场2	市场3	市场4	市场5	生产量	生产能力
1							16
2							15
3							18
销售量							
市场容量	12	10	8	9	10		
木材资源区	使用火车运输单位成本（万元）					总运费（万元）	
	市场1	市场2	市场3	市场4	市场5		
1	72	62	45	55	66		
2	69	62	60	49	60		
3	64	66	63	61	50		

运输配送决策 | 运算结果报告 3 | 成产决策 | 运算结果报告2 | 运算结果报 ...

图 3.6-2 建立解决问题模型

在模型中，以 B4:F6 单元格区域为未知量，在 G12 单元格计算总运费，把求解问题化为如何确定 B4:F6 单元格区域的取值才能使 G12 为最小值。

3.6.2 输入计算公式

运输配送决策							
木材资源区	运往市场量（百万板英尺）						
	市场1	市场2	市场3	市场4	市场5	生产量	生产能力
1							16
2							15
3							18
销售量	0	0	0	0	0		
市场容量	12	10	8	9	10		
木材资源区	使用火车运输单位成本（万元）					总运费（万元）	
	市场1	市场2	市场3	市场4	市场5		
1	72	62	45	55	66		
2	69	62	60	49	60		
3	64	66	63	61	50		

运输配送决策 | 运算结果报告 3 | 成产决策 | 运算结果报告2 | 运算结果报 ...

Step1 计算销售量

在 B7 单元格中输入公式：

=SUM(B4:B6)

按 Enter 键得到市场 1 的销售量（由于 B4:B6 的默认值为 0，所以求和结果为 0），利用自动填充功能在 C7:F7 单元格区域中复制公式。

运输配送决策							
木材资源区	运往市场量（百万板英尺）						
	市场1	市场2	市场3	市场4	市场5	生产量	生产能力
1						0	16
2						0	15
3						0	18
销售量	0	0	0	0	0		
市场容量	12	10	8	9	10		
木材资源区	使用火车运输单位成本（万元）					总运费（万元）	
	市场1	市场2	市场3	市场4	市场5		
1	72	62	45	55	66		
2	69	62	60	49	60		
3	64	66	63	61	50		

运输配送决策 | 运算结果报告 3 | 成产决策 | 运算结果报告2 | 运算结果报 ...

Step2 计算各木材资源区的生产量

在 G4 单元格中输入公式：

=SUM(B4:F4)

按【Enter】键得到木材资源区 1 的生产量，然后利用自动填充功能在 G5:G6 单元格区域中复制公式。

★ 生产量是指木材资源区向各个市场运输木材的总量。

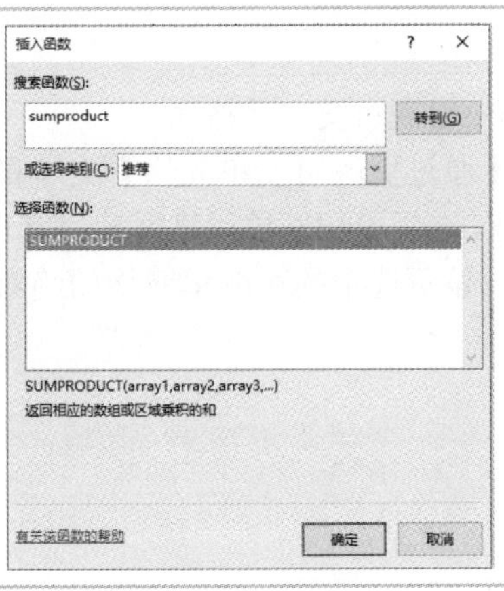

Step3 计算总运费

选中 G12 单元格，单击【公式】→【插入函数】菜单命令，打开【插入函数】对话框，在【搜索函数】处输入"sumproduct"，单击【转到】按钮，在【选择函数】处显示"SUMPRODUCT"。

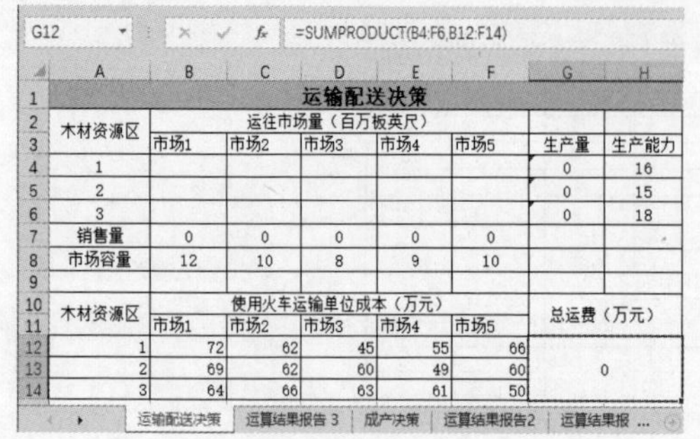

G12 =SUMPRODUCT(B4:F6,B12:F14)

	A	B	C	D	E	F	G	H
1	运输配送决策							
2	木材资源区	运往市场量（百万板英尺）						
3		市场1	市场2	市场3	市场4	市场5	生产量	生产能力
4	1						0	16
5	2						0	15
6	3						0	18
7	销售量	0	0	0	0	0		
8	市场容量	12	10	8	9	10		
9								
10	木材资源区	使用火车运输单位成本（万元）					总运费（万元）	
11		市场1	市场2	市场3	市场4	市场5		
12	1	72	62	45	55	66		
13	2	69	62	60	49	60	0	
14	3	64	66	63	61	50		

运输配送决策 | 运算结果报告3 | 成产决策 | 运算结果报告2 | 运算结果报 ...

Step4　输入公式参数

单击【确定】按钮，打开【函数参数】对话框，在【Array1】文本框中输入代表各运输量的单元格区域 B4:F6，在【Array2】文本框中输入各运输成本的单元格区域 B12:F14。

单击【确定】按钮，在 G12 单元格中显示 0，在编辑栏中显示公式：

=SUMPRODUCT(B4:F6,B12:F14)

★　总运费等于运往各个市场的木材量与运输成本乘积的总和。

3.6.3　设置规划求解参数

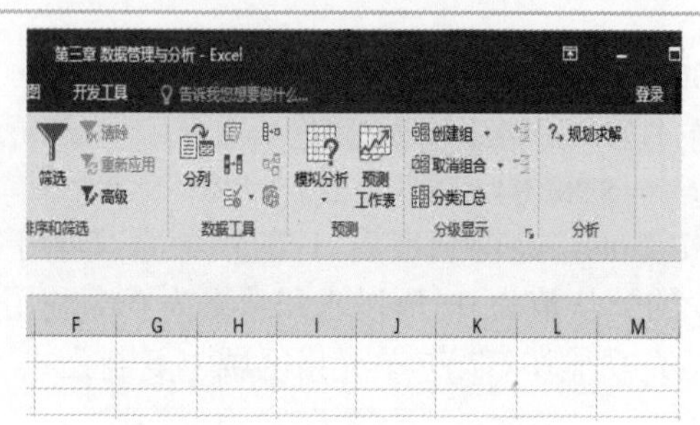

Step1　加载规划求解工具

在主菜单中选择【数据】→【规划求解】，看功能区是否有【规划求解】工具，若没有则按照“商品进货量决策”案例操作，加载【规划求解】工具。

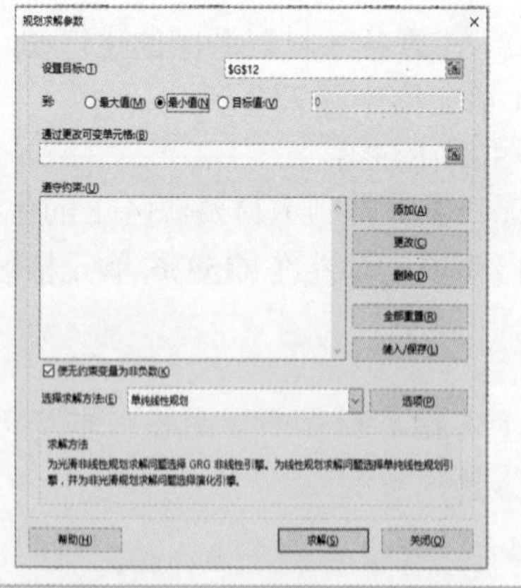

Step2　设置目标单元格

在【规划求解参数】对话框中，单击【设置目标】文本框右侧的折叠按钮，选择 G12 单元格，再单击折叠按钮，选中的目标单元格$G$12 显示在【设置目标】文本框中。

在【到:】选项组中选择【最小值】单选按钮。

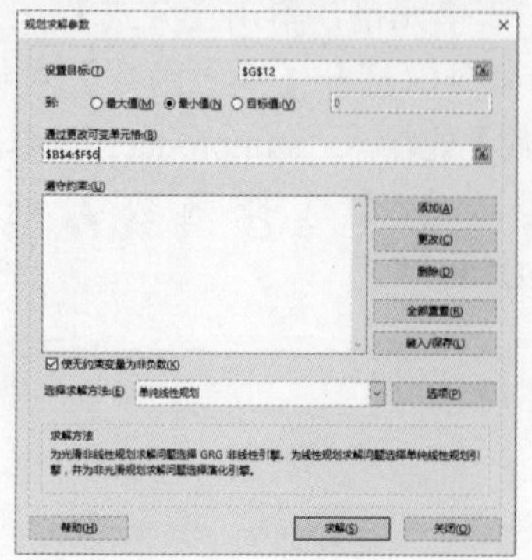

Step3　设置可变单元格

单击【通过更改可变单元格】文本框右侧的折叠按钮，选择 B4:F6 单元格区域，按【Enter】键，文本框显示选中的可变单元格的绝对引用$B$4:$F$6。

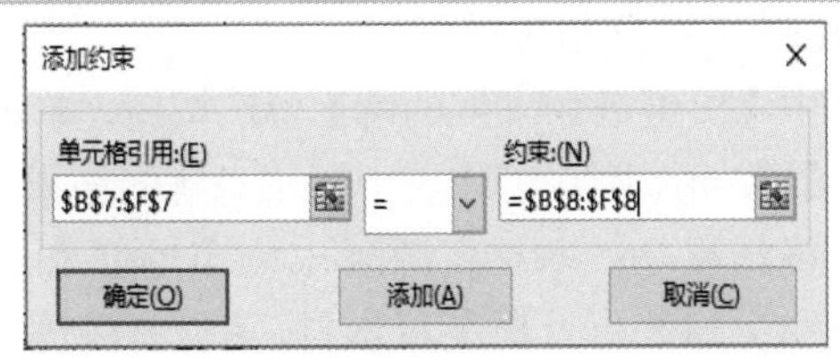

Step4　添加约束条件

在【规划求解参数】对话框中，单击【添加】按钮打开【添加约束】对话框。

单击【单元格引用】文本框右侧的折叠按钮，选择 B7:F7 单元格区域，再单击折叠按钮返回对话框；在中间运算符下拉列表框中选择【=】选项；单击【约束】文本框右侧的折叠按钮，选择 B8:F8 单元格区域，单击折叠按钮返回对话框。

在【添加约束】对话框中显示输入的关系式“$B$7:$F$7=$B$8:$F$8”。

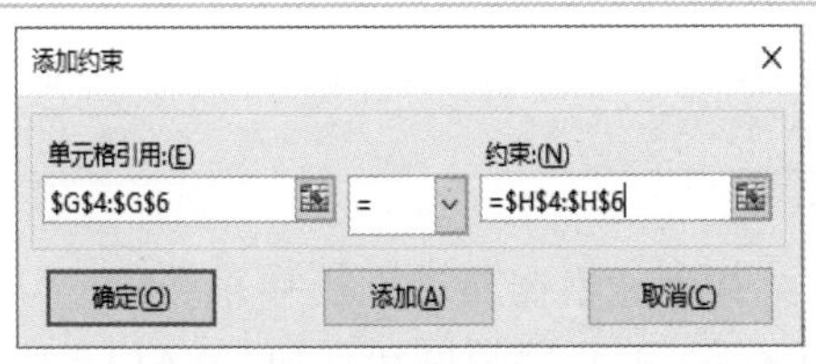

Step5　添加约束条件

同前一步操作，添加约束条件“$G$4:$G$6 =$H$4:$H$6”。

3.6.4　用规划求解工具求解

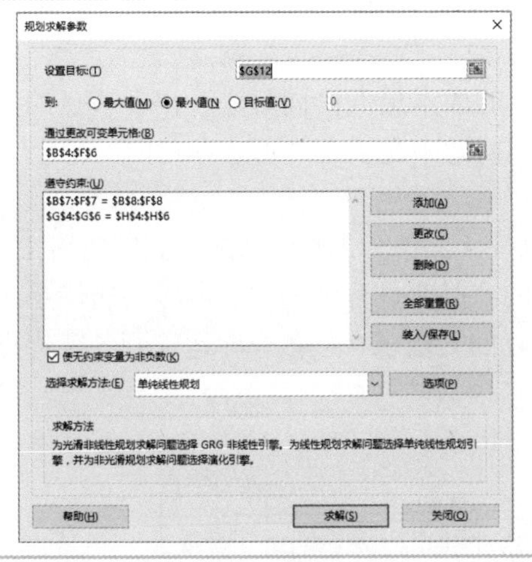

Step1　选择求解方法

在【选择求解方法】下拉列表框中选择“单纯线性规划”。

★　本例用“非线性 GRG”也能求解。

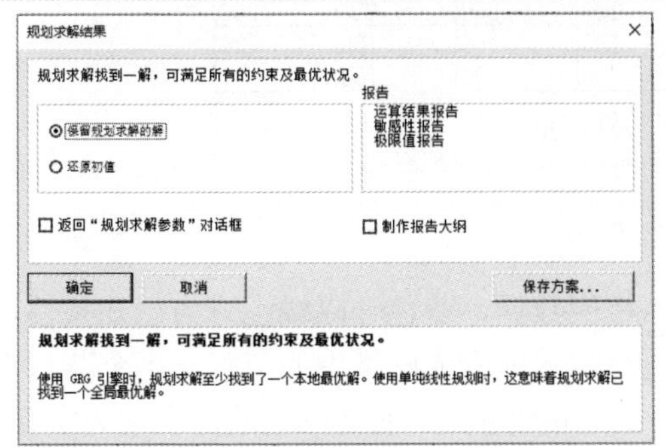

Step2　运行求解

单击【求解】按钮打开【规划求解结果】对话框，在第一行中显示是否找到满足条件的解。

	A	B	C	D	E	F	G	H
1	运输配送决策							
2	木材资源区	运往市场量（百万板英尺）						
3		市场1	市场2	市场3	市场4	市场5	生产量	生产能力
4	1	0	8	8	0	0	16	16
5	2	4	2	0	9	0	15	15
6	3	8	0	0	0	10	18	18
7	销售量	12	10	8	9	10		
8	市场容量	12	10	8	9	10		
9								
10	木材资源区	使用火车运输单位成本（万元）					总运费（万元）	
11		市场1	市场2	市场3	市场4	市场5		
12	1	72	62	45	55	66	2709	
13	2	69	62	60	49	60		
14	3	64	66	63	61	50		

运输配送决策 | 运算结果报告 3 | 成产决策 | 运算结果报告2 | 运算结果报 ...

Step3　得到结果

选中【保留规划求解的解】单选按钮，单击【确定】按钮，则在工作表中显示求解的结果。

最终结果是：木材资源区 1 向市场 2 和市场 3 分别运输 8 百万板英尺木材，木材资源区 2 向市场 1、市场 2、市场 4 分别运输 4 百万、2 百万、9 百万板英尺木材，木材资源区 3 向市场 1、市场 5 分别运输 8 百万、10 百万板英尺木材，可获得最低运输成本 2709 万元。

3.6.5　相关 Excel 知识

函数 SUMPRODUCT：在给定的几组数组中，将数组间对应的元素相乘，并返回乘积之和。语法格式如下：

SUMPRODUCT(array1,array2,array3,…)

其中，array1, array2, array3,…为 1～30 个数组，其相应元素需要进行相乘并求和。

数组参数必须具有相同的维数，否则函数 SUMPRODUCT 将返回错误值 #VALUE!。函数 SUMPRODUCT 将非数值型的数组元素作为 0 处理。

3.7　案例 14　最小费用流

最小费用流是指在网络传输问题中，如何使传输的成本最低；同时进、出各节点的流量满足网络的要求，充分利用网络资源。网络在实际应用问题中是以各种形式存在的，如电力网、通信网、铁路网等。

问题：某公司管理者欲制定一个配送方案，将仓库 1、仓库 2 的产品配送到零售店 1、零售店 2、零售店 3，如何分配才能将仓库 1、仓库 2 的产品全部分配出去、各零售店满足所需货物量、总的运输成本最低？图 3.7-1 给出了各零售点的月需求、从各仓库运输到各零售点的成本以及每个月各仓库的最大供货量。

	A	B	C	D	E	F	G	H
1		单位运输成本（元）			运输能力			供应量
2		零售点1	零售点2	零售点3	零售点1	零售点2	零售点3	
3	仓库1	450	500	510	120	200	120	200
4	仓库2	400	450	440	130	150	100	330
5	需求	200	180	150	200	180	150	

图 3.7-1　运输成本与供需量

3.7.1　建立求解最小费用流模型

新建一个工作表，命名为“最小费用流”，输入相应数据，蓝色分隔线上方为已知条件，下方为建立的求解模型，如图 3.7-2 所示。将供应地与需求地看成网络中的节点，每个节点都有净流量，净流量=流出量-流入量。因此仓库节点的供应量为正数，而需求地的需求量为负数。

问题转化为：如何确定 C9:C14 的值，使 G9:G13 满足相应要求，总成本 H14 最小。

	A	B	C	D	E	F	G	H
1	最小费用流问题							
2		单位运输成本（元）			运输能力			供应量
3		零售点1	零售点2	零售点3	零售点1	零售点2	零售点3	
4	仓库1	450	500	510	120	200	120	200
5	仓库2	400	450	440	130	150	100	330
6	需求	200	180	150	200	180	150	
7								
8	从	至	运输量	运输能力	成本	节点	静流量	供/需量
9	仓库1	零售点1		120	450	仓库1		200
10	仓库1	零售点2		200	500	仓库2		330
11	仓库1	零售点3		120	510	零售点1		-200
12	仓库2	零售点1		130	400	零售点2		-180
13	仓库2	零售点2		150	450	零售点3		-150
14	仓库2	零售点3		100	440	总成本		

图 3.7-2　运输成本与供需量

3.7.2　计算节点静流量

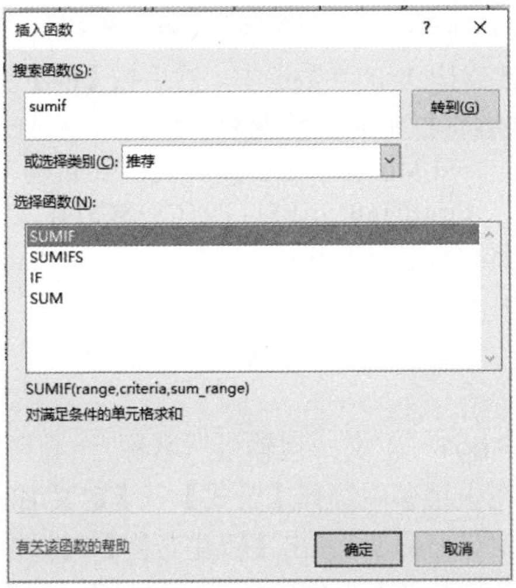

Step1　搜索函数

选中 G9 单元格，单击【公式】→【插入函数】菜单命令，打开【插入函数】对话框，在【搜索函数】处输入“sumif”，单击【转到】按钮，在【选择函数】处显示“SUMIF”。

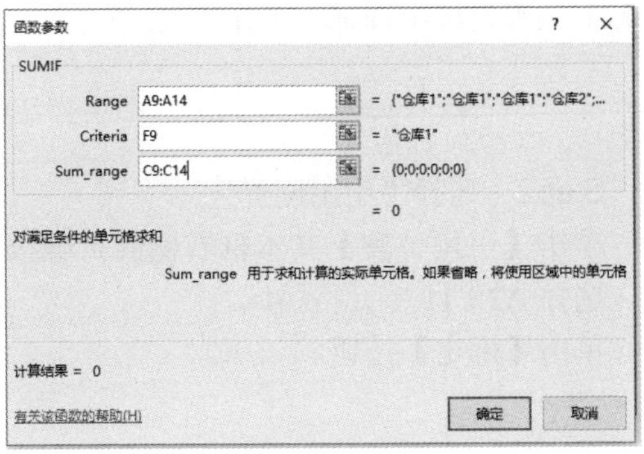

Step2　节点仓库 1 的正流量

单击【确定】按钮，打开【函数参数】对话框，在【range】文本框中输入 A9:A14，在【Criteria】文本框中输入 F9，在【Sum_range】文本框中输入 C9:C14。

单击【确定】按钮，在 G9 单元格显示 0，在编辑栏中显示公式：

=SUMIF(A9:A14,F9,C9:C14)

★　正流量是从该节点流出的运输量。

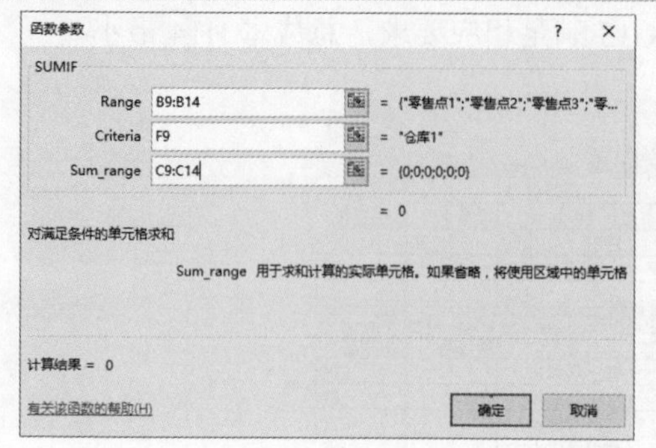

Step3　节点仓库 1 的负流量

在编辑栏公式后面输入减号，继续使用【插入函数】来插入 Sumif 函数，打开【函数参数】对话框，在【range】文本框中输入 B9:B14，在【Criteria】文本框中输入 F9，在【Sum_range】文本框中输入 C9:C14。

单击【确定】按钮，在 G9 单元格显示 0，在编辑栏中显示公式：

=SUMIF(A9:A14,F9,C9:C14)-SUMIF(B9:B14,F9,C9:C14)

★　负流量是流入该节点的运输量，正、负流量差是该节点的静流量。

	A	B	C	D	E	F	G	H
1	最小费用流问题							
2		单位运输成本（元）			运输能力			
3		零售点1	零售点2	零售点3	零售点1	零售点2	零售点3	供应量
4	仓库1	450	500	510	120	200	120	200
5	仓库2	400	450	440	130	150	100	330
6	需求	200	180	150	200	180	150	
7								
8	从	至	运输量	运输能力	成本	节点	静流量	供/需量
9	仓库1	零售点1		120	450	仓库1	0	200
10	仓库1	零售点2		200	500	仓库2	0	330
11	仓库1	零售点3		120	510	零售点1	0	-200
12	仓库2	零售点1		130	400	零售点2	0	-180
13	仓库2	零售点2		150	450	零售点3	0	-150
14	仓库2	零售点3		100	440	总成本		

Step4　填充公式

根据填充时目标单元格移动，计算单元格是否移动来判断绝对、相对地址。在编辑栏将需要转变为绝对地址的参数选中，然后按【F4】键。

在编辑栏中显示转变后的公式：

=SUMIF($A$9:$A$14,F9,$C$9:$C$14)-SUMIF($B$9:$B$14,F9,$C$9:$C$14)

填充 G10:G13 单元格区域。

3.7.3　输入总成本公式

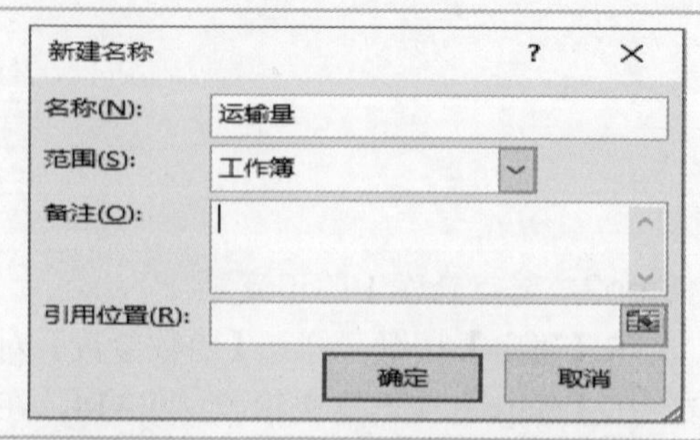

Step1　定义“运输量”名称

在主菜单中选择【公式】→【定义名称】→【定义名称】，弹出【新建名称】对话框，在【名称】文本框中输入“运输量”，在【范围】下拉列表框中选择“工作簿”。

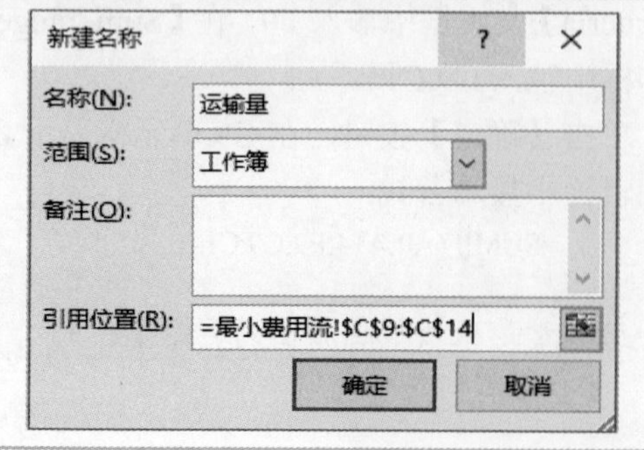

Step2　选择“引用位置”

单击【引用位置】文本框右侧的折叠按钮，选择 A2:E11 单元格区域。

单击【确定】按钮。

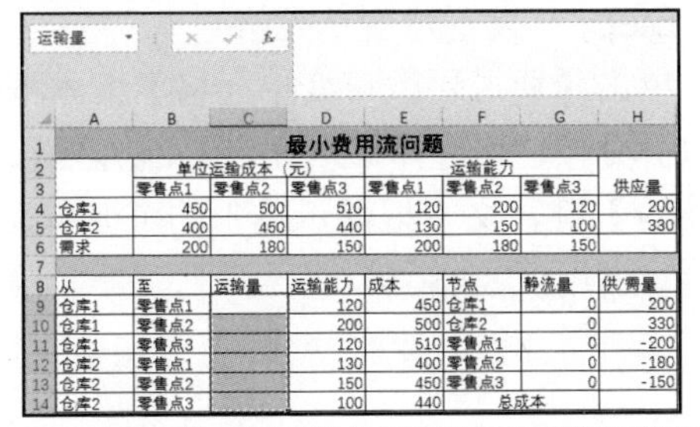

Step3　观察定义的名称

单击名称栏右侧的下拉箭头，选择“运输量”，显示定义的名称区域。

★　查看是否定义了名称，以及定义是否正确，确保后面正确使用名称。

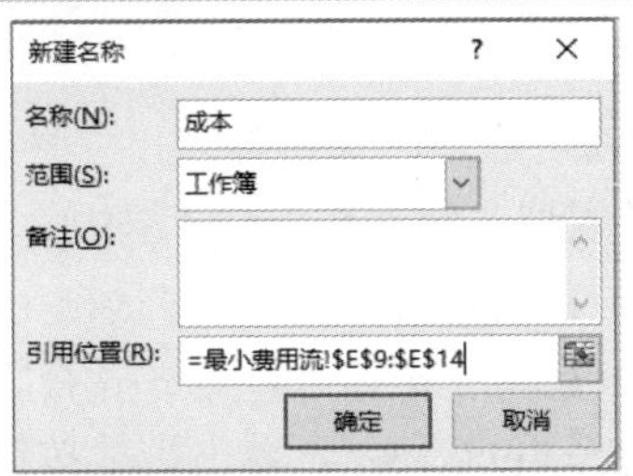

Step4　定义名称“成本”

同前面的方法，将单元格区域 E9:E14 定义名称“成本”。

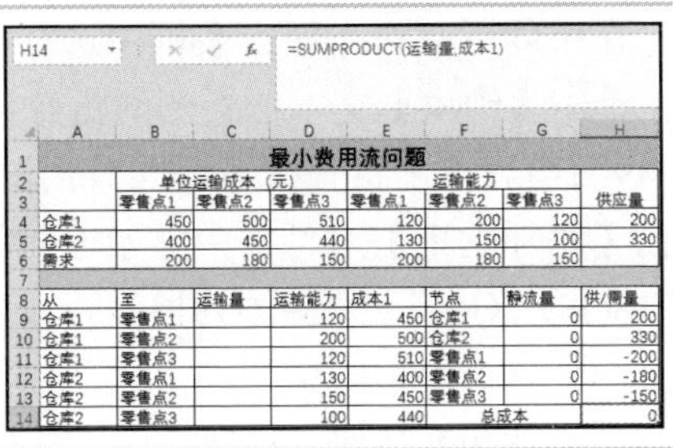

Step5　计算总成本

选中 H14 单元格，输入公式：

=SUMPRODUCT(运输量, 成本)

★　总成本等于各地运输量与运输成本的乘积之和。

3.7.4　设置规划求解参数

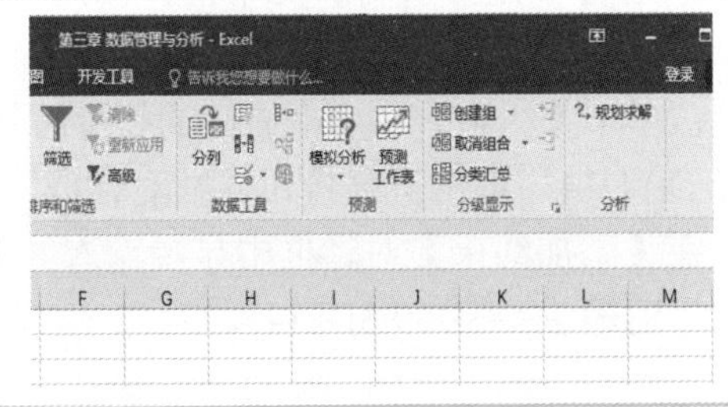

Step1　加载规划求解工具

在主菜单中选择【数据】→【规划求解】，看功能区是否有【规划求解】工具，若无则按照“商品进货量决策”案例操作，加载【规划求解】工具。

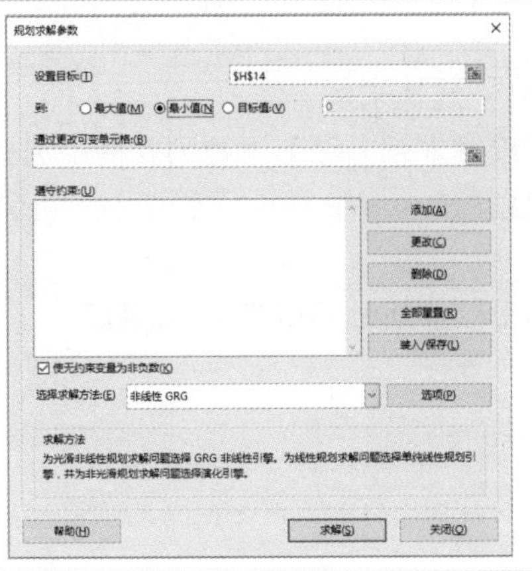

Step2　设置目标单元格

在【规划求解参数】对话框中，单击【设置目标】文本框右侧的折叠按钮，选择 H14 单元格，再单击折叠按钮，选中的目标单元格 $H$14 显示在【设置目标】文本框中。

在【到:】选项组中选择【最小值】单选按钮。

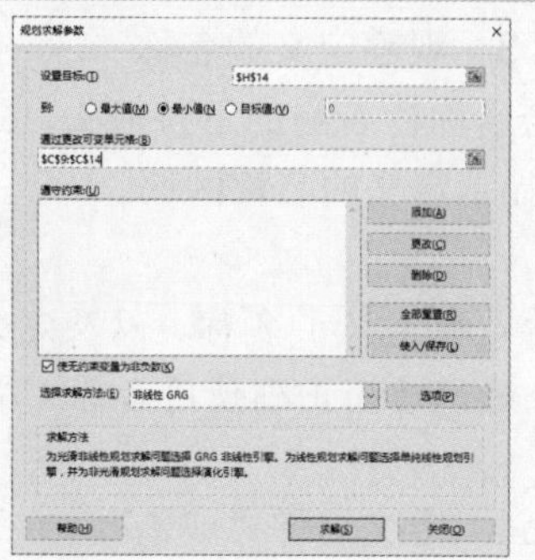

Step3 设置可变单元格

单击【通过更改可变单元格】文本框右侧的折叠按钮，选择 C9:C14 单元格区域，按【Enter】键，文本框显示选中的可变单元格的绝对引用$C$9:$C$14。

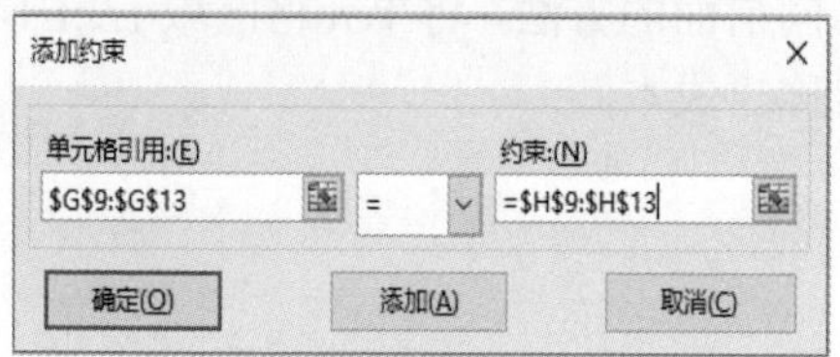

Step4 添加约束条件

在【规划求解参数】对话框中，单击【添加】按钮打开【添加约束】对话框。

单击【单元格引用】文本框右侧的折叠按钮，选择 G9:G13，再单击折叠按钮返回对话框；在中间运算符下拉列表框中选择【=】选项；单击【约束】文本框右侧的折叠按钮，选择 H9:H13，单击折叠按钮返回对话框。

在【添加约束】对话框中显示输入的关系式“$G$9:$G$13=$H$9:$H$13”。

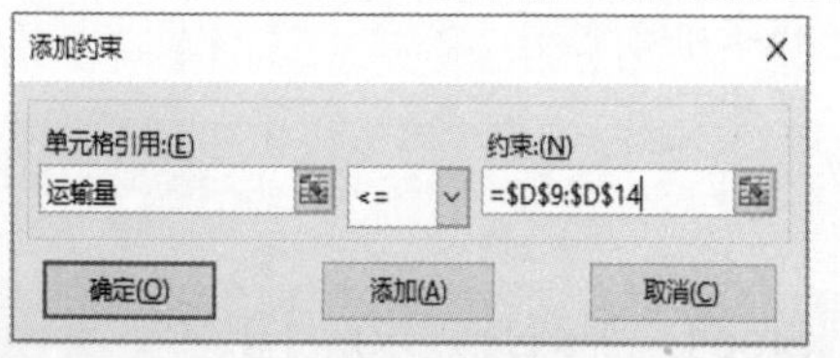

Step5 添加约束条件

单击【添加】按钮，继续在【添加约束】对话框中添加约束条件。

单击【单元格引用】文本框，输入“运输量”；在中间运算符下拉列表框中选择【<=】选项；单击【约束】文本框右侧的折叠按钮，选择 D9:D14，单击折叠按钮返回对话框。

在【添加约束】对话框中显示输入的关系式“运输量<=$D$9:$D$14”。

3.7.5 用规划求解工具求解

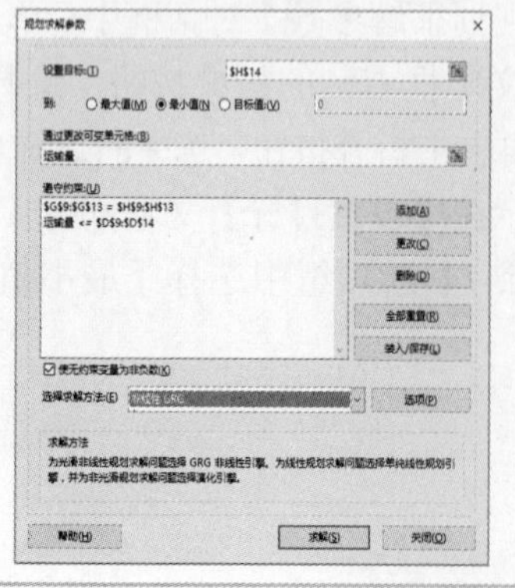

Step1 选择求解方法

在【选择求解方法】下拉列表框中选择“单纯线性规划”。

★ 本例用“非线性 GRG”也能求解。

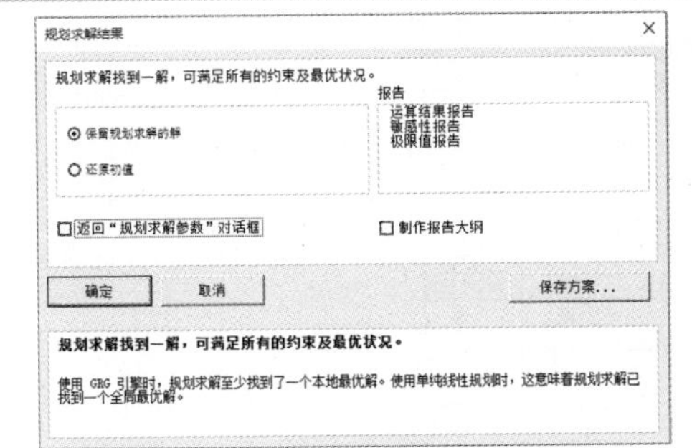

Step2　运行求解

单击【求解】按钮打开【规划求解结果】对话框，在第一行中显示是否找到满足条件的解。

	A	B	C	D	E	F	G	H
1	最小费用流问题							
2		单位运输成本（元）			运输能力			供应量
3		零售点1	零售点2	零售点3	零售点1	零售点2	零售点3	
4	仓库1	450	500	510	120	200	120	200
5	仓库2	400	450	440	130	150	100	330
6	需求	200	180	150	200	180	150	
7								
8	从	至	运输量	运输能力	成本1	节点	静流量	供/需量
9	仓库1	零售点1	85	120	450	仓库1	200	200
10	仓库1	零售点2	65	200	500	仓库2	330	330
11	仓库1	零售点3	50	120	510	零售点1	-200	-200
12	仓库2	零售点1	115	130	400	零售点2	-180	-180
13	仓库2	零售点2	115	150	450	零售点3	-150	-150
14	仓库2	零售点3	100	100	440	总成本		238000

Step3　得到结果

选中【保留规划求解的解】单选按钮，单击【确定】按钮，则在工作表中显示求解的结果。

最终结果是：仓库 1 向零售点 1、2、3 分别运送 85、65、50 单位的产品，仓库 2 向零售点 1、2、3 分别运送 115、115、100 单位的产品，这时的运输成本最小，为 238000 元。

3.8　案例 15　最短路径问题

在实际应用中，许多问题都与最短路径有关，如物流路径、交通导航、网络路由、电力传输、综合布线等，而且最短路径还可抽象为许多其他实际问题，如最小费用、最短时间、最小负载、最少人员等。

Excel 求解最短路径有多种方法，其中一种方法：把最短路径问题当成最小费用流问题的一个特殊应用，将出发点看成供应量为 1 的节点，目的地是需求量为 1 的节点，网络中其他节点的净流量为 0。

问题：某人从 A 地到 S 地，途径 D、H、K、M、P 这 5 个城市构成的交通网，它们之间的距离如图 3.8-1 所示，横线表示两地间不存在路径，求从 A 地到达 S 地的最短路径。

	A	B	C	D	E	F	G
1	城市	相邻城市间的距离					
2		D	H	K	M	P	S
3	A	20	60	40	-	-	-
4	D		10	-	80	-	-
5	H			20	60	30	-
6	K				-	40	-
7	M					20	70
8	P						80

图 3.8-1　城市交通网

3.8.1　建立求解最短路径模型

新建一个工作表，命名为“最短路径”，输入相应数据，蓝色分隔线上方为已知条件，下方为建立的求解模型，如图 3.8-2 所示。各城市看成网络中的节点，每个节点都有净流量，净流量=流出量-流入量。从起始城市发出单位 1 流量，最后单位 1 流量到达终点城市，所经过城市静流量为 0，由此确定最短路径。

	A	B	C	D	E	F	G
1	最短路径问题						
2	城市	相邻城市间的距离					
3		D	H	K	M	P	S
4	A	20	60	40	-	-	-
5	D		10	-	80	-	-
6	H			20	60	30	-
7	K				-	40	-
8	M					20	70
9	P						80
10							
11	从	至	流量	距离	节点	静流量	供/需量
12	A	D		20	A		1
13	A	H		60	D		0
14	A	K		40	H		0
15	D	H		10	K		0
16	D	M		80	M		0
17	H	K		20	P		0
18	H	M		60	S		-1
19	H	P		30			
20	K	P		40			
21	M	P		20			
22	M	S		70	总距离		
23	P	S		80			

最短路径 | 最小费用流 | 运输首 ...

图 3.8-2 求解最短路径问题的模型

问题转化为：如何确定 C12:C23 的值，使 F12:F18 满足条件要求，总距离 F22 最小。

3.8.2 输入计算公式

F12 =SUMIF($A$12:$A$23,E12,$C$12:$C$23)-SUMIF($B$12:$B$23,E12,$C$12:$C$23)

	A	B	C	D	E	F	G
1	最短路径问题						
2	城市	相邻城市间的距离					
3		D	H	K	M	P	S
4	A	20	60	40	-	-	-
5	D		10	-	80	-	-
6	H			20	60	30	-
7	K				-	40	-
8	M					20	70
9	P						80
10							
11	从	至	流量	距离	节点	静流量	供/需量
12	A	D		20	A	0	1
13	A	H		60	D	0	0
14	A	K		40	H	0	0
15	D	H		10	K	0	0
16	D	M		80	M	0	0
17	H	K		20	P	0	0
18	H	M		60	S	0	-1
19	H	P		30			
20	K	P		40			
21	M	P		20			
22	M	S		70	总距离		
23	P	S		80			

最短路径 | 最小费用流 | 运 ...

Step1 计算净流量

在 F12 单元格中输入公式：

=SUMIF($A$12:$A$23,E12,$C$12:$C$23)-SUMIF($B$12:$B$23,E12,$C$12:$C$23)

输入公式后得到 A 点的净流量，然后利用自动填充功能填充 F12:F18 单元格区域。

F22 =SUMPRODUCT(C12:C23,D12:D23)

	A	B	C	D	E	F	G
1	最短路径问题						
2	城市	相邻城市间的距离					
3		D	H	K	M	P	S
4	A	20	60	40	-	-	-
5	D		10	-	80	-	-
6	H			20	60	30	-
7	K				-	40	-
8	M					20	70
9	P						80
10							
11	从	至	流量	距离	节点	静流量	供/需量
12	A	D		20	A	0	1
13	A	H		60	D	0	0
14	A	K		40	H	0	0
15	D	H		10	K	0	0
16	D	M		80	M	0	0
17	H	K		20	P	0	0
18	H	M		60	S	0	-1
19	H	P		30			
20	K	P		40			
21	M	P		20			
22	M	S		70	总距离	0	
23	P	S		80			

最短路径 | 最小费用流 | 运 ...

Step2 计算总距离

在 F22 单元格中输入公式：

=SUMPRODUCT(C12:C23,D12:D23)

3.8.3　设置规划求解参数

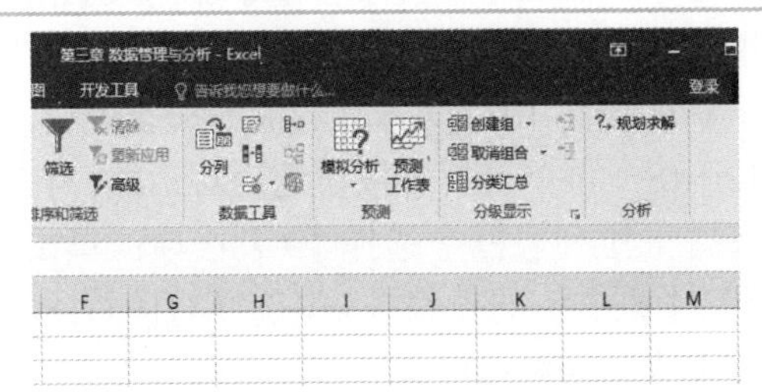

Step1　加载规划求解工具

在主菜单中选择【数据】→【规划求解】，看功能区是否有【规划求解】工具，若无则按照“商品进货量决策”案例操作，加载【规划求解】工具。

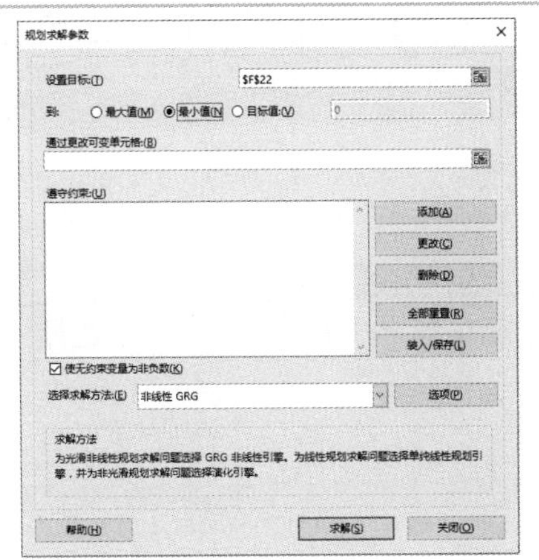

Step2　设置目标单元格

在【规划求解参数】对话框中，单击【设置目标】文本框右侧的折叠按钮，选择 F22 单元格，再单击折叠按钮，选中的目标单元格$F$22 显示在【设置目标】文本框中。

在【到:】选项组中选择【最小值】单选按钮。

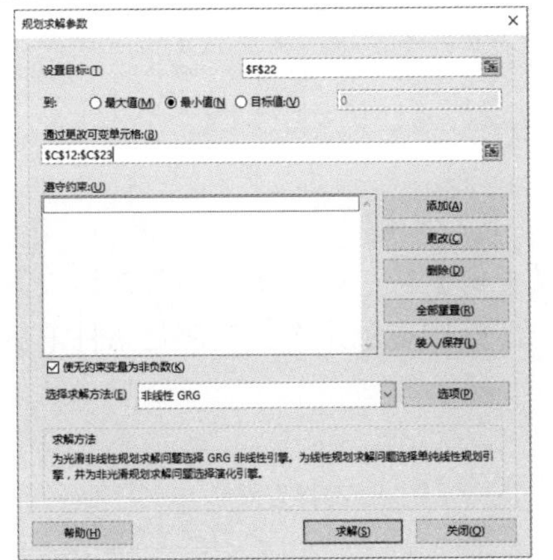

Step3　设置可变单元格

单击【通过更改可变单元格】文本框右侧的折叠按钮，选择 C12:C23 单元格区域，按【Enter】键，文本框显示选中的可变单元格的绝对引用$C$12:$C$23。

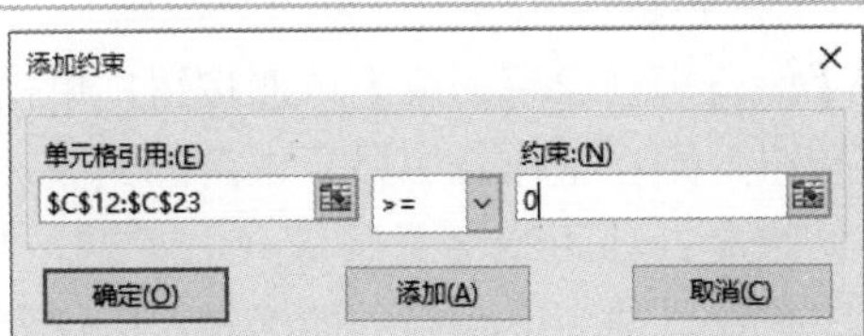

Step4　添加约束条件

在【规划求解参数】对话框中，单击【添加】按钮打开【添加约束】对话框。

单击【单元格引用】文本框右侧的折叠按钮，选择 C12:C23，再单击折叠按钮返回对话框；在中间运算符下拉列表框中选择【>=】选项；单击【约束】文本框输入 0。

在【添加约束】对话框中显示输入的关系式“$C$12:$C$23>=0”。

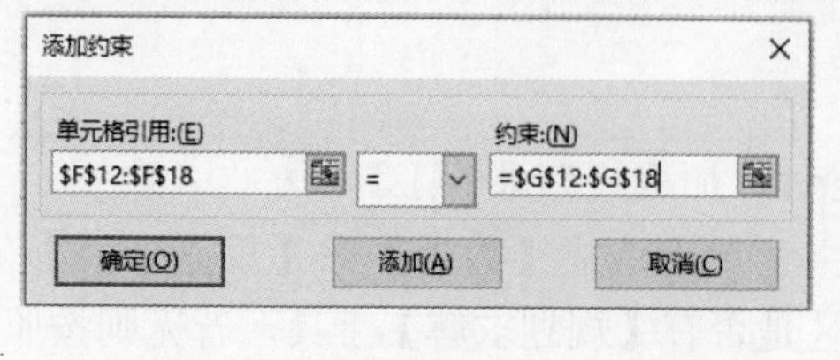

Step5 添加约束条件

单击【添加】按钮，继续在【添加约束】对话框中添加约束条件。

单击【单元格引用】文本框右侧的折叠按钮，选择 F12:F18，再单击折叠按钮返回对话框；在中间运算符下拉列表框中选择【=】选项；单击【约束】文本框右侧的折叠按钮，选择 G12:G18，单击折叠按钮返回对话框。

在【添加约束】对话框中显示输入的关系式“$F$12:$F$18=$G$12:$G$18”。

3.8.4 用规划求解工具求解

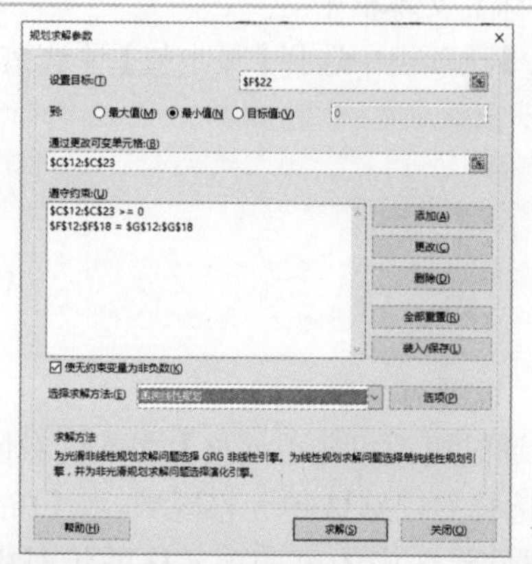

Step1 选择求解方法

在【选择求解方法】下拉列表框中选择“单纯线性规划”。

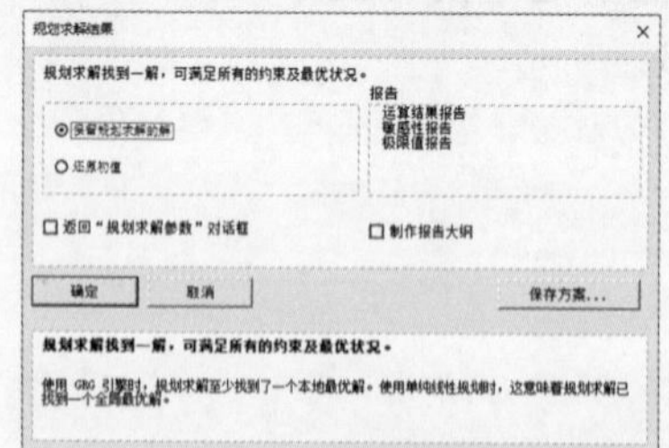

Step2 运行求解

单击【求解】按钮打开【规划求解结果】对话框，在第一行中显示是否找到满足条件的解。

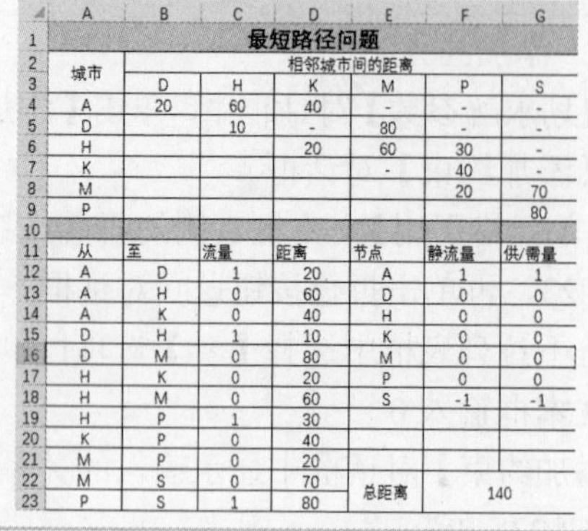

	A	B	C	D	E	F	G
1	最短路径问题						
2	城市	相邻城市间的距离					
3		D	H	K	M	P	S
4	A	20	60	40	-	-	-
5	D		10	-	80	-	-
6	H			20	60	30	-
7	K				-	40	-
8	M					20	70
9	P						80
10							
11	从	至	流量	距离	节点	静流量	供/需量
12	A	D	1	20	A	1	1
13	A	H	0	60	D	0	0
14	A	K	0	40	H	0	0
15	D	H	1	10	K	0	0
16	D	M	0	80	M	0	0
17	H	K	0	20	P	0	0
18	H	M	0	60	S	-1	-1
19	H	P	1	30			
20	K	P	0	40			
21	M	P	0	20			
22	M	S	0	70	总距离	140	
23	P	S	1	80			

Step3 得到结果

选中【保留规划求解的解】单选按钮，单击【确定】按钮，则在工作表中显示求解的结果。

最终结果是：在可变变量区域 C12:C23，1 代表最短路径经过两个节点组成的路径，0 代表不经过这两个节点组成的路径，因此最短路径为 A-D-H-P-S，最短距离为 140。

3.8.5　最短路径问题的改进

前面在求最短路径时使用单向路径，如 A→D，但处理实际问题时，若没有特殊限制，要考虑双向路径，如既要考虑 A→D 又要考虑 D→A。它们的区别如图 3.8-3 所示。

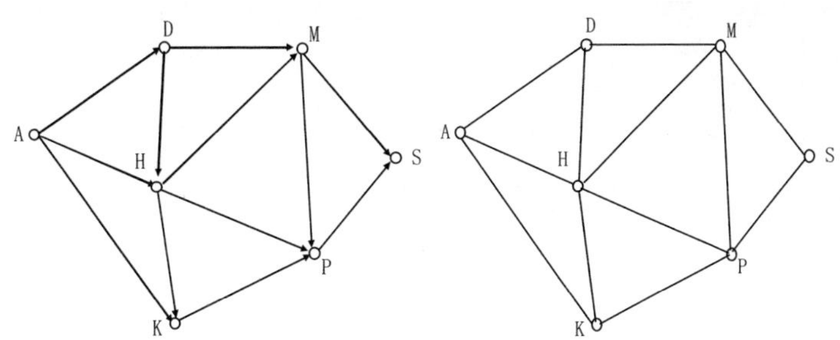

图 3.8-3　单向路径与双向路径的区别

修改原模型。新建一个工作表，命名为“最短路径改进”，将前面“最短路径”工作表的内容复制到当前工作表，修改标题为“最短路径问题改进”，添加另一个方向的路径，如图 3.8-4 所示。

最短路径问题改进

城市	相邻城市间的距离					
	D	H	K	M	P	S
A	20	60	40	-	-	-
D		10	-	80	-	-
H			20	60	30	-
K				-	40	-
M					20	70
P						80

从	至	流量	距离	节点	净流量	供/需量
A	D		20	A		1
A	H		60	D		0
A	K		40	H		0
D	H		10	K		0
D	M		80	M		0
H	K		20	P		0
H	M		60	S		-1
H	P		30			
K	P		40			
M	P		20			
M	S		70	总距离		
P	S		80			
D	A		20			
H	A		60			
K	A		40			
H	D		10			
M	D		80			
K	H		20			
M	H		60			
P	H		30			
P	K		40			

最短路径改进　最短路径

图 3.8-4　改进模型

F12　=SUMIF($A$12:$A$35,E12,$C$12:$C$35)-SUMIF($B$12:$B$35,E12,$C$12:$C$35)

	A	B	C	D	E	F	G
1	最短路径问题改进						
2	城市	相邻城市间的距离					
3		D	H	K	M	P	S
4	A	20	60	40	-	-	-
5	D		10	-	80	-	-
6	H			20	60	30	-
7	K				-	40	-
8	M					20	70
9	P						80
10							
11	从	至	流量	距离	节点	净流量	供/需量
12	A	D		20	A	0	1
13	A	H		60	D	0	0
14	A	K		40	H	0	0
15	D	H		10	K	0	0
16	D	M		80	M	0	0
17	H	K		20	P	0	0
18	H	M		60	S	0	-1
19	H	P		30			
20	K	P		40			
21	M	P		20			
22	M	S		70	总距离		
23	P	S		80			
24	D	A		20			
25	H	A		60			
26	K	A		40			
27	H	D		10			
28	M	D		80			
29	K	H		20			
30	M	H		60			
31	P	H		30			
32	P	K		40			
33	P	M		20			
34	S	M		70			
35	S	P		80			

Step1　计算节点净流量

在 F12 单元格中输入公式：

=SUMIF($A$12:$A$35,E12,$C$12:$C$35)-SUMIF($B$12:$B$35,E12,$C$12:$C$35)

填充 F12:F18 单元格区域。

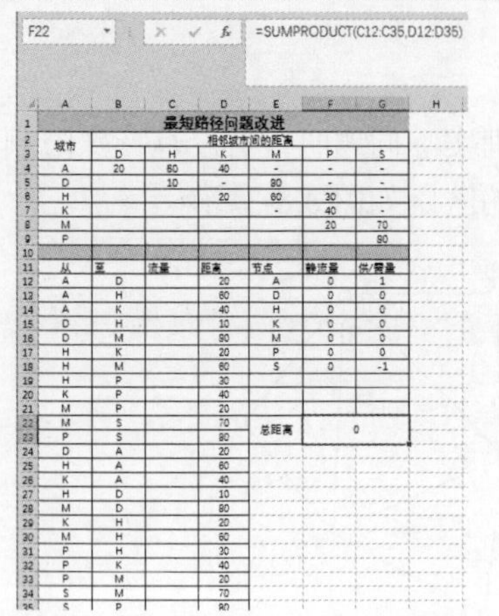

Step2 计算总距离

在 F22 单元格中输入公式：

=SUMPRODUCT(C12:C35,D12:D35)

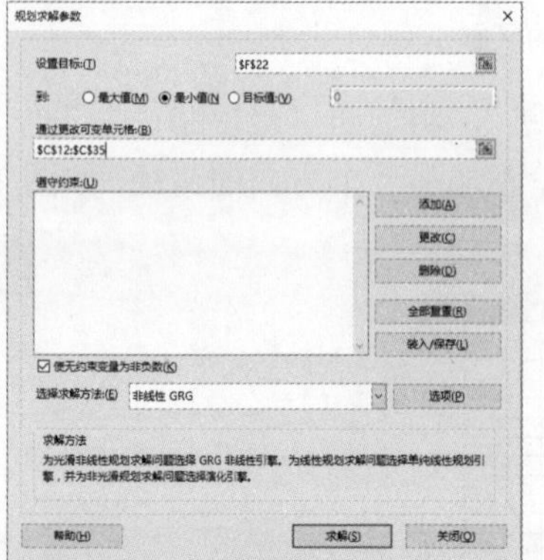

Step3 设置规划求解参数

在主菜单中选择【数据】→【规划求解】，打开【规划求解参数】对话框，在【设置目标】文本框中设置目标单元格为 F22，在【到:】选项组中选择【最小值】单选按钮，在【通过更改可变单元格】文本框中设置可变单元格为 C12:C35。

★ 若无【规划求解】工具，参照“商品进货量决策”案例加载【规划求解】工具。

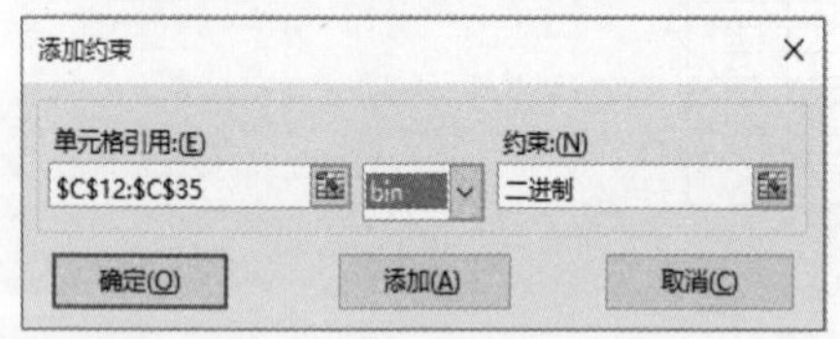

Step4 添加约束条件

在【规划求解参数】对话框中，单击【添加】按钮打开【添加约束】对话框。

单击【单元格引用】文本框右侧的折叠按钮，选择 C12:C35，再单击折叠按钮返回对话框；在中间运算符下拉列表框中选择【bin】选项。

在【添加约束】对话框中显示 C$12:$C$35 为二进制。

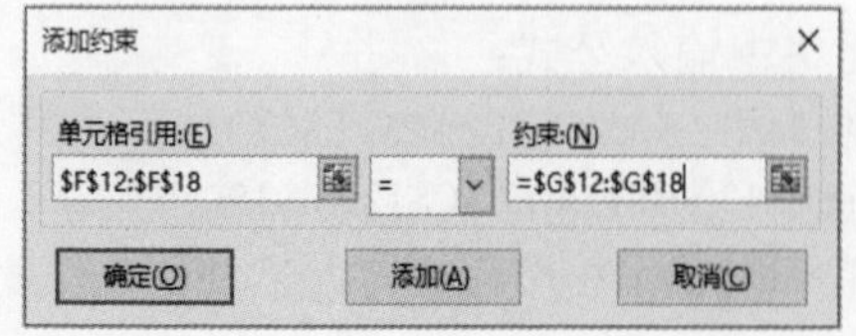

Step5 添加约束条件

单击【添加】按钮，继续在【添加约束】对话框中添加约束条件。

单击【单元格引用】文本框右侧的折叠按钮，选择 F12:F18，再单击折叠按钮返回对话框；在中间运算符下拉列表框中选择【=】选项；单击【约束】文本框右侧的折叠按钮，选择 G12:G18，单击折叠按钮返回对话框。

在【添加约束】对话框中显示输入的关系式“$F$12:$F$18=$G$12:$G$18”。

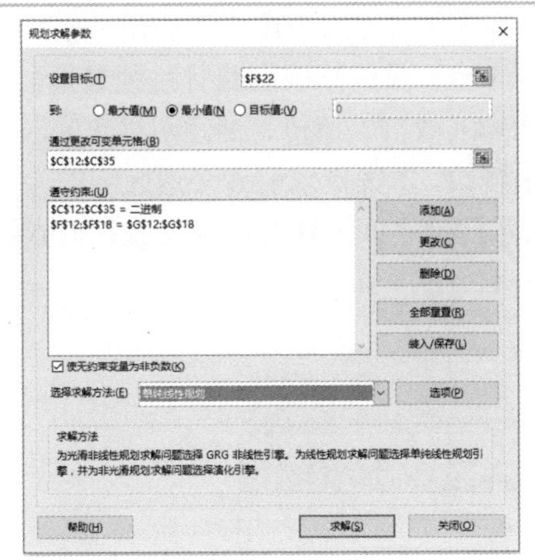

Step6　选择求解方法

在【选择求解方法】下拉列表框中选择“单纯线性规划”。

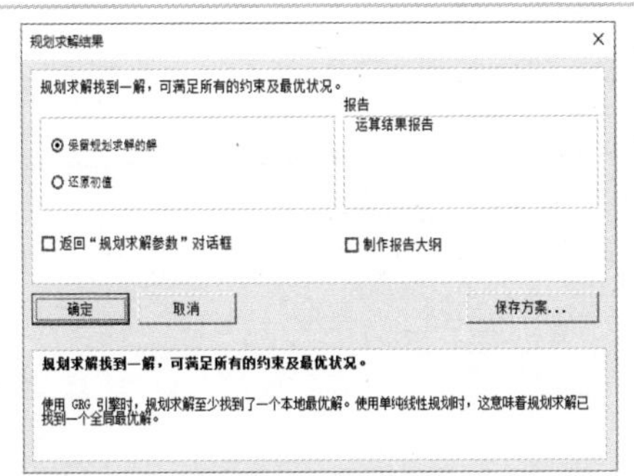

Step7　运行求解

单击【求解】按钮打开【规划求解结果】对话框，在第一行中显示是否找到满足条件的解。

	A	B	C	D	E	F	G
1	最短路径问题改进						
2	城市	相邻城市间的距离					
3		D	H	K	M	P	S
4	A	20	60	40	-	-	-
5	D		10	-	80	-	-
6	H			20	60	30	-
7	K				-	40	-
8	M					20	70
9	P						80
10							
11	从	至	流量	距离	节点	静流量	供/需量
12	A	D	1	20	A	1	1
13	A	H	0	60	D	0	0
14	A	K	0	40	H	0	0
15	D	H	1	10	K	0	0
16	D	M	0	80	M	0	0
17	H	K	0	20	P	0	0
18	H	M	0	60	S	-1	-1
19	H	P	1	30			
20	K	P	0	40			
21	M	P	0	20			
22	M	S	0	70	总距离	140	
23	P	S	1	80			
24	D	A	0	20			
25	H	A	0	60			
26	K	A	0	40			
27	H	D	0	10			
28	M	D	0	80			
29	K	H	0	20			
30	M	H	0	60			
31	P	H	0	30			
32	P	K	0	40			
33	P	M	0	20			
34	S	M	0	70			
35	S	P	0	80			

Step8　得到结果

选中【保留规划求解的解】单选按钮，单击【确定】按钮，则在工作表中显示求解的结果。

最终结果：最短路径为 A-D-H-P-S，最短距离为 140。

3.9　案例 16　旅行商问题

旅行商问题：一个商人到 n 个城市推销商品，如何选择一条路径使商人每个城市各走一次后回到起点，且所走路径最短。旅行商问题在集成电路布线、网络路由选择、机器人线路规划、电网规划、管道铺设、交通调度、货物配送、基因组测序等方面有着广泛的应用。旅行商问题不同于最短路径，旅行商路线需要经过网络中的所有节点，最终形成回路且路径最短。对于大规模（节点数很多）的旅行商问题常采用智能算法求解（蚁群、遗传、神经网络等），对于一定规模以下的旅行商问题可采用 Excel 的规划求解来解决。本案例求解 6 个地区间的旅行商问题，6 个地区间的距离情况如图 3.9-1 所示，横线表示两地之间无路径。最终旅行商求解结果如图 3.9-2 所示，即旅行商路线为 B→A→C→E→F→D→B。

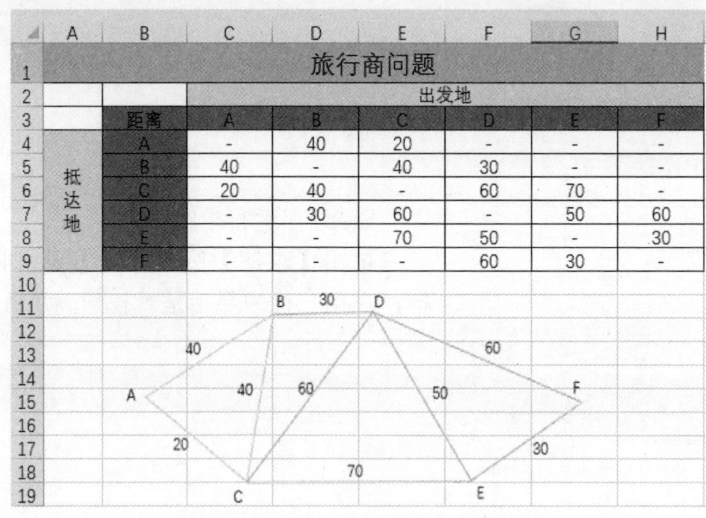

旅行商问题

		出发地					
	距离	A	B	C	D	E	F
抵达地	A	-	40	20	-	-	-
	B	40	-	40	30	-	-
	C	20	40	-	60	70	-
	D	-	30	60	-	50	60
	E	-	-	70	50	-	30
	F	-	-	-	60	30	-

图 3.9-1 6 个地区间的路径及距离

		出发地							
	距离	A	B	C	D	E	F	来源唯一性	所需距离
抵达地	A	0	1	0	0	0	0	1	40
	B	0	0	0	1	0	0	1	30
	C	1	0	0	0	0	0	1	20
	D	0	0	0	0	0	1	1	60
	E	0	0	1	0	0	0	1	70
	F	0	0	0	0	1	0	1	30
	目标唯一性	1	1	1	1	1	1	合计距离	250

图 3.9-2 旅行商问题求解结果

3.9.1 建立旅行商求解模型

新建一个工作表，命名为“旅行商问题”，在 C4:H9 中输入路径信息，将“-”用 9999 代替，用一个很大的数表示不存在的路径，避免选择此路径。在下方建立解决问题模型，其中“来源唯一性”用来限制出发地，“目标唯一性”用来限制抵达地，保证只有一个。C14:H19 取二进制数，1 表示选中这条路径，0 表示未选中这条路径。旅行商求解模型如图 3.9-3 所示，通过模型将问题转化为：如何确定 C14:H19 的值，使各出发点、抵达点满足唯一性，合计距离 J20 最小。

设置 C14:H19 格式：选中 C14:H19，在主菜单中选择【开始】→【数字】，打开启动器，在【数字】选项卡中选择【自定义】的 0 类型。

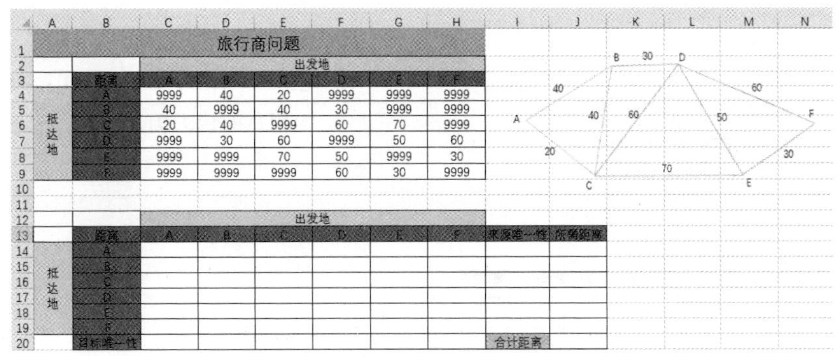

旅行商问题

距离	A	B	C	D	E	F
A	9999	40	20	9999	9999	9999
B	40	9999	40	30	9999	9999
C	20	40	9999	60	70	9999
D	9999	30	60	9999	50	60
E	9999	9999	70	50	9999	30
F	9999	9999	9999	60	30	9999

距离	A	B	C	D	E	F	来源唯一性	所需距离
A								
B								
C								
D								
E								
F								
目标唯一性							合计距离	

图 3.9-3　旅行商问题求解模型

3.9.2　输入计算公式

Step1　计算出发地唯一

在 I14 单元格中输入公式：

=SUM(C14:H14)

填充 I15:I19 单元格区域。

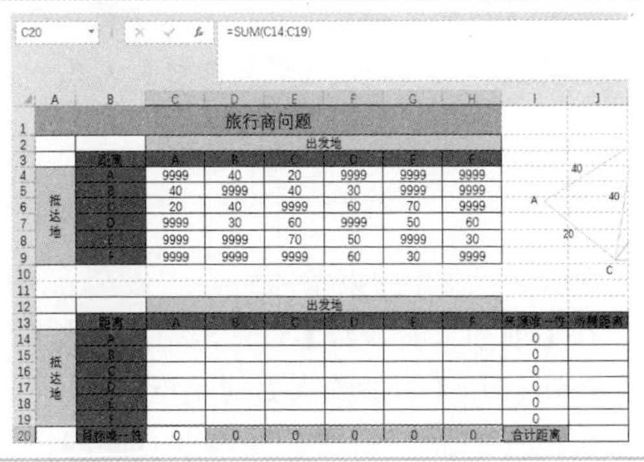

Step2　计算抵达地唯一

在 C20 单元格中输入公式：

=SUM(C14:C19)

填充 I15:I19 单元格区域。

Step3　计算各路径距离

在 J14 单元格中输入公式：

=SUMPRODUCT(C4:H4,C14:H14)

填充 J15:J19 单元格区域。

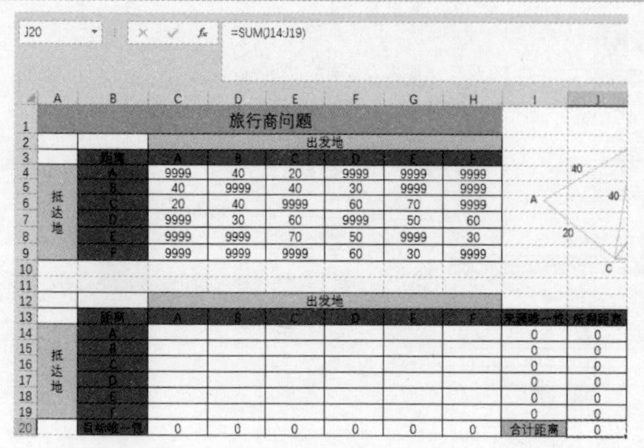

Step4 计算总距离

在 J20 单元格中输入公式：

=SUM(J14:J19)

3.9.3 使用规划求解工具

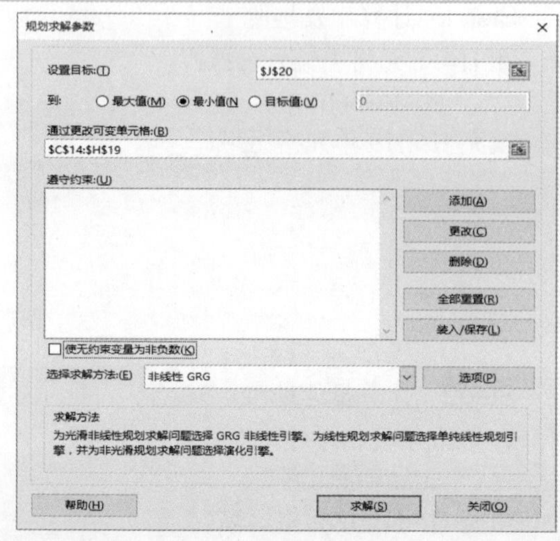

Step1 设置目标、可变单元格

在主菜单中选择【数据】→【规划求解】打开【规划求解参数】对话框，在【设置目标】文本框中设置目标单元格为 J20，在【到:】选项组中选择【最小值】单选按钮，在【通过更改可变单元格】文本框中设置可变单元格为 C14:H19。

★ 若无【规划求解】工具，参照“商品进货量决策”案例加载【规划求解】工具。

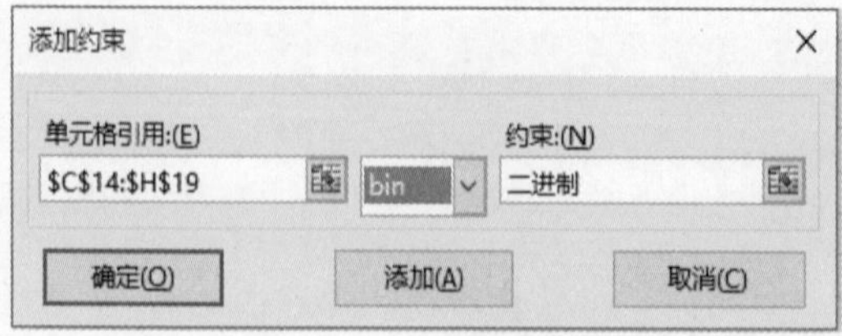

Step2 添加约束条件

在【规划求解参数】对话框中，单击【添加】按钮打开【添加约束】对话框。

单击【单元格引用】文本框右侧的折叠按钮，选择 C14:H19，再单击折叠按钮返回对话框；在中间运算符下拉列表框中选择【bin】选项。

在【添加约束】对话框中显示输入的关系式“$C$14:$H$19=二进制”。

★ 限制这些变量取值为 0 或 1，表示该路径只有两种状态：选中、未选中。

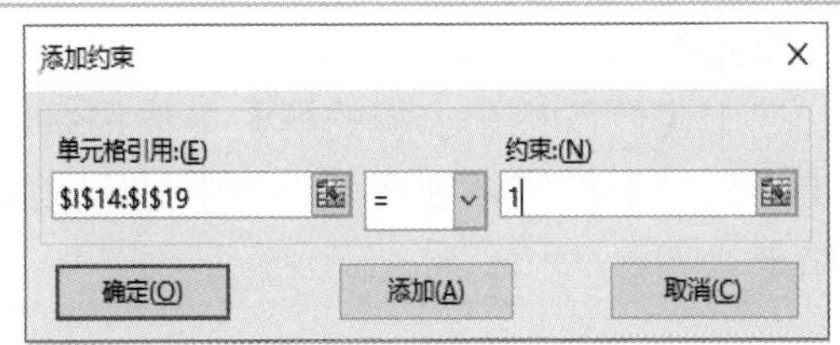

Step3　添加约束条件

单击【添加】按钮，继续在【添加约束】对话框中添加约束条件。

单击【单元格引用】文本框右侧的折叠按钮，选择 I14:I19，再单击折叠按钮返回对话框；在中间运算符下拉列表框中选择【=】选项；单击【约束】文本框输入 1。

在【添加约束】对话框中显示输入的关系式“$I$14:$I$19=1”。

★　限制每条路径的出发地唯一。

Step4　添加约束条件

单击【添加】按钮，继续在【添加约束】对话框中添加约束条件。

单击【单元格引用】文本框右侧的折叠按钮，选择 C19:H19，再单击折叠按钮返回对话框；在中间运算符下拉列表框中选择【=】选项；单击【约束】文本框输入 1。

在【添加约束】对话框中显示输入的关系式“$C$20:$H$20=1”。

★　限制每条路径的抵达地唯一。

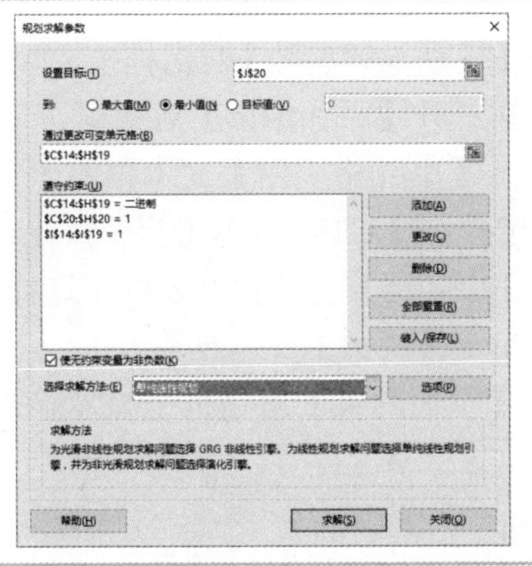

Step5　选择求解方法

勾选【使无约束变量为非负数】，在【选择求解方法】下拉列表框中选择“单纯线性规划”。

单击【选项】按钮，取消勾选【忽略正数约束】。

Step6　运行求解

单击【求解】按钮打开【规划求解结果】对话框，在第一行中显示是否找到满足条件的解。

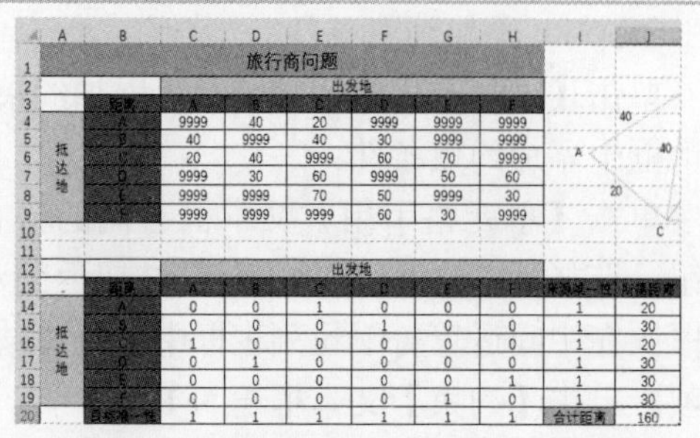

Step7　运行结果

选中【保留规划求解的解】单选按钮，单击【确定】按钮，则在工作表中显示求解的结果。

3.9.4　对求解结果加以修改

观察求解结果，形成的路径为 C→A→C，D→B→D，E→F→E，并不能形成封闭的回路，所以不符合旅行商问题的要求。

需要加上一些条件，避免出现分离的闭环。把上面出现的结果作为约束条件加入规划求解中，让 E14、C16 不能同时出现“1”，F15、D17 不能同时出现“1”，H18、G19 不能同时出现“1”。

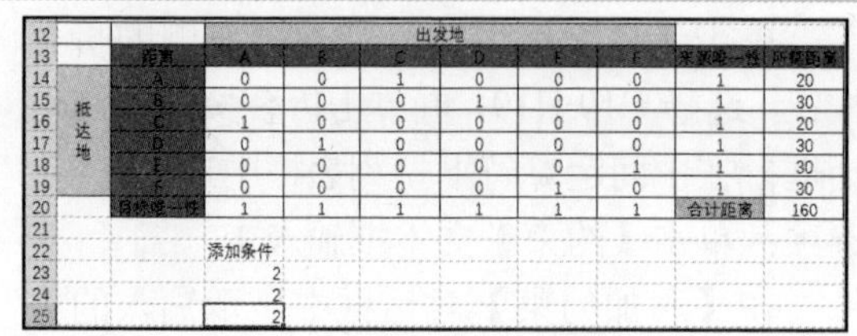

Step1　输入公式

在 C22 单元格中输入“添加条件”。

在 C23 单元格中输入公式：

=E14+C16

在 C24 单元格中输入公式：

=F15+D17

在 C25 单元格中输入公式：

=H18+G19

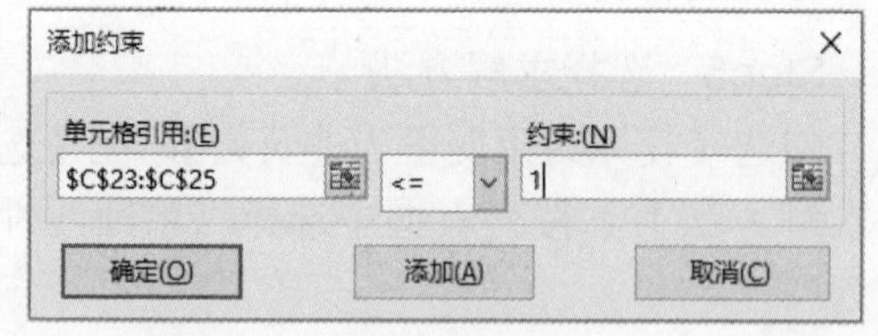

Step2　添加约束条件

在【规划求解参数】对话框中，单击【添加】按钮打开【添加约束】对话框。

单击【单元格引用】文本框右侧的折叠按钮，选择 C23:C25，再单击折叠按钮返回对话框；在中间运算符下拉列表框中选择【<=】选项；单击【约束】文本框输入 1。

在【添加约束】对话框中显示输入的关系式“$C$23:$C$25<=1”。

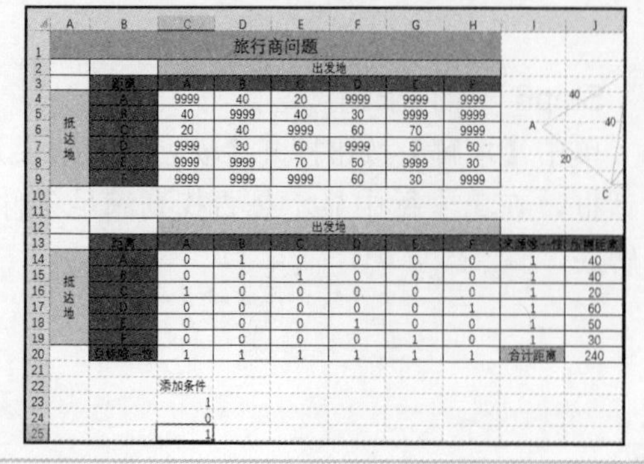

Step3　求解

单击【求解】按钮，得到路径为：C→A→B→C，D→E→F→D，仍然形成分离闭环。

	出发地							
距离	A	B	C	D	E	F	来源唯一性	所需距离
A	0	1	0	0	0	0	1	40
B	0	0	1	0	0	0	1	40
C	1	0	0	0	0	0	1	20
D	0	0	0	0	0	1	1	60
E	0	0	[illegible]	[illegible]	[illegible]	[illegible]	[illegible]	[illegible]
F	0	0	[illegible]	[illegible]	[illegible]	[illegible]	[illegible]	[illegible]
目标唯一性	1	1	[illegible]	[illegible]	[illegible]	[illegible]	[illegible]	[illegible]

添加条件：1，0，1，0

Step4　添加条件

让 E14、D16 单元格不能同时出现“1”，在 C26 单元格中输入公式：

=E14+D16

在主菜单中选择【数据】→【规划求解】，在【规划求解参数】对话框中添加约束条件：

C26<=1

	出发地							
距离	A	B	C	D	E	F	来源唯一性	所需距离
A	0	1	0	0	0	0	1	40
B	0	0	1	0	0	0	1	40
C	1	0	0	0	0	0	1	20
D	0	0	0	0	0	1	1	60
E	0	0	0	1	0	0	1	50
F	0	0	0	0	1	0	1	30
目标唯一性	1	1	1	1	1	1	合计距离	240

添加条件：1，0，1，0

Step5　求解

单击【求解】按钮，得到路径为：B→A→C→B，D→F→E→D，仍然形成分离闭环。

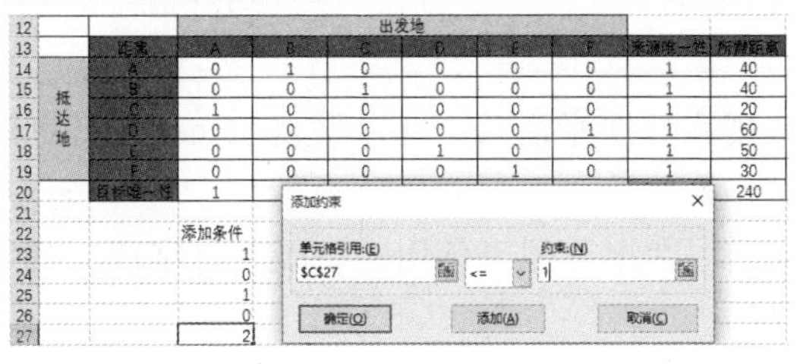

	出发地							
距离	A	B	C	D	E	F	来源唯一性	所需距离
A	0	1	0	0	0	0	1	40
B	0	0	1	0	0	0	1	40
C	1	0	0	0	0	0	1	20
D	0	0	0	0	0	1	1	60
E	0	0	0	1	0	0	1	50
F	0	0	0	0	1	0	1	30
目标唯一性	1	[illegible]	[illegible]	[illegible]	[illegible]	[illegible]	[illegible]	240

添加条件：1，0，1，0，2

Step6　添加条件

让 D14、E15 单元格不能同时出现“1”，在 C27 单元格中输入公式：

=D14+E15

在主菜单中选择【数据】→【规划求解】，在【规划求解参数】对话框中添加约束条件：

C27<=1

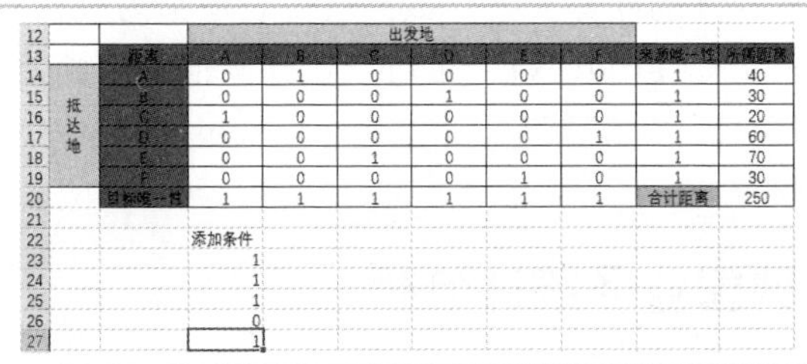

	出发地							
距离	A	B	C	D	E	F	来源唯一性	所需距离
A	0	1	0	0	0	0	1	40
B	0	0	0	1	0	0	1	30
C	1	0	0	0	0	0	1	20
D	0	0	0	0	0	1	1	60
E	0	0	1	0	0	0	1	70
F	0	0	0	0	1	0	1	30
目标唯一性	1	1	1	1	1	1	合计距离	250

添加条件：1，1，1，0，1

Step7　求解

单击【求解】按钮，得到旅行商路径为：B→A→C→E→F→D→B，路径长为 250。

反向的路径也是旅行商问题的解，即 B→D→F→E→C→A→B，路径长 250。

第 4 章　数据透视表

4.1　数据透视表的基础知识

数据透视表是 Excel 中的一种交互式报表，通过对同一个数据透视表进行不同的布局，可以得到各种不同角度的数据分析汇总表，通过创建一系列的数据透视图可以进行数据走势、占比、对比等各种图表分析，完成图文并茂的多角度数据分析。

数据透视表是以表格方式，而数据透视图是以图形方式，对数据进行透视分析。

数据透视表常用术语如下：

（1）源数据。为数据透视表提供数据的行数据或数据库记录，可以来自 Excel 的数据清单、外部数据库、多张 Excel 表或其他数据透视表。

（2）字段。从源数据中的字段衍生的数据分类。数据透视表使用的字段有行字段、列字段、页字段、内部行字段、内部列字段、数据字段。

（3）项。字段的子分类或成员，项表示源数据中字段的具体实现。

（4）汇总函数。用来对数据字段中的值进行合并的计算类型，数据透视表通常为包含数字的数据字段使用 SUM，而为包含文本的数据字段使用 COUNT，也可以选择其他汇总函数，如 AVERAGE、MIN、MAX、PRODUCT 等。

4.2　案例 17　企业销售业务统计分析

企业在销售管理中，需要记录销售情况，登记汇总销售数据，然后对销售数据进行处理和分析，以便于查看并总结销售经验，同时对企业的销售状况进行合理的预测，制定相应策略。

本案例创建“企业销量统计表”，使用透视表的各种功能来分析及处理数据。

4.2.1　建立“公司销量统计表”

“公司销量统计表”包括的内容如图 4.2-1 所示，其中姓名、季度、产品、数量需要人工输入，合计金额用公式自动计算。选中 E3 单元格，输入公式：

```
=D3*LOOKUP(C3,$G$3:$G$7,$H$3:$H$7)
```

按【Enter】键显示合计金额，该列其余单元格采用填充输入公式。

★　①使用 LOOKUP 函数时，第二组参数要按升序排序，否则无法返回正确值。

②输入单元格地址时，可先输入相对地址，然后选中输入的地址，按【F4】键转换为绝对地址。

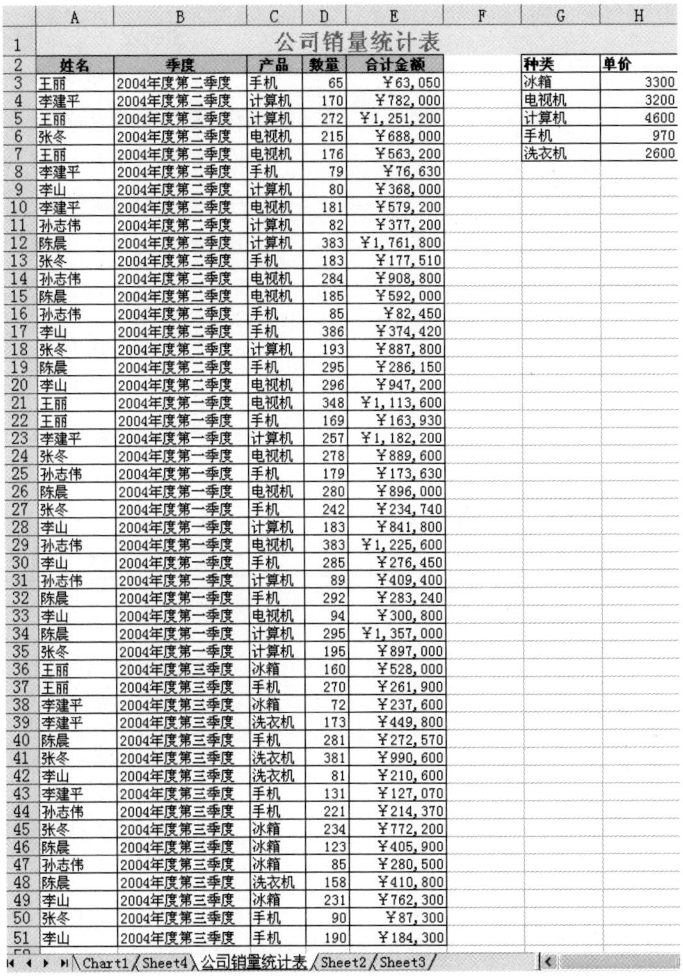

	A	B	C	D	E	F	G	H
1	公司销量统计表							
2	姓名	季度	产品	数量	合计金额		种类	单价
3	王丽	2004年度第二季度	手机	65	￥63,050		冰箱	3300
4	李建平	2004年度第二季度	计算机	170	￥782,000		电视机	3200
5	王丽	2004年度第二季度	计算机	272	￥1,251,200		计算机	4600
6	张冬	2004年度第二季度	电视机	215	￥688,000		手机	970
7	王丽	2004年度第二季度	电视机	176	￥563,200		洗衣机	2600
8	李建平	2004年度第二季度	手机	79	￥76,630			
9	李山	2004年度第二季度	计算机	80	￥368,000			
10	李建平	2004年度第二季度	电视机	181	￥579,200			
11	孙志伟	2004年度第二季度	计算机	82	￥377,200			
12	陈晨	2004年度第二季度	计算机	383	￥1,761,800			
13	张冬	2004年度第二季度	手机	183	￥177,510			
14	孙志伟	2004年度第二季度	电视机	284	￥908,800			
15	陈晨	2004年度第二季度	电视机	185	￥592,000			
16	孙志伟	2004年度第二季度	手机	85	￥82,450			
17	李山	2004年度第二季度	手机	386	￥374,420			
18	张冬	2004年度第二季度	计算机	193	￥887,800			
19	陈晨	2004年度第二季度	手机	295	￥286,150			
20	李山	2004年度第二季度	电视机	296	￥947,200			
21	王丽	2004年度第一季度	电视机	348	￥1,113,600			
22	王丽	2004年度第一季度	手机	169	￥163,930			
23	李建平	2004年度第一季度	计算机	257	￥1,182,200			
24	张冬	2004年度第一季度	电视机	278	￥889,600			
25	孙志伟	2004年度第一季度	手机	179	￥173,630			
26	陈晨	2004年度第一季度	电视机	280	￥896,000			
27	张冬	2004年度第一季度	手机	242	￥234,740			
28	李山	2004年度第一季度	计算机	183	￥841,800			
29	孙志伟	2004年度第一季度	电视机	383	￥1,225,600			
30	李山	2004年度第一季度	手机	285	￥276,450			
31	孙志伟	2004年度第一季度	计算机	89	￥409,400			
32	陈晨	2004年度第一季度	手机	292	￥283,240			
33	李山	2004年度第一季度	电视机	94	￥300,800			
34	陈晨	2004年度第一季度	计算机	295	￥1,357,000			
35	张冬	2004年度第一季度	计算机	195	￥897,000			
36	王丽	2004年度第三季度	冰箱	160	￥528,000			
37	王丽	2004年度第三季度	手机	270	￥261,900			
38	李建平	2004年度第三季度	冰箱	72	￥237,600			
39	李建平	2004年度第三季度	洗衣机	173	￥449,800			
40	陈晨	2004年度第三季度	手机	281	￥272,570			
41	张冬	2004年度第三季度	洗衣机	381	￥990,600			
42	李山	2004年度第三季度	洗衣机	81	￥210,600			
43	李建平	2004年度第三季度	手机	131	￥127,070			
44	孙志伟	2004年度第三季度	手机	221	￥214,370			
45	张冬	2004年度第三季度	冰箱	234	￥772,200			
46	陈晨	2004年度第三季度	冰箱	123	￥405,900			
47	孙志伟	2004年度第三季度	冰箱	85	￥280,500			
48	陈晨	2004年度第三季度	洗衣机	158	￥410,800			
49	李山	2004年度第三季度	冰箱	231	￥762,300			
50	张冬	2004年度第三季度	手机	90	￥87,300			
51	李山	2004年度第三季度	手机	190	￥184,300			

Chart1 / Sheet4 / 公司销量统计表 / Sheet2 / Sheet3

图 4.2-1　销量统计表

4.2.2　建立透视表和透视图

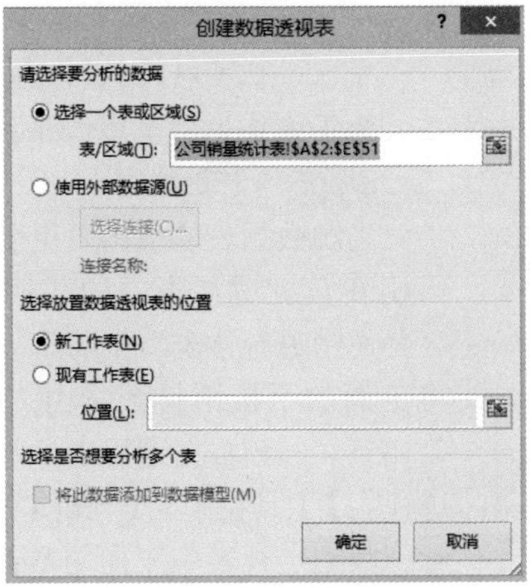

创建数据透视表

请选择要分析的数据

◉ 选择一个表或区域(S)

表/区域(T): 公司销量统计表!$A$2:$E$51

○ 使用外部数据源(U)

选择连接(C)...

连接名称:

选择放置数据透视表的位置

◉ 新工作表(N)

○ 现有工作表(E)

位置(L):

选择是否想要分析多个表

☐ 将此数据添加到数据模型(M)

确定　取消

Step1　指定操作数据、生成数据透视表的位置

单击数据清单的任意位置，选择【插入】→【数据透视表】，打开【创建数据透视表】对话框。

在【选择放置数据透视表的位置】处选择【新工作表】。

★　若前面没有把活动单元格定位在数据清单内，则需要用鼠标选中需要创建透视表的数据区域：$A$2:$E$51。

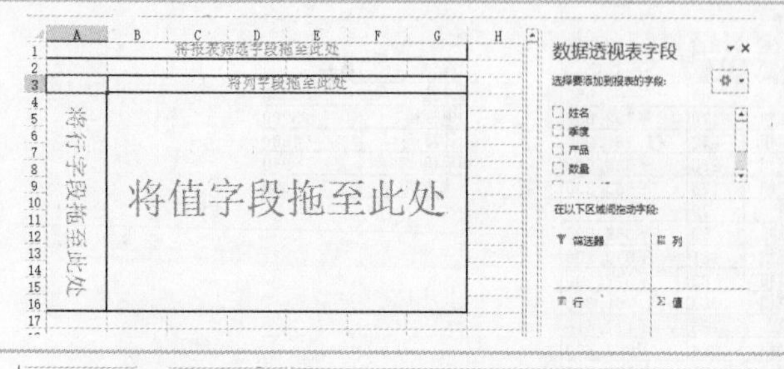

Step2 生成透视表布局框架结构

单击【确定】按钮，在一个新建工作表中生成透视表布局框架结构，同时右侧出现【数据透视表字段】面板。选中透视表框架，在菜单栏中出现【数据透视表工具】工具栏。

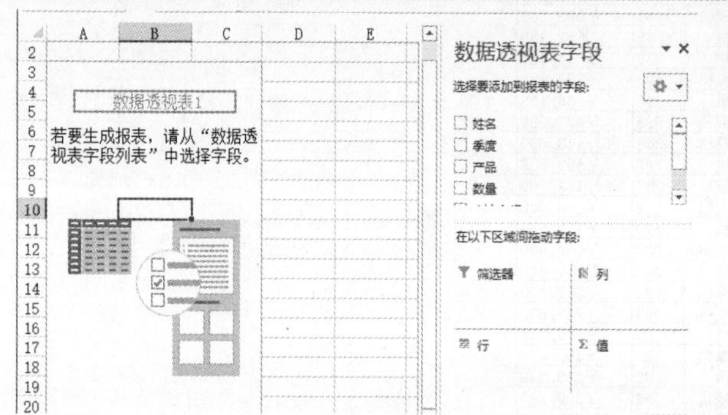

Step3 设置经典数据透视表布局

若数据透视表布局框架结构如左图所示，与 Step2 出现的不同，则需要设置经典数据透视表布局：选中数据透视表，单击【数据透视表工具】→【分析】→【数据透视表】→【选项】→【选项】→【显示】→勾选【经典数据透视表布局】。

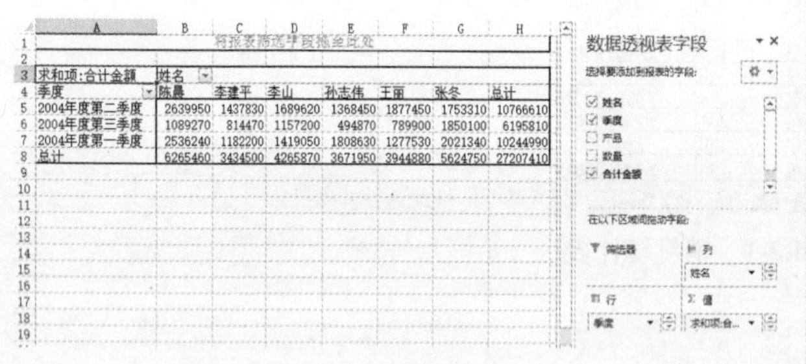

求和项:合计金额	姓名						
季度	陈晨	李建平	李山	孙志伟	王丽	张冬	总计
2004年度第二季度	2639950	1437830	1689620	1368450	1877450	1753310	10766610
2004年度第三季度	1089270	814470	1157200	494870	789900	1850100	6195810
2004年度第一季度	2536240	1182200	1419050	1808630	1277530	2021340	10244990
总计	6265460	3434500	4265870	3671950	3944880	5624750	27207410

Step4 设计数据透视表的布局

从【数据透视表字段】面板中把【季度】字段拖放到透视表的【行字段】，把【姓名】字段拖放到透视表的【列字段】，把【合计金额】字段拖放到透视表的【值字段】。

至此，完成了基于“公司销量统计表”数据源生成的数据透视表，从该表中可以了解更多的销售信息，而这些是在“公司销量统计表”中难以看出的，如某个员工在各季度的销售合计。

★ 可以拖放到透视表框架上相应的字段，也可以拖放到透视表字段面板下方各拖动字段位置。

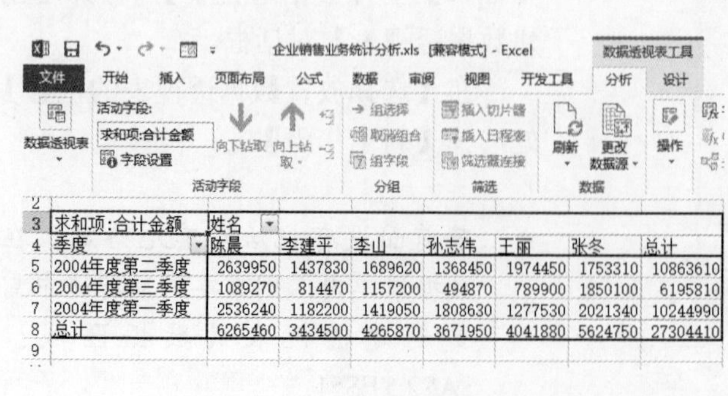

求和项:合计金额	姓名						
季度	陈晨	李建平	李山	孙志伟	王丽	张冬	总计
2004年度第二季度	2639950	1437830	1689620	1368450	1974450	1753310	10863610
2004年度第三季度	1089270	814470	1157200	494870	789900	1850100	6195810
2004年度第一季度	2536240	1182200	1419050	1808630	1277530	2021340	10244990
总计	6265460	3434500	4265870	3671950	4041880	5624750	27304410

Step5 更新数据

当源数据表的数据发生变化时，如何刷新数据透视表中的数据呢？修改“公司销量统计表”中的第一条记录，将王丽的手机销售数量由“65”改为“165”，回到数据透视表，单击【数据透视表】工具栏中的【分析】→【刷新】，看到数据透视表中王丽的数据、相应总计数据发生了变化。

Step6　创建数据透视图

选中该透视表，选择【数据透视表工具】工具栏中的【分析】→【数据透视图】，选择【簇状柱形图】，生成数据透视图。

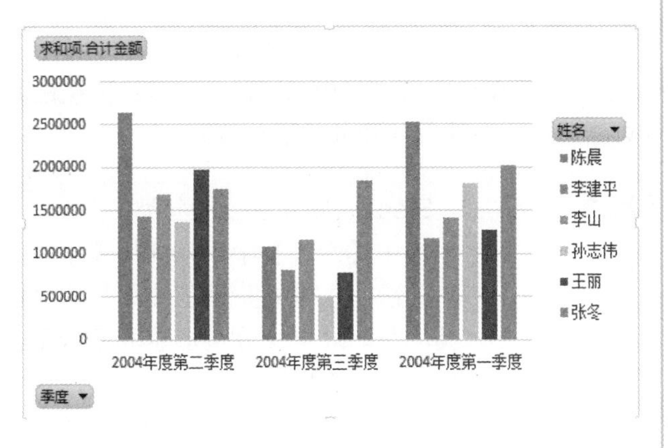

★　创建数据透视图有两种方法：一种是在创建透视表时，单击【插入】→【数据透视图】；另一种方法是先创建一个透视表，再创建透视图，如本例。

Step7　使用报表筛选字段

把【季度】字段拖放到透视表的【报表筛选字段】，把【产品】字段从【数据透视表字段】拖放到透视表的【行字段】。只要从【报表筛选字段】下拉列表框中选择某一季度，则数据透视表就是该季度的数据。

	A	B	C	D	E	F	G	H
1	季度	2004年度第二季度						
2								
3	求和项:合计金额	姓名						
4	产品	陈晨	李建平	李山	孙志伟	王丽	张冬	总计
5	电视机	592000	579200	947200	908800	563200	688000	4278400
6	计算机	1761800	782000	368000	377200	1251200	887800	5428000
7	手机	286150	76630	374420	82450	63050	177510	1060210
8	总计	2639950	1437830	1689620	1368450	1877450	1753310	10766610

Step8　快速重新排列布局

利用数据透视表的交互性可以方便地旋转透视表，移动或旋转行和列从另一个角度查看数据汇总统计。将【姓名】按行、【产品】按列显示，只要在布局中拖动字段标题到相应的位置。

	A	B	C	D	E
1					
2	季度	2004年度第二季度			
3					
4	求和项:合计金额	产品			
5	姓名	电视机	计算机	手机	总计
6	陈晨	592000	1761800	286150	2639950
7	李建平	579200	782000	76630	1437830
8	李山	947200	368000	374420	1689620
9	孙志伟	908800	377200	82450	1368450
10	王丽	563200	1251200	63050	1877450
11	张冬	688000	887800	177510	1753310
12	总计	4278400	5428000	1060210	10766610

Step9　添加内部行字段

把透视表重新调换成【姓名】按列、【产品】按行显示。

可以在布局的任何区域放置任意多的字段，把【数量】字段拖放到【产品】右侧，可以查看每个人各产品完成的数量。

若要删除一个字段，只要将它拖离数据透视表。

	A	B	C	D	E	F	G	H	I
1									
2	季度	2004年度第二季度							
3									
4	求和项:合计金额		姓名						
5	产品	数量	陈晨	李建平	李山	孙志伟	王丽	张冬	总计
6	电视机	176					563200		563200
7		181		579200					579200
8		185	592000						592000
9		215						688000	688000
10		284				908800			908800
11		296			947200				947200
12	电视机 汇总		592000	579200	947200	908800	563200	688000	4278400
13	计算机	80			368000				368000
14		82				377200			377200
15		170		782000					782000
16		193						887800	887800
17		272					1251200		1251200
18		383	1761800						1761800
19	计算机 汇总		1761800	782000	368000	377200	1251200	887800	5428000
20	手机	65					63050		63050
21		79		76630					76630
22		85				82450			82450
23		183						177510	177510
24		295	286150						286150
25		386			374420				374420
26	手机 汇总		286150	76630	374420	82450	63050	177510	1060210
27	总计		2639950	1437830	1689620	1368450	1877450	1753310	10766610

★　透视表与公式函数的区别：使用公式函数系统要进行计算，耗费系统资源，占用运算时间，而使用透视表不需要计算，只是重新摆放数据。

4.2.3 设置总计和分类汇总

Excel 默认为数据透视表中的所有外部字段生成总计，为所有内部字段（除了最内层的字段）生成分类汇总，可以控制显示或隐藏数据透视表中的总计和分类汇总数据。

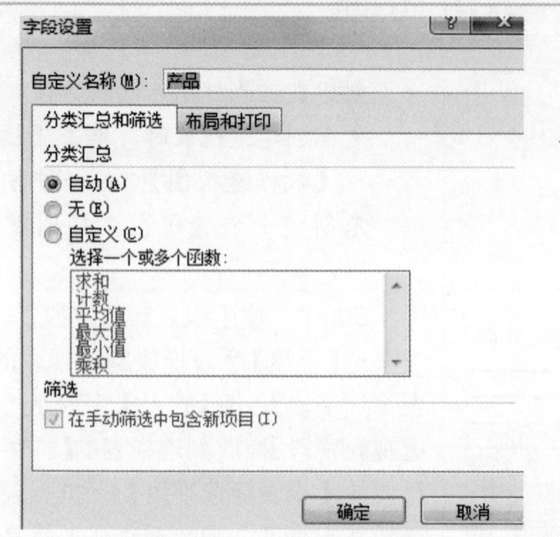

Step1 删除字段的分类汇总

双击【产品】字段，弹出【字段设置】对话框。如果要显示外部行或列的分类汇总，选择【分类汇总和筛选】→【自动】；如果要删除分类汇总，选择【分类汇总和筛选】→【无】。

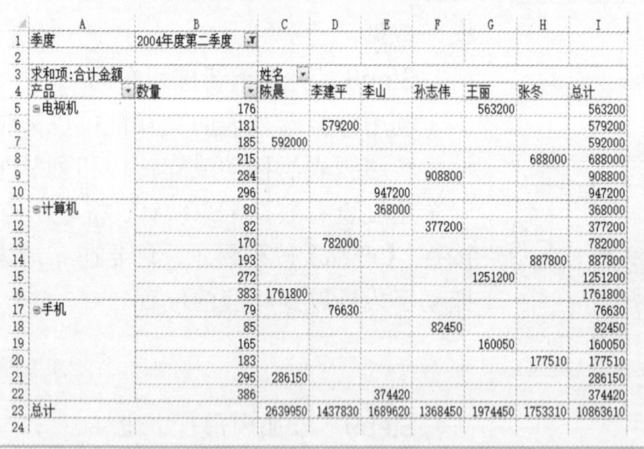

	A	B	C	D	E	F	G	H	I
1	季度	2004年度第二季度							
2									
3	求和项:合计金额		姓名						
4	产品	数量	陈晨	李建平	李山	孙志伟	王丽	张冬	总计
5	⊟电视机	176					563200		563200
6		181		579200					579200
7		185	592000						592000
8		215						688000	688000
9		284				908800			908800
10		296			947200				947200
11	⊟计算机	80			368000				368000
12		82				377200			377200
13		170		782000					782000
14		193						887800	887800
15		272					1251200		1251200
16		383	1761800						1761800
17	⊟手机	79		76630					76630
18		85				82450			82450
19		165					160050		160050
20		183						177510	177510
21		295	286150						286150
22		386			374420				374420
23	总计		2639950	1437830	1689620	1368450	1974450	1753310	10863610
24									

Step2 删除字段的分类汇总

单击【确定】按钮，删除【产品】字段分类汇总的数据透视表如左图所示。

★ 对字段取消分类汇总的操作也可以：在【数据透视表】工具栏中选择【设计】→【布局】→【分类汇总】→【不显示分类汇总】。

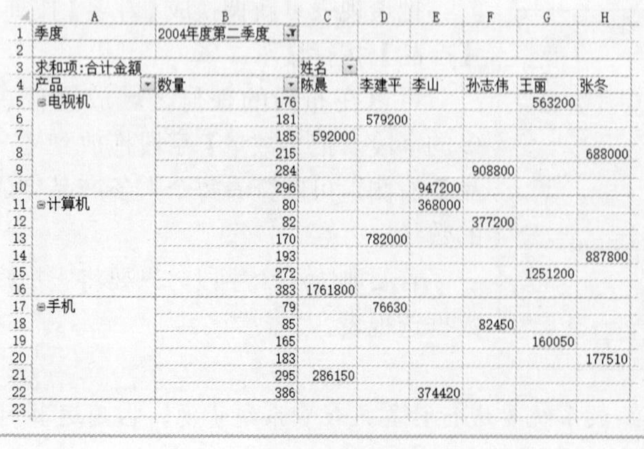

	A	B	C	D	E	F	G	H
1	季度	2004年度第二季度						
2								
3	求和项:合计金额		姓名					
4	产品	数量	陈晨	李建平	李山	孙志伟	王丽	张冬
5	⊟电视机	176					563200	
6		181		579200				
7		185	592000					
8		215						688000
9		284				908800		
10		296			947200			
11	⊟计算机	80			368000			
12		82				377200		
13		170		782000				
14		193						887800
15		272					1251200	
16		383	1761800					
17	⊟手机	79		76630				
18		85				82450		
19		165					160050	
20		183						177510
21		295	286150					
22		386			374420			
23								

Step3 删除总计数据

选中数据透视表，在【数据透视表】工具栏中选择【设计】→【布局】→【总计】→【对行和列禁用】。删除总计后的效果如左图所示。

季度	2004年度第二季度						
求和项:合计金额		姓名2	姓名				
		数据组1		李山	孙志伟	王丽	张冬
产品	数量	陈晨	李建平	李山	孙志伟	王丽	张冬
电视机	176					563200	
	181		579200				
	185	592000					
	215						688000
	284				908800		
	296			947200			
计算机	80			368000			
	82				377200		
	170		782000				
	193						887800
	272					1251200	
	383	1761800					
手机	65					63050	
	79		76630				
	85				82450		
	183						177510
	295	286150					
	386			374420			

Step4　创建和取消数据分组

选中“陈晨”和“李建平”姓名两个单元格，右击并选择【创建组】，在透视表中出现一个【数据组 1】，将“陈晨”和“李建平”的相关销售数据进行了组合显示。要取消组合，右击“数据组 1”并选择【取消组合】。

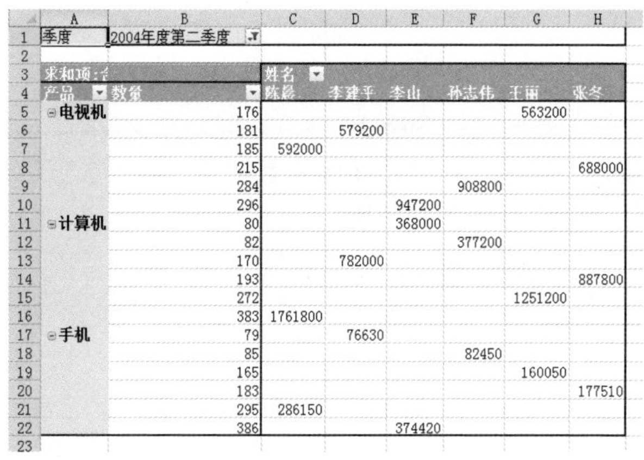

季度	2004年度第二季度						
求和项:合		姓名					
产品	数量	陈晨	李建平	李山	孙志伟	王丽	张冬
电视机	176					563200	
	181		579200				
	185	592000					
	215						688000
	284				908800		
	296			947200			
计算机	80			368000			
	82				377200		
	170		782000				
	193						887800
	272					1251200	
	383	1761800					
手机	79		76630				
	85				82450		
	165					160050	
	183						177510
	295	286150					
	386			374420			

Step5　自动套用格式

选中数据透视表，在【数据透视表】工具栏中选择【设计】→【数据透视表样式】→【中等深浅 14】。

4.2.4　自定义计算

除了标准汇总函数外，Excel 还提供了一套自定义计算。这些自定义计算可以在数据透视表中方便地显示每个项占同一行或同一列总值的百分比值，或者分析显示相邻项之间的差异。

要将第二、三季度的数据与第一季度的数据相比较，查看每个员工销售业绩的变化情况。

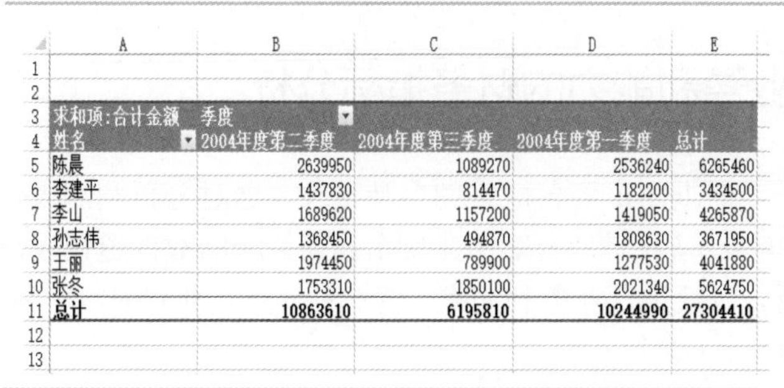

求和项:合计金额	季度			
姓名	2004年度第二季度	2004年度第三季度	2004年度第一季度	总计
陈晨	2639950	1089270	2536240	6265460
李建平	1437830	814470	1182200	3434500
李山	1689620	1157200	1419050	4265870
孙志伟	1368450	494870	1808630	3671950
王丽	1974450	789900	1277530	4041880
张冬	1753310	1850100	2021340	5624750
总计	10863610	6195810	10244990	27304410

Step1　新建一个透视表

将前面做的案例内容保存，再新建一个透视表，【姓名】→【行字段】，【季度】→【列字段】，【合计金额】→【值字段】。

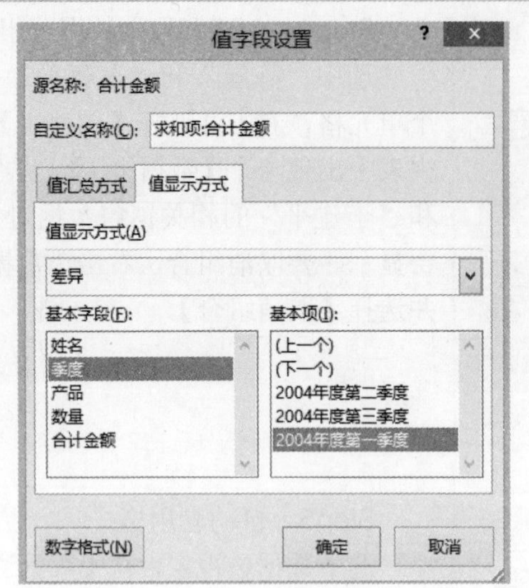

Step2 设置值字段

将活动单元格定位到数据透视表的数据区并右击，在弹出的快捷菜单中选择【值字段设置】，弹出【值字段设置】对话框。

选择【值显示方式】选项卡，在【值显示方式】下拉列表框中选择【差异】，在【基本字段】列表框中选择【季度】，在【基本项】列表框中选择【2004 年度第一季度】。

★ 选择 2004 年第一季度为基础数据，其他季度数据与之比较得到差异。

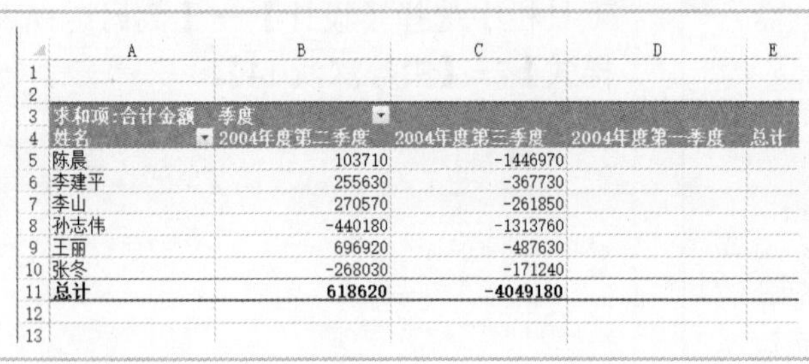

求和项:合计金额	季度			
姓名	2004年度第二季度	2004年度第三季度	2004年度第一季度	总计
陈晨	103710	-1446970		
李建平	255630	-367730		
李山	270570	-261850		
孙志伟	-440180	-1313760		
王丽	696920	-487630		
张冬	-268030	-171240		
总计	618620	-4049180		

Step3 透视表显示结果

单击【确定】按钮，得到数据透视表如左图所示。

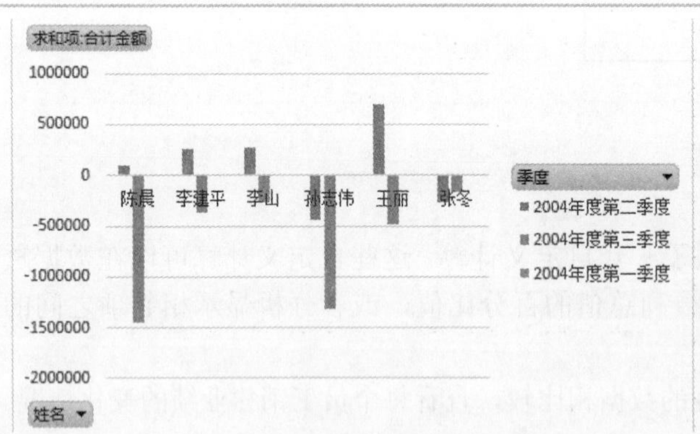

Step4 透视图显示结果

选中数据透视表，在【数据透视表工具】中选择【分析】→【数据透视图】，选择【簇状柱形图】。

由左图可以看出，每个员工各季度销售额与第一季度相比的增减变化情况。

4.3 案例 18 企业盈利能力的财务指标分析

利润表又称损益表，它是反映企业一定时期生产经营成果的会计报表。通过分析利润表，可以了解企业的经营情况、获利能力以及未来发展趋势。本案例建立企业损益表的数据透视表，通过添加计算项进行企业的盈利能力分析，包括主营业务利润率、营业利润率、利润率、净利润率等财务指标。

4.3.1 建立“损益表”

新建一个工作表，命名为“损益表”，输入业务数据（本案例为虚拟数据），如图 4.3-1 所示。在主菜单中选择【视图】→在【显示】功能区组，取消勾选【网格线】。

	A	B	C	D	E	F	G
1			损益表				
2			2010年6月31日				
3	编制单位			单位：元			
4	项目	行次	本月数	本年累计数			上期累计数
5	一、主营业务收入	1	907209	10318862			9411653
6	减：主营业务成本	4	687602	8873840			8186238
7	主营业务税金及附加	5	4188	58700			54512
8	二、主营业务利润	10	215419	1386321			1170902
9	加：其它业务利润	11		0			
10	减：营业费用	14	11285	156598			145313
11	管理费用	15	103190	810562			707372
12	财务费用	16	-295	-1136			-841
13	三、营业利润	18	101239	420296			319057
14	加：投资收益	19		0			
15	补贴收入	22		0			
16	营业外收入	23		0			
17	减：营业外支出	25	75359	301438			226079
18	四、利润总额	27	25879	118856			92977
19	减：所得税	28		0			
20	五、净利润	30	25879	118856			92977
21							

图 4.3-1　损益表

4.3.2　建立"损益表"的数据透视表

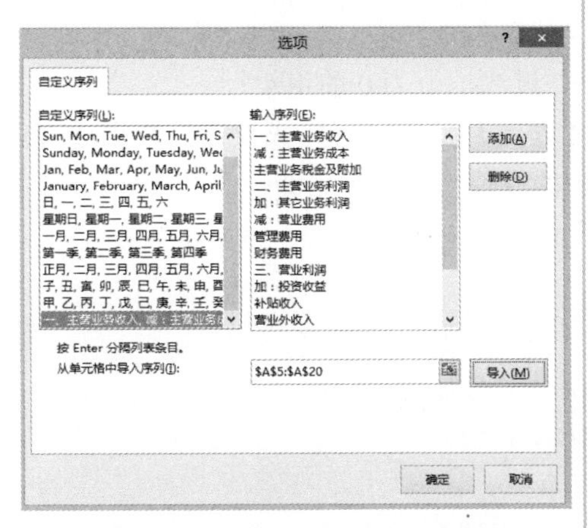

Step1　建立自定义序列

在主菜单中选择【文件】→【选项】→【高级】，在【常规】组中单击【编辑自定义列表】，打开【自定义序列】对话框。单击【从单元格中导入序列】文本框右侧的折叠按钮，选择损益表中的$A$5:$A$20 单元格区域，单击折叠按钮返回对话框，单击【导入】按钮，再单击【确定】按钮。

★　建立数据透视表时，系统按默认方式对字段排列顺序，建立项目的自定义序列，可保证形成数据透视表时项目的顺序不变。

Step2　创建数据透视表

选中损益表中的 A4:D20 单元格区域，在主菜单中选择【插入】→【数据透视表】，打开【创建数据透视表】对话框，在【选择放置数据透视表的位置】处选择【新工作表】，单击【确定】按钮。

	A	B
1		
2		
3	求和项:本年累计数	
4	项目	汇总
5	一、主营业务收入	10318862
6	减：主营业务成本	8873840
7	主营业务税金及附加	58700
8	二、主营业务利润	1386321
9	加：其它业务利润	0
10	减：营业费用	156598
11	管理费用	810562
12	财务费用	-1136
13	三、营业利润	420296
14	加：投资收益	0
15	补贴收入	0
16	营业外收入	0
17	减：营业外支出	301438
18	四、利润总额	118856
19	减：所得税	0
20	五、净利润	118856
21	总计	22563193
22		

Step3　布局数据透视表

在数据透视表布局窗口中，将【项目】字段从【数据透视表字段】拖到数据透视表的【行字段】处，将【本年累计数】字段从【数据透视表字段】拖到数据透视表的【数据项】处。

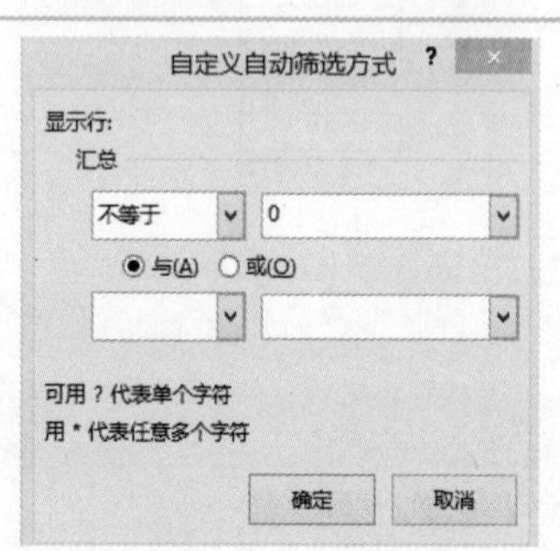

Step4　设置自动筛选

单击与数据透视表字段【汇总】(B4 单元格)相邻的 C4 单元格，单击【数据】→【筛选】，单击数据透视表【汇总】字段的筛选标记，选择【数字筛选】→【不等于】，打开【自定义自动筛选方式】对话框，在【汇总】右侧的下拉列表框中选择数值 0。

	A	B
1		
2		
3	求和项:本年累计数	
4	项目	汇总
5	一、主营业务收入	10318862
6	减：主营业务成本	8873840
7	主营业务税金及附加	58700
8	二、主营业务利润	1386321
10	减：营业费用	156598
11	管理费用	810562
12	财务费用	-1136
13	三、营业利润	420296
17	减：营业外支出	301438
18	四、利润总额	118856
20	五、净利润	118856
21	总计	22563193
22		

Step5　过滤掉值为 0 的记录行

单击【确定】按钮即可完成设置，数据透视表数据区域中的 0 值记录将被过滤掉。

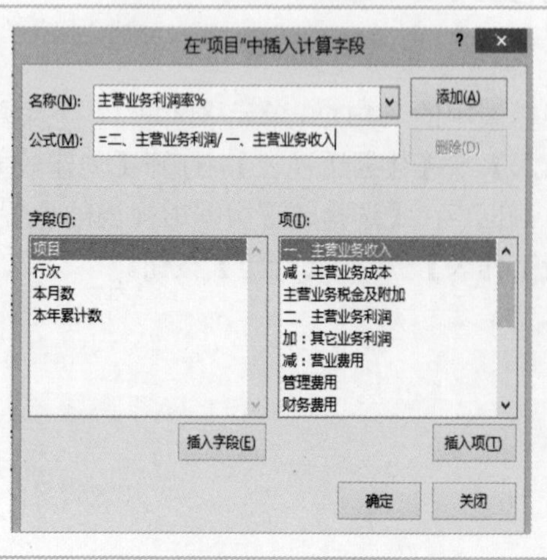

Step6　建立“主营业务利润率%”计算项

选择【数据透视表工具】工具栏中【分析】→【计算】功能区组的【字段、项目和集】→【计算项】。在弹出的【在“项目”中插入计算字段】对话框的【名称】文本框中输入“主营业务利润率%”，然后把光标定位在【公式】文本框中，清除原有的数据“=0”，单击【字段】列表框中的【项目】选项，双击右侧【项】列表框中出现的【二、主营业务利润】选项，然后输入除号“/”，再双击【项】列表框中出现的【一、主营业务收入】选项，得到计算“主营业务利润率%”的计算公式。

Step7　显示"主营业务利润率"

单击【确定】按钮，得到包含"主营业务利润率%"的数据透视表，将其数据格式设为百分比。

	A	B
1	请将页字段拖至此处	
2		
3	求和项:本年累计数	
4	项目	汇总
5	一、主营业务收入	10318862
6	减：主营业务成本	8873840
7	主营业务税金及附加	58700
8	二、主营业务利润	1386321
10	减：营业费用	156598
11	管理费用	810562
12	财务费用	-1136
13	三、营业利润	420296
17	减：营业外支出	301438
18	四、利润总额	118856
20	五、净利润	118856
21	主营业务利润率%	13.43%
22	总计	22563193.13
23		

Step8　建立其他计算项

与建立"主营业务利润率%"计算项相似，依次添加"营业利润率%""利润率%""净利润率%"计算项。将计算结果设置为百分数，保留两位小数。

"营业利润率%"公式：

=营业利润/主营业务收入

"利润率%"公式：

=利润总额/主营业务收入

"净利润率%"公式：

=净利润/主营业务收入

	A	B
1	将报表筛选字段拖至此处	
2		
3	求和项:本年累计数	
4	项目	汇总
5	一、主营业务收入	10318862
6	减：主营业务成本	8873840
7	主营业务税金及附加	58700
8	二、主营业务利润	1386321
10	减：营业费用	156598
11	管理费用	810562
12	财务费用	-1136
13	三、营业利润	420296
17	减：营业外支出	301438
18	四、利润总额	118856
20	五、净利润	118856
21	主营业务利润率%	13.43%
22	营业利润率%	4.07%
23	净利润率%	1.15%
24	利润率%	1.15%
25	总计	22563193.2
26		

4.4　案例 19　用透视表生成企业日常财务总账表

"企业日常财务明细表"是对企业每日的经济业务的记录，而"企业日常财务总账表"是对日常财务的汇总。本案例使用数据透视表对"企业日常财务明细表"中的数据进行分析汇总，生成"企业日常财务总账表"。使用的"企业日常财务明细表"是案例 4 生成的数据，生成的"企业日常财务汇总表"效果如图 4.4-1 所示。

	A	B	C	D
1	月	(全部)		
2	日	(全部)		
3	凭证号	(全部)		
4				
5			数据	
6	科目代码	科目名称	求和项:借方金额	求和项:贷方金额
7	101	现金	500000	2000
8	102	银行存款	706500	155000
9	113	应收账款	6500	6500
10	114	坏账准备		6500
11	121	材料采购	35000	
12	123	原材料		750000
13	203	应付账款		100000
14	221	应交税金		150000
15	321	本年利润	985200	
16	501	主营业务收入		1000000
17	502	主营业务成本	750000	750000
18	503	营业费用	20000	20000
19	511	管理费用	2000	65200
20	535	所得税	150000	150000
21	总计		3155200	3155200
22				

会计科目代码表 / 企业日常财务汇总表 / 企业日常财务明细表

图 4.4-1　"企业日常财务汇总表"效果

4.4.1 导入数据

（1）新建一个工作簿，命名为“用透视表生成日常财务总账表”。

（2）将案例 4 生成的数据复制到“用透视表生成日常财务汇总表”工作簿中，则该工作簿中包含了两个工作表的数据，即“会计科目代码表”和“企业日常财务明细表”。

（3）取消“企业日常财务明细表”中列标题的单元格合并，如图 4.4-2 所示。

	A	B	C	D	E	F	G	H	I	J	K
1	企业日常财务明细表										
2	月	日	凭证号	科目代码	科目名称	摘要	借方金额	贷方金额			
3	9	3	1	121	材料采购	购买原材料	¥ 35,000				
4			1	102	银行存款	购买原材料		¥ 35,000		2170000	2170000
5	9	5	2	101	现金	销售货物	¥ 300,000			借方合计	贷方合计
6			2	102	银行存款	销售货物	¥ 700,000				
7			2	501	主营业务收入	销售货物		¥ 1,000,000			
8	9	6	3	511	管理费用	招待费	¥ 2,000				
9			3	101	现金	招待费		¥ 2,000			
10	9	10	4	535	所得税	应缴所得税	¥ 150,000				
11			4	221	应交税金	应缴所得税		¥ 150,000			
12	9	11	5	101	现金	提取准备金	¥ 100,000				
13			5	102	银行存款	提取准备金		¥ 100,000			
14	9	12	6	203	应付账款	发放工资	¥ 100,000				
15			6	101	现金	发放工资		¥ 100,000			
16	9	13	7	113	应收账款	冲坏账准备	¥ 6,500				
17			7	114	坏账准备	冲坏账准备		¥ 6,500			
18	9	14	8	102	银行存款	收回欠款	¥ 6,500				
19			8	113	应收账款	收回欠款		¥ 6,500			
20	9	20	9	503	营业费用	展览费	¥ 20,000				
21			9	102	银行存款	展览费		¥ 20,000			
22	9	24	10	502	主营业务成本	消耗原材料	¥ 750,000				
23			10	123	原材料	消耗原材料		¥ 750,000			
24											

会计科目代码表 | 企业日常财务明细表

图 4.4-2 导入新工作簿的数据

4.4.2 使用数据透视表创建日常财务总账表

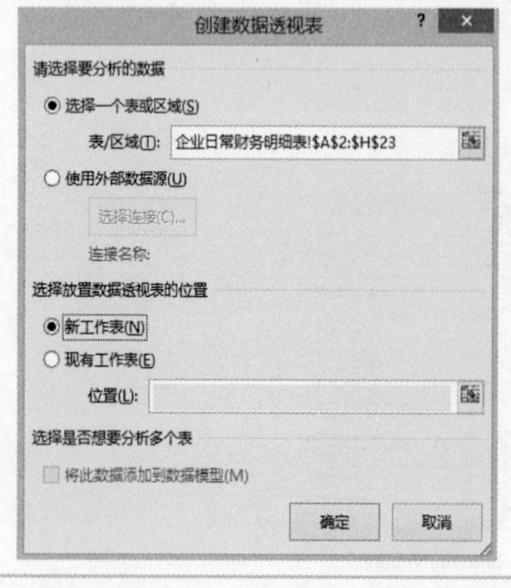

Step1 创建数据透视表

选中“企业日常财务明细表”的 A2:H23 单元格区域，在主菜单中选择【插入】→【数据透视表】，打开【创建数据透视表】对话框，在【选择放置数据透视表的位置】处选择【新工作表】，单击【确定】按钮。

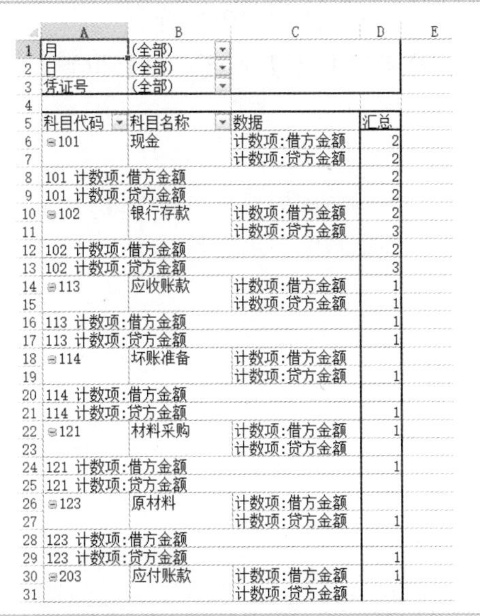

	A	B	C	D
1	月	(全部)		
2	日	(全部)		
3	凭证号	(全部)		
4				
5	科目代码	科目名称	数据	汇总
6	101	现金	计数项:借方金额	2
7			计数项:贷方金额	2
8	101 计数项:借方金额			2
9	101 计数项:贷方金额			2
10	102	银行存款	计数项:借方金额	2
11			计数项:贷方金额	3
12	102 计数项:借方金额			2
13	102 计数项:贷方金额			3
14	113	应收账款	计数项:借方金额	1
15			计数项:贷方金额	1
16	113 计数项:借方金额			1
17	113 计数项:贷方金额			1
18	114	坏账准备	计数项:借方金额	
19			计数项:贷方金额	1
20	114 计数项:借方金额			
21	114 计数项:贷方金额			1
22	121	材料采购	计数项:借方金额	1
23			计数项:贷方金额	
24	121 计数项:借方金额			1
25	121 计数项:贷方金额			
26	123	原材料	计数项:借方金额	
27			计数项:贷方金额	1
28	123 计数项:借方金额			
29	123 计数项:贷方金额			1
30	203	应付账款	计数项:借方金额	1
31			计数项:贷方金额	

Step2　布局数据透视表

在数据透视表布局窗口中，将【月】、【日】、【凭证号】字段从【数据透视表字段】面板拖到数据透视表的【报表筛选字段】处，将【科目代码】、【科目名称】字段从【数据透视表字段】面板拖到数据透视表的【行字段】处，将【借方金额】、【贷方金额】字段从【数据透视表字段】面板拖到数据透视表的【值字段】处。

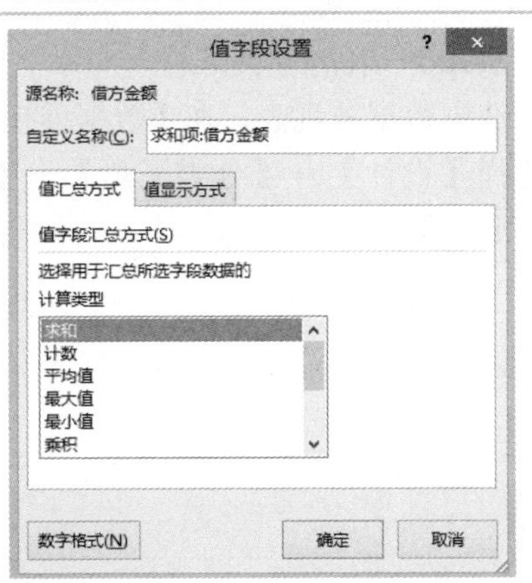

Step3　设置值字段

双击【计数项：借方金额】，弹出【值字段设置】对话框，选择【值汇总方式】选项卡，在【计算类型】列表框中选择【求和】，单击【确定】按钮。

双击【计数项：贷方金额】，弹出【值字段设置】对话框，选择【值汇总方式】选项卡，在【计算类型】列表框中选择【求和】，单击【确定】按钮。

	A	B	C	D
1	月	(全部)		
2	日	(全部)		
3	凭证号	(全部)		
4				
5	科目代码	科目名称	数据	汇总
6	101	现金	求和项:借方金额	400000
7			求和项:贷方金额	102000
8	101 求和项:借方金额			400000
9	101 求和项:贷方金额			102000
10	102	银行存款	求和项:借方金额	706500
11			求和项:贷方金额	155000
12	102 求和项:借方金额			706500
13	102 求和项:贷方金额			155000
14	113	应收账款	求和项:借方金额	6500
15			求和项:贷方金额	6500
16	113 求和项:借方金额			6500
17	113 求和项:贷方金额			6500
18	114	坏账准备	求和项:借方金额	
19			求和项:贷方金额	6500
20	114 求和项:借方金额			
21	114 求和项:贷方金额			6500
22	121	材料采购	求和项:借方金额	35000
23			求和项:贷方金额	
24	121 求和项:借方金额			35000
25	121 求和项:贷方金额			
26	123	原材料	求和项:借方金额	
27			求和项:贷方金额	750000
28	123 求和项:借方金额			
29	123 求和项:贷方金额			750000
30	203	应付账款	求和项:借方金额	100000
31			求和项:贷方金额	

Step4　设置后的效果

设置后的效果如左图所示。

将工作表重命名为“企业日常财务总账表”。

月	(全部)		
日	(全部)		
凭证号	(全部)		
		数据	
科目代码	科目名称	求和项:借方金额	求和项:贷方金额
101	现金	400000	102000
101 汇总		400000	102000
102	银行存款	706500	155000
102 汇总		706500	155000
113	应收账款	6500	6500
113 汇总		6500	6500
114	坏账准备		6500
114 汇总			6500
121	材料采购	35000	
121 汇总		35000	
123	原材料		750000
123 汇总			750000
203	应付账款	100000	
203 汇总		100000	
221	应交税金		150000
221 汇总			150000
501	主营业务收入		1000000
501 汇总			1000000
502	主营业务成本	750000	
502 汇总		750000	
503	营业费用	20000	
503 汇总		20000	
511	管理费用	2000	
511 汇总		2000	
535	所得税	150000	

企业日常财务总账表 企业日常财务明细表

Step5 调整字段位置

拖动【数据】到【汇总】位置。

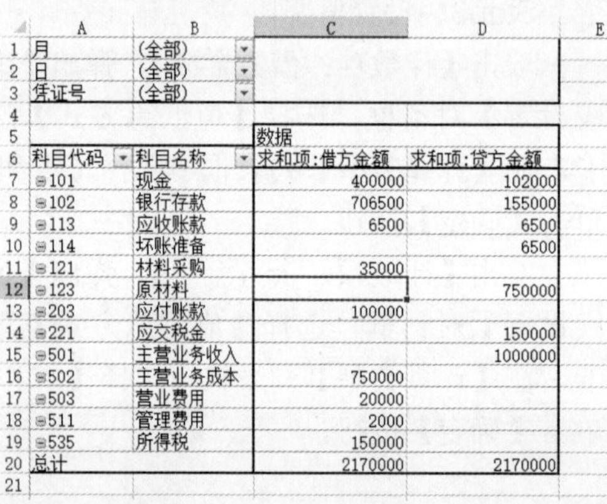

月	(全部)		
日	(全部)		
凭证号	(全部)		
		数据	
科目代码	科目名称	求和项:借方金额	求和项:贷方金额
101	现金	400000	102000
102	银行存款	706500	155000
113	应收账款	6500	6500
114	坏账准备		6500
121	材料采购	35000	
123	原材料		750000
203	应付账款	100000	
221	应交税金		150000
501	主营业务收入		1000000
502	主营业务成本	750000	
503	营业费用	20000	
511	管理费用	2000	
535	所得税	150000	
总计		2170000	2170000

Step6 取消分类汇总

选中数据透视表，在【数据透视表工具】中选择【设计】→【分类汇总】→【不显示分类汇总】。

月	(全部)		
日	(全部)		
凭证号	(全部)		
		数据	
科目代码	科目名称	求和项:借方金额	求和项:贷方金额
101	现金	400000	102000
102	银行存款	706500	155000
113	应收账款	6500	6500
114	坏账准备		6500
121	材料采购	35000	
123	原材料		750000
203	应付账款	100000	
221	应交税金		150000
501	主营业务收入		1000000
502	主营业务成本	750000	
503	营业费用	20000	
511	管理费用	2000	
535	所得税	150000	

Step7 取消总计

选中数据透视表，在【数据透视表工具】中选择【设计】→【总计】→【对行和列禁用】。

月	日	凭证号	科目代码	科目名称	摘要	借方金额	贷方金额
		6	101	现金	发放工资		100000
9	11	5	101	现金	提取准备金	100000	
9	5	2	101	现金	销售货物	300000	
		3	101	现金	招待费		2000

Step8 显示某科目业务

双击 C7 单元格，系统自动创建一个新的工作表 Sheet1，显示会计科目“现金”的借、贷方信息。

第 5 章　VBA

5.1　VBA 基础知识

VBA（Visual Basic for Application）是附属在 Office 办公软件包中的一套程序语言。使用 VBA，可以解决一些重复性的工作，或一些较复杂、灵活的工作，可以在不同的应用程序中使用共同宏语言开发程序，形成在 Word、Access、Excel、PowerPoint、FrontPage、Outlook 等 Office 应用程序中交互式的解决方案。在实际工作中，若 Office 的一般功能满足不了用户的需要，则需要考虑使用 VBA。

VBA 是内嵌在 Office 中的编程语言，VBA 程序的运行需要依托它的宿主程序（Word、Excel、Access 等），这与 VB 不同。VB 是独立的开发环境，可以制作独立的运行程序。

5.1.1　VBA 开发环境简介

启动 VBA：在主菜单中选择【开发工具】→【Visual Basic】，打开【Visual Basic 编辑器】窗口，如图 5.1-1 所示。

图 5.1-1　VBA 编辑器窗口

属性窗口：该窗口列出了所选择对象的属性及当前设置，可以在该窗口设置窗体或者控件的属性。

工程资源管理器：该窗口显示了当前应用程序的各类文件清单，体现了程序的结构。使用工程资源管理器可以在代码窗口和主窗口之间切换，分别完成代码编写和界面设计。

代码窗口：该窗口的功能是输入和编辑 VBA 应用程序代码。

立即窗口、本地窗口、监视窗口用来调试和运行应用程序。

在 VBA 开发环境中，所有窗口不一定同时显示，通过【视图】菜单中的命令来打开或关闭窗口。

★ ①若在主菜单中没有【开发工具】功能区，则选择【文件】→【选项】→【自定义功能区】，在右侧列表中勾选【开发工具】。

②若【代码窗口】中代码字体太小，则选择【工具】→【选项】→【编辑器格式】，设置字体大小。

5.1.2 VBA 的基本语法

1. 常量

常量是在程序执行过程中始终不变的量，通常用于保存固定的数据。VBA 中有直接常量和符号常量两种类型。符号常量是一种代替直接常量的标识符，使用 Const 关键字定义符号常量，语法格式如下：

Const <常量标识符> = <表达式> [,<常量标识符> = <表达式>]...

2. 变量

在 VBA 语言中，与变量声明有关的语句分别为 Dim、Static、Private 或 Public 等，它们在用法及语法上各有不同，并且定义变量的使用周期、有效范围及生命周期也各不相同。根据声明语句的不同，可以将变量分为局部变量、模块变量和全局变量 3 个等级。定义变量的语法格式为：

Dim <变量名表> [As <数据类型>[,<变量名表> As <数据类型>]]

其中，“变量名表”可以是一个或者多个变量，其间用逗号隔开。当省略“As <数据类型>”时，默认为 Variant 数据类型。其他关键字的定义方法是用 Static、Private、Public 代替 Dim。

Static 定义的是静态变量，当执行的过程结束时，过程中用到的 Static 变量的值将保留下来，在下次调用此过程时继续使用。而 Dim 定义的是动态变量，在过程结束时其值不被保留，而且每次调用时都需要初始化。

3. 数据类型

变量的数据类型用来控制用户定义的变量能存储哪些类型的数据，在 VBA 中常用的数据类型包括 Integer、Byte、String、Boolean、Long、Currency、Decimal、Date、Single、Double、Object、Variant、用户自定义类型。

数组是由一系列数据类型相同的元素组成的集合，它用一个统一的数组名和下标来唯一地确定数组中的元素。数组适合于批量地处理数据。数组分为静态数组和动态数组，静态数组在定义时就确定数组大小，而动态数组可以在使用时改变数组大小。定义静态数组的语法格式如下：

Dim <数组名>([i,]j) [as 数据类型]

其中，i 为下标，若省略默认下标为 0。数组的长度（即元素个数）为 j−i+1。可以用其他关键字代替 Dim 来定义其他级别变量数组。

动态数组的使用：先用 Dim 定义一个空数组，在使用时再用 Redim 确定数组的长度。

4. 运算符与表达式

运算符是某种运算符号。将常量、变量和函数用运算符连接起来的运算式称为表达式，单个常量、变量和函数可以看做是简单的表达式。

算术运算符用来对数值型数据进行计算。+、−、*、/、\、Mod、^分别表示加、减、乘、除、整除、求余、指数运算。

比较运算符用来对数值型数据进行比较。=、<>、>、<、>=、<=、Is、Like 分别表示等于、不等于、大于、小于、大于等于、小于等于、对象比较、字符串比较。

字符串运算符具有连接字符串的功能，它包含&和+两个运算符。&运算符的作用是将两个表达式作为字符串强制连接在一起。+运算符在两个表达式都是字符串数据时，将两个字符串连接成一个新字符串。

逻辑运算符 And、Or、Not、Xor、Eqr、Imp 分别表示与、或、非、异或、等价、蕴含逻辑运算。

5. VBA 流程控制语句

基本控制语句主要分为顺序、循环、选择 3 种。顺序语句主要有赋值语句和输入输出语句；循环语句主要有 For…Next、While…Wend 和 Do…Loop 语句；选择语句主要有 If…Then 和 Select Case 语句。

赋值语句是最基本的顺序结构语句，语法格式为：

```
[Let] <变量名>=<表达式>
```

使用 InputBox 函数输入数据，语法格式为：

```
InputBox[$](<字符串 1>[,<字符串 2>][,<字符串 3>][,<整数 1>,<整数 2>])
```

Print 是输出数据最常用的语句，语法格式为：

```
[<对象>.]Print[<表达式表>][;|,]
```

For…Next 通常用于指定循环次数的重复性操作，语法格式为：

```
For <循环变量>=<初值> To <终值> [Step]
    <循环体>
    Next <循环变量>
```

While…Wend 用于满足某条件时重复执行，语法格式为：

```
While <逻辑表达式>
    <循环体>
Wend
```

Do...Loop 用于满足某条件或直到满足某条件时重复执行，语法格式为：

```
Do [While | Until <逻辑表达式>]
    <循环体>
Loop [While | Until <逻辑表达式>]
```

If…Then 语句根据给定的逻辑表达式的值有条件地执行某些语句，语法格式为：

```
If <表达式 1> Then
    <语句块 1>
ElseIf <表达式 2> Then
    <语句块 2>
    …
```

```
[Else
    <语句块 n+1>]
End If
```

Select Case 语句根据表达式的值决定执行程序中的某些语句，语法格式为：

```
Select Case <测试表达式>
        Case <表达式 1>
            <语句块 1>
        Case <表达式 2>
            <语句块 2>
            …
        Case <表达式 n>
            <语句块 n>
        [Case Else]
            <语句块 n+1>
End Select
```

For Each … Next 语句对一个集合对象中的每个元素重复执行一系列语句组合，语法格式为：

```
For Each <变量> in <集合对象>
        <语句块>
Next <变量>
```

With … End With 语句在一个自定义类型或者对象内执行一系列语句组合，语法格式为：

```
With <对象名称>
        <语句块>
End With
```

5.1.3 VBA 程序结构

程序划分为各个模块，包括窗体模块、标准模块、类模块。模块内部包括函数、过程。Sub 过程即子程序过程，当几个不同的事件过程要执行同一段程序时，就可以将这段程序放入一个通用过程中，以供其他事件调用。定义 Sub 过程的语法格式为：

```
[Public | Private][Static] Sub <过程名>(<形式参数>)
    <语句块>
End Sub
```

关键字 Public 和 Private 用于定义该过程是“公有的”还是“私有的”，使用 Public 的过程可以在整个程序范围内被调用，而使用 Private 的过程只能被本窗体调用，Static 用于定义该过程中的局部变量为静态变量。

可以使用两种方法调用 Sub 过程：使用 Call 语句调用和直接使用过程名调用。使用 Call 语句调用 Sub 过程的语法格式为：

```
Call <过程名> [(<实际参数>)]
```

直接使用过程名调用的语法格式为：

```
<过程名> [<实际参数>]
```

Function 过程即自定义函数过程，用来完成某些经常被调用的功能。与 Sub 过程不同的是，Function 函数可以给调用的程序带回返回值。其语法格式为：

```
[Public | Private][Static] Function <函数名> [(<形式参数>)] [As <类型>]
        <语句块>
        <函数名>=<表达式>
End Function
```

5.1.4　VBA 录制宏和运行宏

宏是 Excel 能够执行的一系列 VBA 语句，可以使 Excel 自动完成用户指定的各项动作组合。录制宏时，Excel 会自动记录并存储用户所执行的一系列命令信息。运行宏时，Excel 会自动将已经录制的命令组合重复执行一次。

以图 5.1-2 所示的“工资数据表”为例，录制一个简单的“设置字体格式”宏，并运行该宏。

工资数据表					
编号	姓名	性别	年龄	所属部门	基本工资
0001	刘伟	男	25	办公室	￥5,200
0002	陈霞	女	26	办公室	￥5,100
0003	刘辉	男	23	供应部	￥4,500
0004	李乐	男	28	供应部	￥3,700
0005	白亮	男	29	销售部	￥4,100
0006	王红	女	27	销售部	￥3,900
0007	梁美玲	女	26	销售部	￥4,300
0008	许丽	女	24	财务部	￥4,600
0009	胡歌	男	22	财务部	￥5,300

图 5.1-2　工资数据表

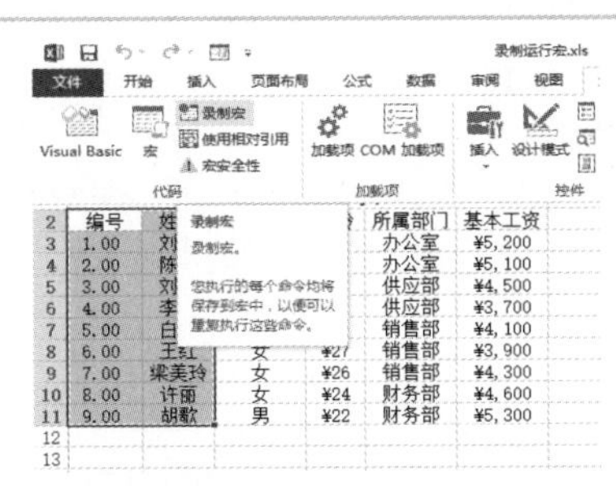

Step1　录制宏

选中 A2:B11 单元格区域，在主菜单中选择【开发工具】→【录制宏】。

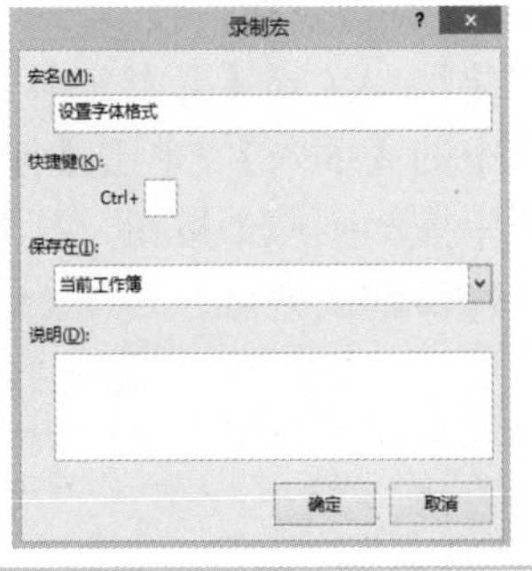

Step2　设置宏名、保存位置

弹出【录制宏】对话框，在【宏名】文本框中输入“设置字体格式”；在【保存在】下拉列表框中选择【当前工作簿】选项，表示只有当该工作簿打开时录制的宏才可以使用。单击【确定】按钮，进入宏的录制过程。

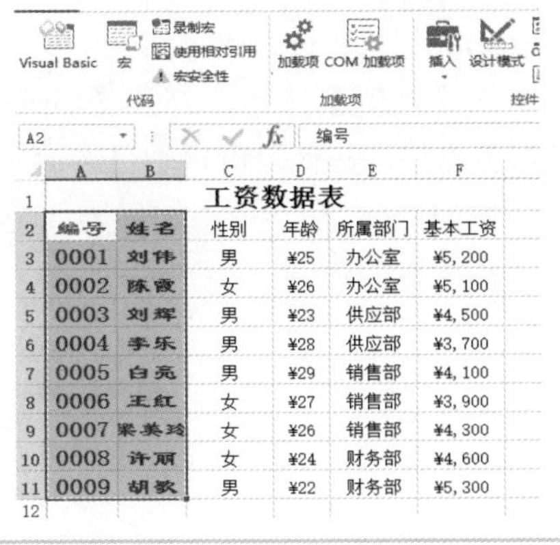

Step3　录制宏

在主菜单中选择【开始】→【字体】功能区组，设置【字体】为“隶书”，【字形】为“加粗”，【字号】为“16”，【颜色】为“蓝色”。

在主菜单中选择【开发工具】→【停止录制】，即停止宏的录制。

★　如果用户不停止录制宏，系统将会一直录制用户所有的操作过程，直到用户关闭工作簿或退出 Excel。

Step4 运行宏

在“工资数据表”中选择 C2:F3 单元格区域，在主菜单中选择【开发工具】→【宏】，打开【宏】对话框。在【宏名】列表框中选择“设置字体格式”，单击【执行】按钮，即可看到宏的运行效果。

5.1.5 编写简单的 VBA 程序

Step1 启用宏

若打开含有宏的 Excel 文件，会出现“安全警告 宏已被禁用”，单击【启用内容】按钮，取消禁用宏。

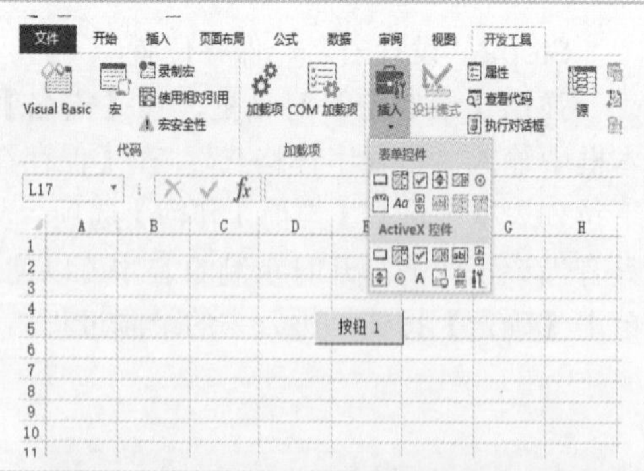

Step2 放置按钮控件

在主菜单中选择【开发工具】→【控件】功能区组中的【插入】，单击【按钮】控件，在工作表中拖动画一个按钮，打开【指定宏】对话框，选择默认宏名。

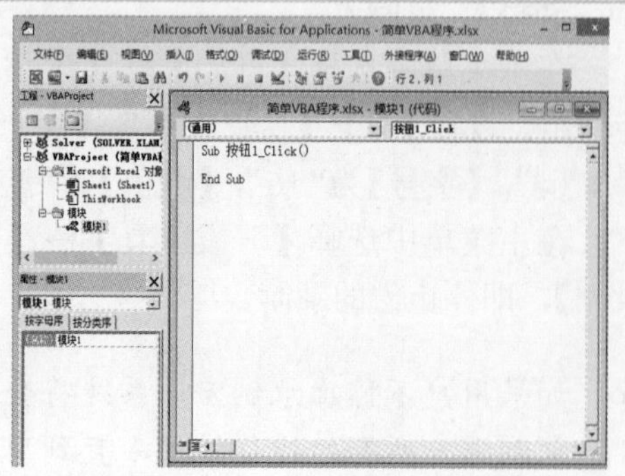

Step3 打开 VBA 编辑器

单击【新建】按钮，打开【Visual Basic 编辑器】窗口。在代码窗口中已经有了按钮 1 单击事件的框架，在其中添加代码就是单击按钮 1 时要运行的代码。

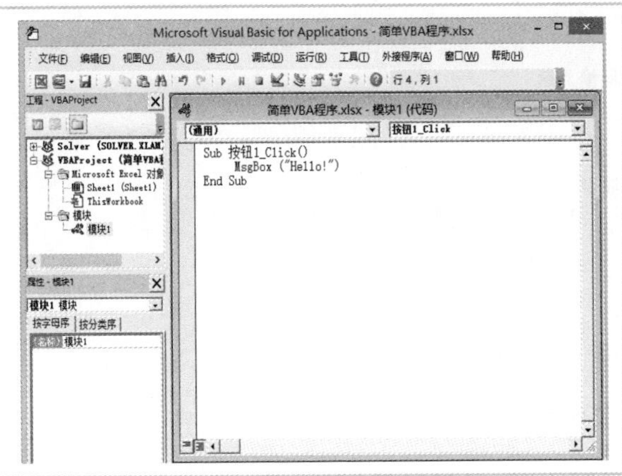

Step4　编写代码

在按钮单击事件中输入：

MsgBox ("Hello!")

★　MsgBox 是发送消息函数，括号内的字符串参数即为发送的消息。

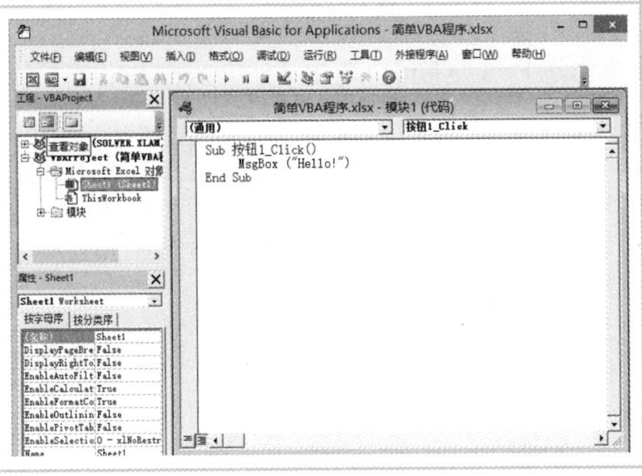

Step5　切换窗口

在【工程资源管理器】窗口中选择 sheet1，单击【工程资源管理器】窗口上方的【查看对象】按钮，从 VBA 编辑器窗口切换回工作表窗口。

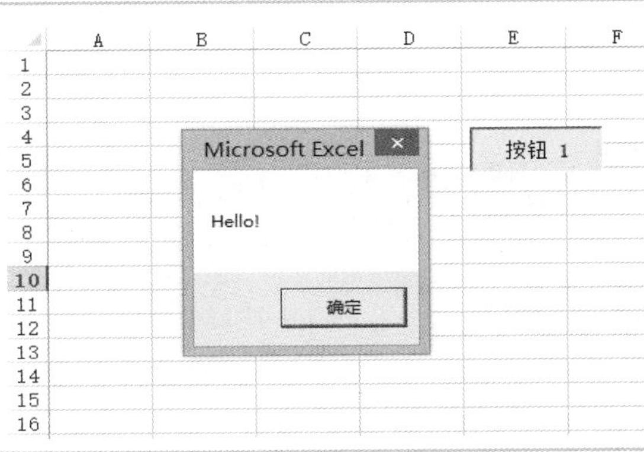

Step6　运行程序

在工作表窗口中单击按钮 1，显示消息框。

★　若不运行，先单击工作表的其他单元格，再单击按钮 1。

5.2　案例 20　商品入库管理

用 VBA 编制一段程序，完成以下功能：用户将商品入库信息填到“商品入库资料输入区”，单击窗口上的【商品入库】按钮则调用一段宏程序，将商品入库信息添加到“库存明细表”，清空“商品入库资料输入区”，自动统计入库次数。

5.2.1　建立原始数据

新建一个工作表，重命名为“商品入库”，输入原始数据，如图 5.2-1 所示。

	A	B	C	D	E	F	G	H
1	入库商品总次数：							
2								
3			商品入库资料输入区					
4	生产日期	产地	编号	数量	单价	金额	购买日期	
5	2010-5-26	德国	df5543	231	56	12936	2011-7-20	
6								
7								
8			库存明细表					
9	生产日期	产地	编号	数量	单价	金额	购买日期	
10	2010-8-2	美国	HW00011	56	82	4592	2011-3-15	
11	2009-10-20	英国	AD20023	80	76	6080	2010-9-10	
12	2009-8-3	法国	FD508	93	43	3999	2010-2-25	
13								
14								

图 5.2-1 “商品入库管理”原始数据

在相应单元格中输入内容。在 F10 单元格中输入公式：

=IF(D10="","",D10*E10)

填充 F11:F30 单元格区域。

选中 F10 单元格并右击，在弹出的快捷菜单中选择【复制】。选中 F5 单元格并右击，在弹出的快捷菜单中选择【选择性粘贴】→【公式】。

5.2.2 计算入库商品总次数

选中 C1 单元格，输入公式：

=COUNTA(B10:B30)

得到结果如图 5.2-2 所示。

	A	B	C	D	E	F	G
1	入库商品总次数：		3				
2							
3			商品入库资料输入区				
4	生产日期	产地	编号	数量	单价	金额	购买日期
5	2010-5-26	德国	df5543	231	56	12936	2011-7-20
6							
7							
8			库存明细表				
9	生产日期	产地	编号	数量	单价	金额	购买日期
10	2010-8-2	美国	HW00011	56	82	4592	2011-3-15
11	2009-10-20	英国	AD20023	80	76	6080	2010-9-10
12	2009-8-3	法国	FD508	93	43	3999	2010-2-25
13							

图 5.2-2 计算入库商品总次数

5.2.3 添加按钮控件

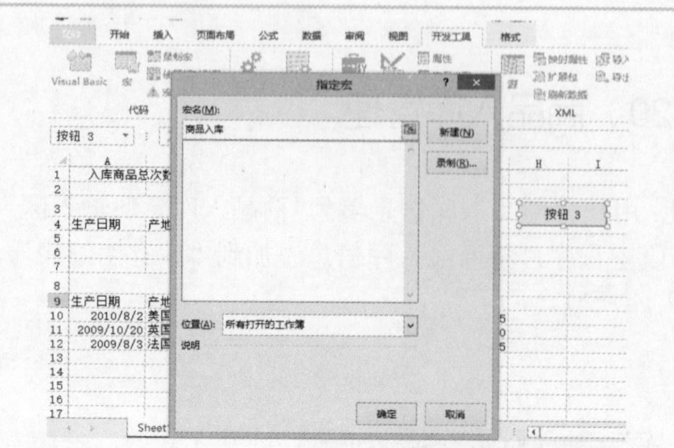

Step1 添加按钮

在主菜单中选择【开发工具】→【控件】功能区组的【插入】，单击【按钮】控件，在工作表中拖动画一个按钮，画完按钮即弹出【指定宏】对话框，在【宏名】文本框中输入“商品入库”。

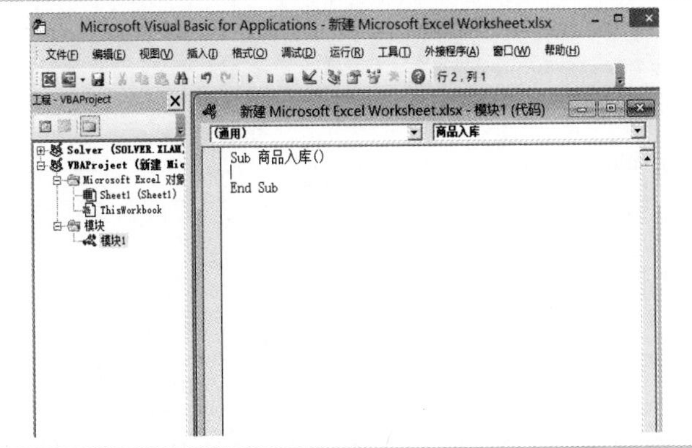

Step2　创建按钮单击事件框架

单击【新建】按钮，打开【Visual Basic 编辑器】窗口，显示按钮单击事件框架，在其中添加代码就是单击按钮时要运行的代码。

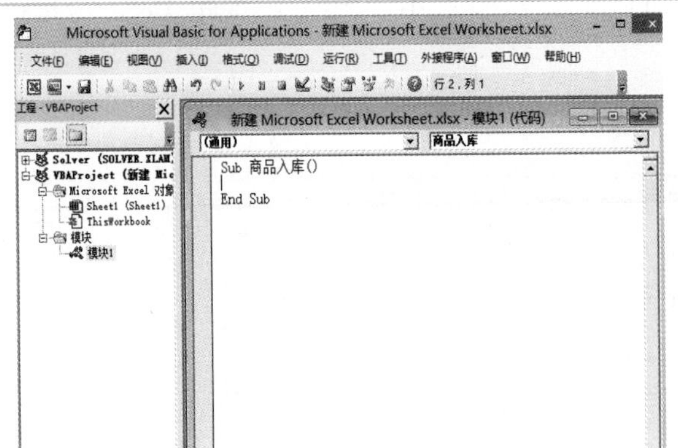

Step3　修改按钮控件名称

把【Visual Basic 编辑器】窗口最小化，回到工作表窗口，右击新添加的按钮控件，选择【编辑文字】，修改按钮控件的名称为“商品入库”。

5.2.4　添加代码

右击新添加的按钮控件，在弹出的快捷菜单中选择【指定宏】，弹出【指定宏】对话框，单击【宏名】下方的“商品入库”，单击【编辑】按钮，弹出【Visual Basic 编辑器】窗口，在代码窗口中输入下列代码：

```
Sub 商品入库()
    Dim aa As Long
    Dim bb As Integer
    Sheets("商品入库").Select
    If Trim(Cells(5, 1).Value) = "" Then              'Cells(5,1)表示第 5 行第 1 列的单元格
        MsgBox ("生产日期不能为空")
        Exit Sub
    End If
    If Trim(Cells(5, 2).Value) = "" Then
        MsgBox ("产地不能为空")
        Exit Sub
    End If
    If Trim(Cells(5, 3).Value) = "" Then
        MsgBox ("编号不能为空")
        Exit Sub
```

```
        End If
        aa = Val(Sheet1.Cells(1, 3).Value)
        For bb = 1 To 7
            Cells(aa + 10, bb).Value = Cells(5, bb).Value
        Next bb
        For bb = 1 To 7
            Cells(5, bb).Value = ""
        Next
    End Sub
```

输入代码后的【Visual Basic 编辑器】窗口如图 5.2-3 所示，关闭【Visual Basic 编辑器】窗口。

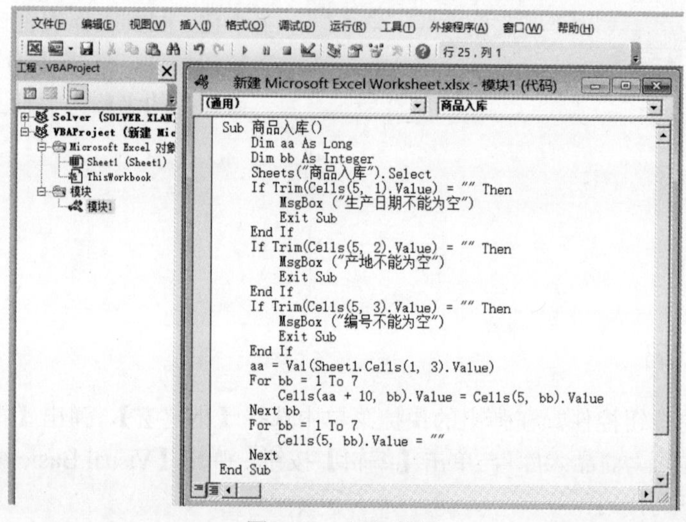

图 5.2-3 添加代码

5.2.5 运行效果

单击【商品入库】按钮，将"商品入库资料输入区"的信息添加到"库存明细表"，同时将"商品入库资料输入区"清空，等待下次输入，窗口左上角的"入库商品总次数"自动加 1。

L17

	A	B	C	D	E	F	G	H
1	入库商品总次数:		3					
2								商品入库
3			商品入库资料输入区					
4	生产日期	产地	编号	数量	单价	金额	购买日期	
5	2010/5/26	德国	df5543	231	56	12936	2011/7/20	
6								
7								
8			库存明细表					
9	生产日期	产地	编号	数量	单价	金额	购买日期	
10	2010/8/2	美国	HW00011	56	82	4592	2011/3/15	
11	2009/10/20	英国	AD20023	80	76	6080	2010/9/10	
12	2009/8/3	法国	FD508	93	43	3999	2010/2/25	
13								

商品入库

Step1 单击按钮前

入库商品总次数 3，商品入库资料输入区有 1 条记录，库存明细表有 3 条记录。

单击【商品入库】按钮。

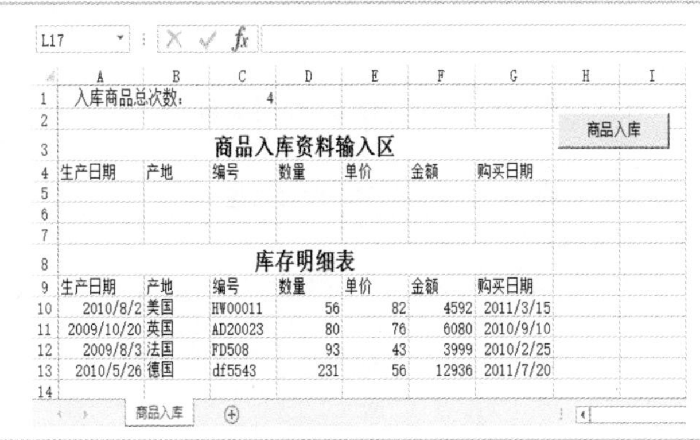

	A	B	C	D	E	F	G	H	I
1	入库商品总次数：		4						
2								商品入库	
3	商品入库资料输入区								
4	生产日期	产地	编号	数量	单价	金额	购买日期		
5									
6									
7									
8	库存明细表								
9	生产日期	产地	编号	数量	单价	金额	购买日期		
10	2010/8/2	美国	HW00011	56	82	4592	2011/3/15		
11	2009/10/20	英国	AD20023	80	76	6080	2010/9/10		
12	2009/8/3	法国	FD508	93	43	3999	2010/2/25		
13	2010/5/26	德国	df5543	231	56	12936	2011/7/20		
14									

Step2　单击按钮后

入库商品总次数 4，商品入库资料输入区清空，库存明细表有 4 条记录。

5.2.6　相关 Excel 知识

1．COUNTA 函数

该返回参数列表中非空值的单元格个数。利用 COUNTA 函数可以计算单元格区域或数组中包含数据的单元格个数。语法格式为：

COUNTA(value1,value2,...)

其中，value1, value2, ... 为要计算的值，参数个数为 1～30 个。

2．TRIM 函数

除了单词之间的单个空格外，清除文本中所有的空格。在从其他应用程序中获取带有不规则空格的文本时，可以使用 TRIM 函数。语法格式为：

TRIM(text)

其中，text 为需要清除其中空格的文本。

5.3　案例 21　设计毕业生网上调查问卷

网上调查问卷可以对各方面信息进行采集，产品质量、产品售后服务、员工对企业满意度、毕业生就业情况等，通过网上调查使得信息采集更加便捷、覆盖面更广。本案例以某高职院校毕业生调查问卷为例，通过编程设计毕业生调查问卷、记录调查问卷结果和统计调查问卷结果 3 个功能模块来完成毕业生调查问卷的整体设计，所调查数据有助于学校收集毕业生反馈信息，从中提炼有价值的信息，并与学校课程体系改革相结合，不断提高教学质量。毕业生网上调查问卷的具体内容如下：

某高职院校毕业生调查问卷

我们是 XX 高职院校，为了解我校毕业生走向社会后的实际工作情况，特做此调查，以便我们根据反馈信息更好地进行各项工作改革，提高人才培养质量，更好地满足社会需求。谢谢您的合作！

个人资料

1．性别：男　　女

2．年龄：20 岁以下　　20～30 岁　　30～40 岁　　40～50 岁　　50 岁以上

3．职业：技术人员　　管理人员　　自主创业　　待业

4．个人月收入：3 千元以下　　3 千元～8 万元　　8 千元～1.5 万元　　1.5 万元以上

调查问卷

一、您所学专业在实际工作中的运用情况：

A．非常好　　B．较好　　C．用到少量　　D．完全用不到

二．您对本专业学习是否有兴趣：

A．很有兴趣　　B．比较有兴趣　　C．一般　　D．没有兴趣

三．您认为所在专业的课程设置的科学性与合理性如何：

A．好　　B．较好　　C．一般　　D．较差

四．您认为学校的教师教学水平：

A．好　　B．较好　　C．一般　　D．较差

五．您对学校的满意程度：

A．好　　B．较好　　C．一般　　D．较差

5.3.1　设计调查问卷的说明文字

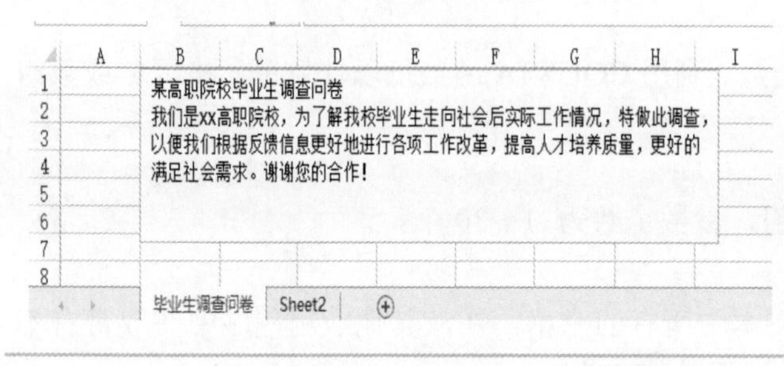

Step1　插入文本框

新建一个工作表，命名为“毕业生调查问卷”。在主菜单中选择【插入】→【插图】→【基本形状】→【文本框】，在工作表中拖放鼠标画一个空白文本框，在文本框内输入调查问卷的说明文字。

Step2　设置文本框

选中文本框，设置【填充颜色】为“绿色，着色 6，淡色 60%”。选中文字，设置【字体】为“楷体”，【字号】为“14”，【颜色】为“蓝色”。选中标题，加粗、居中。

5.3.2　设计单项选择功能

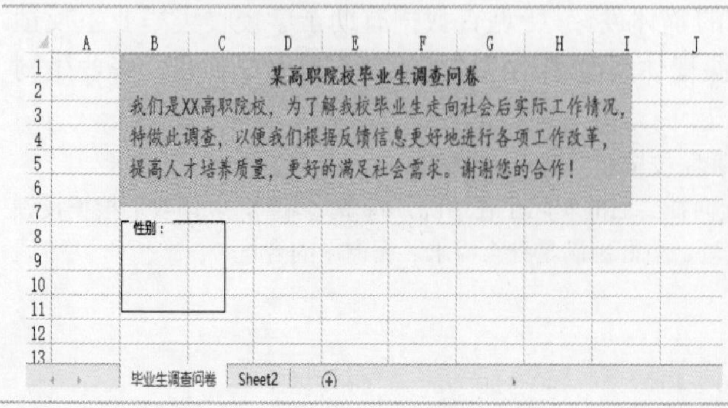

Step1　设置分组框

在主菜单中选择【开发工具】→【控件】功能区组的【插入】→【表单控件】中的【分组框】，在工作表中拖放鼠标画一个分组框，将新添加的分组框的标识文字改为“性别：”。

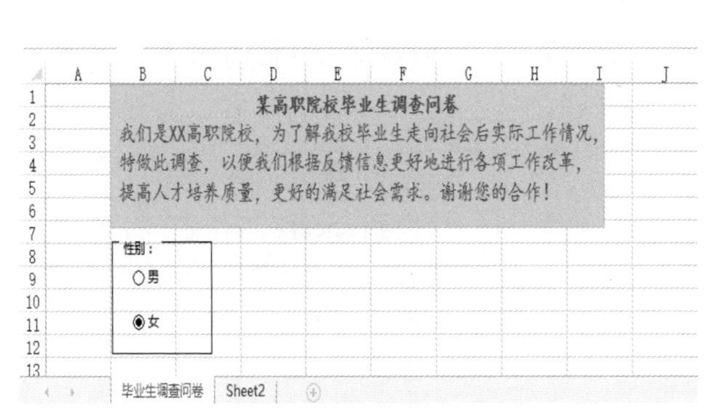

Step2 设置选项按钮

在主菜单中选择【开发工具】→【控件】功能区组的【插入】→【表单控件】中的【选项按钮】，在分组框中拖放鼠标画一个选项按钮，如果添加的选项按钮处于可编辑状态，则可以直接修改其中的文字；否则需要在该选项按钮上右击鼠标，在弹出的快捷菜单中选择【编辑文字】命令，将标识文字“选项按钮 1”改为“男”。

在分组框内再添加一个选项按钮，并将其标识文字改为“女”。

Step3 添加其他分组框、选项按钮

按照前面的方法，分别添加“年龄:”“职业:”“个人月收入:”分组框，并分别设置相应的选项内容。

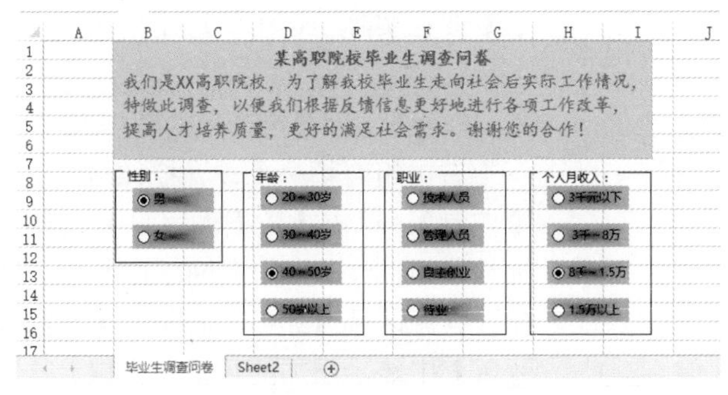

Step4 设置选项按钮效果

按住 Ctrl 键，右击连续选中多个选项按钮。右击并选择【设置控件格式】→【大小】，设置这些选项按钮合适的高度、宽度。切换到【颜色与线条】→【填充】组，单击【颜色】右侧的向下箭头→【填充效果】→【渐变】，在【颜色】组中选择“单色”，【颜色 1】选择“水绿色”；在【底纹样式】组中选择“中心辐射”，在【变形】组合框中选择颜色浅的那种样式。

★ ①在设定多个选项按钮时，若控件的位置不合适，右击该控件将其选定，然后再单击其边框使弹出的快捷菜单消失，用鼠标左键在其边框拖动或者使用键盘上的方向键来调整位置。将鼠标置于边框的 8 个控点上拖动，可实现单选按钮在垂直方向、水平方向和斜向的大小变化，而将鼠标置于边框的其他位置拖动，可实现位置的改变。

②若要删除已添加的控件，先选中该控件，再按【Delete】键将其删除。

③若要连续添加同样的控件，可双击窗体工具栏上的控件按钮，然后在工作表上连续画多个控件，添加控件完毕，再单击窗体工具栏上的控件按钮。

5.3.3 设计下拉列表功能

为节省调查问卷占据的界面空间，使结构更紧凑，调查问卷中的其他问题使用组合框控件设计成下拉列表形式。

Step1 输入调查内容

切换到 sheet2 工作表，将要设计成下拉列表的调查内容输入到 Sheet2 工作表中。

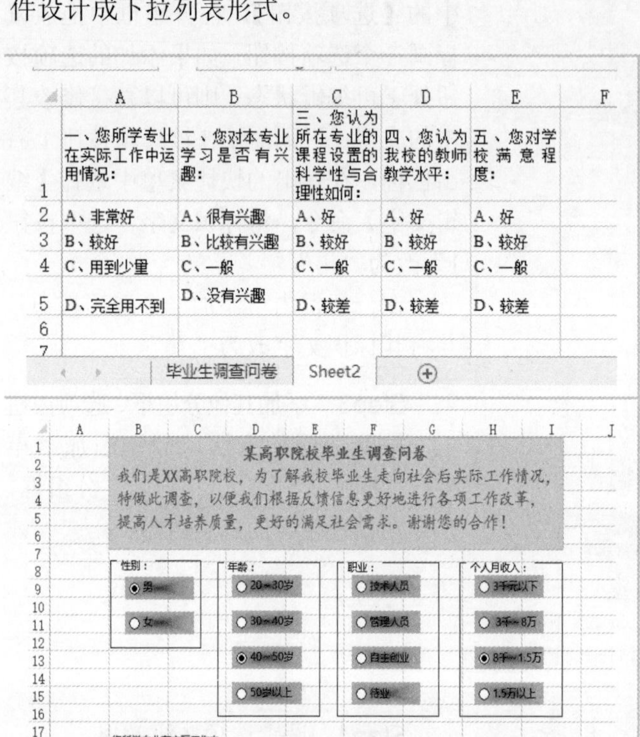

	A	B	C	D	E	F
1	一、您所学专业在实际工作中运用情况:	二、您对本专业学习是否有兴趣:	三、您认为所在专业的课程设置的科学性与合理性如何:	四、您认为我校的教师教学水平:	五、您对学校满意程度:	
2	A、非常好	A、很有兴趣	A、好	A、好	A、好	
3	B、较好	B、比较有兴趣	B、较好	B、较好	B、较好	
4	C、用到少里	C、一般	C、一般	C、一般	C、一般	
5	D、完全用不到	D、没有兴趣	D、较差	D、较差	D、较差	
6						
7						

Step2 输入组合框、标签

切换到“毕业生调查问卷”工作表，在主菜单中选择【开发工具】→【控件】功能区组的【插入】→【表单控件】中的【组合框】，拖放鼠标画一个组合框。在主菜单中选择【开发工具】→【控件】功能区组的【插入】→【表单控件】中的【标签】，在组合框上面拖动鼠标画一个标签，将其标识文字改为“您所学专业在实际工作中的运用情况”。

Step3 设置组合框的数据源

右击组合框→【设置控件格式】→【控制】，单击【数据源区域】右侧的折叠按钮，单击工作表 Sheet2 标签，选择数据源区域 A2:A5，此时在【数据源区域】中显示添加的数据源区域。

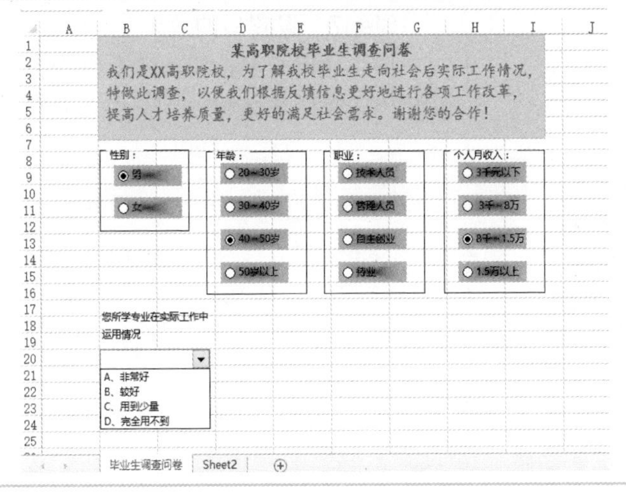

Step4　操作组合框

单击【确定】按钮，返回“毕业生调查问卷”工作表，单击组合框右侧的下拉箭头得到各选项。

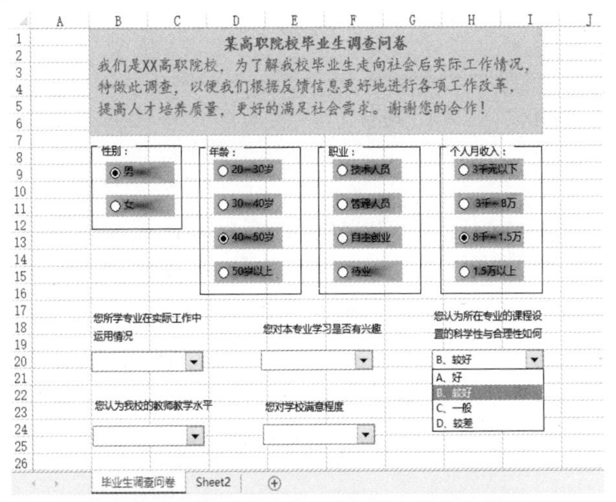

Step5　添加其余的组合框、标签

按照前面的方法添加其余的组合框及标签，并分别设置其中的内容、数据源。

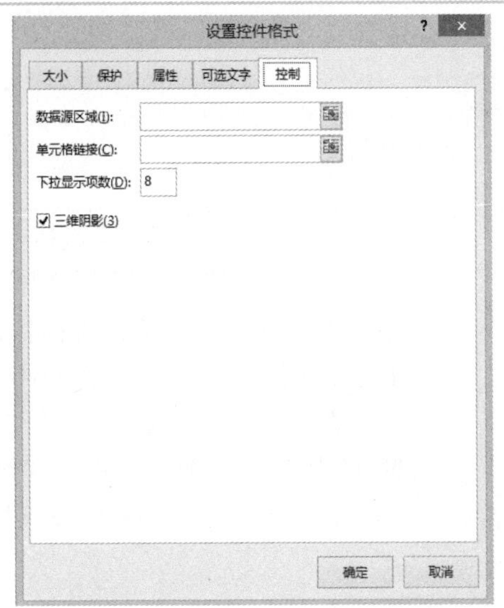

Step6　设置组合框阴影效果

按住【Ctrl】键，右击各个组合框，把组合框全部选中一起设置。右击，在弹出的快捷菜单中选择【设置控件格式】，在【设置控件格式】对话框中选择【控制】选项卡，再勾选【三维阴影】。

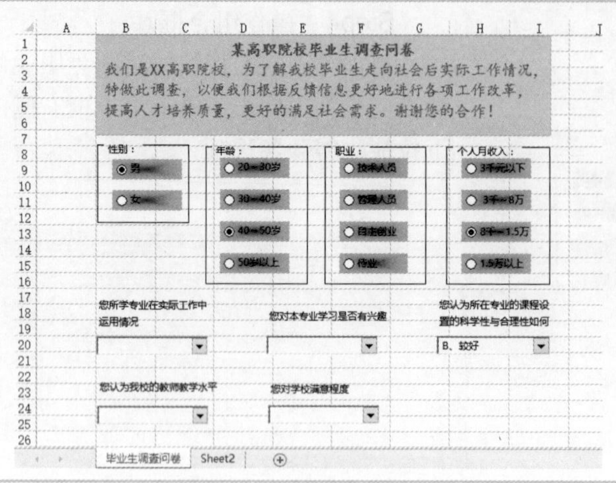

Step7　设置后的效果

单击【确定】按钮，所有组合框被设置为三维阴影效果。

5.3.4　为选项按钮创建单元格链接

将调查问卷的选项内容与某一单元格区域联系起来，将调查问题的结果转化成数字信息保存在单元格区域中，便于实现调查问卷的统计。

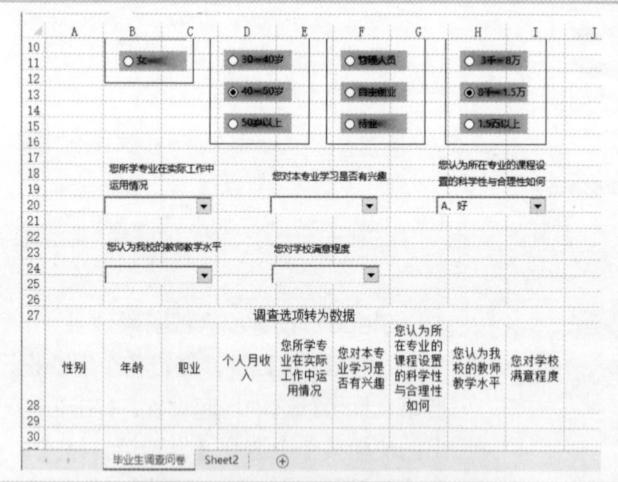

Step1　选择保存选项区域

在“毕业生调查问卷”工作表中创建一个“调查选项转为数据”单元格区域，用来暂时存放各个选项按钮和组合框的选项信息，如左图所示，将调查情况保存在 A29:I29 区域。

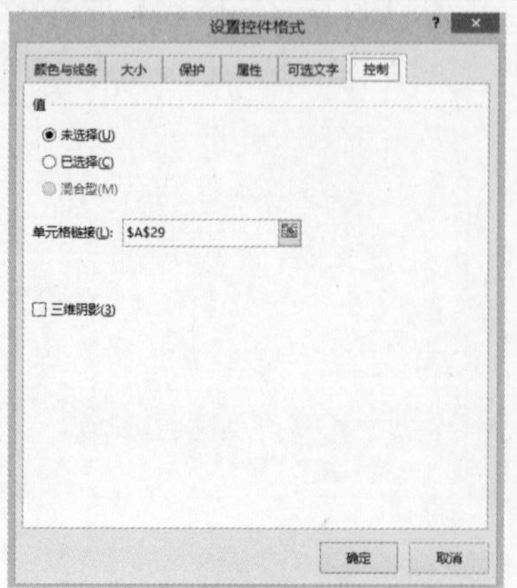

Step2　建立单元格链接

在“男”选项按钮上右击，在弹出的快捷菜单中选择【设置控件格式】，在【设置控件格式】对话框中选择【控制】选项卡，单击【单元格链接】右侧的折叠按钮，选择用于存放“性别”数据的单元格 A29，单击折叠按钮返回。

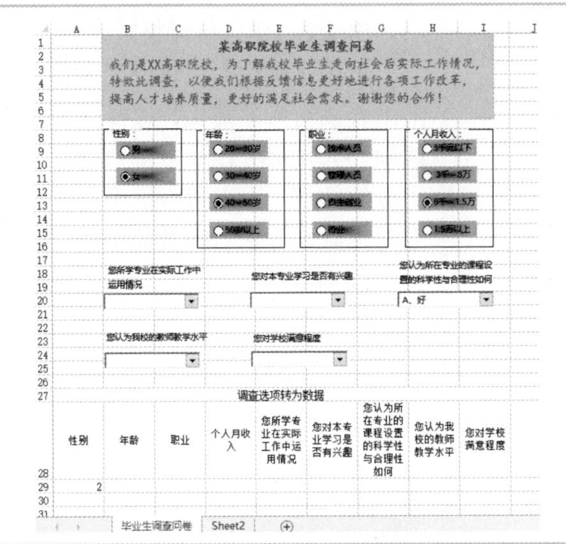

Step3 建立单元格链接

单击【确定】按钮返回工作表。由于在一个分组框中，设置了“男”选项按钮单元格链接，则“女”选项按钮自动完成单元格链接。

选中“性别：”分组框中的“男”选项按钮，在单元格 A29 中将自动显示与之对应的数值“1”；选中“女”选项按钮，则显示“2”。

★ 若显示的数值不对，可能是在一个位置放置了多个控件，把多余的控件删除即可。

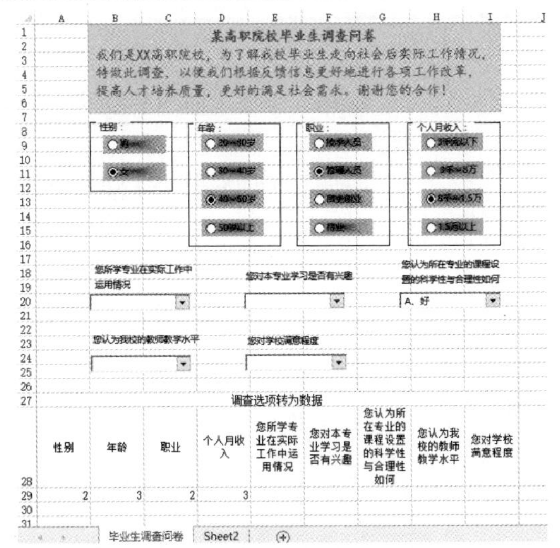

Step4 为其他选项按钮建立单元格链接

按照前面的方法分别为其他分组框中的选项按钮创建单元格链接。

5.3.5 为组合框创建单元格链接

Step1 建立单元格链接

在“您所学专业在实际工作中的运用情况”组合框上右击，在弹出的快捷菜单中选择【设置对象格式】，在【设置对象格式】对话框中选择【控制】选项卡，单击【单元格链接】右侧的折叠按钮，选择用于存放数据的单元格 E29，单击折叠按钮返回。

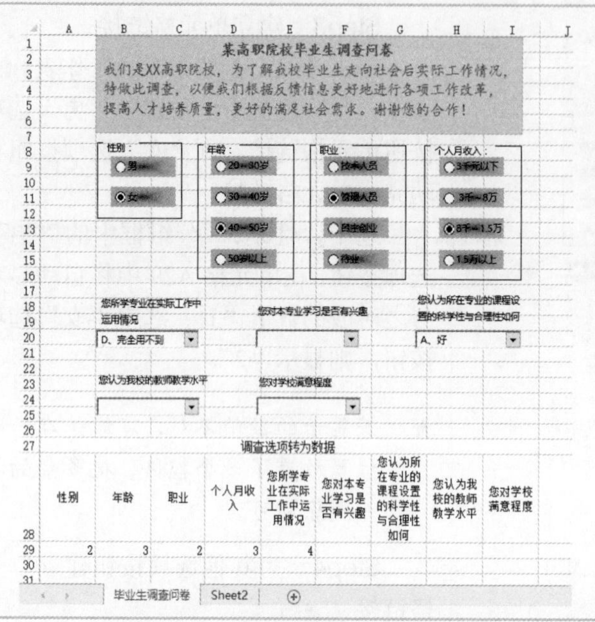

Step2　建立单元格链接

单击【确定】按钮返回工作表。单击组合框右侧的箭头，选择其中的不同选项，在单元格 E29 中将自动显示与之对应的数值，由于组合框中有 4 项，从上向下排列分别对应数值 1～4。

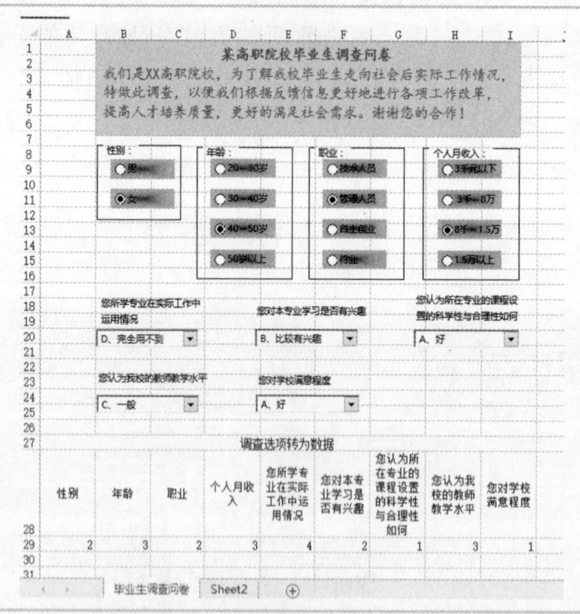

Step3　为其他组合框建立单元格链接

按照前面的方法分别为其他组合框建立单元格链接。

5.3.6　设计自动记录功能

前面完成了调查问卷的设计以及将各种选择转换为对应的数据，可以实现一次调查问卷数据的收集，当多次使用时，需要将每次的结果依次记录，即需要设计自动记录功能。

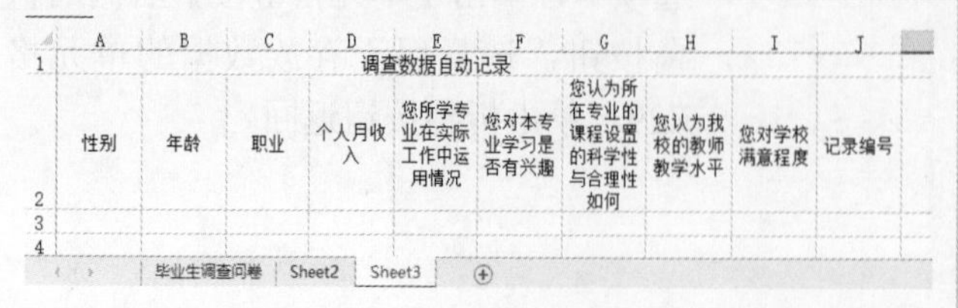

Step1　安排自动记录数据区域

将“调查选项转为数据”的内容复制粘贴到工作表 Sheet3，改标题为“调查数据自动记录”，加上“记录编号”字段。

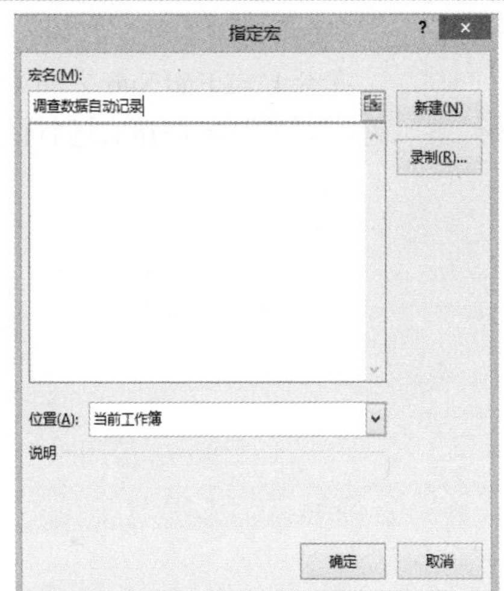

Step2 添加按钮

切换回“毕业生调查问卷”工作表，在主菜单中选择【开发工具】→【控件】功能区组的【插入】→【表单控件】中的【按钮】，在工作表中拖放鼠标画一个按钮，打开【指定宏】对话框，【宏名】输入“调查数据自动记录”，【位置】设为【当前工作簿】，单击【新建】按钮，建立程序框架。

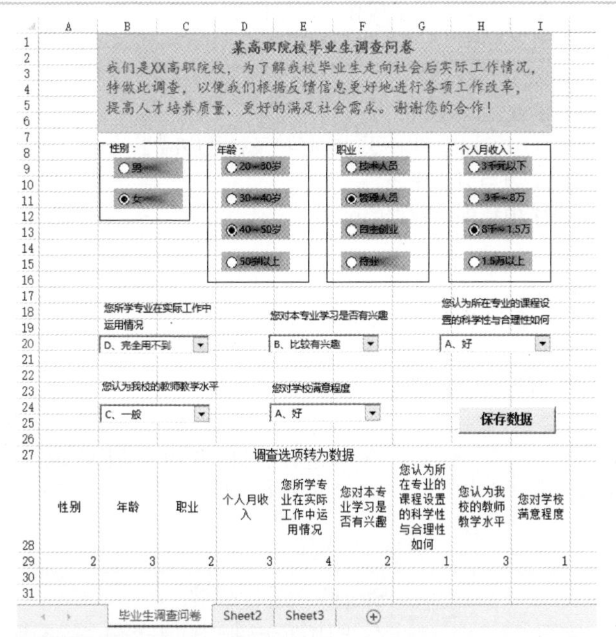

Step3 修改按钮标识文字

关闭编辑器窗口，回到工作表，右击添加的按钮并选择【编辑文字】，修改按钮的标识文字为“保存数据”，字体加粗。

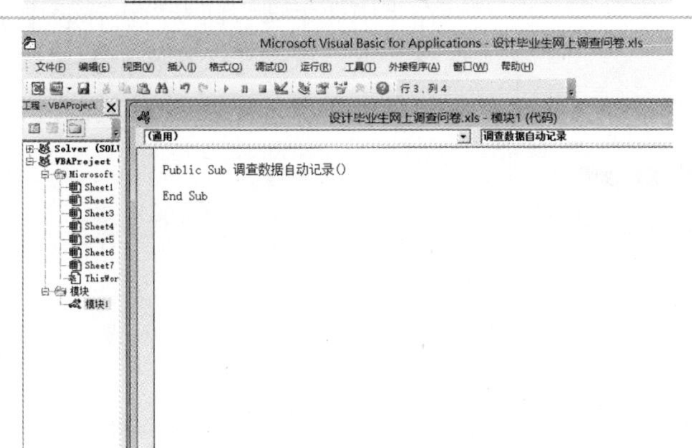

Step4 按钮添加程序

右击添加的按钮并选择【指定宏】，选择【调查数据自动记录】→【编辑】，打开【Visual Basic 编辑器】窗口。

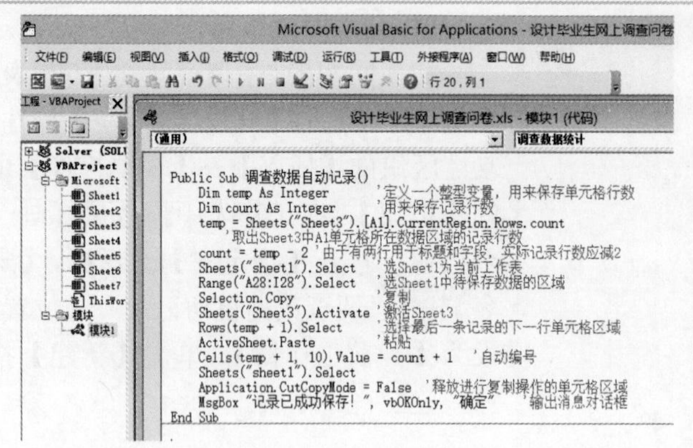

Step5 添加程序代码

在 Sub 与 End Sub 之间添加程序代码，即为单击按钮时运行的程序。

详细代码如下：

```
Public Sub 调查数据自动记录()
    Dim temp As Integer          '定义一个整型变量，用来保存单元格行数
    Dim count As Integer         '用来保存记录行数
    '取出 Sheet3 中 A1 单元格所在数据区域的记录行数
    temp = Sheets("Sheet3").[A1].CurrentRegion.Rows.count
    count = temp - 2             '由于有两行用于标题和字段，实际记录行数应减 2
    Sheets("Sheet1").Select      '选择 Sheet1 为当前工作表
    Range("A29:I29").Select      '选择 Sheet1 中待保存数据的区域
    Selection.Copy               '复制
    Sheets("Sheet3").Activate    '激活 Sheet3
    Rows(temp + 1).Select        '选择最后一条记录的下一行单元格区域
    ActiveSheet.Paste            '粘贴
    Cells(temp + 1, 10).Value = count + 1      '自动编号
    Sheets("Sheet1").Select
    Application.CutCopyMode = False                       '释放进行复制操作的单元格区域
    MsgBox "记录已成功保存！", vbOKOnly, "确定"           '输出消息对话框
End Sub
```

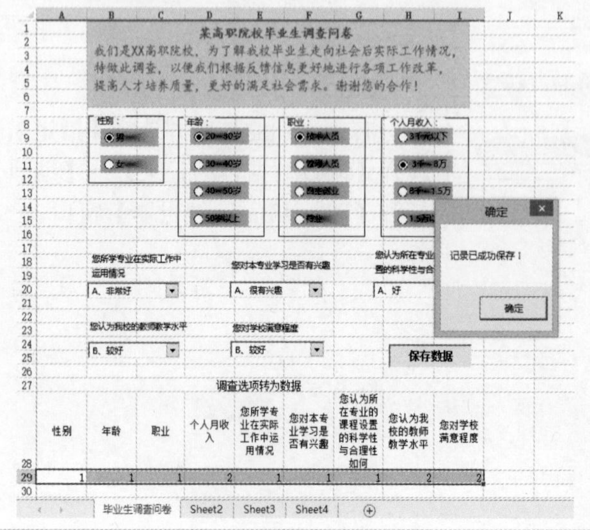

Step6 运行程序

在“毕业生调查问卷”工作表中录入调查数据，单击【保存数据】按钮，弹出消息框显示“记录已成功保存!”

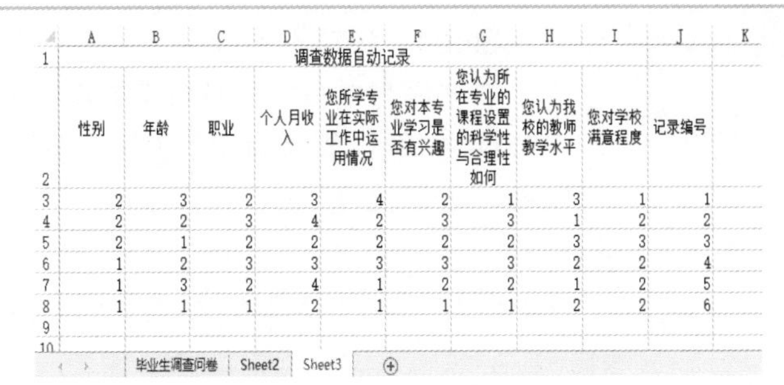

调查数据自动记录									
性别	年龄	职业	个人月收入	您所学专业在实际工作中运用情况	您对本专业学习是否有兴趣	您认为所在专业的课程设置的科学性与合理性如何	您认为我校的教师教学水平	您对学校满意程度	记录编号
2	3	2	3	4	2	1	3	1	1
2	2	3	4	2	3	3	1	2	2
2	1	2	2	2	2	2	3	3	3
1	2	3	3	3	3	3	2	2	4
1	3	2	4	1	2	2	1	2	5
1	1	1	2	1	1	1	2	2	6

毕业生调查问卷　Sheet2　Sheet3

Step7　多次保存数据

多次回答调查问卷，保存数据。数据保存在 Sheet3 工作表中。

5.3.7　设计统计功能

前面完成了调查问卷的输入、记录功能，而作为调查者，最关心的是各选项的多少，所以需要对记录的各调查问卷记录进行统计。

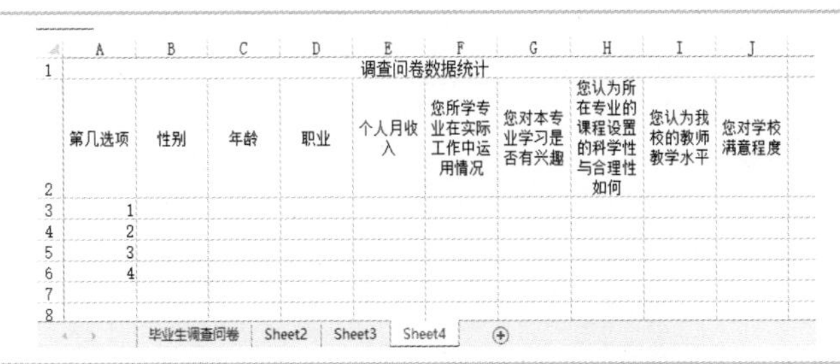

调查问卷数据统计									
第几选项	性别	年龄	职业	个人月收入	您所学专业在实际工作中运用情况	您对本专业学习是否有兴趣	您认为所在专业的课程设置的科学性与合理性如何	您认为我校的教师教学水平	您对学校满意程度
1									
2									
3									
4									

毕业生调查问卷　Sheet2　Sheet3　Sheet4

Step1　选择统计数据区域

将 Sheet3 标题、字段名称复制粘贴到 Sheet4，添加“第几选项”字段，删除“记录编号”字段，修改标题为“调查问卷数据统计”。

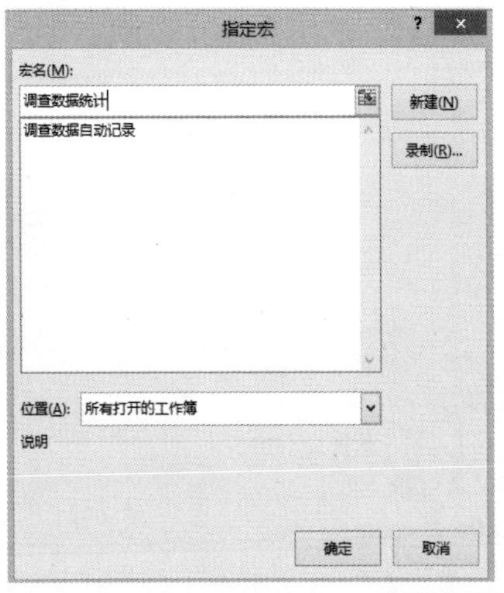

Step2　添加按钮

在 Sheet4 工作表中，在主菜单中选择【开发工具】→【控件】功能区组的【插入】→【表单控件】中的【按钮】，在工作表中拖放鼠标画一个按钮，打开【指定宏】对话框，【宏名】输入“数据统计”，【位置】设为【当前工作簿】，单击【新建】按钮，建立程序框架。

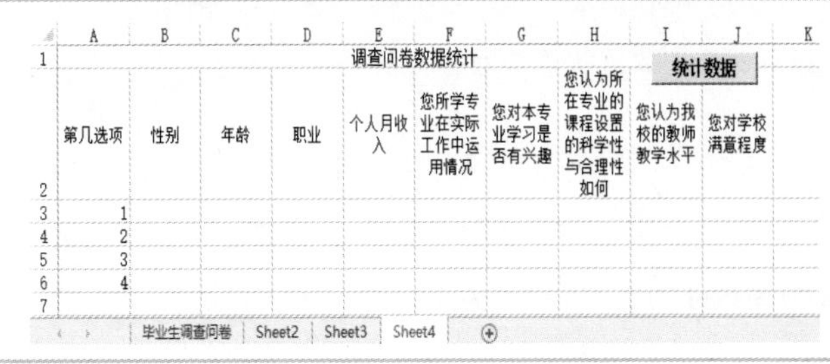

调查问卷数据统计									
第几选项	性别	年龄	职业	个人月收入	您所学专业在实际工作中运用情况	您对本专业学习是否有兴趣	您认为所在专业的课程设置的科学性与合理性如何	您认为我校的教师教学水平	您对学校满意程度
1									
2									
3									
4									

统计数据

毕业生调查问卷　Sheet2　Sheet3　Sheet4

Step3　修改按钮标识文字

关闭编辑器窗口，回到工作表，右击添加的按钮并选择【编辑文字】，修改按钮的标识文字为“统计数据”，字体加粗。

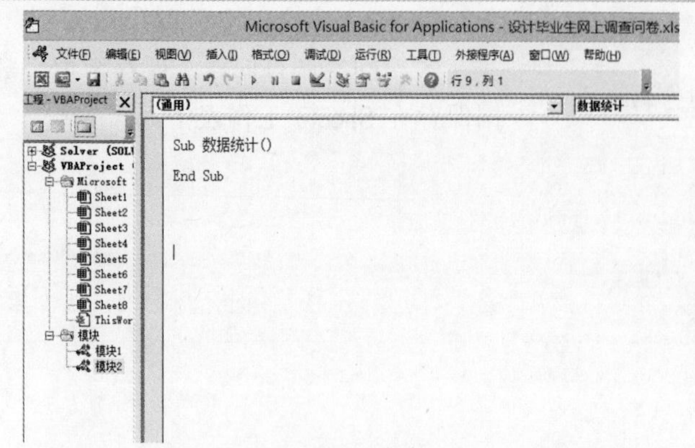

Step4　按钮添加程序

右击添加的按钮并选择【指定宏】，选择【数据统计】→【编辑】，打开【Visual Basic 编辑器】窗口。

★　若【代码窗口】关闭，双击【模块 2】。

```
Sub 数据统计()
    Dim i, j, t As Integer
    Dim count As Integer          '用于保存记录数
    Dim temp As Variant           '用于读取单元格内容的变体型变量
    count = Sheets("Sheet3").[A1].CurrentRegion.Rows.count
        '取出Sheet3中A1单元格所在数据区域的记录行数
    Sheets("sheet4").Select       '选Sheet1为当前工作表
    For Each temp In Range("B3:J4")
        temp.Value = ""           '先清空Sheet4中放置统计结果区域
    Next temp
    Sheets("sheet3").Select
    For i = 3 To count
        For j = 1 To 9
            t = j + 1             'Sheet3与Sheet4的起始单元格差1
            Select Case Cells(i, j)
                Case 1
                    Worksheets("sheet4").Cells(3, t) = _
                    Worksheets("sheet4").Cells(3, t) + 1
                Case 2
                    Worksheets("sheet4").Cells(4, t) = _
                    Worksheets("sheet4").Cells(4, t) + 1
                Case 3
                    Worksheets("sheet4").Cells(5, t) = _
                    Worksheets("sheet4").Cells(5, t) + 1
                Case 4
                    Worksheets("sheet4").Cells(6, t) = _
                    Worksheets("sheet4").Cells(6, t) + 1
            End Select
        Next j
    Next i
    Sheets("sheet4").Select
End Sub
```

Step5　添加程序代码

在 Sub 与 End Sub 之间添加程序代码，即为单击按钮时运行的程序。

详细代码如下：

```
Public Sub 数据统计()
    Dim i, j, t As Integer
    Dim count As Integer          '用于保存记录数
    Dim temp As Variant           '用于读取单元格内容的变体型变量
    '取出 Sheet3 中 A1 单元格所在数据区域的记录行数
    count = Sheets("Sheet3").[A1].CurrentRegion.Rows.count
    Sheets("Sheet4").Select       '选择 Sheet1 为当前工作表
    For Each temp In Range("B3:J4")
        temp.Value = ""           '先清空 Sheet4 中放置统计结果的区域
    Next temp
    Sheets("Sheet3").Select
    For i = 3 To count
        For j = 1 To 9
            t = j + 1             'Sheet3 与 Sheet4 的起始单元格差 1
            Select Case Cells(i, j)
                Case 1
                    Worksheets("Sheet4").Cells(3, t) = _
```

```
                Worksheets("Sheet4").Cells(3, t) + 1
            Case 2
                Worksheets("Sheet4").Cells(4, t) = _
                Worksheets("Sheet4").Cells(4, t) + 1
            Case 3
                Worksheets("sheet4").Cells(5, t) = _
                Worksheets("Sheet4").Cells(5, t) + 1
            Case 4
                Worksheets("Sheet4").Cells(6, t) = _
                Worksheets("Sheet4").Cells(6, t) + 1
        End Select
    Next j
  Next i
  Sheets("Sheet4").Select
End Sub
```

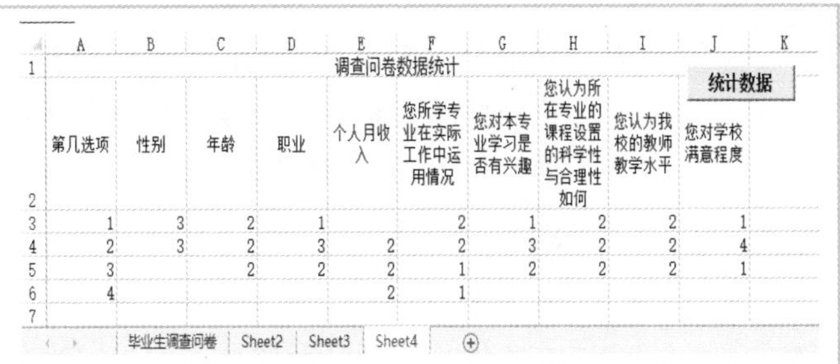

	A	B	C	D	E	F	G	H	I	J
1	调查问卷数据统计									统计数据
2	第几选项	性别	年龄	职业	个人月收入	您所学专业在实际工作中运用情况	您对本专业学习是否有兴趣	您认为所在专业的课程设置的科学性与合理性如何	您认为我校的教师教学水平	您对学校满意程度
3	1	3	2	1		2	1	2	2	1
4	2	3	2	3	2	2	3	2	2	4
5	3		2	2	2	1	2	2	2	1
6	4				2	1				

Step6　统计数据

在 Sheet4 工作表中单击【统计数据】按钮，程序对 Sheet3 工作表中的数据进行统计，统计结果放在 Sheet4 工作表中，各字段下方数据就是各选项出现的次数。

5.3.8　设置工作表的保护

在“毕业生调查问卷”工作表中，调查内容及控件格式都可以修改，而在实际应用中，不希望填写者随意改动，因此要对前面设计完成的调查问卷设置保护。

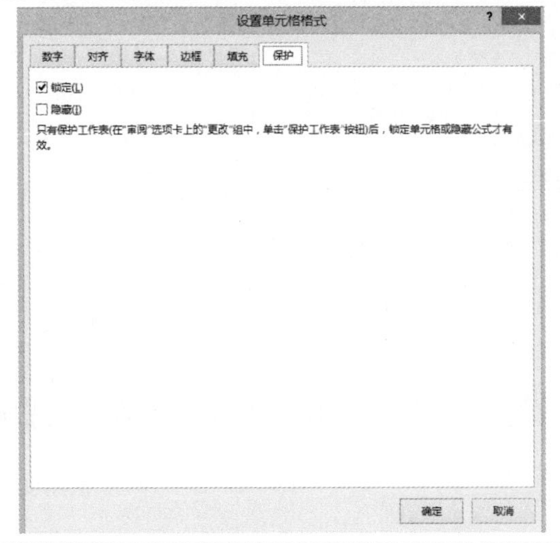

Step1　设置锁定、未锁定区域

在“毕业生调查问卷”工作表中，选中 A29:I29 单元格区域，在主菜单中选择【开始】→【单元格】功能区组的【格式】，单击下拉箭头，选择【设置单元格格式】，取消勾选【锁定】，单击【确定】按钮。

★　将 A29:I29 设置未锁定，因为选项按钮、组合框与这些单元格链接，锁定这些区域相当于不许这些控件操作。未设置的单元格默认锁定。

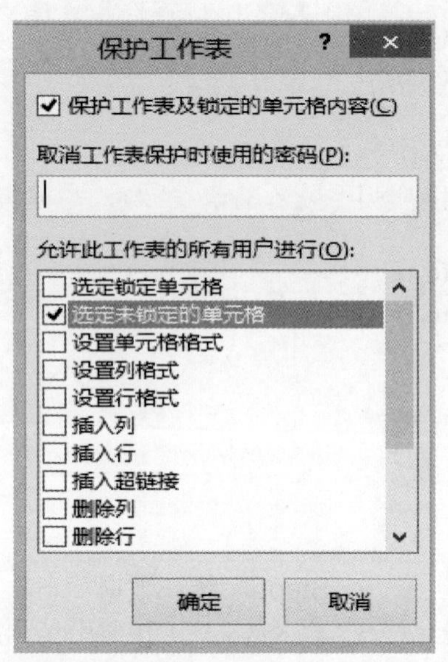

Step2 设置保护工作表

在主菜单中选择【审阅】→【更改】功能区组的【保护工作表】，打开【保护工作表】对话框，勾选【保护工作表及锁定的单元格内容】，在【允许此工作表的所有用户进行】列表框中取消勾选【选定锁定的单元格】，勾选【选定未锁定单元格】，在【取消工作表保护时使用的密码】文本框中设置密码，单击【确定】按钮，系统将自动弹出【确认密码】对话框，在【重新输入密码】文本框中再次输入设置的密码。

★ 取消勾选【选定锁定单元格】，不许操作锁定单元格；勾选【选定未锁定的单元格】，允许操作未锁定的单元格。

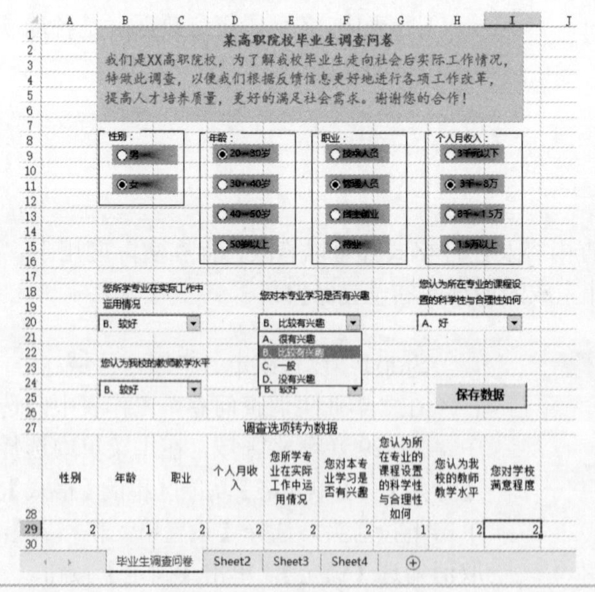

Step3 保护工作表

单击【确定】按钮返回到工作表中，鼠标不能操作保护的单元格，可以对选项按钮、组合框进行选择操作。

5.3.9 设置工作表的外观

对于调查问卷，希望是在一张纸上而不是在表格上，可以通过设置工作表的一些选项来达到希望的效果。

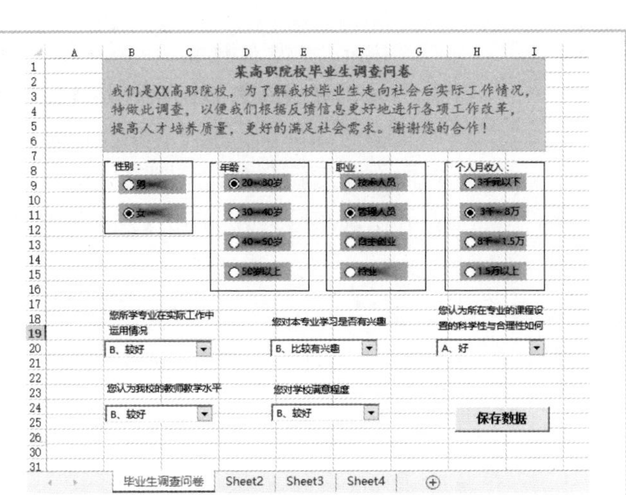

Step1　行隐藏

在行标处，按住 Ctrl 键选择行 27、28、29 单元格区域并右击，在弹出的快捷菜单中选择【隐藏】命令。

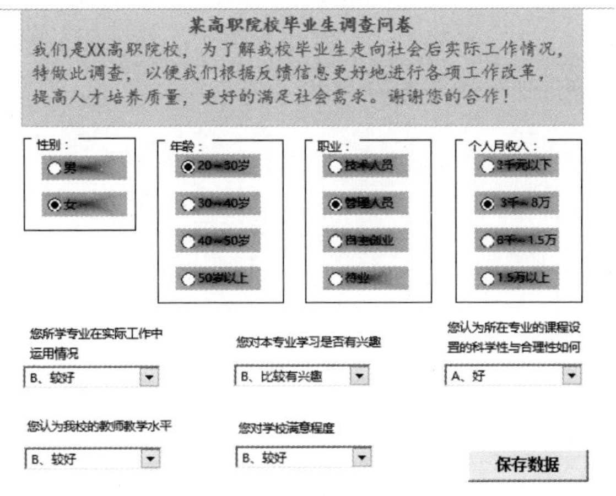

Step2　界面设置

在主菜单中选择【视图】→【显示】功能区组，取消勾选【编辑栏】、【网格线】、【标题】。在主菜单中选择【文件】→【选项】→【高级】，在【此工作簿的显示选项】处取消勾选【显示工作表标签】，单击【确定】按钮。

5.3.10　将“毕业生调查问卷”发布到网上

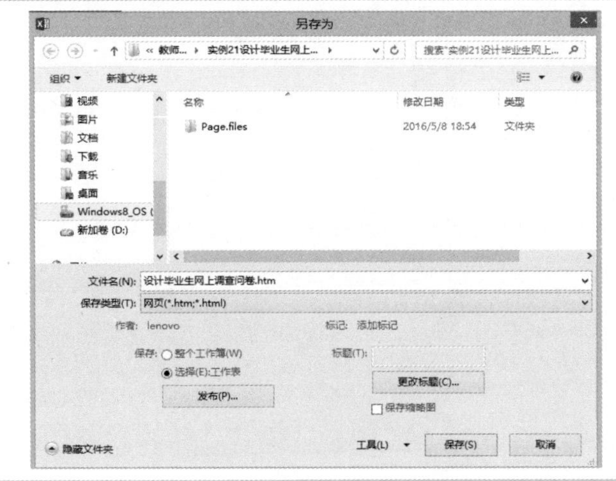

Step1　保存为 Web 文档

切换到“毕业生调查问卷”工作表，在主菜单中选择【文件】→【另存为】，选择位置，输入文件名，【保存类型】选择【网页】，【保存】选择【选择(E):工作表】。

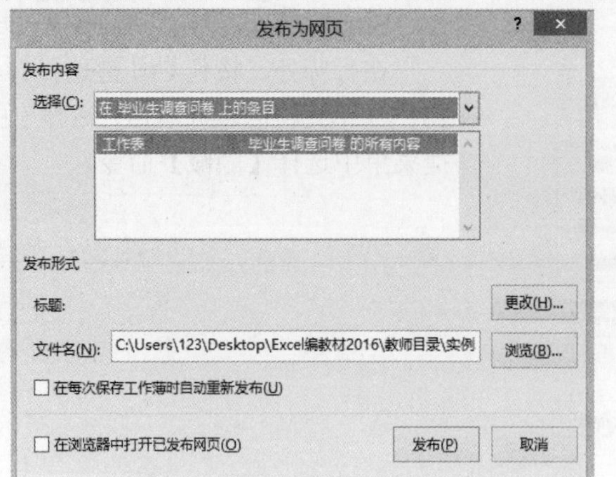

Step2　发布网页

单击【发布】按钮，打开【发布为网页】对话框，勾选【在每次保存工作簿时自动重新发布】，勾选【在浏览器中打开已发布网页】，单击【发布】按钮。

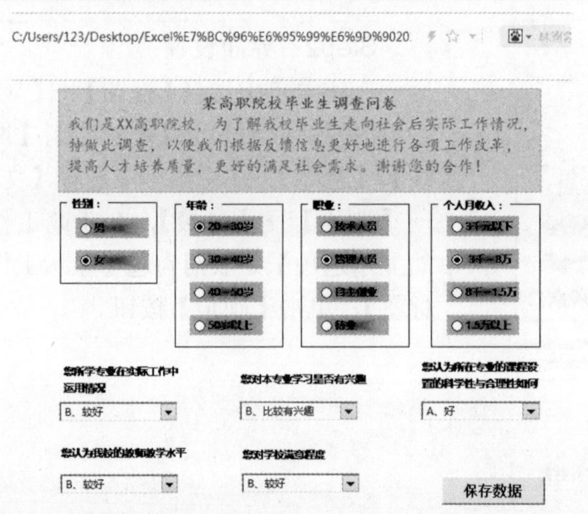

Step3　浏览器中的效果

发布在浏览器中，效果如左图所示。

第 6 章　Excel 中的图形处理

本章侧重展示通过 Excel 进行图形处理，主要内容包括：矢量图形格式、矢量图的编辑、地图（Map）的编辑和修饰、创建气泡图、交通图的编辑等。地图可视化在展现自然、社会、经济、人文等特征方面有着十分重要的意义，因此本章着重以在 Excel 中展示地图为例，讲解对矢量图形的操作、应用等知识，同时也是对 VBA 编程的实践。

6.1　矢量图形与 EMF 文件

6.1.1　什么是矢量图形

矢量图形（Vector Graphics）是指采用点、直线或者多边形等几何图元表示图像，矢量图形与使用像素（Pixels）表示图像的位图（Bitmap）不同。由于矢量图形采用几何图元表示图像，因此其具有能够无限放大而不出现失真的优点，此外，矢量图形采用几何图元表示图像，相比于使用像素存储信息，矢量图形文件一般较小。

6.1.2　矢量图形格式

能够存储矢量图形的文件格式众多，表 6-1 中给出了几种常见矢量图形的文件格式。

表 6-1

文件扩展名	文件全称	描述
.ps	PostScript	PostScript 是一种页面描述语言和编程语言，由 Adobe 公司开发。PostScript 在出版领域应用广泛，被很多激光打印机所支持
.eps	Encapsulated PostScript	EPS 是 PostScript 文件格式的一种扩展，用于存储矢量图形格式，并被多种图形编辑软件所支持，如 Inkscape、Adobe Illustrator 等
.pdf	Portable Document Format（便携式文件格式）	PDF 是一个简化的 PostScript 版本，允许包含图形、图像、文本、链接等内容，由 Adobe 公司开发，可在多种软件中编辑或浏览，例如 Evince、Inkscape、Adobe Reader、Adobe Acrobat、Firefox、Google Chrome 等
.svg	Scalable Vector Graphics	SVG 是一种基于 XML 的矢量图格式，是由 World Wide Web Consortium（W3C）为浏览器定义的标准，并被多种图形编辑软件所支持，如 Inkscape、Adobe Illustrator 等
.wmf	Windows MetaFile（Windows 图元文件格式）	WMF 是微软公司开发的用于存储矢量图形和位图的图像格式，可在微软 Office、Adobe Illustrator 等软件中编辑和使用
.emf	Enhanced Metafile（Windows 增强型图元文件格式）	EMF 是 WMF 的加强版，WMF 中图形的精度是 16 位的，EMF 中图形的精度是 32 位的，且在 WMF 的基础上增加了新的指令，EMF 也被一些打印机所支持
.dxf	Drawing Exchange Format	DXF 是由 Autodesk 公司开发的 ASCII 文本文件格式，用于 AutoCAD 与其他软件之间进行计算机辅助设计（CAD）数据交换

6.1.3 Windows 图元文件格式

WMF，全称为 Windows 图元文件格式（Windows MetaFile），WMF 和 EMF 是被微软 Office 所支持的矢量图形文件格式，除 WMF 和 EMF 外，微软 Office 对其他矢量图形格式支持有限。因此，当在 Excel 中使用矢量图形文件时，一般需要首先转换为 WMF/EMF 格式。

6.1.4 矢量图形格式转换工具

本书使用 Inkscape 进行格式转换。Inkscape 是一个轻量（安装文件大小 80MB 左右）、开源（GNU GPLv3 开源协议）、跨平台（Windows、Mac OS X、Linux 及类 UNIX 版等操作系统）的矢量图形编辑器，它支持的矢量图形格式众多，常见的格式包括 SVG、CDR、VSD、PDF、DIA、EPS、PS、WMF、EMF 等。

除格式转换外，Inkscape 也能够进行丰富的矢量图形编辑操作，本书在 Excel 中对矢量图形进行编辑和处理，使用 Inkscape 的目的是仅在于矢量图形的格式转换。对于有兴趣使用 Inkscape 进行矢量图形编辑的同学，可以在课下查找相关资料。

6.2 案例 22 将北京行政区划图由 SVG 格式转换为 WMF/EMF 格式

（1）打开 Inkscape 软件，如图 6-1 所示。

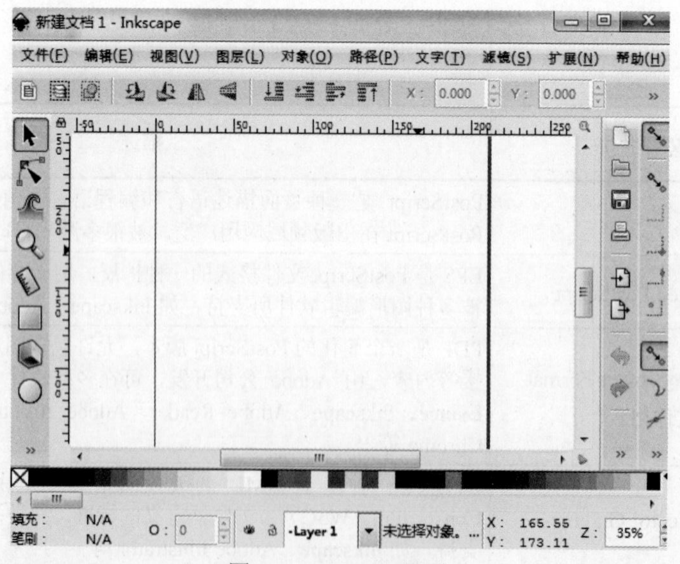

图 6-1 Inkscape 界面

（2）在【文件】菜单中选择【打开】命令，在弹出的文件选择对话框中选择对应的.svg 文件，如图 6-2 所示。

（3）打开后的北京行政区图如图 6-3 所示，Inkscape 提供了丰富的矢量图形编辑功能，有兴趣的同学可以尝试在 Inkscape 中对矢量图形进行编辑，由于该内容已超出本教材的范畴，故在此不作讨论。

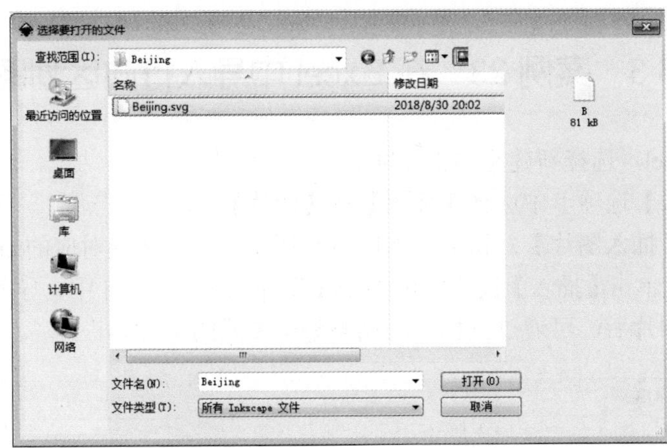

图 6-2　Inkscape 打开文件对话框

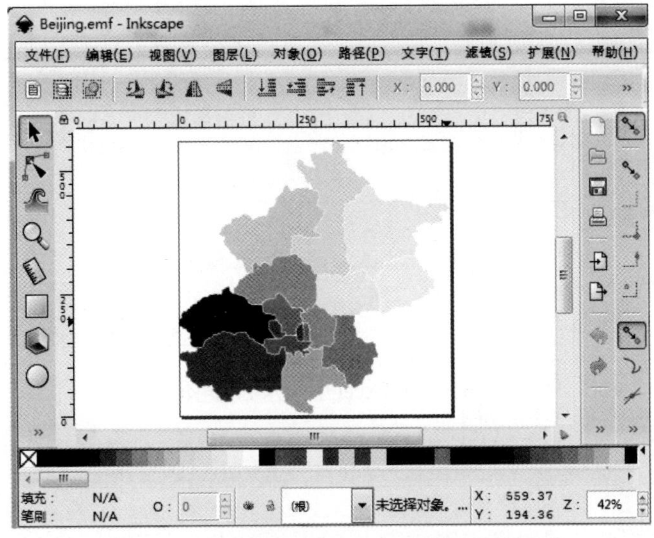

图 6-3　在 Inkscape 中打开矢量图形后的界面

（4）在【文件】菜单中选择【另存为】命令，在弹出的文件保存对话框中，将【保存类型】选择为增强型图元文件，输入待保存的文件名并选择待保存的路径，单击【保存】按钮，即可完成北京行政区划图由 SVG 格式到 EMF 格式的转换，对应的另存为对话框如图 6-4 所示。

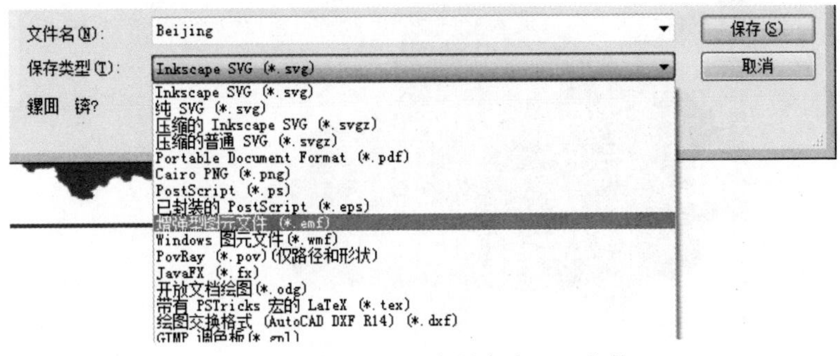

图 6-4　在 Inkscap 中另存为.emf 文件

6.3 案例 23 在 Excel 中导入行政区划图

（1）打开 Excel，选择新建空白工作簿。

（2）在【插入】选项卡中选择【插图】→【图片】。

（3）弹出的【插入图片】对话框（如图 6-5 所示）中，选择对应的.emf 文件（Windows 增强型图元文件），单击【插入】按钮即可将.emf 文件插入到 Excel 中，导入后的效果如图 6-6 所示，导入 EMF 图片后，可通过鼠标拖动调整整个图元的位置。

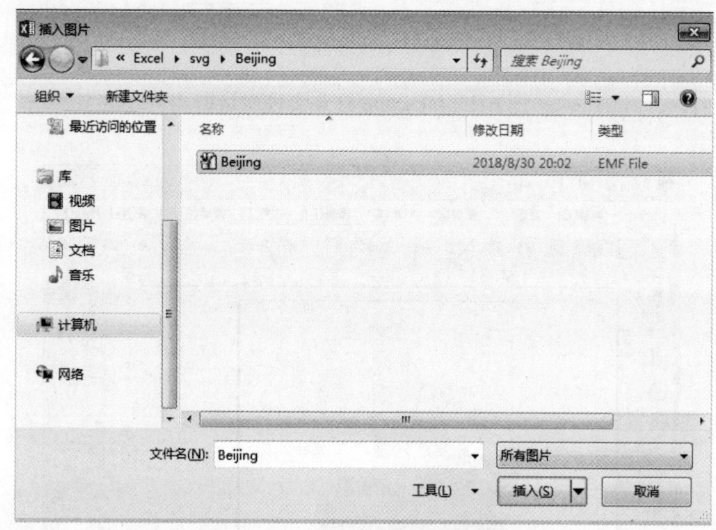

图 6-5 在 Excel 中导入 EMF 图片

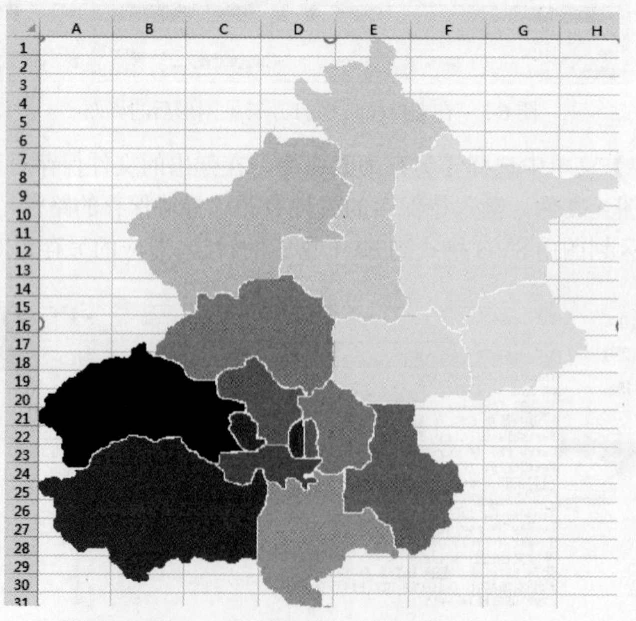

图 6-6 在 Excel 中导入北京行政区划图后的界面

（4）选中插入的 emf 图形，在【图片工具】→【格式】选项卡中单击【排列】→【组合】→【取消组合】按钮，将导入的矢量图形打散为单独的图元，便于后续的编辑操作，如图 6-7 所示。

（5）执行步骤（4）后，会弹出一个提示框，如图 6-8 所示，提示“这是一张导入的图片，而不是组合。是否将其转换为 Microsoft Office 图形对象?”此时，单击【是】按钮即可，之后导入的北京行政区划图将变成可逐个图元单独编辑的状态。

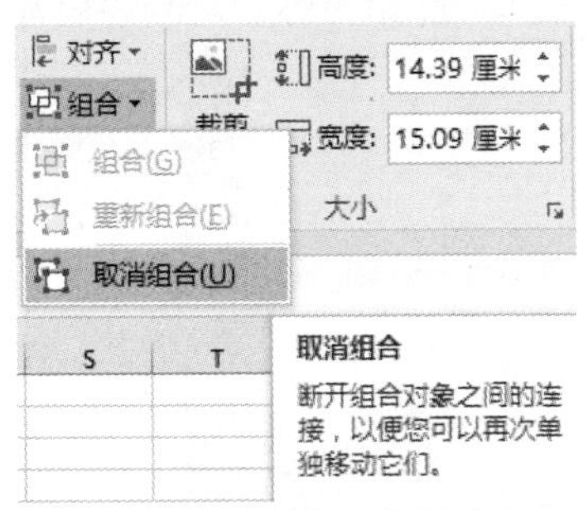

图 6-7　通过【取消组合】操作打散图元

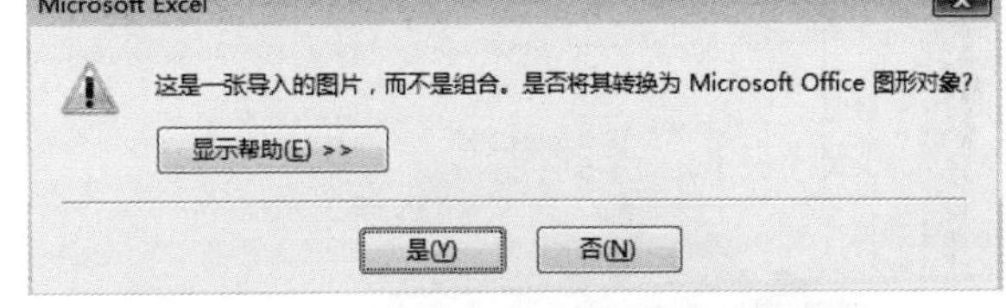

图 6-8　打散操作过程中的提示框

（6）图元编辑操作。执行步骤（5）后，可对逐个图元进行单独编辑操作，如图 6-9 所示，可为单个图元增加一个黑色边框（在【图片工具】→【格式】选项卡中选择【形状样式】→【形状轮廓】，选择颜色）。

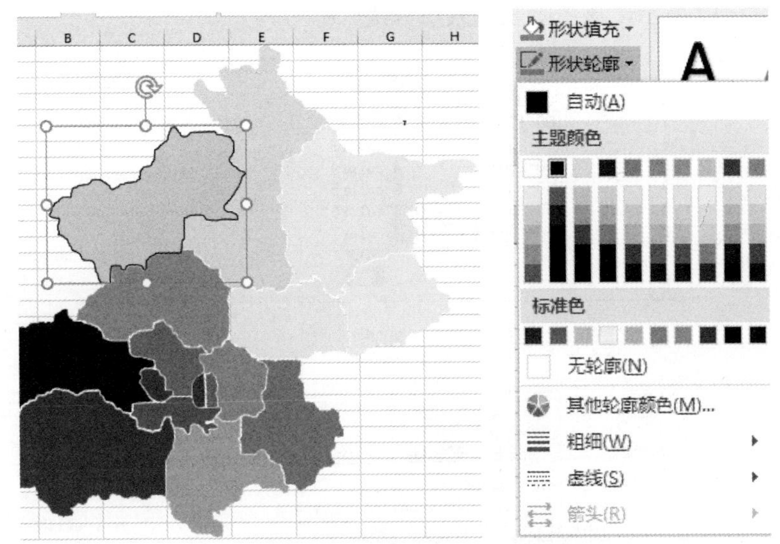

图 6-9　对单个图元的外观进行调整

（7）保存 Excel 工作簿，取名为北京地图.xlsx。

6.4　案例 24　地图调色（采用分级色阶）

在案例 23 的基础上，本案例将给出一个使用 VBA 对地图进行分级设色的过程。

（1）打开 Excel 工作簿：北京地图.xlsx，另存为 Excel 启用宏的工作簿：北京地图.xlsm。

（2）逐个选择图元，将名称框中默认的名称修改为具有特定含义的名称，例如选中延庆区对应的图元，然后将名称由“Freeform 4”修改为“延庆”，如图 6-10 所示。

（3）导入数据，从北京市宏观经济与社会发展基础数据库中导入 2017 年北京市各区常住人口，如图 6-11 所示。

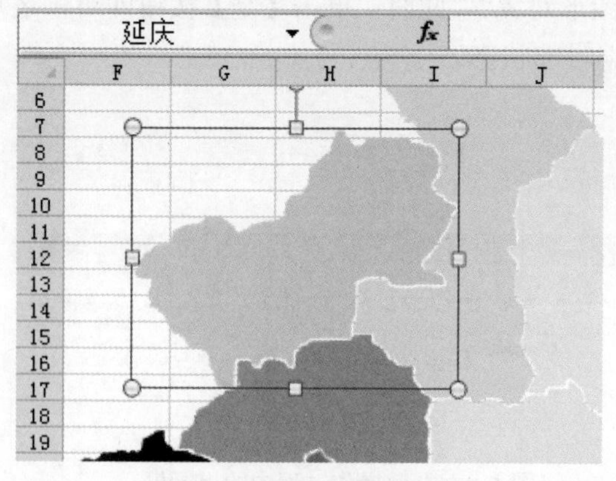

图 6-10　修改单个图元的名称

	A	B	C
1	区	2017年常驻人口(万人)	人口规模
2	东城	85.1	1
3	西城	122	2
4	朝阳	373.9	7
5	丰台	218.6	4
6	石景山	61.2	1
7	海淀	348	6
8	门头沟	32.2	0
9	房山	115.4	2
10	通州	150.8	3
11	顺义	112.8	2
12	昌平	206.3	4
13	大兴	176.1	3
14	怀柔	40.5	0
15	平谷	44.8	0
16	密云	49	0
17	延庆	34	0

图 6-11　地图调色示例的原始数据

（4）设定人口规模与颜色关系，本例按照人口每 50 万分为一级，0～7 共 8 级，结果如图 6-11 中的 C1:C17 单元格区域所示。

（5）在单元格区域 F4:F11 中输入数字 0～7，选中该区域（F4:F11），执行快速分析工具，设定色阶，如图 6-12 所示，该色阶表示人口分级（0～7）。

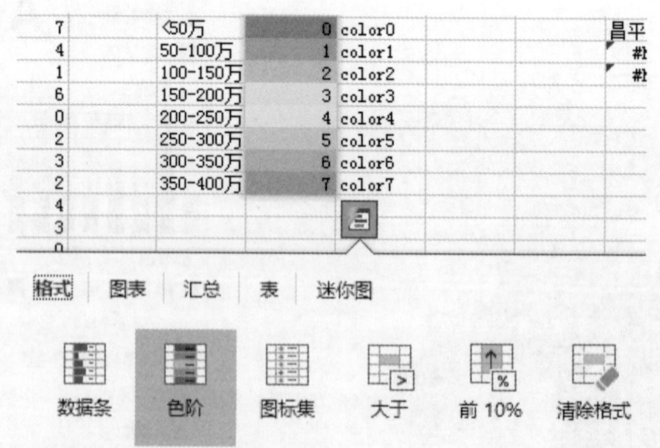

图 6-12　设定色阶

（6）修改颜色分级区域（单元格 F4:F11 的名称框分别改为 color0～color7），名称 color0～color7 与单元格 G4:G11 中的文本内容一致，选中区域 F4:G11，将该区域的名称设为 COLORSCALE，如图 6-13 所示。

（7）根据人口规模的划分标准（单元格 E4:G11）计算各区的人口规模，计算结果存放在单元格 C2:C17 中，将单元格 A2:C17 的名称设为 POP，如图 6-14 所示。

COLORSCALE　　0

	A	B	C	D	E	F	G
1	区	2017年常驻人口(万人)	人口规模				
2	东城	85.1	1				
3	西城	122	2		人口规模	颜色	
4	朝阳	373.9	7		<50万	0	color0
5	丰台	218.6	4		50-100万	1	color1
6	石景山	61.2	1		100-150万	2	color2
7	海淀	348	6		150-200万	3	color3
8	门头沟	32.2	0		200-250万	4	color4
9	房山	115.4	2		250-300万	5	color5
10	通州	150.8	3		300-350万	6	color6
11	顺义	112.8	2		350-400万	7	color7

图 6-13　设定用于存储颜色映射关系区域的名称

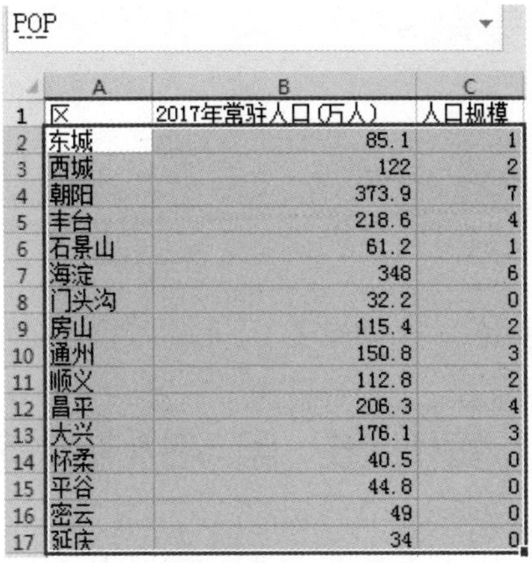

POP

	A	B	C
1	区	2017年常驻人口(万人)	人口规模
2	东城	85.1	1
3	西城	122	2
4	朝阳	373.9	7
5	丰台	218.6	4
6	石景山	61.2	1
7	海淀	348	6
8	门头沟	32.2	0
9	房山	115.4	2
10	通州	150.8	3
11	顺义	112.8	2
12	昌平	206.3	4
13	大兴	176.1	3
14	怀柔	40.5	0
15	平谷	44.8	0
16	密云	49	0
17	延庆	34	0

图 6-14　设定原始数据区域的名称

（8）建立各区人口与颜色的映射关系，单元格 I3 的名称设为 NAME，值为空，单元格 I4 的名称设为 VALUE，值为 VLOOKUP(NAME, POP, 3, FALSE)，I4 建立了区名到人口规模的映射，单元格 I5 的名称设为 COLORSEL，值为 VLOOKUP(VALUE, COLORSCALE, 2, TRUE)，I5 建立了人口规模到颜色的映射，如图 6-15 所示。

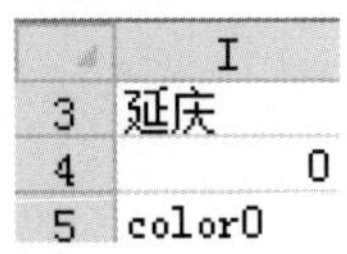

	I
3	延庆
4	0
5	color0

图 6-15　使用 VLOOKUP 函数遍历北京各区

（9）在【开发工具】选项卡中选择【代码】→【Visual Basic】，打开 VBA 编辑器，建立宏。代码如下：

```
Sub SETCOLOR()
For i = 2 To 17
    Range("NAME").Value = Range("Sheet1!A" & i).Value
    ActiveSheet.Shapes(Range("NAME").Value).Select
    Selection.ShapeRange.Fill.ForeColor.RGB =
    Range(Range("COLORSEL")).DisplayFormat.Interior.Color
Next i
End Sub
```

修改代码遍历全部的区，获得该区名称对应的矢量图元，并将该图元的颜色设置为该区人口规模对应的颜色，本示例的运行结果如图 6-16 所示。

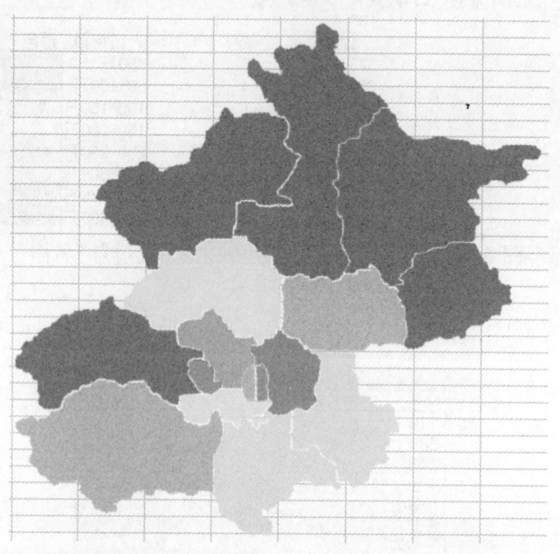

图 6-16　执行地图调色（分级设色）后的结果

6.5　案例 25　用 VBA 脚本着色

前面的案例给出了使用 Excel 自带色阶为地图着色的方法，色阶也可以由 VBA 脚本生成，以下代码能够在 F4:F11 单元格区域生成由黄色（单元格 F1 的填充色）到红色（单元格 G1 的填充色）的渐变色阶（ColorScale），效果如图 6-17 所示。

```
Sub GENCOLORSCALE()
Dim cfColorScale As ColorScale

    Range("F4:F5").FormatConditions.Delete

    With ActiveSheet
    .Range("F4") = 0
    .Range("F5") = 1
    .Range("F4:F5").AutoFill Destination:=Range("F4:F11")
    End With

    Range("F4:F11").Select

    Set cfColorScale = Selection.FormatConditions.AddColorScale(ColorScaleType:=2)

    cfColorScale.ColorScaleCriteria(1).FormatColor.Color = Range("F1").Interior.Color
    cfColorScale.ColorScaleCriteria(2).FormatColor.Color = Range("G1").Interior.Color

End Sub
```

E	F	G
	colorfrom	colorto
人口规模		
<50万	0	color0
50-100万	1	color1
100-150万	2	color2
150-200万	3	color3
200-250万	4	color4
250-300万	5	color5
300-350万	6	color6
350-400万	7	color7

图 6-17　通过 VBA 生成渐变颜色

再次执行为地图设色的代码（SETCOLOR），执行结果如图 6-18 所示。

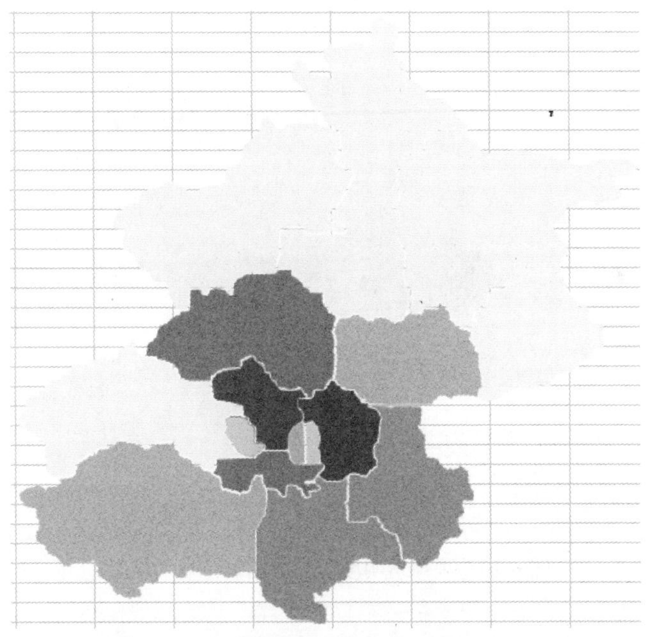

图 6-18　采用渐变色进行地图调色后的结果

6.6　案例 26　透明度的使用

上述案例和代码给出的是以离散方式的色阶对地图进行调色，以下代码给出了通过设置图元透明度的方式使得图元颜色与对应人口数据（单元格 B2:B17）成线性关系（即采用连续色阶对地图进行调色），图元的基色由单元格 I1 的填充色给出，图元的透明度（Transparency）经过计算得到。

```
Sub SETTRANS()

For i = 2 To 17

    Range("NAME").Value = Range("Sheet1!A" & i).Value
```

```
ActiveSheet.Shapes(Range("NAME").Value).Select

Selection.ShapeRange.Fill.ForeColor.RGB = Range("I1").DisplayFormat.Interior.Color

Selection.ShapeRange.Fill.Transparency = 1 - Range("Sheet1!B" & i).Value / 400

Next i

End Sub
```

使用透明度设置地图颜色的结果如图 6-19 所示。

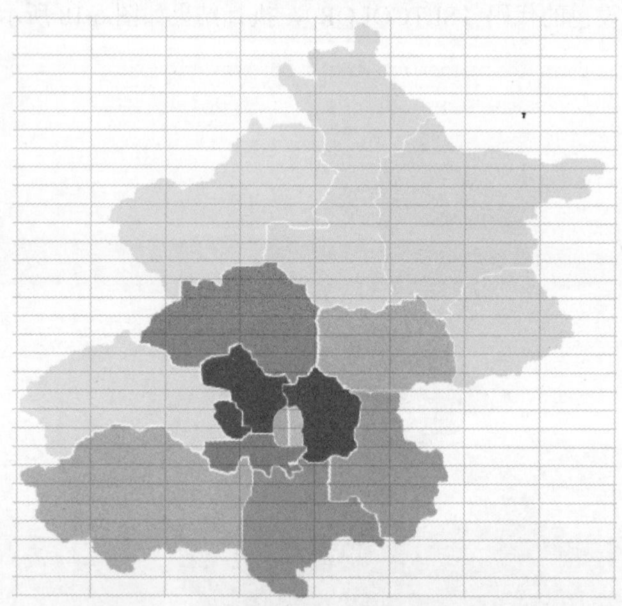

图 6-19 采用透明度进行地图调色后的结果

6.7 案例 27 地图文字修饰与气泡图

到目前为止，地图中还缺少各区文字形式的名称，本节将给出在矢量图形上添加文字的方法，同时给出一个气泡图的示例。

6.7.1 在矢量图形上添加文本框

在矢量图形上添加文字通过添加文本框来实现，具体过程见下面的 VBA 代码。该代码首先遍历所有文本框并将其删除，然后再遍历所有图元，并在图元的中心位置（水平方向根据文字长度有一定的偏移量）添加对应文字，每个文本框赋予一个不重复的名字（s.Name=...），以保证在后续建立气泡图的过程中通过文本框来定位气泡。

```
Sub AddMapText()

Dim oTextBox As TextBox
```

```
For Each oTextBox In ActiveSheet.TextBoxes
    oTextBox.Delete
Next oTextBox

For i = 2 To 17

    Range("NAME").Value = Range("Sheet1!A" & i).Value

    ActiveSheet.Shapes(Range("NAME").Value).Select

    Dim ws As Worksheet, s As shape
    Set ws = ActiveSheet
    Set s = ws.Shapes.AddTextbox(msoTextOrientationHorizontal, _
        ActiveSheet.Shapes(Range("NAME").Value).Left + _
        ActiveSheet.Shapes(Range("NAME").Value).Width / 2 _
        - Len(Range("Sheet1!A" & i).Value) / 2 * 24, _
        ActiveSheet.Shapes(Range("NAME").Value).Top + _
        ActiveSheet.Shapes(Range("NAME").Value).Height / 2, 1, 1)
    s.Name = "文本框+" + Range("Sheet1!A" & i).Value
    s.TextFrame.Characters.text = Range("Sheet1!A" & i).Value
    s.TextFrame.AutoSize = True

Next i

End Sub
```

添加文字之后的效果如图 6-20 所示。

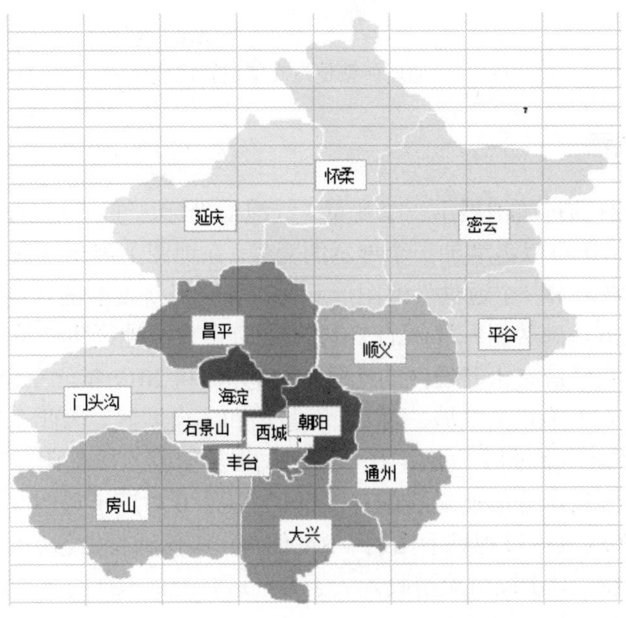

图 6-20　通过 VBA 在图元上添加文本框的效果

6.7.2 文本框位置微调

由于以下三方面的原因：①图元的形状不规则；②部分图元面积较小；③代码中的文字定位以左上角为准，而实际上应当以文字中心位置为准，上述代码实现的增加文字位置不是完全准确的（图 6-20 中文字“密云”的位置偏右，文字“大兴”的位置偏下，中心城区的文字有互相重叠的现象），因此，手动调整部分文字的位置是不可避免的。在调整的过程中，中心城区的文字可手动增加线条来指向对应的文字（在【插入】选项卡中选择【插图】→【形状】→【箭头】），调整后的结果如图 6-21 所示。

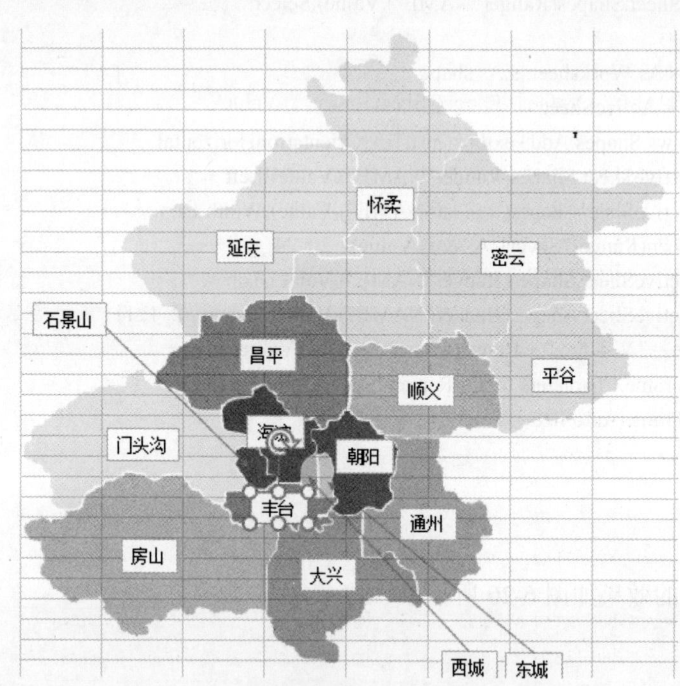

图 6-21 通过调整使得文字位置比较合适

6.7.3 气泡图展示

单色气泡图是一种通过气泡展示三个变量（气泡横坐标、气泡纵坐标、气泡大小）的可视化方法，使用彩色气泡图可以再增加一个展示的变量。在地图上展示气泡图可直观地展示与地图相关的信息。下面将给出一个通过气泡图展示北京各区经济发展的示例，数据来源为从北京市宏观经济与社会发展基础数据库导入的 2017 年北京市各区地区生产总值（大兴区的地区生产总值数据考虑了北京经济技术开发区的地区生产总值）和 2017 年北京市各区民俗旅游收入，由于各区民俗旅游收入中不包括东城、西城、石景山和丰台四区，因此在数据展示过程中，只处理其余 12 区的情况。气泡图中气泡半径与各区民俗旅游收入成正比，气泡的透明度与地区生产总值成正比，地区生产总值被限制在 0～1000 亿元，0 对应于透明度 100%，1000 对应于透明度 0%。该气泡图的具体过程见下面的 VBA 代码，该代码首先遍历所有气泡并将其删除，然后再遍历所有文本框，对于民俗旅游收入大于 0 的区，在文本框的下方添加对应气泡并设置气泡的大小、透明度等属性。

```
Sub AddBubbleMap()

Dim eachShape As shape

For Each eachShape In ActiveSheet.Shapes
    If InStr(1, eachShape.Name, "气泡") Then
        eachShape.Delete
    End If
Next eachShape

For i = 2 To 17

    Range("NAME").Value = Range("Sheet1!A" & i).Value

    ActiveSheet.Shapes(Range("NAME").Value).Select

    Dim GDP As Single, Tour As Single
    GDP = Range("Sheet1!D" & i).Value
    Tour = Range("Sheet1!E" & i).Value / 1000

    If Tour > 0 Then
        Dim ws As Worksheet, s As shape
        Set ws = ActiveSheet
        Set TheCircle = ws.Shapes.AddShape(msoShapeOval, _
            ActiveSheet.Shapes("文本框+" + Range("Sheet1!A" & i).Value).Left + _
            ActiveSheet.Shapes("文本框+" + Range("Sheet1!A" & i).Value).Width / 2 + _
            -Tour / 2, _
            ActiveSheet.Shapes("文本框+" + Range("Sheet1!A" & i).Value).Top + _
            ActiveSheet.Shapes("文本框+" + Range("Sheet1!A" & i).Value).Height / 2 + _
            Tour / 3 + 8, Tour, Tour)

        TheCircle.Name = "气泡+" + Range("Sheet1!A" & i).Value
        With TheCircle
            With .Fill
                Dim trans As Single
                trans = 1 - GDP / 1000
                If trans > 1 Then
                trans = 1
                End If
                If trans < 0 Then
                trans = 0
                End If
                .Transparency = trans
            End With
        End With
    End If
```

```
Next i

End Sub
```

在地图上叠加气泡图的结果如图 6-22 所示。

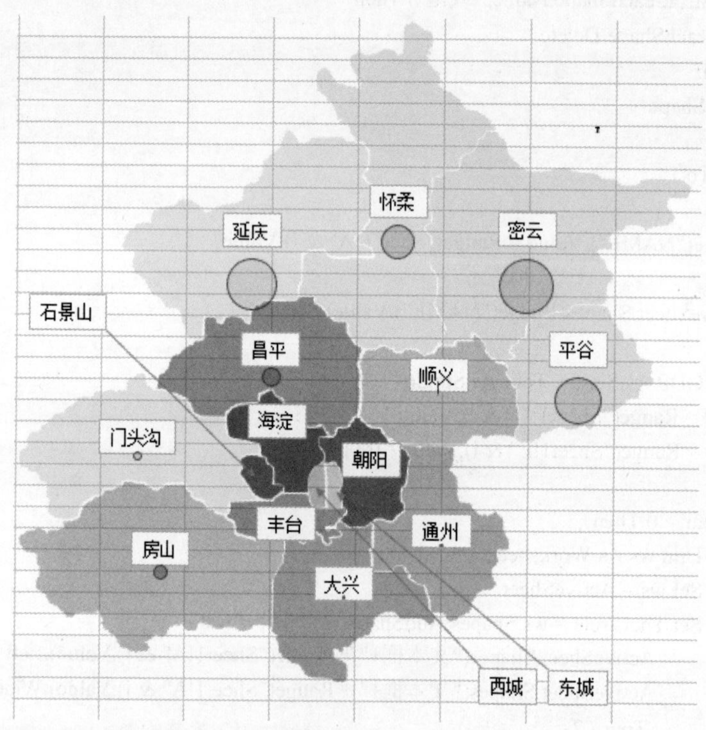

图 6-22　在地图上叠加气泡图的显示效果

从本节给出的气泡图结果能够得出结论：北部四区（延庆、怀柔、密云、平谷）的民俗旅游收入（由气泡大小表征）较高，且数值较为接近，但地区生产总值（由气泡透明度表征）不高，且差异不大。昌平和房山的民俗旅游收入低于上述四区，但地区生产总值均高于上述四区，除上述六区之外，其他各区的民俗旅游收入相对较低。通过本节的示例，我们能够很清楚地看出待分析的数据与地理位置之间的关系。

6.8　案例 28　交通图的创建与编辑

交通图不同于行政区划图，交通图是通过线条（一般为多段线，Polyline）来表示道路、铁路、航线等信息，行政区划图则通过多边形（Polygon）表示行政区。

6.8.1　交通图的导入与命名

本节给出一个处理我国四纵四横铁路网的数据来展示对交通图的处理过程，与处理行政区划图的过程类似，首先在 Inkscape 中将铁路交通图由 svg 格式转换为 emf 格式，然后在 Excel 中插入 emf 图片，接下来逐个选中铁路线路，将名称框中默认的名称修改为具有特定含义的名称，例如选中京沈高铁对应的线路，然后将名称“Freeform 39”修改为“京沈”，如图 6-23 所示（注：图中选中的“京沈”段尚未开通运行），由于部分线路是分段表示的，因此在命名过程中，采用线路+数字的方式进行，例如徐（州）兰（州）高铁中的徐州到郑州段命名为徐兰 1，郑州到西安段命名为徐兰 2，西安到宝鸡段命名为徐兰 3，宝鸡到兰州段命名为徐兰 4。

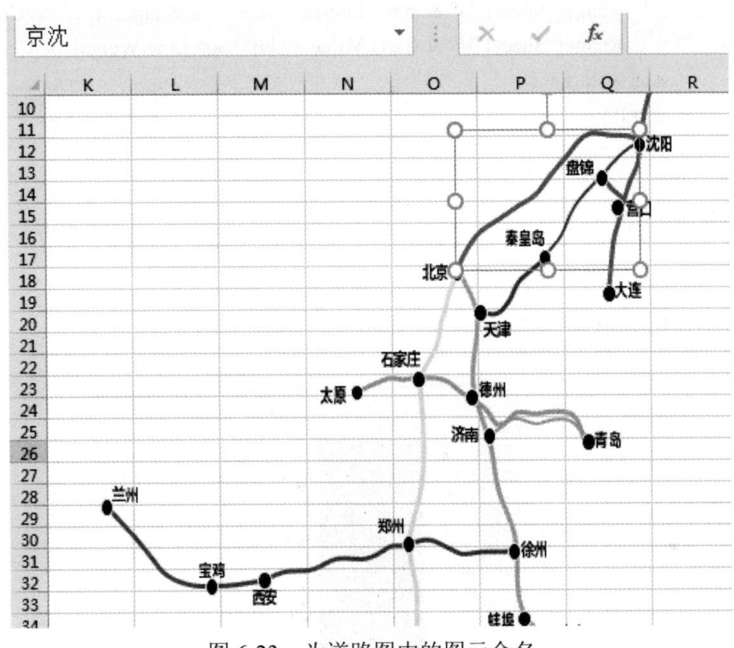

图 6-23　为道路图中的图元命名

6.8.2　保存与恢复交通图的特征

交通图的属性一般具有特定的含义，例如公路或铁路线条的宽度表示线路的等级，线路的颜色用于区分不同的线路，而且线路的颜色往往是遵循固定的规则，例如北京地铁各条线路的颜色。

基于上述特征，在名称修改完成后，首先需要实现两段 VBA 代码，目的在于将铁路线路的颜色与线条宽度进行备份和恢复，对交通图属性进行备份的目的在于一旦手动或通过 VBA 代码对交通图（颜色、线条宽度等）进行修改之后，能够方便地恢复原始的状态，而不用通过重新导入 emf 等操作完成状态的恢复。

执行备份的代码如下，该代码遍历所有图元，将图元类型设为 msoFreeform，且图元颜色不为黑色（RGB=0,0,0）的图元属性进行备份，备份的位置为单元格 T:V，单元格 T 存储图元名称，U 存储图元颜色，V 存储线条宽度。

```
Sub Store()

Dim eachShape As Shape
Dim subShape As Shape

Dim start As Integer
start = 2
```

```
    For Each eachShape In ActiveSheet.Shapes
        For Each subShape In eachShape.GroupItems
            If subShape.Type = msoFreeform Then
                If subShape.Line.ForeColor.RGB <> RGB(0, 0, 0) Then
                    Range("Sheet1!T" & start).Value = subShape.Name
                    Range("Sheet1!U" & start).Interior.Color = subShape.Line.ForeColor.RGB
                    Range("Sheet1!V" & start).Value = subShape.Line.Weight
                start = start + 1
                End If
            End If
        Next subShape
    Next eachShape

    End Sub
```

执行备份后的结果如图 6-24 所示。

T	U	V
name	color	width
沪昆5		2.25
沪昆4		3
沪昆3		3
沪昆2		3
沪昆1		3
沪汉蓉8		2.25
沪汉蓉7		2.25
沪汉蓉6		2.25
沪汉蓉5		2.25
沪汉蓉4		2.25
沪汉蓉3		2.25
沪汉蓉2		2.25
沪汉蓉1		3
徐兰4		3
徐兰3		3
徐兰2		3
徐兰1		3
青太3		3
青太2		3

图 6-24 将图元的颜色、宽度属性备份到单元格中

上述备份代码中 msoFreeform 为形状的类型，表示任意多边形，表 6-2 给出了在.NET 框架中 MsoShapeType 的全部可用类型、对应数值和含义，供同学们参考。

表 6-2 在.NET 框架中 MsoShapeType 的全部可用类型、对应数值和含义

枚举值	数值	含义
msoAutoShape	1	自选择图形
msoCallout	2	标注
msoCanvas	20	画布
msoChart	3	图
msoComment	4	批注

续表

枚举值	数值	含义
msoDiagram	21	图表
msoEmbeddedOLEObject	7	嵌入的 OLE 对象
msoFormControl	8	窗体控件
msoFreeform	5	任意多边形
msoGroup	6	组合
msoInk	22	墨迹
msoInkComment	23	墨迹注释
msoLine	9	直线
msoLinkedOLEObject	10	链接的 OLE 对象
msoLinkedPicture	11	链接的图片
msoMedia	16	媒体
msoOLEControlObject	12	OLE 控件对象
msoPicture	13	图片
msoPlaceholder	14	占位符
msoScriptAnchor	18	脚本定位标记
msoShapeTypeMixed	-2	只返回值，表示其他状态的组合
msoSlicer	25	
msoSmartArt	24	
msoTable	19	表格
msoTextBox	17	文本框
msoTextEffect	15	文本效果
msoWebVideo	26	Web 视频

在完成图元属性备份后，下面给出恢复备份的代码。

```
Sub Restore()

For i = 2 To 38

    ActiveSheet.Shapes(Range("Sheet1!T" & i).Value).Select
    Selection.ShapeRange.Line.ForeColor.RGB = Range("Sheet1!U" & i).Interior.Color
    Selection.ShapeRange.Line.Weight = Range("Sheet1!V" & i).Value

Next i

End Sub
```

针对本章前述内容中的北京行政区划图或其他矢量图形，同样可以采用类似的方式进行图元属性的备份和恢复备份，在此不做讨论，同学们可自行练习。

6.8.3 交通图原始数据处理

在对铁路图图元进行编辑（使用 VBA 代码调整图元属性，例如颜色、宽度）之前，需要对铁路运营情况进行分析，分析内容为对四纵四横铁路网中各条线路的每日（取 2018 年 9 月 10 日的铁路运行图）发行 G 字头和 D 字头列车数进行统计，统计过程中有两个假设：①每条线路的区间列车（例如京广线中，存在起点和终点为北京和郑州的列车），在统计线路每日车次的过程中，将区间车也统计在内（北京到郑州或郑州到北京的区间车计算在京广线的车次数中）；②存在跨线车次（例如北京到昆明的车次可能跨京广线和沪昆线），在统计线路每日车次的过程中，跨线车次未统计到对应的线路上（北京到昆明或昆明到北京的车次未计入京广线或沪昆线的车次数中）。以上两个假设可大大简化本例的处理流程，感兴趣的同学可以自行完善相应的代码，例如考虑分段的情形和跨线的情况，给出每条线路逐个线路区间（以京广线为例，包括北京到石家庄、石家庄到郑州、郑州到武汉、……）的运营情况。

还有一些特殊情况作如下考虑：①上海到南京或南京到上海的车次可经由京沪高铁或沪汉蓉高铁，因此上海到南京或南京到上海的车次（共 107 趟，列在图 6-25 中的 D27 单元格中）未计入到途径京沪高铁或沪汉蓉高铁的车次中；②青岛到济南或济南到青岛的车次由于在青太高铁中有独立的线路，因此青岛与济南间的 13 趟列车（图 6-25 中的单元格 D28）未计入青太高铁的统计中；③统计的过程主要计算省会与省会之间发行的车次，因此，各条线路的统计汇总结果可能会和实际略有偏差（小于实际的数目）。部分统计数据如图 6-25 所示。

	A	B	C	D
22	杭州	福州	4	
23	杭州	温州	9	
24	深圳	温州	2	
25	深圳	福州	26	
26	深圳	厦门	38	
27	上海	南京	0	107
28	青岛	济南	0	13
29	青岛	石家庄	2	
30	青岛	太原	6	
31	徐州	兰州	2	
32	郑州	兰州	3	
33	西安	兰州	27	
34	上海	合肥	38	
35	上海	武汉	18	
36	上海	宜昌	12	

图 6-25　对原始数据进行统计

基于以上假设，以下 VBA 代码给出了对铁路运营情况的统计分析过程。

```
Sub CalcSum()

Dim cat As String
Dim sum As Integer

For eachline = 2 To 9
    cat = ""
    For bycol = 0 To 8
```

```
            cat = cat & Range("Sheet1!F" & eachline).Offset(0, bycol)
        Next bycol
        sum = 0
        For i = 2 To 50
            If InStr(1, cat, Range("Sheet1!A" & i).Value) Then
                If InStr(1, cat, Range("Sheet1!B" & i).Value) Then
                    sum = sum + Range("Sheet1!C" & i).Value
                End If
            End If
        Next i
        Range("Sheet1!O" & eachline).Value = sum
    Next eachline

    End Sub
```

统计分析结果如图 6-26 所示（单元格 O2:O9）。

F	G	H	I	J	K	L	M	N	O
起点				途径点				终点	
北京	石家庄	郑州	武汉	长沙	广州	深圳			74
哈尔滨	长春	沈阳	大连						87
北京	天津	德州	济南	徐州	蚌埠	南京	上海		133
杭州	宁波	台州	温州	福州	厦门	深圳			89
青岛	济南	德州	石家庄	太原					21
徐州	郑州	西安	宝鸡	兰州					32
上海	南京	合肥	武汉	宜昌	利川	重庆	遂宁	成都	145
上海	杭州	南昌	长沙	贵阳	昆明				69

图 6-26　对铁路运行车次的统计结果

6.8.4　交通图图元调整

下面给出根据上述统计结果设置铁路线路宽度的 VBA 代码，线宽与车次的对应关系为每 20 次车映射为宽度为 1 磅的线条。

```
Sub SetRailWidth()

Dim eachShape As Shape
Dim subShape As Shape

For Each eachShape In ActiveSheet.Shapes
    For Each subShape In eachShape.GroupItems
        If subShape.Type = msoFreeform Then
            If subShape.Line.ForeColor.RGB <> RGB(0, 0, 0) Then
                For eachline = 2 To 9
                    If InStr(1, subShape.Name, Range("Sheet1!E" & eachline).Value) Then
                        subShape.Line.Weight = Range("Sheet1!O" & eachline).Value / 20
                    End If
                Next eachline
            End If
        End If
    Next subShape
```

```
    Next eachShape

End Sub
```

本节示例的执行结果如图 6-27 所示。

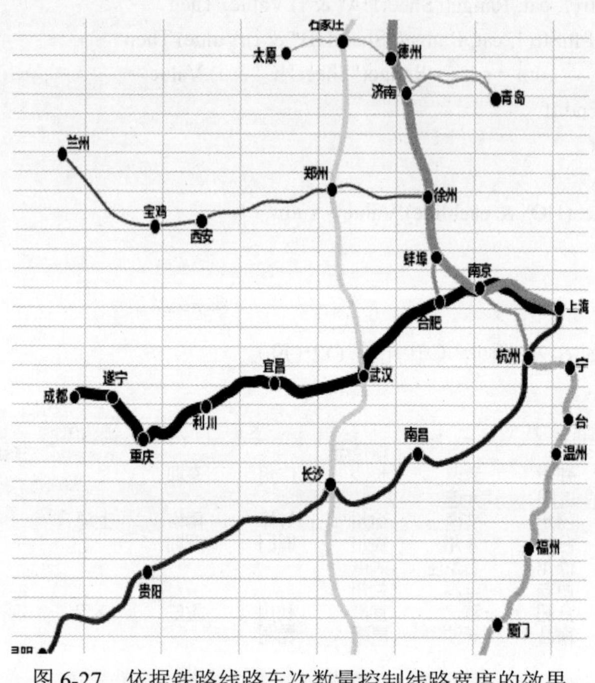

图 6-27　依据铁路线路车次数量控制线路宽度的效果

6.9　案例 29　旅行商问题

6.9.1　旅行商问题概述

旅行商问题（Travelling salesman problem，TSP）又称为最短路径问题，是指给定一系列城市和每对城市之间的距离，求解访问每一座城市一次并回到起始城市的最短回路。它是组合优化中的一个 NP 困难问题，在运筹学和理论计算机科学中非常重要。本节给出通过 Excel 求解 TSP 的方法并在地图上进行显示。

问题：假设游客 A 要在北京的六个景区之间寻找一条时间最短的路径，六个景区分别为天安门、香山、颐和园、玉渊潭公园、天坛和世界公园，游客 A 选择乘坐北京地铁游览上述景区。

对上述问题作出一些假设，如下：①景区 X 到景区 Y，与景区 Y 到景区 X 的时间一般情况下是不一致的，该问题中假设往返两个景点的时间相同；②北京地铁在高峰时段和平峰时段的发车间隔、等车时间和实际行车时间可能是不同的，本书暂不考虑这些情况，有兴趣的同学可以进一步研究这些问题。

根据上述六个景点选择取五个最近的地铁站来计算景区之间的旅行时间，选择取的地铁站如下：天安门东、香山、北宫门、白堆子、天坛东门和大葆台。

6.9.2　使用规划求解工具处理旅行商问题

为了在 Excel 中计算 TSP 问题，需要启用规划求解加载项，单击【文件】→【选项】→【加载项】，在【管理】栏中单击【转到】按钮，打开【加载宏】对话框，勾选【规划求解加载项】，如图 6-28 所示。

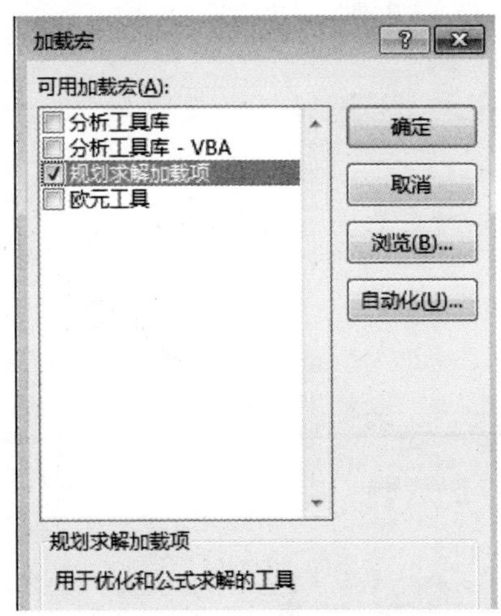

图 6-28　启用规划求解工具

（1）将上述地铁站间的旅行时间导入到 Excel 中，在旅行时间数据下方复制一份旅行时间数据，并删除其中的时间，如图 6-29 所示。

	A	B	C	D	E	F	G	H
1			终点					
2			天安门东	香山	北宫门	白堆子	天坛东门	大葆台
3	起点	天安门东	/	76	51	24	19	52
4		香山	76	/	64	78	87	93
5		北宫门	51	64	/	31	60	66
6		白堆子	24	78	31	/	39	40
7		天坛东门	19	87	60	39	/	67
8		大葆台	52	93	66	40	67	/
9								
10			终点					
11			天安门东	香山	北宫门	白堆子	天坛东门	大葆台
12	起点	天安门东						
13		香山						
14		北宫门						
15		白堆子						
16		天坛东门						
17		大葆台						

图 6-29　旅行商问题的原始数据

（2）设置 B14:F14 中的公式为求和公式：SUM(B9:B13)、……、SUM(F9:F13)。

（3）设置 G9:G13 中的公式为求和公式：SUM(B9:F9)、……、SUM(B13:F13)。

（4）设置 G9:G13 中的公式为数组乘积求和公式：SUMPRODUCT(B2:F2,B9:F9)、……、SUMPRODUCT(B6:F6,B13:F13)。

（5）设置 H14 中的公式为求和公式：SUM(H9:H13)。

（6）单击【数据】→【分析】→【规划求解】，打开【规划求解】对话框，【目标位置】设置为$H$9，【目标】设置为最小值，【通过更改可变单元格】选择为$B$9:$F$13，约束条件如下：$B$9:$F$13 为二进制数，$B$14:$F$14 等于 1，$G$9:$G$13 等于 1，对角线上的单元格全等于 0，【求解方法】选择单纯线性规划，如图 6-30 所示。

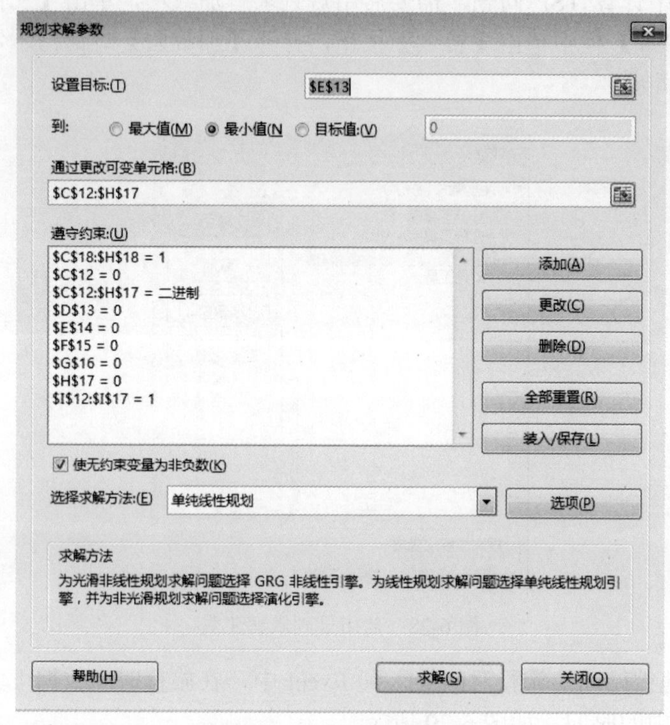

图 6-30 配置规划求解工具

（7）单击【求解】按钮，显示求解结果对话框，单击【确定】按钮，如图 6-31 所示。

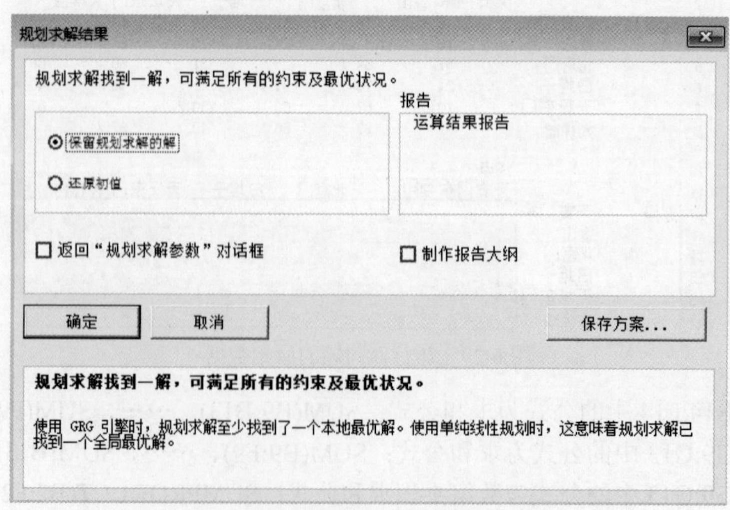

图 6-31 规划求解执行完成显示的对话框

根据求解结果得出两条路线：[天安门东→天坛东门→大葆台→白堆子→天安门东]和[香山→北宫门→香山]，线路总时间为 278 分钟，如图 6-32 所示，由于线路被分割为两段（即有多个回路），因此这个结果无效。

	终点							
	天安门东	香山	北宫门	白堆子	天坛东门	大葆台		
天安门东	0	0	0	0	1	0	1	19
香山	0	0	1	0	0	0	1	64
北宫门	0	1	0	0	0	0	1	64
白堆子	1	0	0	0	0	0	1	24
天坛东门	0	0	0	0	0	1	1	67
大葆台	0	0	0	1	0	0	1	40
	1	1	1	1	1	1	总时间	278

天安门东	天坛东门	大葆台	白堆子	天安门东
香山	北宫门	香山		

图 6-32　第一次规划求解的执行结果（无效的）

（8）进一步增加一个北宫门→香山不通的约束，即 D14 单元格等于 0，重新进行求解操作，可以得到一条封闭的线路[天安门东→香山→天坛东门→大葆台→北宫门→白堆子→天安门东]，线路总时间为 351 分钟。

（9）为了验证上述路径是否为最优路径，把 D14 单元格等于 0 的约束改为 E13 等于 0，即香山→北宫门不通，重新求解可得两条路径：[天安门东→香山→白堆子→天安门东]和[北宫门→天坛东门→大葆台→北宫门]，线路总时间为 371 分钟，大于步骤 8 中的时间，因此无须进一步求解，步骤（8）求得的已经是最优路径。

需要注意的是，本节给出的规划求解问题的可变单元格数目不能超过 200 个，如果可变单元格的数目过多，会弹出如图 6-33 所示的对话框，提示规划求解工具不能进一步执行。对于旅行商问题，假设有 n 个地点，那么可变单元格数目对应的区域包含 n×n 个单元格，令 n×n<200，可得 n=14，换句话说，对于不超过 14 个地点的旅行商问题可以使用 Excel 的规划求解工具，若 n 过大时，需要对问题进行适当的简化，或者使用其他的工具处理该问题。

图 6-33　规划求解过程中的可变单元格数目存在限制

6.9.3　旅行商问题的结果展示

完成最优路径求解后即可进行绘图操作，绘图前需要完成北京地铁线路图的格式转换和 emf 文件导入，并将 Excel 存为启用宏的工作簿，导入结果如图 6-34 所示。

导入北京地铁线路图后，执行以下步骤：

（1）在地铁图上建立文本框，分别对应经典的位置输入景点的名称，同时将文本框的名称设置为对应的景点名称，如图 6-35 所示。

（2）建立地铁站点与景点的对应关系，存放在单元格 V11:W16 中，如图 6-36 所示，在 V19 和 W19 中建立查询条件，V19 命名为 NAME，在 W19 中设定查询公式 VLOOKUP(Name, V11:W16, 2, FALSE)。

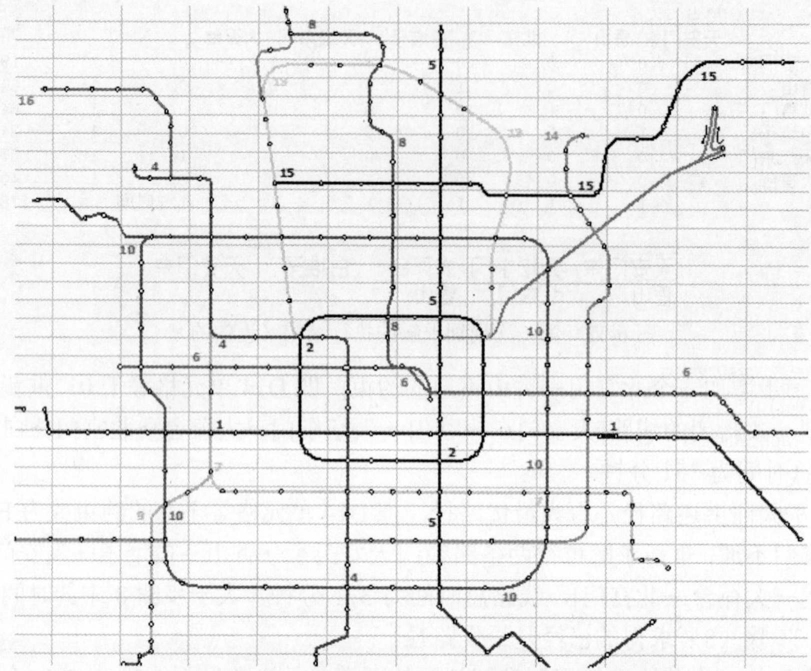

图 6-34　在 Excel 中导入北京地铁运行线路图

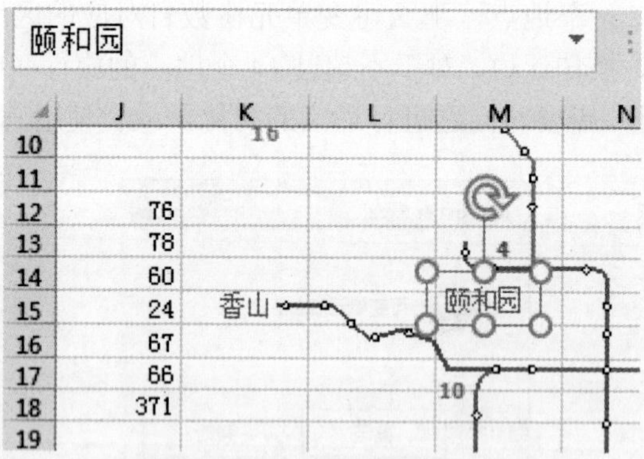

颐和园

	J	K	L	M	N
10		16			
11					
12	76				
13	78			4	
14	60				
15	24	香山		颐和园	
16	67				
17	66				
18	371		10		
19					

图 6-35　建立文本框，键入景点的名称

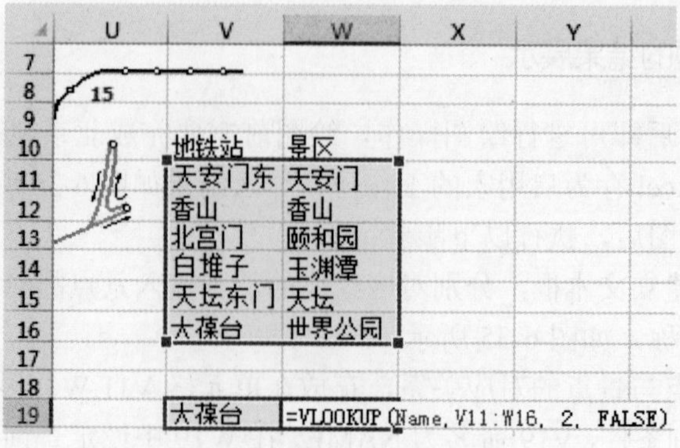

	U	V	W	X	Y
7					
8	15				
9					
10		地铁站	景区		
11		天安门东	天安门		
12		香山	香山		
13		北宫门	颐和园		
14		白堆子	玉渊潭		
15		天坛东门	天坛		
16		大葆台	世界公园		
17					
18					
19		大葆台	=VLOOKUP(Name, V11:W16, 2, FALSE)		

图 6-36　建立地铁站点与景点的对应关系

（3）编写绘制箭头的代码。首先删除已存在的箭头图元，接着从当前选中单元格的行、列开始，依次查询每行和每列，获取单元格中的地铁名并映射到景点名，然后在图元中查找对应的景点文本框，并在景点文本框之间创建箭头，设定箭头的名称、起始样式、颜色、透明度、宽度等参数。为了避免遍历单元格的过程中出现死循环，对行和列的遍历均设定了一个上限（行 4 列 10）。

```
Sub DrawArrow()

For Each eachShape In ActiveSheet.Shapes
    If InStr(1, eachShape.Name, "箭头") Then
        eachShape.Delete
    End If
Next eachShape

Dim col As Integer
Dim row As Integer

Dim acell As String
acell = ActiveCell.Address
Dim startstring As String
Dim endstring As String

row = 1
col = 1
Do While col < 10
    ActiveCell.Offset(0, 1).Select
    col = col + 1
    If IsEmpty(ActiveCell) Then
        col = 1
        Range(acell).Select
        ActiveCell.Offset(1, 0).Select
        acell = ActiveCell.Address
        row = row + 1
        If IsEmpty(ActiveCell) Then
            Exit Do
        End If
        If row > 4 Then
            Exit Do
        End If
    Else
        Range("V19").Value = ActiveCell.Value
        endstring = Range("W19").Value
        Range("V19").Value = ActiveCell.Offset(0, -1).Value
        startstring = Range("W19").Value
        ActiveSheet.Shapes.AddConnector(msoConnectorStraight, _
        ActiveSheet.Shapes(startstring).Left + _
```

```
                    ActiveSheet.Shapes(startstring).Width / 2, _
                    ActiveSheet.Shapes(startstring).Top + _
                    ActiveSheet.Shapes(startstring).Height / 2, _
                    ActiveSheet.Shapes(endstring).Left + _
                    ActiveSheet.Shapes(endstring).Width / 2, _
                    ActiveSheet.Shapes(endstring).Top + _
                    ActiveSheet.Shapes(endstring).Height / 2).Select
                    Selection.Name = "箭头+" & startstring & " to " & endstring
                    With Selection.ShapeRange.Line
                        .BeginArrowheadStyle = msoArrowheadNone
                        .EndArrowheadStyle = msoArrowheadOpen
                        .Weight = 5
                        .Transparency = 0.5
                        .ForeColor.RGB = RGB(255, 0, 0)
                    End With
            End If
    Loop

    End Sub
```

选中不同的单元格作为初始单元格的位置，执行上述代码，可以得到不同路线的可视化效果。

[天安门东→天坛东门→大葆台→白堆子→天安门东]和[香山→北宫门→香山]的路线如图 6-37 所示，线路总时间为 278 分钟，由于该路线有多个回路，因此不是符合要求的结果。

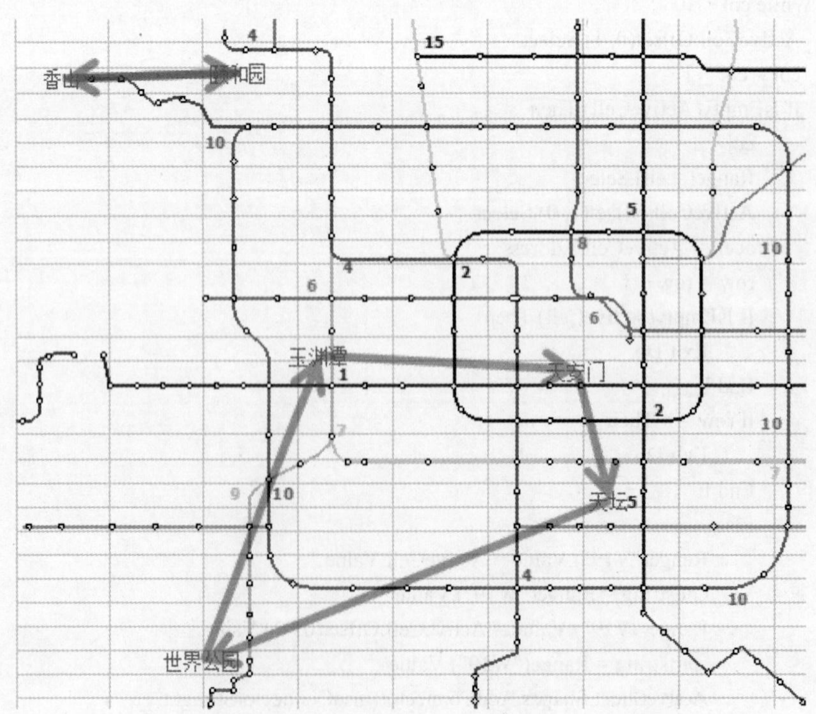

图 6-37 一条不符合要求（多个回路）的 TSP 求解结果

[天安门东→香山→天坛东门→大葆台→北宫门→白堆子→天安门东]的路线如图 6-38 所示，线路总时间为 351 分钟，该线路为最优线路。

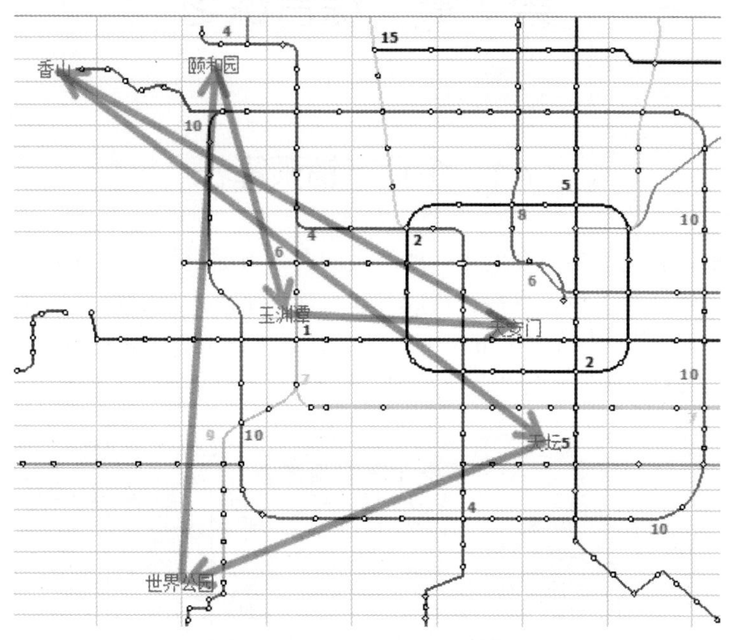

图 6-38　TSP 的求解结果（最优）

[天安门东→香山→白堆子→天安门东]和[北宫门→天坛东门→大葆台→北宫门]的路线如图 6-39 所示，线路总时间为 371 分钟，由于该路线的总时间不是最优的，因此不是符合要求的结果。

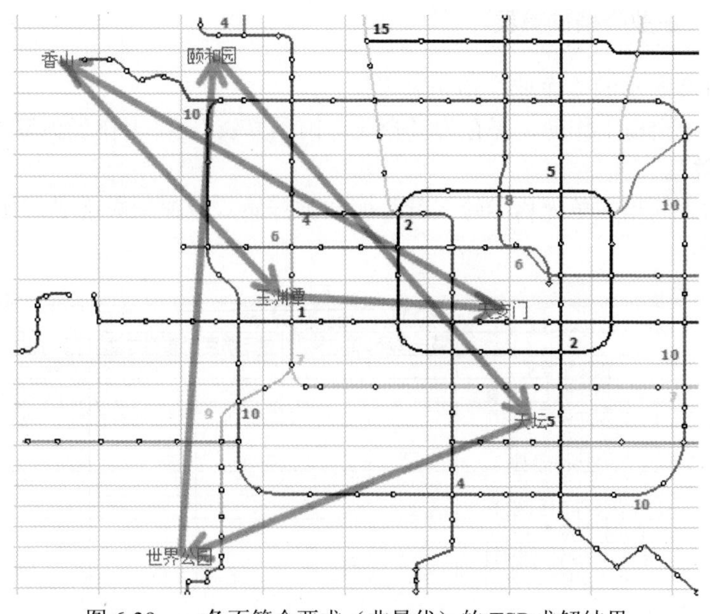

图 6-39　一条不符合要求（非最优）的 TSP 求解结果

至此，TSP 问题的求解和绘图过程结束，感兴趣的同学可以进一步优化和完善。

第 7 章　综合练习

7.1　企业产销预算表

企业在生产前，首先需要对企业生产所涉及的各个方面进行一定的预算，如预计销售量、预计期末存货量、预计需求量、直接材料成本和直接人工成本等的预算，以确定预计生产量、人工和材料的需求量，从而保障生产的正常运行。此案例使用 3 个表：“销量预算表”“直接成本预算表”，然后由这两个表生成“企业产销预算表”，效果如图 7.1-1 所示。

	A	B	C	D	E	F
1	企业产销预算表					
2	项目	第一季度	第二季度	第三季度	第四季度	整年数据
3	预计销售量	2300	2530	2745	2688	10263
4	加：预计期末存货量	202	220	215	295	932
5	预计需求量	2502	2750	2960	2983	11195
6	减：期初存货量	245	202	220	215	215
7	预算期生产量	2257	2547	2740	2768	10980
8						
9	直接材料消耗（KG）	11287	12736	13702	13840	51565
10	直接材料成本（元/KG）	564350	636800	685110	691990	
11	直接工时消耗（小时）	13544	15283	16443	16608	
12	直接人工成本（元）	94811	106982	115098	116254	
13						

图 7.1-1　企业产销预算表

7.1.1　建立“企业产销预算表”

建立如图 7.1-2 所示的“企业产销预算表”。

（1）建立一个空白工作簿，保存为“企业产销预算表”，将工作表标签“Sheet1”重命名为“企业产销预算”。

（2）在工作表的相应单元格中输入行标题和列标题，设置相应格式，加边框。

	A	B	C	D	E	F
1	企业产销预算表					
2	项目	第一季度	第二季度	第三季度	第四季度	整年数据
3	预计销售量					
4	加：预计期末存货量					
5	预计需求量					
6	减：期初存货量					
7	预算期生产量					
8						
9	直接材料消耗（KG）					
10	直接材料成本（元）					
11	直接工时消耗（小时）					
12	直接人工成本（元）					
13						

销量预算　直接成本预算　企业产销预算

图 7.1-2　企业产销预算表框架

7.1.2　建立“销量预算表”

建立如图 7.1-3 所示的“销量预算表”。

（1）将工作表标签“Sheet2”重命名为“销量预算”。

（2）在工作表的相应单元格中输入行标题和列标题，设置相应格式，加边框。

（3）输入各季度销售量、销售单价数据。

（4）在 D3 单元格中输入公式：

=B3*C3

（5）在 B7 单元格中输入公式：

=SUM(B3,B6)

（6）由 D3 填充 D3:D7 单元格区域，由 B7 填充 B7:D7 单元格区域。

	A	B	C	D
1	销量预算表			
2	季度	销售量（台）	销售单价（元）	销售金额（元）
3	第一季度	2300	3000	6900000
4	第二季度	2530	3000	7590000
5	第三季度	2745	3000	8235000
6	第四季度	2688	3000	8064000
7	合计	10263	12000	30789000
8				

企业产销预算 / 销量预算 / sheet3

图 7.1-3　销量预算表

7.1.3　建立“直接成本预算表”

（1）将工作表标签“Sheet3”重命名为“直接成本预算”。

（2）在工作表的相应单元格中输入行标题和列标题，设置相应格式，加边框。

（3）输入如图 7.1-4 所示数值列的数据。

（4）在 B5 单元格中输入公式：

=B3*B4

（5）在 B8 单元格中输入公式：

=B6*B7

得到的结果如图 7.1-5 所示。

	A	B
1	直接成本预算表	
2	项目	数值
3	单位产品直接材料消耗（KG）	5
4	直接材料价值（元/KG）	50
5	单位产品直接材料成本（元/KG）	
6	单位产品直接工时消耗（小时/件）	6
7	标准工资率（元/小时）	7
8	直接人工成本（元/件）	
9		

企业产销预算 / 销量预算 / 直接成本预算

图 7.1-4　直接成本预算表

	A	B
1	直接成本预算表	
2	项目	数值
3	单位产品直接材料消耗（KG）	5
4	直接材料价值（元/KG）	50
5	单位产品直接材料成本（元/KG）	250
6	单位产品直接工时消耗（小时/件）	6
7	标准工资率（元/小时）	7
8	直接人工成本（元/件）	42
9		

企业产销预算 / 销量预算 / 直接成本预算

图 7.1-5　输入公式结果

7.1.4　计算预计期生产量

“企业产销预算表”中的数据可以利用 VLOOKUP 函数从“销量预算表”和“直接成本

预算表”中导出，并据此计算其他相关数据及预计期生产量的数额。

★ ①VLOOKUP 函数的用法查看案例 3 后面的 Excel 相关知识。

②VLOOKUP 与 HLOOKUP 的区别：按行操作与按列操作不同。

	A	B	C	D	E	F
1	企业产销预算表					
2	项目	第一季度	第二季度	第三季度	第四季度	整年数据
3	预计销售量	2300	2530	2745	2688	
4	加：预计期末存货量					
5	预计需求量					
6	减：期初存货量					
7	预算期生产量					
8						
9	直接材料消耗（KG）					
10	直接材料成本（元）					
11	直接工时消耗（小时）					
12	直接人工成本（元）					
13						

销量预算 | 直接成本预算 | 企业产销预算

Step1 导出“预计销售量”

在“企业产销预算表”中，选中 B3 单元格，插入函数 VLOOKUP，该函数第一个参数：“企业产销预算表”的 B2 单元格；第二个参数：“销量预算表”的 A2:D7 单元格区域；第三个参数：2；第四个参数：0。

选中 A2:D7，按【F4】键转换为绝对地址$A$2:$D$7。由 B3 单元格填充 B3:E3 单元格区域。

	A	B	C	D	E	F
1	企业产销预算表					
2	项目	第一季度	第二季度	第三季度	第四季度	整年数据
3	预计销售量	2300	2530	2745	2688	
4	加：预计期末存货量	202	220	215	295	
5	预计需求量					
6	减：期初存货量					
7	预算期生产量					
8						
9	直接材料消耗（KG）					
10	直接材料成本（元）					
11	直接工时消耗（小时）					
12	直接人工成本（元）					
13						

销量预算 | 直接成本预算 | 企业产销预算

Step2 计算“预计期末存货量”

假设该企业各季度的期末存货量等于其下一季度预计销售量的 8%，第四季度的期末存货量为 295。

选中 B4 单元格，输入公式：

=C3*8%

由 B4 填充 B4:D4 单元格区域。在 E4 单元格中输入 295。

	A	B	C	D	E	F
1	企业产销预算表					
2	项目	第一季度	第二季度	第三季度	第四季度	整年数据
3	预计销售量	2300	2530	2745	2688	
4	加：预计期末存货量	202	220	215	295	
5	预计需求量	2502	2750	2960	2983	
6	减：期初存货量					
7	预算期生产量					
8						
9	直接材料消耗（KG）					
10	直接材料成本（元）					
11	直接工时消耗（小时）					
12	直接人工成本（元）					
13						

销量预算 | 直接成本预算 | 企业产销预算

Step3 计算“预计需求量”

预计需求量=预计销售量+预计期末存货量。

选中 B5 单元格，输入公式：

=SUM(B3,B4)

由 B5 填充 B5:E5 单元格区域。

	A	B	C	D	E	F
1	企业产销预算表					
2	项目	第一季度	第二季度	第三季度	第四季度	整年数据
3	预计销售量	2300	2530	2745	2688	
4	加：预计期末存货量	202	220	215	295	
5	预计需求量	2502	2750	2960	2983	
6	减：期初存货量	245	202	220	215	
7	预算期生产量					
8						
9	直接材料消耗（KG）					
10	直接材料成本（元）					
11	直接工时消耗（小时）					
12	直接人工成本（元）					
13						

销量预算 | 直接成本预算 | 企业产销预算

Step4 计算“期初存货量”

假设第一季度“期初存货量”为 245。其他 3 个季度的“期初存货量”等于其上一季度的“预计期末存货量”。在 B6 单元格中输入 245。

选中 C6 单元格，输入公式：

=B4

由 C6 填充 C6:E6 单元格区域。

	A	B	C	D	E	F
1	企业产销预算表					
2	项目	第一季度	第二季度	第三季度	第四季度	整年数据
3	预计销售量	2300	2530	2745	2688	
4	加：预计期末存货量	202	220	215	295	
5	预计需求量	2502	2750	2960	2983	
6	减：期初存货量	245	202	220	215	
7	预算期生产量	2257	2547	2740	2768	
8						
9	直接材料消耗（KG）					
10	直接材料成本（元）					
11	直接工时消耗（小时）					
12	直接人工成本（元）					
13						

销量预算　直接成本预算　企业产销预算

Step5　计算“预算期生产量”

预算期生产量=预计需求量-期初存货量。

选中 B7 单元格，输入公式：

=B5-B6

由 B7 填充 B7:E7 单元格区域。

7.1.5　计算直接人工成本

	A	B	C	D	E	F
1	企业产销预算表					
2	项目	第一季度	第二季度	第三季度	第四季度	整年数据
3	预计销售量	2300	2530	2745	2688	
4	加：预计期末存货量	202	220	215	295	
5	预计需求量	2502	2750	2960	2983	
6	减：期初存货量	245	202	220	215	
7	预算期生产量	2257	2547	2740	2768	
8						
9	直接材料消耗（KG）	11287	12736	13702	13840	
10	直接材料成本（元）					
11	直接工时消耗（小时）					
12	直接人工成本（元）					
13						

销量预算　直接成本预算　企业产销预算

Step1　计算“直接材料消耗”

直接材料消耗=预算期生产量×单位产品直接材料消耗。

选中 B9 单元格，输入公式：

=B7*直接成本预算!$B$3

由 B9 填充 B9:E9 单元格区域。

★　“直接成本预算!$B$3”的输入：先单击“直接成本预算”工作表标签，再单击 B3 单元格。

	A	B	C	D	E	F
1	企业产销预算表					
2	项目	第一季度	第二季度	第三季度	第四季度	整年数据
3	预计销售量	2300	2530	2745	2688	
4	加：预计期末存货量	202	220	215	295	
5	预计需求量	2502	2750	2960	2983	
6	减：期初存货量	245	202	220	215	
7	预算期生产量	2257	2547	2740	2768	
8						
9	直接材料消耗（KG）	11287	12736	13702	13840	
10	直接材料成本（元）	564350	636800	685110	691990	
11	直接工时消耗（小时）					
12	直接人工成本（元）					
13						

销量预算　直接成本预算　企业产销预算

Step2　计算“直接材料成本”

直接材料成本=预算期生产量×单位产品直接材料成本。

选中 B10 单元格，输入公式：

=B7*直接成本预算!$B$5

由 B10 填充 B10:E10 单元格区域。

	A	B	C	D	E	F
1	企业产销预算表					
2	项目	第一季度	第二季度	第三季度	第四季度	整年数据
3	预计销售量	2300	2530	2745	2688	
4	加：预计期末存货量	202	220	215	295	
5	预计需求量	2502	2750	2960	2983	
6	减：期初存货量	245	202	220	215	
7	预算期生产量	2257	2547	2740	2768	
8						
9	直接材料消耗（KG）	11287	12736	13702	13840	
10	直接材料成本（元）	564350	636800	685110	691990	
11	直接工时消耗（小时）	13544	15283	16443	16608	
12	直接人工成本（元）					
13						

销量预算　直接成本预算　企业产销预算

Step3　计算“直接工时消耗”

直接工时消耗=预算期生产量×单位产品直接工时消耗。

选中 B11 单元格，输入公式：

=B7*直接成本预算!$B$6

由 B11 填充 B11:E11 单元格区域。

	A	B	C	D	E	F
1	企业产销预算表					
2	项目	第一季度	第二季度	第三季度	第四季度	整年数据
3	预计销售量	2300	2530	2745	2688	
4	加：预计期末存货量	202	220	215	295	
5	预计需求量	2502	2750	2960	2983	
6	减：期初存货量	245	202	220	215	
7	预算期生产量	2257	2547	2740	2768	
8						
9	直接材料消耗（KG）	11287	12736	13702	13840	
10	直接材料成本（元）	564350	636800	685110	691990	
11	直接工时消耗（小时）	13544	15283	16443	16608	
12	直接人工成本（元）	94811	106982	115098	116254	
13						

销量预算 | 直接成本预算 | 企业产销预算

Step4　计算“直接人工成本”

直接人工成本=预算期生产量×“直接成本预算表”中的直接人工成本。

选中 B12 单元格，输入公式：

=B7*直接成本预算!$B$8

由 B12 填充 B12:E12 单元格区域。

7.1.6　计算整年数据

	A	B	C	D	E	F
1	企业产销预算表					
2	项目	第一季度	第二季度	第三季度	第四季度	整年数据
3	预计销售量	2300	2530	2745	2688	10263
4	加：预计期末存货量	202	220	215	295	932
5	预计需求量	2502	2750	2960	2983	11195
6	减：期初存货量	245	202	220	215	215
7	预算期生产量	2257	2547	2740	2768	
8						
9	直接材料消耗（KG）	11287	12736	13702	13840	
10	直接材料成本（元）	564350	636800	685110	691990	
11	直接工时消耗（小时）	13544	15283	16443	16608	
12	直接人工成本（元）	94811	106982	115098	116254	
13						

销量预算 | 直接成本预算 | 企业产销预算

Step1　计算“预计销售量”“预计期末存货量”“预计需求量”的“整年数据”

选中 F3 单元格，输入公式：

=SUM(B3:E3)

由 F3 填充 F3:F6 单元格区域。

	A	B	C	D	E	F
1	企业产销预算表					
2	项目	第一季度	第二季度	第三季度	第四季度	整年数据
3	预计销售量	2300	2530	2745	2688	10263
4	加：预计期末存货量	202	220	215	295	932
5	预计需求量	2502	2750	2960	2983	11195
6	减：期初存货量	245	202	220	215	215
7	预算期生产量	2257	2547	2740	2768	10980
8						
9	直接材料消耗（KG）	11287	12736	13702	13840	
10	直接材料成本（元）	564350	636800	685110	691990	
11	直接工时消耗（小时）	13544	15283	16443	16608	
12	直接人工成本（元）	94811	106982	115098	116254	
13						

销量预算 | 直接成本预算 | 企业产销预算

Step2　计算“预算期生产量”的“整年数据”

预算期生产量=预计需求量的整年数据-期初存货量的整年数据。

选中 F7 单元格，输入公式：

=F5-F6

	A	B	C	D	E	F
1	企业产销预算表					
2	项目	第一季度	第二季度	第三季度	第四季度	整年数据
3	预计销售量	2300	2530	2745	2688	10263
4	加：预计期末存货量	202	220	215	295	932
5	预计需求量	2502	2750	2960	2983	11195
6	减：期初存货量	245	202	220	215	215
7	预算期生产量	2257	2547	2740	2768	10980
8						
9	直接材料消耗（KG）	11287	12736	13702	13840	51565
10	直接材料成本（元）	564350	636800	685110	691990	
11	直接工时消耗（小时）	13544	15283	16443	16608	
12	直接人工成本（元）	94811	106982	115098	116254	
13						

销量预算 | 直接成本预算 | 企业产销预算

Step3　计算“直接材料消耗”的“整年数据”

“直接材料消耗”的“整年数据”等于 4 个季度的“直接材料消耗”之和。

选中 F9 单元格，输入公式：

=SUM(B9:E9)

7.1.7　加入动态饼形图

通过对组合框控件进行操作，动态选择数据，生成饼形图。

B	C	D	E	F	G	H	I
企业产销预算表							
一季度	第二季度	第三季度	第四季度	整年数据		预计销售量	
2300	2530	2745	2688	10263		预计需求量	
202	220	215	295	932		预算期生产量	
2502	2750	2960	2983	11195			
245	202	220	215	215			
2257	2547	2740	2768	10980			
1287	12736	13702	13840	51565			
64350	636800	685110	691990				
3544	15283	16443	16608				
4811	106982	115098	116254				

Step1　添加组合框控件

在主菜单中选择【开发工具】→【控件】功能区组的【插入】→【表单控件】中的【组合框】，拖放鼠标画一个组合框。

在 H2、H3、H4 单元格中输入“预计销售量”“预计需求量”和“预计期生产量”。

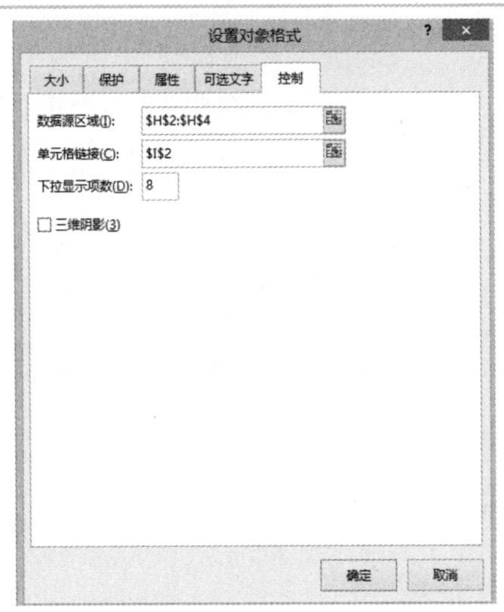

Step2　设置组合框

右击组合框并选择【设置控件格式】→【控制】，在【数据源区域】中输入 H2:H4，在【单元格链接】中输入 I2（输入后自动转换为绝对地址），单击【确定】按钮。

★　【数据源区域】是组合框可选择的内容，【单元格链接】是组合框选择后的指示。

F	G	H	I	J	K	L	M
整年数据		预计销售量	3	2257	2547	2740	2768
10263		预计需求量					
932		预算期生产量					
11195							
215		预算期生产量					
10980							
51565							

Step3　输入公式

在 J2 单元格中输入公式：

```
=IF($I$2=1,INDEX(B3:E7,1,1),
IF($I$2=2,INDEX(B3:E7,3,1),
INDEX(B3:E7,5,1)))
```

填充 J2:M2 单元格区域。

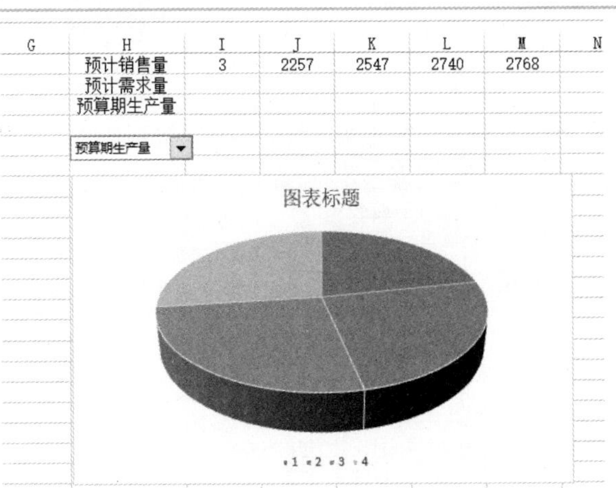

Step4　建立饼形图

选中 I2:M2，在主菜单中选择【插入】→【三维饼图】。

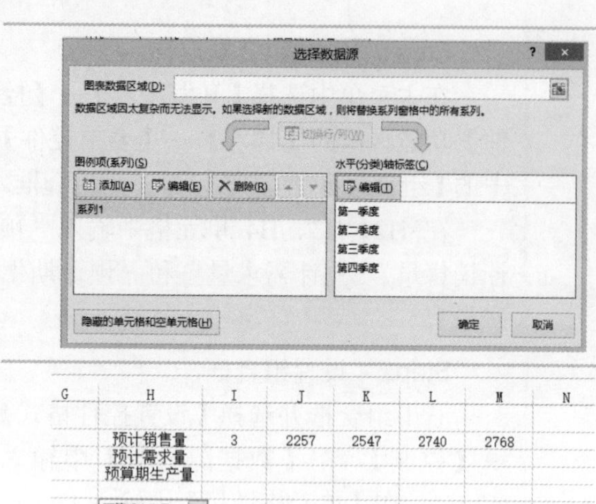

Step5　修改饼形图

选中图表，在【图表工具】中选择【设计】→【选择数据】→【水平（分类）轴标签】，单击【编辑】按钮，输入 B2:E2。

★　修改图例内容。

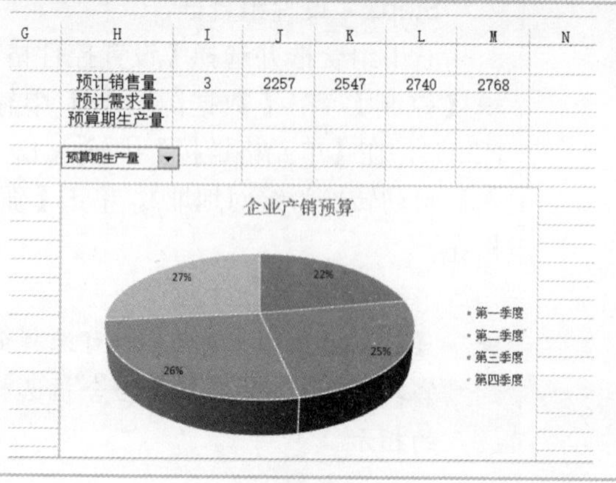

Step6　修改饼形图

选中图表，在【图表工具】中选择【设计】→【添加图表元素】，输入图表标题，图例右侧，数据标签取百分值。

在组合框中选择不同的选项，饼形图动态显示各数据情况。

7.2　企业现金流量表

现金流量表是以现金为基础编制的财务状况变动表，反映企业一定时期内现金的流入和流出，表明企业获得现金和现金等价物的能力，并预测企业未来的现金需求，以便于企业财务人员以及企业负责人能及早地规划和调节资金。现金流量表按照企业经营业务发生的性质，将企业一定时期产生的现金流量分为三类：经营活动产生的现金流量、投资活动产生的现金流量、筹资活动产生的现金流量。“企业现金流量表”效果如图 7.2-1 所示。

现金流量表					
编制单位，xx公司	2009年度	单位，元			
项　目	行　次	第一季度	第二季度	第三季度	第四季度
一、经营活动产生的现金流量					
销售商品、提供劳务得到的现金	1	1210000	1180000	1250000	1500000
收到的税费返还	2	280000	230000	190000	200000
收到的其它与经营有关的现金	3	310000	305000	420000	480000
现　金　流　入　小　计		1800000	1715000	1860000	2180000
购买商品、接受劳务支付的现金	4	340000	335000	342000	330000
支付给职工以及为职工支付的现金	5	410000	410000	410000	410000
支付的各项税费	6	121000	118000	123000	156000
支付的其它与投资活动有关的现金	7	8200	8500	85300	8700
现　金　流　出　小　计		879200	871500	960300	904700
经营活动产生的现金流量净额		920800	843500	899700	1275300
二、投资活动产生的现金流量					
收回投资所收到的现金	8	1510000	1010000	1210000	1300000
取得投资收益所得到的现金	9	410000	420000	430000	450000
现　金　流　入　小　计		1920000	1430000	1640000	1750000
构建固定资产和其它长期资产所支付的现金	10	1230000	1190000	1200000	1150000
投资所支付的现金	11	9000	8200	8300	7800
支付的其它与投资活动有关的现金	12	310000	320000	290000	280000
现　金　流　出　小　计		1549000	1518200	1498300	1437800
投资活动产生的现金流量净额		371000	-88200	141700	312200
三、筹资活动产生的现金流量					
吸收投资所收到的现金	13	250000	230000	220000	240000
借款所收到的现金	14	270000	275000	282000	299000
收到的其它与筹资活动有关的现金	15	161000	172000	183000	195000
现　金　流　入　小　计		681000	677000	685000	734000
偿还债务所支付的现金	16	132000	125000	120000	129000
分配股利、利润和偿付利息所支付的现金	17	9000	9200	8900	9600
支付的其它与筹资活动有关的现金	18	12000	12500	9900	13000
现　金　流　出　小　计		153000	146700	138800	151600
筹资活动产生的现金流量净额		528000	530300	546200	582400
四、现金及现金等价物净增加额		1819800	1285600	1587600	2169900

图 7.2-1　现金流量表

7.2.1 建立“企业现金流量表”

（1）新建一个工作簿，工作簿的文件名改为“企业现金流量表”。

（2）打开“企业现金流量表”工作簿，将工作表标签“Sheet1”重命名为“企业现金流量”。

（3）在“企业现金流量表”中输入标题、编制单位、编制日期、单位、列项目，设置格式、添加边框，得到的效果如图 7.2-2 所示。

	A	B	C	D	E	F
1	现 金 流 量 表					
2	编制单位：xx公司	2009年度	单位：元			
3	项 目	行 次	第一季度	第二季度	第三季度	第四季度
4	一、经营活动产生的现金流量					
5	销售商品、提供劳务得到的现金	1				
6	收到的税费返还	2				
7	收到的其它与经营有关的现金	3				
8	现 金 流 入 小 计					
9	购买商品、接受劳务支付的现金	4				
10	支付给职工以及为职工支付的现金	5				
11	支付的各项税费	6				
12	支付的其它与投资活动有关的现金	7				
13	现 金 流 出 小 计					
14	经营活动产生的现金流量净额					
15	二、投资活动产生的现金流量					
16	收回投资所收到的现金	8				
17	取得投资收益所得到的现金	9				
18	现 金 流 入 小 计					
19	构建固定资产和其它长期资产所支付的现金	10				
20	投资所支付的现金	11				
21	支付的其它与投资活动有关的现金	12				
22	现 金 流 出 小 计					
23	投资活动产生的现金流量净额					
24	三、筹资活动产生的现金流量					
25	吸收投资所收到的现金	13				
26	借款所收到的现金	14				
27	收到的其它与筹资活动有关的现金	15				
28	现 金 流 入 小 计					
29	偿还债务所支付的现金	16				
30	分配股利、利润和偿付利息所支付的现金	17				
31	支付的其它与筹资活动有关的现金	18				
32	现 金 流 出 小 计					
33	筹资活动产生的现金流量净额					
34	四、现金及现金等价物净增加额					
35						

图 7.2-2 企业现金流量表框架

（4）在“企业现金流量表”中输入 2009 年度的经营数据（受篇幅所限，虚拟数据，不考虑来源），如图 7.2-3 所示。

	A	B	C	D	E	F
1	现 金 流 量 表					
2	编制单位：xx公司	2009年度	单位：元			
3	项 目	行 次	第一季度	第二季度	第三季度	第四季度
4	一、经营活动产生的现金流量					
5	销售商品、提供劳务得到的现金	1	1210000	1180000	1250000	1500000
6	收到的税费返还	2	280000	230000	190000	200000
7	收到的其它与经营有关的现金	3	310000	305000	420000	480000
8	现 金 流 入 小 计					
9	购买商品、接受劳务支付的现金	4	340000	335000	342000	330000
10	支付给职工以及为职工支付的现金	5	410000	410000	410000	410000
11	支付的各项税费	6	121000	118000	123000	156000
12	支付的其它与投资活动有关的现金	7	8200	8500	85300	8700
13	现 金 流 出 小 计					
14	经营活动产生的现金流量净额					
15	二、投资活动产生的现金流量					
16	收回投资所收到的现金	8	1510000	1010000	1210000	1300000
17	取得投资收益所得到的现金	9	410000	420000	430000	450000
18	现 金 流 入 小 计					
19	构建固定资产和其它长期资产所支付的现金	10	1230000	1190000	1200000	1150000
20	投资所支付的现金	11	9000	8200	8300	7800
21	支付的其它与投资活动有关的现金	12	310000	320000	290000	280000
22	现 金 流 出 小 计					
23	投资活动产生的现金流量净额					
24	三、筹资活动产生的现金流量					
25	吸收投资所收到的现金	13	250000	230000	220000	240000
26	借款所收到的现金	14	270000	275000	282000	299000
27	收到的其它与筹资活动有关的现金	15	161000	172000	183000	195000
28	现 金 流 入 小 计					
29	偿还债务所支付的现金	16	132000	125000	120000	129000
30	分配股利、利润和偿付利息所支付的现金	17	9000	9200	8900	9600
31	支付的其它与筹资活动有关的现金	18	12000	12500	9900	13000
32	现 金 流 出 小 计					
33	筹资活动产生的现金流量净额					
34	四、现金及现金等价物净增加额					
35						

图 7.2-3 输入经营数据

7.2.2 计算经营活动的各项数据

（1）计算经营活动产生的现金流入小计，选中 C8 单元格，输入公式：

=SUM(C5:C7)

将 C8 公式拖动填充单元格 D8、E8、F8，得到的效果如图 7.2-4 所示。

	A	B	C	D	E	F
1	现 金 流 量 表					
2	编制单位：xx公司	2009年度	单位：元			
3	项　目	行　次	第一季度	第二季度	第三季度	第四季度
4	一、经营活动产生的现金流量					
5	销售商品、提供劳务得到的现金	1	1210000	1180000	1250000	1500000
6	收到的税费返还	2	280000	230000	190000	200000
7	收到的其它与经营有关的现金	3	310000	305000	420000	480000
8	现 金 流 入 小 计		1800000	1715000	1860000	2180000
9	购买商品、接受劳务支付的现金	4	340000	335000	342000	330000
10	支付给职工以及为职工支付的现金	5	410000	410000	410000	410000
11	支付的各项税费	6	121000	118000	123000	156000
12	支付的其它与投资活动有关的现金	7	8200	8500	85300	8700
13	现 金 流 出 小 计					
14	经营活动产生的现金流量净额					

图 7.2-4　经营活动“现金流入小计”

（2）计算经营活动产生的现金流出小计，选中单元格 C13，输入公式：

=SUM(C9:C12)

将 C13 公式拖动填充单元格 D13、E13、F13，得到的效果如图 7.2-5 所示。

	A	B	C	D	E	F
1	现 金 流 量 表					
2	编制单位：xx公司	2009年度	单位：元			
3	项　目	行　次	第一季度	第二季度	第三季度	第四季度
4	一、经营活动产生的现金流量					
5	销售商品、提供劳务得到的现金	1	1210000	1180000	1250000	1500000
6	收到的税费返还	2	280000	230000	190000	200000
7	收到的其它与经营有关的现金	3	310000	305000	420000	480000
8	现 金 流 入 小 计		1800000	1715000	1860000	2180000
9	购买商品、接受劳务支付的现金	4	340000	335000	342000	330000
10	支付给职工以及为职工支付的现金	5	410000	410000	410000	410000
11	支付的各项税费	6	121000	118000	123000	156000
12	支付的其它与投资活动有关的现金	7	8200	8500	85300	8700
13	现 金 流 出 小 计		879200	871500	960300	904700
14	经营活动产生的现金流量净额					
15	二、投资活动产生的现金流量					

图 7.2-5　经营活动“现金流出小计”

（3）计算经营活动产生的现金流量净额。经营活动产生的现金流量净额=经营活动产生的现金流入小计-经营活动产生的现金流出小计。选中 C14 单元格，输入公式：

=C8-C13

将 C14 公式拖动填充单元格 D14、E14、F14，得到的效果如图 7.2-6 所示。

	A	B	C	D	E	F
1	现 金 流 量 表					
2	编制单位：xx公司	2009年度	单位：元			
3	项　目	行　次	第一季度	第二季度	第三季度	第四季度
4	一、经营活动产生的现金流量					
5	销售商品、提供劳务得到的现金	1	1210000	1180000	1250000	1500000
6	收到的税费返还	2	280000	230000	190000	200000
7	收到的其它与经营有关的现金	3	310000	305000	420000	480000
8	现 金 流 入 小 计		1800000	1715000	1860000	2180000
9	购买商品、接受劳务支付的现金	4	340000	335000	342000	330000
10	支付给职工以及为职工支付的现金	5	410000	410000	410000	410000
11	支付的各项税费	6	121000	118000	123000	156000
12	支付的其它与投资活动有关的现金	7	8200	8500	85300	8700
13	现 金 流 出 小 计		879200	871500	960300	904700
14	经营活动产生的现金流量净额		920800	843500	899700	1275300
15	二、投资活动产生的现金流量					

图 7.2-6　经营活动产生的现金流量净额

7.2.3　计算投资活动的各项数据

按照前面计算经营活动相关数据的方法计算投资活动的各项数据：现金流入小计、现金流出小计、投资活动产生的现金流量净额，得到的效果如图 7.2-7 所示。

	A	B	C	D	E	F
1	现 金 流 量 表					
2	编制单位：xx公司	2009年度	单位：元			
3	项　目	行　次	第一季度	第二季度	第三季度	第四季度
4	一、经营活动产生的现金流量					
5	销售商品、提供劳务得到的现金	1	1210000	1180000	1250000	1500000
6	收到的税费返还	2	280000	230000	190000	200000
7	收到的其它与经营有关的现金	3	310000	305000	420000	480000
8	现　金　流　入　小　计		1800000	1715000	1860000	2180000
9	购买商品、接受劳务支付的现金	4	340000	335000	342000	330000
10	支付给职工以及为职工支付的现金	5	410000	410000	410000	410000
11	支付的各项税费	6	121000	118000	123000	156000
12	支付的其它与投资活动有关的现金	7	8200	8500	85300	8700
13	现　金　流　出　小　计		879200	871500	960300	904700
14	经营活动产生的现金流量净额		920800	843500	899700	1275300
15	二、投资活动产生的现金流量					
16	收回投资所收到的现金	8	1510000	1010000	1210000	1300000
17	取得投资收益所得到的现金	9	410000	420000	430000	450000
18	现　金　流　入　小　计		1920000	1430000	1640000	1750000
19	构建固定资产和其它长期资产所支付的现金	10	1230000	1190000	1200000	1150000
20	投资所支付的现金	11	9000	8200	8300	7800
21	支付的其它与投资活动有关的现金	12	310000	320000	290000	280000
22	现　金　流　出　小　计		1549000	1518200	1498300	1437800
23	投资活动产生的现金流量净额		371000	-88200	141700	312200

图 7.2-7　计算投资活动的各项数据

7.2.4　计算筹资活动的各项数据

按照前面计算经营活动、投资活动相关数据的方法计算筹资活动的各项数据：现金流入小计、现金流出小计、筹资活动产生的现金流量净额，得到的效果如图 7.2-8 所示。

24	三、筹资活动产生的现金流量					
25	吸收投资所收到的现金	13	250000	230000	220000	240000
26	借款所收到的现金	14	270000	275000	282000	299000
27	收到的其它与筹资活动有关的现金	15	161000	172000	183000	195000
28	现　金　流　入　小　计		681000	677000	685000	734000
29	偿还债务所支付的现金	16	132000	125000	120000	129000
30	分配股利、利润和偿付利息所支付的现金	17	9000	9200	8900	9600
31	支付的其它与筹资活动有关的现金	18	12000	12500	9900	13000
32	现　金　流　出　小　计		153000	146700	138800	151600
33	筹资活动产生的现金流量净额		528000	530300	546200	582400
34	四、现金及现金等价物净增加额					
35						

图 7.2-8　计算筹资活动的各项数据

7.2.5　计算现金及现金等价物净增加额

现金及现金等价物净增加额=经营活动产生的现金流量净额+投资活动产生的现金流量净额+筹资活动产生的现金流量净额

选中 C34 单元格，输入公式：

=C14+C23+C33

将 C34 公式拖动填充单元格 D34、E34、F34，得到的效果如图 7.2-9 所示。

	A	B	C	D	E	F
1	现 金 流 量 表					
2	编制单位：xx公司	2009年度	单位：元			
3	项 目	行 次	第一季度	第二季度	第三季度	第四季度
4	一、经营活动产生的现金流量					
5	销售商品、提供劳务得到的现金	1	1210000	1180000	1250000	1500000
6	收到的税费返还	2	280000	230000	190000	200000
7	收到的其它与经营有关的现金	3	310000	305000	420000	480000
8	现 金 流 入 小 计		1800000	1715000	1860000	2180000
9	购买商品、接受劳务支付的现金	4	340000	335000	342000	330000
10	支付给职工以及为职工支付的现金	5	410000	410000	410000	410000
11	支付的各项税费	6	121000	118000	123000	156000
12	支付的其它与投资活动有关的现金	7	8200	8500	85300	8700
13	现 金 流 出 小 计		879200	871500	960300	904700
14	经营活动产生的现金流量净额		920800	843500	899700	1275300
15	二、投资活动产生的现金流量					
16	收回投资所收到的现金	8	1510000	1010000	1210000	1300000
17	取得投资收益所得到的现金	9	410000	420000	430000	450000
18	现 金 流 入 小 计		1920000	1430000	1640000	1750000
19	构建固定资产和其它长期资产所支付的现金	10	1230000	1190000	1200000	1150000
20	投资所支付的现金	11	9000	8200	8300	7800
21	支付的其它与投资活动有关的现金	12	310000	320000	290000	280000
22	现 金 流 出 小 计		1549000	1518200	1498300	1437800
23	投资活动产生的现金流量净额		371000	-88200	141700	312200
24	三、筹资活动产生的现金流量					
25	吸收投资所收到的现金	13	250000	230000	220000	240000
26	借款所收到的现金	14	270000	275000	282000	299000
27	收到的其它与筹资活动有关的现金	15	161000	172000	183000	195000
28	现 金 流 入 小 计		681000	677000	685000	734000
29	偿还债务所支付的现金	16	132000	125000	120000	129000
30	分配股利、利润和偿付利息所支付的现金	17	9000	9200	8900	9600
31	支付的其它与筹资活动有关的现金	18	12000	12500	9900	13000
32	现 金 流 出 小 计		153000	146700	138800	151600
33	筹资活动产生的现金流量净额		528000	530300	546200	582400
34	四、现金及现金等价物净增加额		1819800	1285600	1587600	2169900
35						

图 7.2-9 计算现金及现金等价物净增加额

7.2.6 建立企业现金流量汇总表

（1）新建一个工作表，将工作表标签重命名为“企业现金流量汇总表”。

（2）在“企业现金流量汇总表”中输入标题、列项目，设置格式、添加边框，得到的效果如图 7.2-10 所示。

	A	B	C	D	E
1	现 金 流 量 汇 总 表				
2	项 目	第一季度	第二季度	第三季度	第四季度
3	经营活动产生的现金流入				
4	投资活动产生的现金流入				
5	筹资活动产生的现金流入				
6	现金流入				
7	经营活动产生的现金流出				
8	投资活动产生的现金流出				
9	筹资活动产生的现金流出				
10	现金流出				
11					

图 7.2-10 企业现金流量汇总表的框架

（3）选中 B3 单元格，输入公式：

=企业现金流量表!C8

（4）拖动鼠标，将 B3 公式填充单元格 C3、D3、E3，得到的结果如图 7.2-11 所示。

	A	B	C	D	E
1	现 金 流 量 汇 总 表				
2	项　目	第一季度	第二季度	第三季度	第四季度
3	经营活动产生的现金流入	1800000	1715000	1860000	2180000
4	投资活动产生的现金流入				
5	筹资活动产生的现金流入				
6	现金流入				
7	经营活动产生的现金流出				
8	投资活动产生的现金流出				
9	筹资活动产生的现金流出				
10	现金流出				
11					

图 7.2-11　导入“经营活动产生的现金流入”数据

（5）同理，在 B4 单元格中输入公式：

=企业现金流量表!C18

填充 B4:E4 单元格区域。

在 B5 单元格中输入公式：

=企业现金流量表!C28

填充 B5:E5 单元格区域。

在 B7 单元格中输入公式：

=企业现金流量表!C13

填充 B7:E7 单元格区域。

在 B8 单元格中输入公式：

=企业现金流量表!C22

填充 B8:E8 单元格区域。

在 B9 单元格中输入公式：

=企业现金流量表!C32

填充 B9:E9 单元格区域。

得到的结果如图 7.2-12 所示。

	A	B	C	D	E
1	现 金 流 量 汇 总 表				
2	项　目	第一季度	第二季度	第三季度	第四季度
3	经营活动产生的现金流入	1800000	1715000	1860000	2180000
4	投资活动产生的现金流入	1920000	1430000	1640000	1750000
5	筹资活动产生的现金流入	681000	677000	685000	734000
6	现金流入				
7	经营活动产生的现金流出	879200	871500	960300	904700
8	投资活动产生的现金流出	1549000	1518200	1498300	1437800
9	筹资活动产生的现金流出	153000	146700	138800	151600
10	现金流出				
11					

图 7.2-12　导入其他现金流入数据

（6）选中 B6 单元格，输入公式：

=SUM(B3:B5)

填充 B6:E6 单元格区域。

选中 B10 单元格，输入公式：

=SUM(B7:B9)

填充 B10:E10 单元格区域。

得到的结果如图 7.2-13 所示。

	A	B	C	D	E
1	现 金 流 量 汇 总 表				
2	项　目	第一季度	第二季度	第三季度	第四季度
3	经营活动产生的现金流入	1800000	1715000	1860000	2180000
4	投资活动产生的现金流入	1920000	1430000	1640000	1750000
5	筹资活动产生的现金流入	681000	677000	685000	734000
6	现金流入	4401000	3822000	4185000	4664000
7	经营活动产生的现金流出	879200	871500	960300	904700
8	投资活动产生的现金流出	1549000	1518200	1498300	1437800
9	筹资活动产生的现金流出	153000	146700	138800	151600
10	现金流出	2581200	2536400	2597400	2494100
11					

图 7.2-13　计算合计数据

7.2.7　建立“企业现金流量定比表”

（1）新建一个工作表，将工作表标签重命名为“企业现金流量定比表”。

（2）将“企业现金流量汇总表”的内容复制到“企业现金流量定比表”。修改标题为“现金流量定比表”。选中 B3:E10 单元格区域，删除内容，设置数值类型为百分比。得到的结果如图 7.2-14 所示。

	A	B	C	D	E
1	现 金 流 量 定 比 表				
2	项　目	第一季度	第二季度	第三季度	第四季度
3	经营活动产生的现金流入				
4	投资活动产生的现金流入				
5	筹资活动产生的现金流入				
6	现金流入				
7	经营活动产生的现金流出				
8	投资活动产生的现金流出				
9	筹资活动产生的现金流出				
10	现金流出				
11					

图 7.2-14　现金流量定比表的框架

（3）选中 B3 单元格，输入公式：

=企业现金流量汇总表!B3/企业现金流量汇总表!$B$6

填充 B3:B6 单元格区域，得到的结果如图 7.2-15 所示。

	A	B	C	D	E
1	现 金 流 量 定 比 表				
2	项　目	第一季度	第二季度	第三季度	第四季度
3	经营活动产生的现金流入	41%			
4	投资活动产生的现金流入	44%			
5	筹资活动产生的现金流入	15%			
6	现金流入	100%			
7	经营活动产生的现金流出				
8	投资活动产生的现金流出				
9	筹资活动产生的现金流出				
10	现金流出				
11					

图 7.2-15　计算第一季度现金流入定比

将 B3:B6 单元格公式中的“$B$6”改为“B6”，选中 B3:B6 单元格区域，拖动鼠标填充 C3:E6 单元格区域，得到的结果如图 7.2-16 所示。

	A	B	C	D	E
1	现金流量定比表				
2	项　目	第一季度	第二季度	第三季度	第四季度
3	经营活动产生的现金流入	41%	45%	44%	47%
4	投资活动产生的现金流入	44%	37%	39%	38%
5	筹资活动产生的现金流入	15%	18%	16%	16%
6	现金流入	100%	100%	100%	100%
7	经营活动产生的现金流出				
8	投资活动产生的现金流出				
9	筹资活动产生的现金流出				
10	现金流出				
11					

图 7.2-16　计算各季度现金流入定比

（4）选中 B7 单元格，输入公式：

=企业现金流量汇总表!B7/企业现金流量汇总表!$B$10

填充 B7:B10 单元格区域，得到的结果如图 7.2-17 所示。

	A	B	C	D	E
1	现金流量定比表				
2	项　目	第一季度	第二季度	第三季度	第四季度
3	经营活动产生的现金流入	41%	45%	44%	47%
4	投资活动产生的现金流入	44%	37%	39%	38%
5	筹资活动产生的现金流入	15%	18%	16%	16%
6	现金流入	100%	100%	100%	100%
7	经营活动产生的现金流出	34%			
8	投资活动产生的现金流出	60%			
9	筹资活动产生的现金流出	6%			
10	现金流出	100%			
11					

图 7.2-17　计算第一季度现金流出定比

将 B7:B10 单元格公式中的“$B$10”改为“B10”，选中 B7:B10 单元格区域，拖动鼠标填充 C7:E10 单元格区域，得到的结果如图 7.2-18 所示。

	A	B	C	D	E
1	现金流量定比表				
2	项　目	第一季度	第二季度	第三季度	第四季度
3	经营活动产生的现金流入	41%	45%	44%	47%
4	投资活动产生的现金流入	44%	37%	39%	38%
5	筹资活动产生的现金流入	15%	18%	16%	16%
6	现金流入	100%	100%	100%	100%
7	经营活动产生的现金流出	34%	34%	37%	36%
8	投资活动产生的现金流出	60%	60%	58%	58%
9	筹资活动产生的现金流出	6%	6%	5%	6%
10	现金流出	100%	100%	100%	100%
11					

图 7.2-18　计算各季度现金流出定比

7.2.8　与第一季度相比企业现金流量的定比变化

（1）新建一个工作表，重命名为“与第一季度相比企业现金流量定比变化表”。

（2）将“企业现金流量汇总表”的内容复制到“与第一季度相比企业现金流量定比变化表”。修改标题，选中 B3:E10 单元格区域，删除内容。

（3）选中 B3 单元格，输入公式：

=企业现金流量汇总表!B3/企业现金流量汇总表!B3

填充 B3:B10 单元格区域，得到的结果如图 7.2-19 所示。

将 B3:B10 单元格公式中分母的相对地址选中，按【F4】键转变为绝对地址。选中 B3:B10 单元格区域，拖动鼠标填充 C3:E10 单元格区域，得到的结果如图 7.2-20 所示。

	A	B	C	D	E
1	现 金 流 量 定 比 表				
2	项　目	第一季度	第二季度	第三季度	第四季度
3	经营活动产生的现金流入	100%			
4	投资活动产生的现金流入	100%			
5	筹资活动产生的现金流入	100%			
6	现金流入	100%			
7	经营活动产生的现金流出	100%			
8	投资活动产生的现金流出	100%			
9	筹资活动产生的现金流出	100%			
10	现金流出	100%			
11					

图 7.2-19　输入定比公式

	A	B	C	D	E
1	现 金 流 量 定 比 表				
2	项　目	第一季度	第二季度	第三季度	第四季度
3	经营活动产生的现金流入	100%	95%	103%	121%
4	投资活动产生的现金流入	100%	74%	85%	91%
5	筹资活动产生的现金流入	100%	99%	101%	108%
6	现金流入	100%	87%	95%	106%
7	经营活动产生的现金流出	100%	99%	109%	103%
8	投资活动产生的现金流出	100%	98%	97%	93%
9	筹资活动产生的现金流出	100%	96%	91%	99%
10	现金流出	100%	98%	101%	97%
11					

图 7.2-20　计算各季度与第一季度的定比

7.3　销售预测分析

预测销售收入是制定企业经营计划的依据，合理、科学地计算出预测值可以保障经营计划的顺利实施，销售预测分析是制定年度计划、年度考核指标的数据来源。

本节采用趋势方程、内插值法对销售数据进行预测。在“企业销售量表”中，根据前 11 个月的数据，采用趋势方程对 12 月的销售量进行预测。在“企业销售费用表”中，依据表中的数据求“费用”为 500 时“销量”应该是多少。

7.3.1　建立原始数据表

新建两个工作表，重命名为“企业销售量表”和“企业销售费用表”，输入相应内容并进行格式化，如图 7.3-1 和图 7.3-2 所示。

	A	B
1	企业销售量表	
2	月份	销量
3	1	3020
4	2	4300
5	3	3912
6	4	3894
7	5	4255
8	6	4528
9	7	3537
10	8	3759
11	9	4030
12	10	3877
13	11	4289
14		
15		

图 7.3-1　企业销售量表

	A	B
1	企业销售费用表	
2	费用	销量
3	322	3020
4	459	4300
5	410	3912
6	405	3894
7	510	4255
8	560	4528
9	530	3537
10	470	3759
11	580	4030
12	476	3877
13	623	4289
14		
15		

图 7.3-2　企业销售费用表

7.3.2　绘制月销量折线图

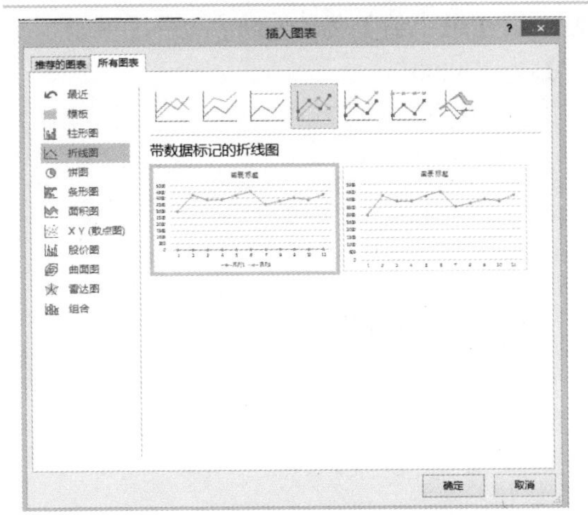

Step1　插入图表

在“企业销售量表”中，选中 B3:B13 单元格区域，选择【插入】→【图表】，打开启动器→【所有图表】选项卡，选择【折线图】→【带数据标记的折线图】，单击【确定】按钮。

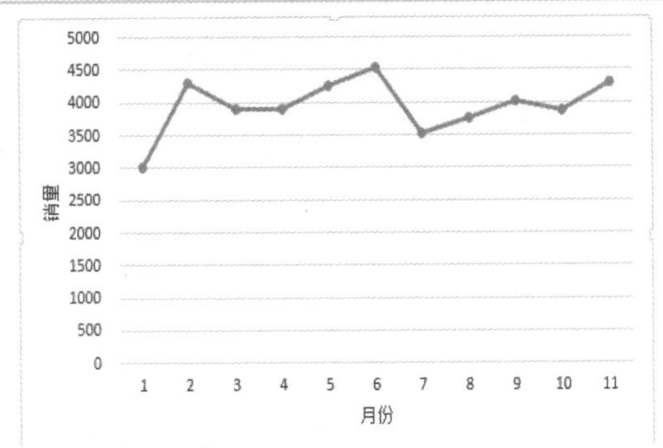

Step2　设置图表

选中图表，在【图表工具】中选择【设计】→【添加图表元素】→【轴标题】，设【主要横坐标轴】标题为“月份”，设【主要纵坐标轴】标题为“销量”，设【图表标题】为“无”。

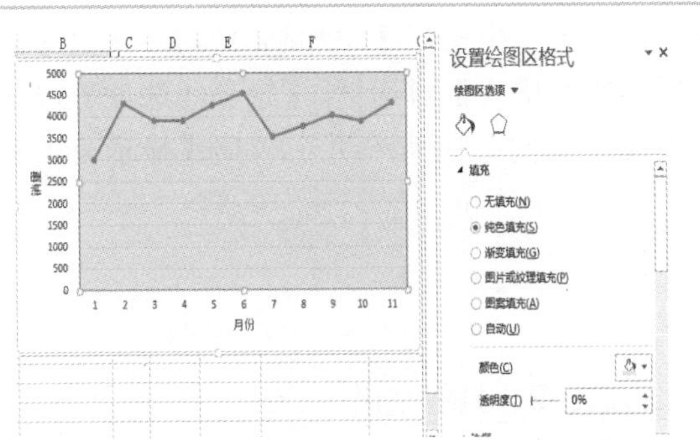

Step3　设置绘图区背景

双击绘图区弹出【设置绘图区格式】对话框，选择【填充】→【纯色填充】，选择颜色“灰色-25%，背景 2”。

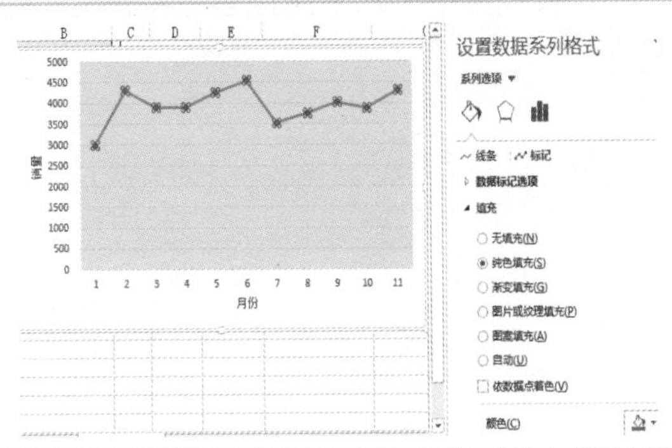

Step4　设置数据点格式

双击折线图上的任意一个数据点，弹出【设置数据系列格式】对话框，选择【填充线条】，设【线条】为“蓝色”，设【标记】为“纯色填充”“红色”。

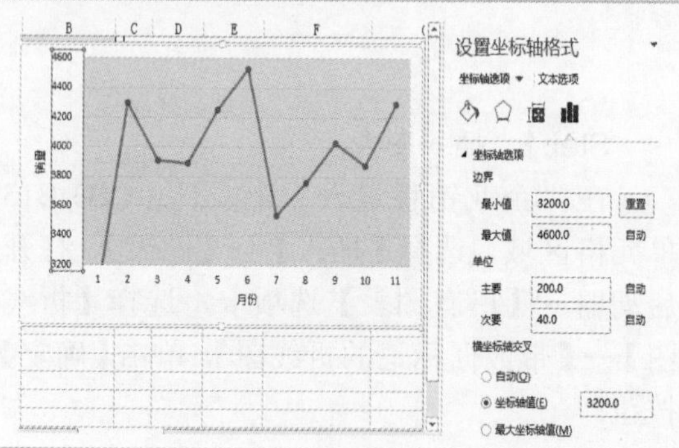

Step5　设置坐标轴刻度

双击数值轴弹出【设置坐标轴格式】对话框，设【最小值】为“3200”，设【横坐标交叉】为“3200”。

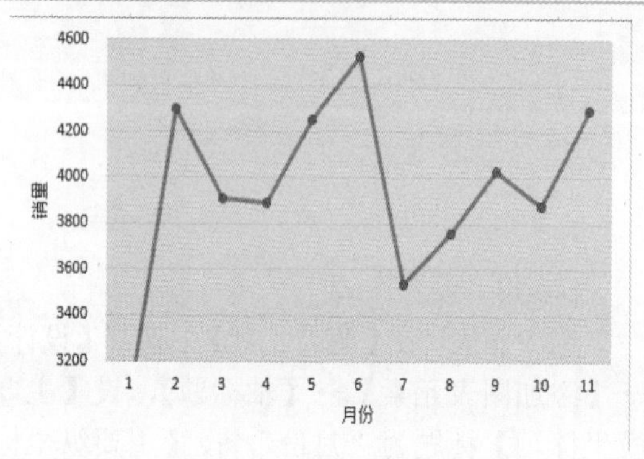

Step6　显示结果

经过上面的操作，得到销售历史数据图。

7.3.3　添加趋势线及趋势方程

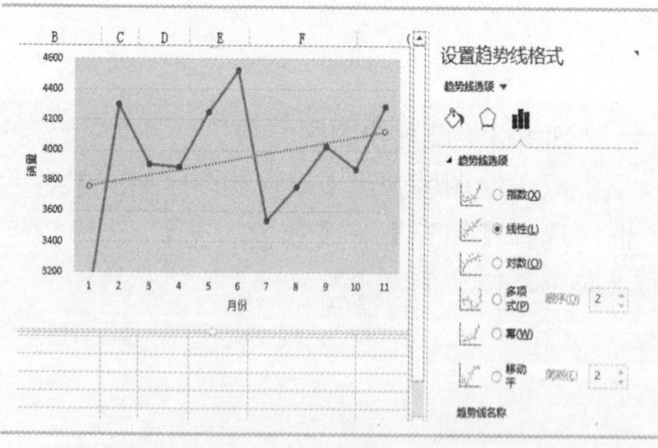

Step1　添加趋势线

右击折线图上任意一个数据点，在弹出的快捷菜单中选择【添加趋势线】，弹出【设置趋势线格式】对话框，【趋势线选项】选择“线性”，向下拖动滚动条，勾选【显示公式】。

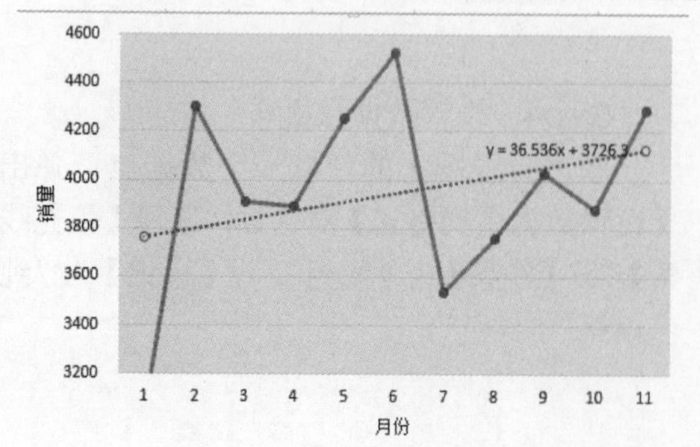

Step2　显示结果

在折线图中添加了线性趋势线和线性趋势方程。

7.3.4　预测销售量

使用 TREND 函数、FORECAST 函数、线性趋势方程等方法对 12 月份的销量进行预测。

Step1　使用 TREND 函数

在 A16 单元格中输入“TREND 函数”。

在 B16 单元格中输入公式：

=TREND(B3:B13,A3:A13,12)

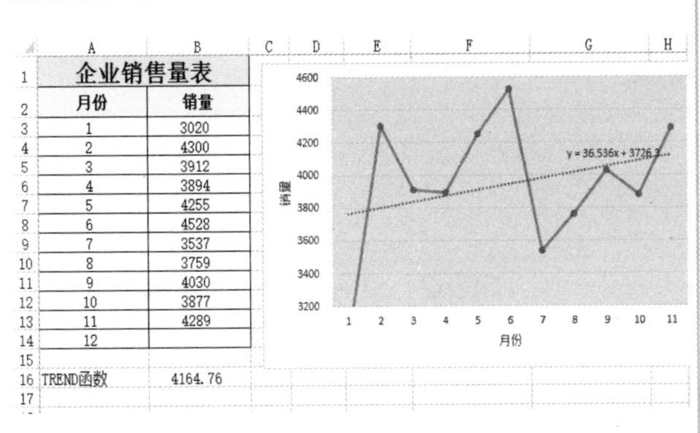

企业销售量表	
月份	销量
1	3020
2	4300
3	3912
4	3894
5	4255
6	4528
7	3537
8	3759
9	4030
10	3877
11	4289
12	
TREND函数	4164.76

Step2　使用 FORECAST 函数

在 A17 单元格中输入“FORECAST 函数”。

在 B17 单元格中输入公式：

=FORECAST(12,B3:B13,A3:A13)

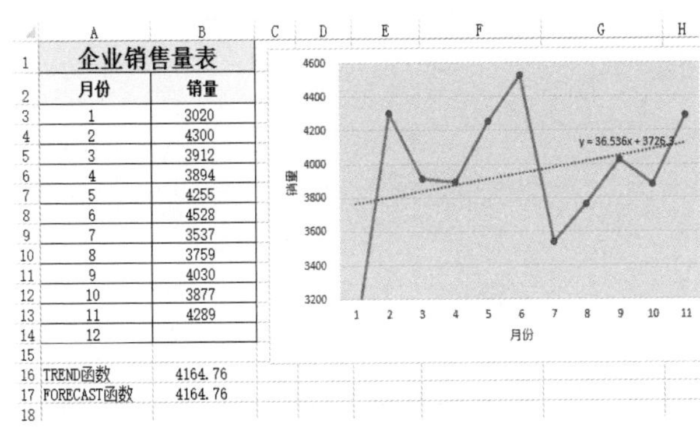

企业销售量表	
月份	销量
1	3020
2	4300
3	3912
4	3894
5	4255
6	4528
7	3537
8	3759
9	4030
10	3877
11	4289
12	
TREND函数	4164.76
FORECAST函数	4164.76

Step3　使用趋势方程

在 A18 单元格中输入“趋势方程”。

在 B18 单元格中输入公式：

=36.536*A14+3726.3

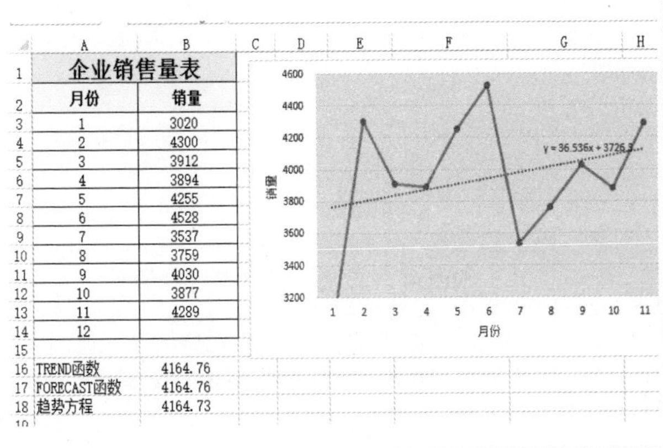

企业销售量表	
月份	销量
1	3020
2	4300
3	3912
4	3894
5	4255
6	4528
7	3537
8	3759
9	4030
10	3877
11	4289
12	
TREND函数	4164.76
FORECAST函数	4164.76
趋势方程	4164.73

7.3.5　内插值法预测销售量

在“销售费用表”中，使用内插值法预测，当费用为 500 时销售量为多少？

	A	B	C	D	E	F
1	企业销售费用表					
2	费用	销量				
3	322	3020			费用	销量
4	459	4300		上限		
5	410	3912		下限		
6	405	3894				
7	510	4255				
8	560	4528			费用条件	销量结果
9	530	3537			500	
10	470	3759				
11	580	4030				
12	476	3877				
13	623	4289				
14						

Step1 输入条件名称

按照左图，在 D、E、F 列中输入相应内容。

	A	B	C	D	E	F
1	企业销售费用表					
2	费用	销量				
3	322	3020			费用	销量
4	459	4300		上限	405	
5	410	3912		下限		
6	405	3894				
7	510	4255				
8	560	4528			费用条件	销量结果
9	530	3537			500	
10	470	3759				
11	580	4030				
12	476	3877				
13	623	4289				
14						

Step2 设置费用的上限值

在 E4 单元格中输入公式：

=INDEX(A3:A13,MATCH (E9,A3:A13,1))

	A	B	C	D	E	F
1	企业销售费用表					
2	费用	销量				
3	322	3020			费用	销量
4	459	4300		上限	405	
5	410	3912		下限	510	
6	405	3894				
7	510	4255				
8	560	4528			费用条件	销量结果
9	530	3537			500	
10	470	3759				
11	580	4030				
12	476	3877				
13	623	4289				
14						

Step3 设置费用的下限值

在 E5 单元格中输入公式：

=INDEX(A3:A13,MATCH (E9,A3:A13,1)+1)

	A	B	C	D	E	F
1	企业销售费用表					
2	费用	销量				
3	322	3020			费用	销量
4	459	4300		上限	405	3894
5	410	3912		下限	510	
6	405	3894				
7	510	4255				
8	560	4528			费用条件	销量结果
9	530	3537			500	
10	470	3759				
11	580	4030				
12	476	3877				
13	623	4289				
14						

Step4 设置销量的上限值

在 F4 单元格中输入公式：

=INDEX(B3:B13,MATCH (E9,A3:A13,1))

	A	B	C	D	E	F
1	企业销售费用表					
2	费用	销量				
3	322	3020			费用	销量
4	459	4300		上限	405	3894
5	410	3912		下限	510	4255
6	405	3894				
7	510	4255				
8	560	4528			费用条件	销量结果
9	530	3537			500	
10	470	3759				
11	580	4030				
12	476	3877				
13	623	4289				
14						

Step5　设置销量的下限值

在 F5 单元格中输入公式：

=INDEX(B3:B13,MATCH (E9,A3:A13,1)+1)

	A	B	C	D	E	F
1	企业销售费用表					
2	费用	销量				
3	322	3020			费用	销量
4	459	4300		上限	405	3894
5	410	3912		下限	510	4255
6	405	3894				
7	510	4255				
8	560	4528			费用条件	销量结果
9	530	3537			500	4221
10	470	3759				
11	580	4030				
12	476	3877				
13	623	4289				
14						

Step6　输入查询公式

在 F9 单元格中输入公式：

=IF(E5>=623,B13,TREND (F4:F5,E4:E5,E9))

7.3.6　Excel 相关知识

1. TREND 函数

返回一条线性回归拟合线的值。语法格式如下：

TREND(known_y's,known_x's,new_x's,const)

其中，known_y's 为关系式 y=mx+b 中已知的 y 值集合，known_x's 为关系式 y=mx+b 中已知的可选 x 值集合，new_x's 为需要 TREND 函数返回对应 y 值的新 x 值，const 为一个逻辑值，用于指定是否将常量 b 强制设为 0。

示例：若数据如图 7.3-3 所示，在 A7:A8 单元格区域输入数组公式：

{=TREND(B1:B6,A1:A6,A7:A8)}

利用 B1:B6 和 A1:A6 单元格区域的数值建立回归拟合直线，对 A7:A8 单元格区域中的数据进行预测，结果如图 7.3-4 所示。

	A	B
1	1	28
2	2	30
3	3	49
4	4	62
5	5	58
6	6	65
7	7	
8	8	
9		

图 7.3-3　TREND 函数示例

B7　{=TREND(B1:B6, A1:A6, A7:A8)}

	A	B	C	D	E
1	1	28			
2	2	30			
3	3	49			
4	4	62			
5	5	58			
6	6	65			
7	7	77			
8	8	85			
9					

图 7.3-4　预测的结果

2．FORECAST 函数

根据已有的数值计算或预测未来值。此预测值为基于给定的 x 值推导出的 y 值。已知的数值为已有的 x 值和 y 值，再利用线性回归对新值进行预测。语法格式如下：

FORECAST(x,known_y's,known_x's)

其中，x 为需要进行预测的数据点，known_y's 为因变量数组或数据区域，known_x's 为自变量数组或数据区域。

3．MATCH 函数

用于返回在指定方式下与指定数值匹配的数组中元素的相应位置。语法格式如下：

MATCH(lookup_value,lookup_array,match_type)

其中，lookup_value 为需要在数据表（lookup_array）中查找的数值，lookup_value 可以为数值（数字、文本或逻辑值）或对数字、文本或逻辑值的单元格引用；lookup_array 为可能包含所要查找的数值的连续单元格区域，lookup_array 应为数组或数组引用；match_type 为数字 -1、0、1，指明如何在 lookup_array 中查找 lookup_value（如果 match_type 为 1，MATCH 函数查找小于或等于 lookup_value 的最大数值；如果 match_type 为 0，MATCH 函数查找等于 lookup_value 的第 1 个数值；如果 match_type 为-1，MATCH 函数查找大于或等于 lookup_value 的最小数值）。

7.4 企业证券投资分析

现代企业在进行证券分析时“K 线图”和“股票收益器”是必不可少的工具。“K 线图”是在股票分析中广泛使用的一种股票分析技术图表，“K 线图”包括阴线和阳线，具有直观、立体的特点。在股票投资中，用户经常需要计算股票的收益以确定是否进行投资，计算收益时要考虑股票买入和卖出价格、各种费用等因素。本节制作“K 线图”来反映某天股票的涨跌情况，它包括 6 项数据：日期、成交量、开盘价、收盘价、最高价、最低价；制作“股票收益器”，便于用户计算收益。制作效果如图 7.4-1 和图 7.4-2 所示。

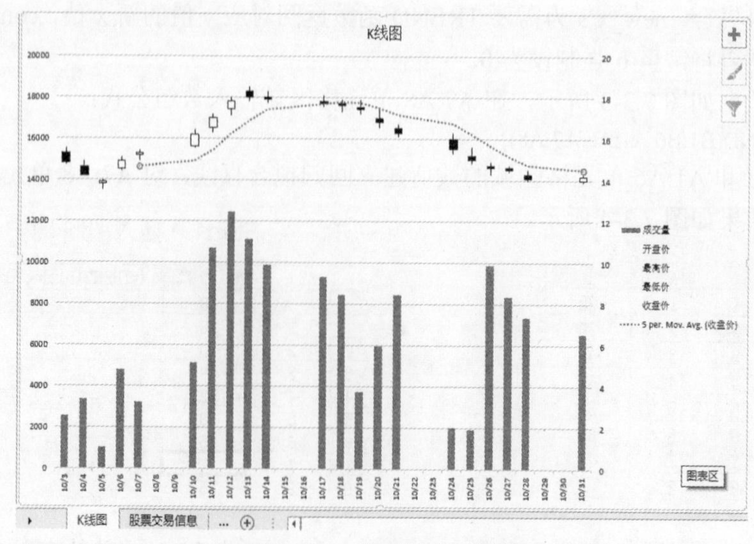

图 7.4-1 “K 线图”效果

	A	B	C	D	E	F	G	H
1	股票收益计算器							
2	○股票		◉基金			总收益		¥10,971.69
3	基本参数		交易数量			价格		金额
4	印花税	0.00%	买入	2000		¥15.50		¥31,000.00
5	手续费	0.35%	送股	200				
6	委托费	¥1.00	配股	300		¥13.30		¥3,990.00
7	成交费	¥1.00	派息	2300		¥0.50		¥1,150.00
8	通信费	¥4.00	卖出	2700		¥16.70		¥45,090.00
9								

K线图 / 股票交易信息 / 股票收益计算器

图 7.4-2　“股票收益器”效果

7.4.1　输入股票基本信息

（1）创建工作簿，命名为“企业证券投资分析”。

（2）新建一个工作表，重命名为“股票交易信息”。

（3）已知某股票 2011 年 10 月的信息（虚拟数据），将信息输入工作表“股票交易信息”中，如图 7.4-3 所示。

	A	B	C	D	E	F
1	股票交易信息					
2	日期	成交量	开盘价	最高价	最低价	收盘价
3	2011/10/3	2563	15.3	15.5	14.7	14.8
4	2011/10/4	3349	14.6	14.9	14.3	14.2
5	2011/10/5	1008	13.8	14	13.5	13.9
6	2011/10/6	4775	14.5	15.1	14.4	14.9
7	2011/10/7	3228	15.2	15.4	14.9	15.3
8	2011/10/10	5138	15.6	16.4	15.5	16.2
9	2011/10/11	10676	16.5	17.2	16.3	17
10	2011/10/12	12445	17.4	18	17.1	17.8
11	2011/10/13	11098	18.3	18.5	17.8	18
12	2011/10/14	9895	18	18.3	17.7	17.9
13	2011/10/17	9324	17.8	18.1	17.5	17.7
14	2011/10/18	8435	17.7	17.9	17.3	17.6
15	2011/10/19	3756	17.5	17.9	17.2	17.4
16	2011/10/20	5963	17	17.5	16.5	16.8
17	2011/10/21	8435	16.5	16.7	16.1	16.3
18	2011/10/24	2043	16	16.3	15.3	15.5
19	2011/10/25	1925	15.2	15.6	14.8	15
20	2011/10/26	9885	14.7	14.9	14.3	14.6
21	2011/10/27	8363	14.6	14.7	14.4	14.5
22	2011/10/28	7354	14.3	14.5	14	14.1
23	2011/10/31	6566	14	14.3	13.9	14.2
24						

图 7.4-3　股票交易信息

7.4.2　建立“K 线图”

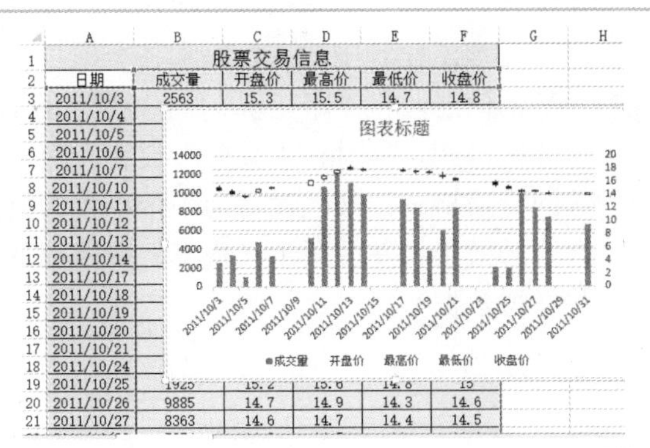

Step1　插入股价图

在“股票交易信息”工作表中选择 A2:F23，在主菜单中选择【插入】→【图表】，打开启动器→【所有图表】，选择【股价图】，再选择【成交量－开盘－盘高－盘低－收盘图】，单击【确定】按钮。

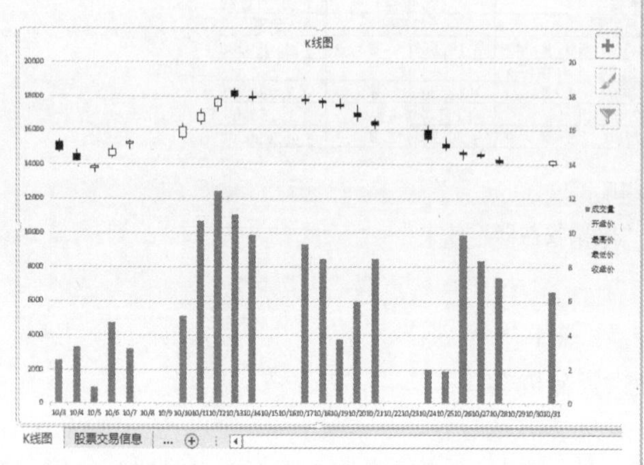

Step2　修改股价图

选中图表，在【图表工具】中选择【设计】→【添加图表元素】，输入图表标题“K 线图”，图例右侧。

右击图表横坐标并选择【设置坐标轴格式】→【坐标轴选项】→【数字】，类型选择“3/14”。

右击图表纵坐标并选择【设置坐标轴格式】→【坐标轴选项】→【边界】，最大值设为“20000”。

选中图表，在【图表工具】中选择【设计】→【移动图表】，移到新工作表“K 线图”上。

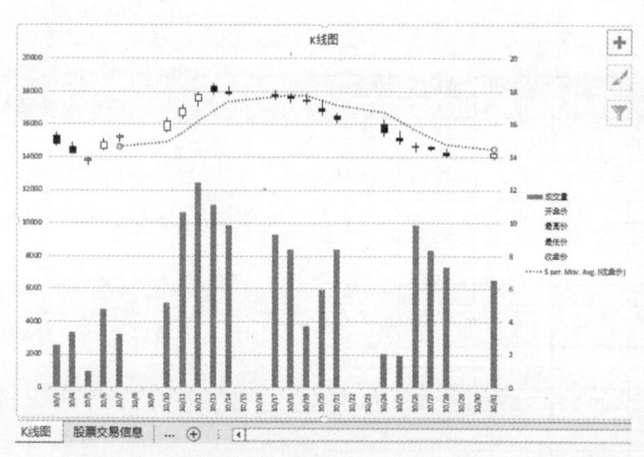

Step3　添加趋势线

选中图表，在【图表工具】中选择【设计】→【添加图表元素】→【趋势线】→【移动平局】→【收盘价】，单击【确定】按钮。

右击趋势线并选择【设置趋势线格式】→【趋势线选项】，【周期】输入 5。切换【填充线条】选项卡，【颜色】选择红色，【宽度】选择 2 磅。

7.4.3　制作股票收益计算器

	A	B	C	D	E	F	G	H
1	股 票 收 益 计 算 器							
2						总收益		
3	基本参数		交易数量			价格		金额
4	印花税	0.50%	买入	2000		¥15.50		
5	手续费	0.35%	送股	200				
6	委托费	¥1.00	配股	300		¥13.30		
7	成交费	¥1.00	派息	2300		¥0.50		
8	通信费	¥4.00	卖出	2700		¥16.70		
9								

Step1　新建“股票收益计算器”工作表

新建一个工作表，重命名为“股票收益计算器”。

在该工作表中输入标题和各个项目，输入基本信息，将“印花税”“手续费”设置为百分比格式，“价格”“金额”设置为两位小数的货币格式，其他设置为不带小数的数值格式，效果如左图所示（税率、费用都是一些虚拟数据）。

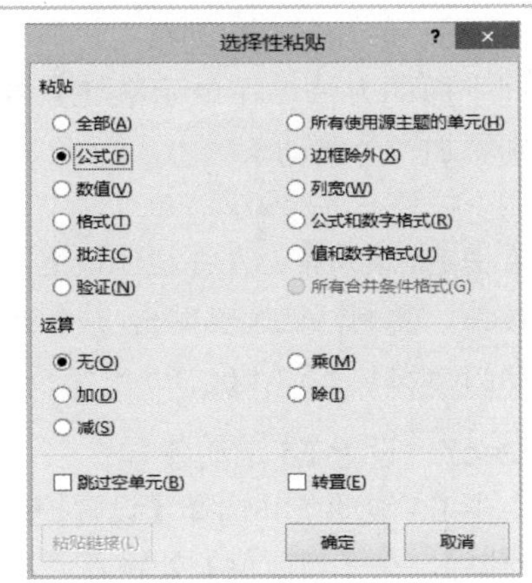

Step2　输入“金额”公式

金额=数量×价格，在 H4 单元格中输入公式：

=D4*F4

将 H4 单元格公式复制到 H6:H8 单元格区域。右击 H4 单元格并选择【复制】，选择 H6:H8 单元格区域并右击，在弹出的快捷菜单中选择【选择性粘贴】→【公式】命令。

	A	B	C	D	E	F	G	H
1	股　票　收　益　计　算　器							
2						总收益		¥10,591.24
3	基本参数		交易数量			价格		金额
4	印花税	0.50%	买入	2000		¥15.50		¥31,000.00
5	手续费	0.35%	送股	200				
6	委托费	¥1.00	配股	300		¥13.30		¥3,990.00
7	成交费	¥1.00	派息	2300		¥0.50		¥1,150.00
8	通信费	¥4.00	卖出	2700		¥16.70		¥45,090.00
9								

Step3　计算“总收益”

总收益=卖出股票的收益-买入股票的支出-配股支出+派息收益-费用。在 H2 单元格中输入公式：

=H8*(1-B4-B5)-H4*(1+B4+B5)
-H6+H7-2*(B6+B7+B8)

★　该计算方法是过去某一段时间使用的。公式中 H8*(1-B4-B5)为卖出股票的收益(扣除印花税和手续费)，H4*(1+B4+B5)为买入股票的支出（含印花税和手续费），H6 为配股支出，H7 为派息收益，2*(B6+B7+B8)为买入和卖出股票所花费的委托费、成交费、通信费。

	A	B	C	D	E	F	G	H
1	股　票　收　益　计　算　器							
2						总收益		¥10,591.24
3	基本参数		交易数量			价格		金额
4	印花税	0.50%	买入	2000	< >	¥15.50		¥31,000.00
5	手续费	0.35%	送股	200				
6	委托费	¥1.00	配股	300		¥13.30		¥3,990.00
7	成交费	¥1.00	派息	2300		¥0.50		¥1,150.00
8	通信费	¥4.00	卖出	2700		¥16.70		¥45,090.00
9								

Step4　添加“交易数量”滚动条

在主菜单中选择【开发工具】→【控件】功能区组的【插入】→单击【滚动条】控件，在 E4 单元格拖动画一个滚动条。

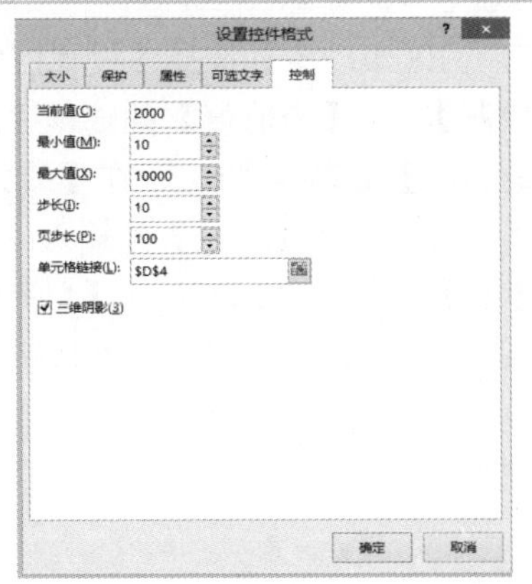

Step5　设置滚动条

右击滚动条并选择【设置控件格式】→【控制】，在【当前值】处输入“2000”，在【最小值】处输入“10”，在【最大值】处输入“10000”，在【步长】处输入“10”，在【页步长】处输入“100”，在【单元格链接】处输入“$D$4”，单击【确定】按钮。

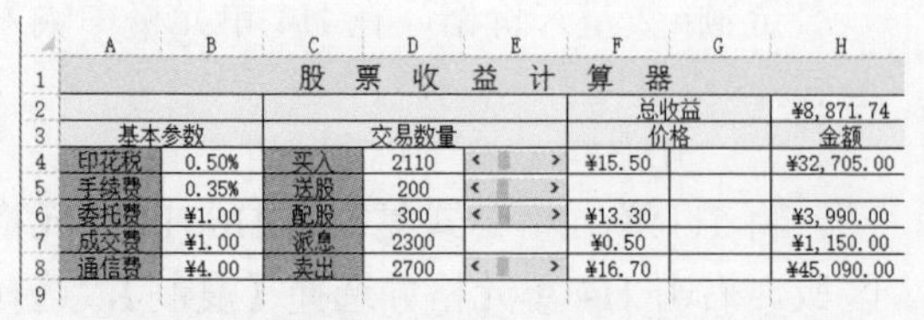

	A	B	C	D	E	F	G	H
1	股 票 收 益 计 算 器							
2						总收益		¥8,871.74
3	基本参数		交易数量			价格		金额
4	印花税	0.50%	买入	2110		¥15.50		¥32,705.00
5	手续费	0.35%	送股	200				
6	委托费	¥1.00	配股	300		¥13.30		¥3,990.00
7	成交费	¥1.00	派息	2300		¥0.50		¥1,150.00
8	通信费	¥4.00	卖出	2700		¥16.70		¥45,090.00
9								

Step6　添加其余滚动条

同上面的方法，在单元格 E5、E6、E8 中分别添加一个滚动条。

★　右击 E4 滚动条，左击控件边框，选中该控件，复制，连续粘贴出 3 个滚动条，分别拖动到 E5、E6、E8 单元格。

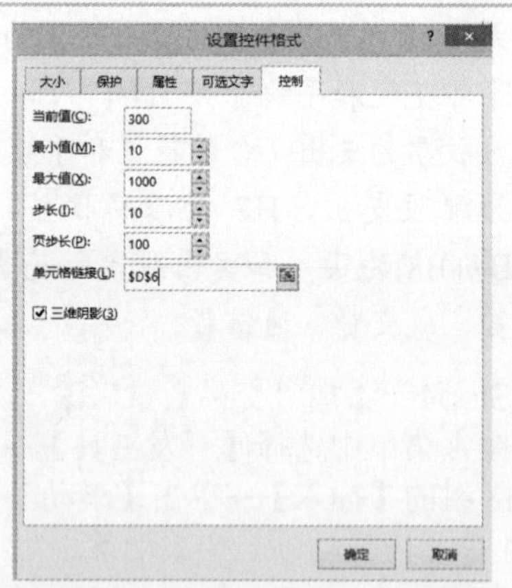

Step7　设置 E5 滚动条

右击 E5 滚动条并选择【设置控件格式】→【控制】，在【当前值】处输入“200”，在【最小值】处输入“10”，在【最大值】处输入“10000”，在【步长】处输入“10”，在【页步长】处输入“100”，在【单元格链接】处输入“$D$5”，单击【确定】按钮。

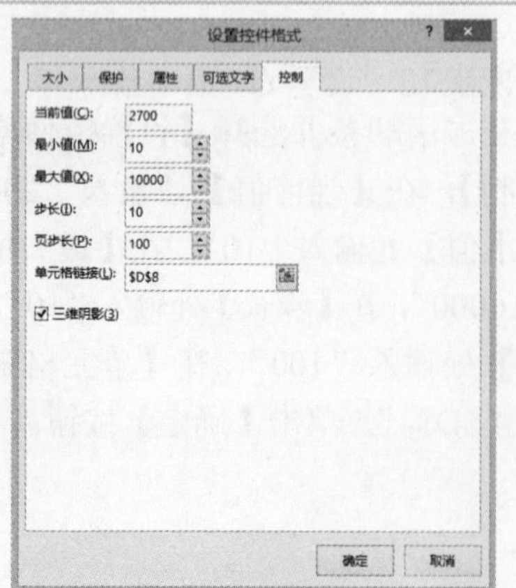

Step8　设置 E6 滚动条

右击 E6 滚动条并选择【设置控件格式】→【控制】，在【当前值】处输入“300”，在【最小值】处输入“10”，在【最大值】处输入“1000”，在【步长】处输入“10”，在【页步长】处输入“100”，在【单元格链接】处输入“$D$6”，单击【确定】按钮。

Step9　设置 E8 滚动条

右击 E8 滚动条并选择【设置控件格式】→【控制】，在【当前值】处输入“2700”，在【最小值】处输入“10”，在【最大值】处输入“10000”，在【步长】处输入“10”，在【页步长】处输入“100”，在【单元格链接】处输入“$D$8”，单击【确定】按钮。

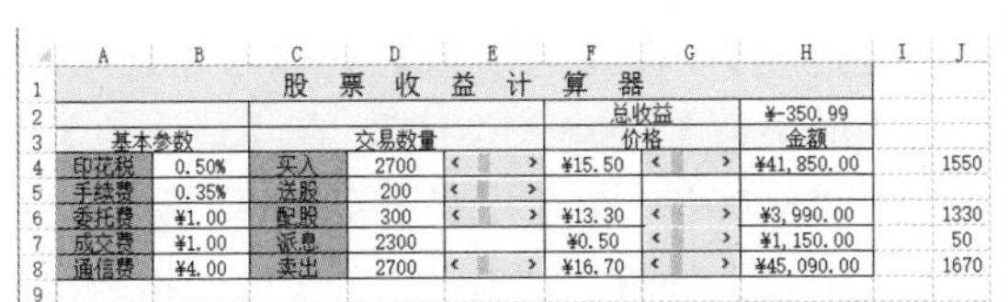

	A	B	C	D	E	F	G	H	I	J
1	股　票　收　益　计　算　器									
2						总收益		¥-350.99		
3	基本参数		交易数量			价格		金额		
4	印花税	0.50%	买入	2700		¥15.50		¥41,850.00		1550
5	手续费	0.35%	送股	200						
6	委托费	¥1.00	配股	300		¥13.30		¥3,990.00		1330
7	成交费	¥1.00	派息	2300		¥0.50		¥1,150.00		50
8	通信费	¥4.00	卖出	2700		¥16.70		¥45,090.00		1670
9										

Step10　添加价格滚动条

同前面添加 E4、E5、E6、E8 滚动条调整交易数量一样，添加 G4、G6、G7、G8 滚动条，用于调整价格。由于滚动条变化的步长只能是整数，而价格变化的步长可能是小数，所以需要其他单元格作中间数据处理，在 J4、J6、J7、J8 单元格中分别输入数值 1550、1330、50、1670，用于与滚动条链接，实现微调。

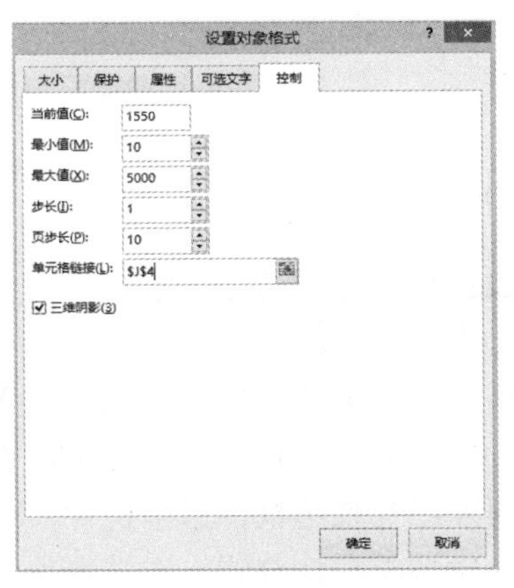

Step11　设置 G4 滚动条

右击 G4 滚动条并选择【设置控件格式】→【控制】，在【当前值】处输入“1550”，在【最小值】处输入“10”，在【最大值】处输入“5000”，在【步长】处输入“1”，在【页步长】处输入“10”，在【单元格链接】处输入“$J$4”，单击【确定】按钮。

在 F4 单元格中输入公式：

=J4/100

将 F4 单元格中的公式复制到 F6～F8 单元格中，选择【选择性粘贴】→【公式】。

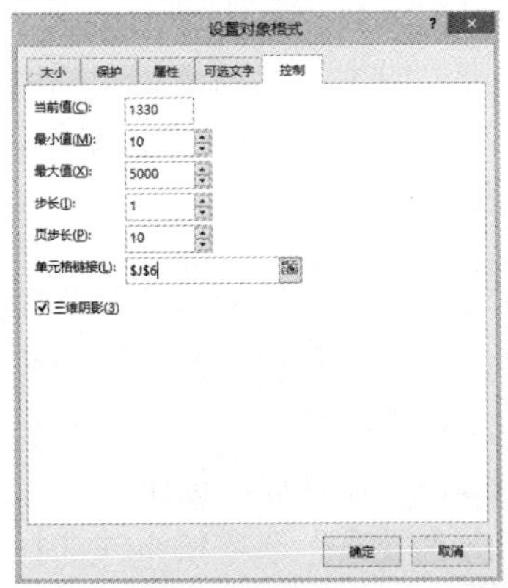

Step12　设置 G6 滚动条

右击 G6 滚动条并选择【设置控件格式】→【控制】，在【当前值】处输入“1330”，在【最小值】处输入“10”，在【最大值】处输入“5000”，在【步长】处输入“1”，在【页步长】处输入“10”，在【单元格链接】处输入“$J$6”，单击【确定】按钮。

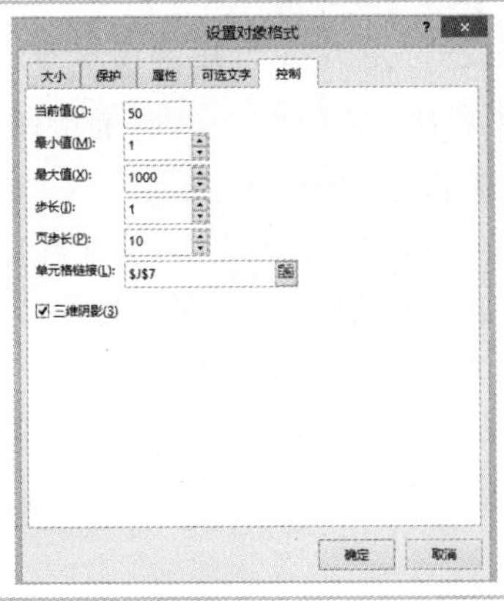

Step13　设置 G7 滚动条

右击 G7 滚动条并选择【设置控件格式】→【控制】，在【当前值】处输入“50”，在【最小值】处输入“1”，在【最大值】处输入“1000”，在【步长】处输入“1”，在【页步长】处输入“10”，在【单元格链接】处输入“$J$7”，单击【确定】按钮。

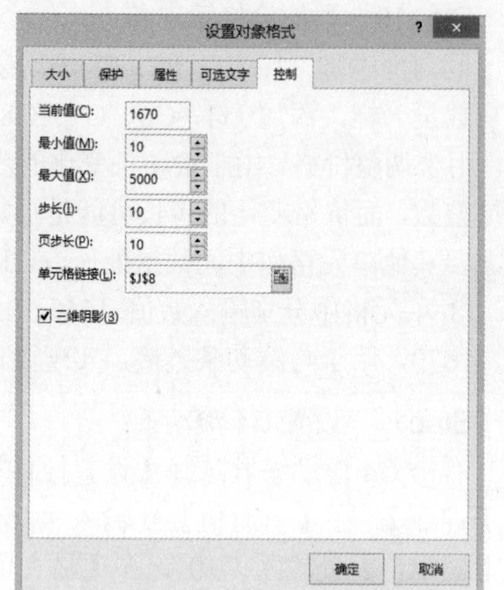

Step14 设置 G8 滚动条

右击 G8 滚动条并选择【设置控件格式】→【控制】，在【当前值】处输入“1670”，在【最小值】处输入“10”，在【最大值】处输入“5000”，在【步长】处输入“10”，在【页步长】处输入“10”，在【单元格链接】处输入“$J$8”，单击【确定】按钮。

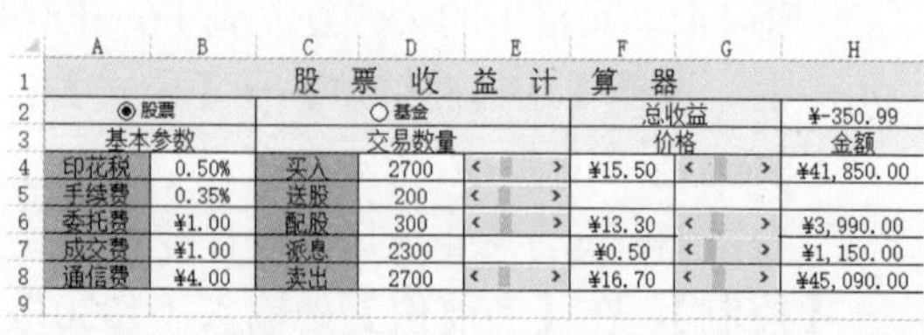

	A	B	C	D	E	F	G	H
1	股票收益计算器							
2	◉股票		○基金			总收益		¥-350.99
3	基本参数		交易数量			价格		金额
4	印花税	0.50%	买入	2700		¥15.50		¥41,850.00
5	手续费	0.35%	送股	200				
6	委托费	¥1.00	配股	300		¥13.30		¥3,990.00
7	成交费	¥1.00	派息	2300		¥0.50		¥1,150.00
8	通信费	¥4.00	卖出	2700		¥16.70		¥45,090.00
9								

Step15 添加选项按钮

在主菜单中选择【开发工具】→【控件】功能区组中的【插入】，单击【选项】按钮，在 A2 单元格拖动画一个选项按钮。右击该控件，再左击控件边框，选中控件，可用鼠标或光标键调整控件位置。右击选项按钮并选择【编辑文字】，修改控件标识为“股票”。

右击“股票”选项按钮，复制粘贴，将第二个选项按钮移到 C2 单元格，修改标识为“基金”。

★ 单选按钮用于区分股票和基金交易，基金交易时没有印花税，股票交易的印花税为 0.5%。

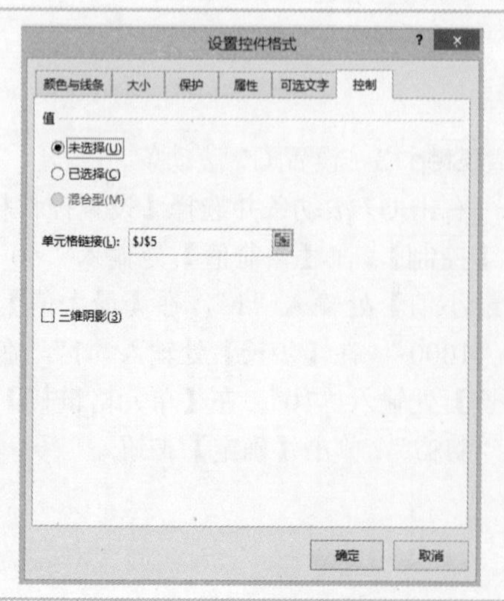

Step16 设置选项按钮

右击“股票”选项按钮并选择【设置控件格式】→【控制】，在【单元格链接】处输入“$J$5”，在 J5 单元格中输入“1”。

同前面，将“基金”选项按钮的【单元格链接】也设置为“$J$5”。

在列标处选择 J 列，右击并选择【隐藏】。

在 B4 单元格中输入公式：

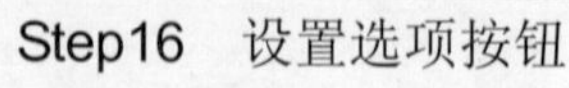

=ABS((J5-2)*0.005)

最终完成的“股票收益计算器”如图 7.4-4 所示。通过单击【股票】和【基金】单选按钮可以选择不同的计算方式，在 B4 单元格显示不同的印花税。通过拖动滚动条可快速调整“交易数量”的数值，通过拖动滚动条可调节相应的价格。

	A	B	C	D	E	F	G	H
1	股　票　收　益　计　算　器							
2	◉股票		○基金			总收益		¥-350.99
3	基本参数		交易数量			价格		金额
4	印花税	0.50%	买入	2700	< >	¥15.50	< >	¥41,850.00
5	手续费	0.35%	送股	200	< >			
6	委托费	¥1.00	配股	300	< >	¥13.30	< >	¥3,990.00
7	成交费	¥1.00	派息	2300		¥0.50	< >	¥1,150.00
8	通信费	¥4.00	卖出	2700	< >	¥16.70	< >	¥45,090.00
9								

K线图　股票交易信息　...

图 7.4-4　最终的“股票收益计算器”

7.5　马尔可夫法生产预测

影响企业经营效益的因素有很多种，由于各种因素的不确定性，通常难以做出准确的预测。可以根据经营情况，找出变化的规律性，推测未来经营的变化趋势，预测出企业经营的亏盈概率。很多其他预测问题也与企业经营预测相似，如股票、房地产、天气预报、地震预报、地质变化等，都可以采用类似的办法处理。本节采用马尔可夫法对企业的经营情况进行预测，得到的结果如图 7.5-1 所示。

	A	B	C	D	E
1	企业2010-2011经营情况				
2	下一状态 / 当前状态	赢	平	亏	合计
3	赢	5	3	3	11
4	平	3	1	2	6
5	亏	3	2	1	6
6					
7	一步转移概率				
8	p_1	赢	平	亏	
9	赢	0.455	0.273	0.273	
10	平	0.500	0.167	0.333	
11	亏	0.500	0.333	0.167	
12					
13	2012年	1	月份经营预测		
14	p_n	赢	平	亏	
15	赢	0.479	0.260	0.260	
16	平	0.477	0.275	0.247	
17	亏	0.477	0.247	0.275	
18					

马尔可夫生产预测 / 企业经营情况 / Sheet3

图 7.5-1　“马尔可夫法生产预测”效果

7.5.1　马尔可夫预测法

马尔可夫预测法是对事件的全面预测，不仅能够指出事件发生的各种可能结果，而且能够给出每一种结果出现的概率。在事件的发展过程中，若每次状态的转移都仅与前一时刻的状态有关，而与过去的状态无关，或者说状态转移过程是无后效性的，则这样的状态转移过程就称为马尔可夫过程。“无后效性”，是指事物第 n 次出现的状态，只与它第 n-1 次的状态有关，而与以前的状态无关。马尔可夫链指出事物系统的状态由过去转变到现在，再由现在转变到将来，一环接一环像一根链条，而作为马尔可夫链的动态系统将来是什么状态、取什么值，只与现在的状态、取值有关，而与它以前的状态、取值无关。因此，运用马尔可夫链只需要最近或现在的动态资料便可预测将来。

如果系统的变化状态是可数的，假设它有 n 个状态，那么从任一状态 i 经一步转移到状态 j 都会有可能发生，称 p_{ij} 为一步转移概率，将这些一步转移概率用矩阵表示，构成一步转移概率矩阵：

$$p_1 = \begin{pmatrix} p_{11} & p_{12} & \cdots & p_{1n} \\ p_{21} & p_{22} & \cdots & p_{2n} \\ \cdots & \cdots & \cdots & \cdots \\ p_{n1} & p_{n2} & \cdots & P_{nn} \end{pmatrix}$$

如果系统在 t_0 时刻处于 i 状态，经过 n 步转移，在 t_n 时刻处于 j 状态，这种转移的可能性称为 n 步转移概率，记为：$p(x_n = j \mid x_0 = i) = p_{ij}^{(n)}$。将 n 步转移概率用矩阵表示，构成 n 步转移概率矩阵。

$$p_n = \begin{pmatrix} p_{11}^{(n)} & p_{12}^{(n)} & \cdots & p_{1n}^{(n)} \\ p_{21}^{(n)} & p_{22}^{(n)} & \cdots & p_{2n}^{(n)} \\ \cdots & \cdots & \cdots & \cdots \\ p_{n1}^{(n)} & p_{n2}^{(n)} & \cdots & P_{nn}^{(n)} \end{pmatrix}$$

转移矩阵性质：① $p_n = p_1^n$，n 步转移概率矩阵是一步转移概率矩阵的 n 次幂。

② $p_{ij}^{(n)} \geqslant 0$（$i, j = 1, 2, \cdots, n$），矩阵的每个元素非负。

③ $\sum p_{ij}^{(n)} = 1$（$j = 1, 2, \cdots, n$），矩阵中每行元素之和等于 1。

用简单的例子说明，假设系统有两个状态，则一步转移矩阵为：

$$p_1 = \begin{pmatrix} p_{11} & p_{12} \\ p_{21} & p_{22} \end{pmatrix}$$

两步转移矩阵为：

$$p_2 = \begin{pmatrix} p_{11} & p_{12} \\ p_{21} & p_{22} \end{pmatrix}^2 = \begin{pmatrix} p_{11} \cdot p_{11} + p_{12} \cdot p_{21} & p_{11} \cdot p_{12} + p_{12} \cdot p_{22} \\ p_{21} \cdot p_{11} + p_{22} \cdot p_{21} & p_{21} \cdot p_{12} + p_{22} \cdot p_{22} \end{pmatrix}$$

7.5.2 输入企业经营信息

（1）创建工作簿，命名为“马尔可夫法生产预测”。

（2）新建一个工作表，命名为“企业经营情况”。

（3）已知某企业 2010 年和 2011 年的盈亏情况，将信息输入工作表“企业经营情况”中，如图 7.5-2 所示。

	A	B	C	D
1	2010-2011年企业经营情况			
2	年月	经营情况	年月	经营情况
3	2010.1	盈	2011.1	盈
4	2010.2	平	2011.2	盈
5	2010.3	亏	2011.3	亏
6	2010.4	亏	2011.4	平
7	2010.5	平	2011.5	盈
8	2010.6	盈	2011.6	盈
9	2010.7	平	2011.7	亏
10	2010.8	平	2011.8	盈
11	2010.9	盈	2011.9	平
12	2010.10	盈	2011.10	亏
13	2010.11	盈	2011.11	盈
14	2010.12	亏	2011.12	盈
15				

马尔可夫生产预测 / 企业经营情况 / Shee

图 7.5-2　企业经营情况

7.5.3　归纳企业的经营信息

（1）新建一个工作表，命名为“马尔可夫生产预测”。

（2）将“企业经营情况”信息归纳合并到“马尔可夫生产预测”表中，如图 7.5-3 所示。

	A	B	C	D	E
1	企业2010-2011经营情况				
2	下一状态 / 当前状态	盈	平	亏	合计
3	盈	5	3	3	11
4	平	3	1	2	6
5	亏	3	2	1	6
6					

图 7.5-3　归纳企业经营情况

7.5.4　计算“一步转移概率”

（1）在“马尔可夫生产预测”表中建立计算“一步转移概率”框架并输入相应信息，如图 7.5-4 所示。

	A	B	C	D
7	一步转移概率			
8	p_1	盈	平	亏
9	盈			
10	平			
11	亏			
12				

图 7.5-4　“一步转移概率”框架

（2）在 B9 单元格中输入公式：

= B3/E3

由 B9 单元格填充 B10、B11 单元格，再分别将 B9、B10、B11 公式中的分母选中，按【F4】键将相对地址转换为绝对地址，选中 B9:B11 单元格区域，填充右边的 C9:D11 单元格区域，如图 7.5-5 所示。

	A	B	C	D	E
1	企业2010-2011经营情况				
2	下一状态 当前状态	盈	平	亏	合计
3	盈	5	3	3	11
4	平	3	1	2	6
5	亏	3	2	1	6
6					
7	一步转移概率				
8	p_1	盈	平	亏	
9	盈	0.455	0.273	0.273	
10	平	0.500	0.167	0.333	
11	亏	0.500	0.333	0.167	
12					

图 7.5-5 计算“一步转移概率”

7.5.5 实现 2012 年某月份生产预测

（1）在“马尔可夫生产预测”表中建立计算 2012 年经营预测框架并输入相应信息，如图 7.5-6 所示。

	A	B	C	D
13	2012年		月份经营预测	
14	p_n	盈	平	亏
15	盈			
16	平			
17	亏			
18				

图 7.5-6 2012 年经营预测框架

★ 实际运行时，在 B13 单元格中输入月份，则计算出 2012 年该月份的各状态转移概率。

（2）添加代码。在主菜单中选择【开发工具】→【Visual Basic】，打开【Visual Basic 编辑器】窗口，在【工程资源管理器】窗口中选择“Sheet1”，在“代码窗口”的对象下拉列表框中选择“Worksheet”，在事件下拉列表框中选择“Change”，在 Worksheet_Change 事件中添加以下代码：

```
Private Sub Worksheet_Change(ByVal Target As Range)
Dim i, j, k, m, t As Integer
Dim v1, v2, v3 As Variant
If Target.Row = 13 And Target.Column = 2 Then
    '当输入月份变化时，执行下列代码
    If Range("B13").Value < 13 And Range("B13") > 0 Then
    m = Range("B13").Value                    '取出 B13 值
    v1 = Range("B9:D11")                      '取出一步转移矩阵值
    '对一次转移矩阵进行 m 次幂操作
    v2 = v1
    For k = 1 To m - 1
        v3 = v2
        For i = 1 To 3
            For j = 1 To 3
```

```
                v2(i, j) = 0
                For t = 1 To 3
                    v2(i, j) = v2(i, j) + v3(i, t) * v1(t, j)
                Next t
            Next j
        Next i
    Next k
    '将 n 次转移矩阵内容放入相应单元格
    For i = 1 To 3
        For j = 1 To 3
            Cells(14 + i, 1 + j) = v2(i, j)
        Next j
    Next i
    Else
        MsgBox "输入月份错！"
    End If
End If
End Sub
```

（3）运行程序。在 B3 单元格中输入月份后，在 B15:D17 单元格区域显示各种状态出现的概率，如图 7.5-7 所示。

	A	B	C	D
13	2012年	2	月份经营预测	
14	p_n	盈	平	亏
15	盈	0.478	0.261	0.261
16	平	0.478	0.259	0.263
17	亏	0.478	0.263	0.259
18				

图 7.5-7　2012 年 2 月经营预测

7.6　求最短路径

六个城市的连接情况如图 7.6-1 所示，求城市 A 到城市 F 的最短路径。

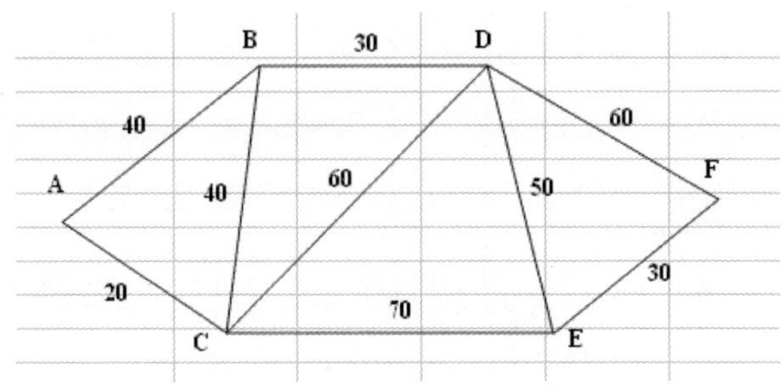

图 7.6-1　六个城市的连接情况

使用 Excel 的规划求解来处理最短路径问题，求得的结果如图 7.6-2 所示，即 A 到 F 的最短路径为 A→C→E→F。

	最短路径问题						
		出发地					
	距离	A	B	C	D	E	F
抵达地	A	9999	40	20	9999	9999	9999
	B	40	9999	40	30	9999	9999
	C	20	40	9999	60	70	9999
	D	9999	30	60	9999	50	60
	E	9999	9999	70	50	9999	30
	F	9999	9999	9999	60	30	9999

		出发地							
	距离	A	B	C	D	E	F	来源统计	里程
抵达地	A	0	0	0	0	0	0	0	0
	B	0	0	0	0	0	0	0	0
	C	1	0	0	0	0	0	1	20
	D	0	0	0	0	0	0	0	0
	E	0	0	1	0	0	0	1	70
	F	0	0	0	0	1	0	1	30
	目标统计	1	0	1	0	1	0	里程合计	120

图 7.6-2 最短路径求解结果

7.6.1 输入路径信息

将工作表 Sheet1 重命名为“最短路径问题”，输入如图 7.6-3 所示的内容，“-”表示不存在路径。

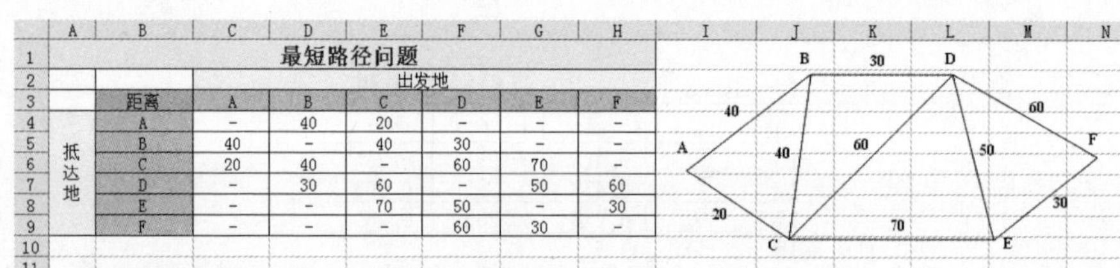

	最短路径问题						
		出发地					
	距离	A	B	C	D	E	F
抵达地	A	-	40	20	-	-	-
	B	40	-	40	30	-	-
	C	20	40	-	60	70	-
	D	-	30	60	-	50	60
	E	-	-	70	50	-	30
	F	-	-	-	60	30	-

图 7.6-3 将路径信息输入表格里

7.6.2 建立求解最短路径问题模型

建立解决问题的模型，如图 7.6-4 所示，其中 C14:H19 单元格区域用来记录实际的路径选择情况，0 表示路径未选择，1 表示选择了从某地出发前往某地的路径。【来源统计】用来统计出发地的情况，【目标统计】用来统计抵达地的情况。

		出发地							
	距离	A	B	C	D	E	F	来源统计	里程
抵达地	A								
	B								
	C								
	D								
	E								
	F								
	目标统计							里程合计	

图 7.6-4 最短路径问题模型

7.6.3 规划求解最短路径问题

（1）参考前面的“案例 10 商品进货量决策”加载规划求解工具。

（2）在 C4:H9 单元格区域，将“–”用 9999 替代，如图 7.6-5 所示。用一个很大的数表示不存在的路径，避免以后选择此路径。

	A	B	C	D	E	F	G	H
1	最短路径问题							
2			出发地					
3		距离	A	B	C	D	E	F
4	抵达地	A	9999	40	20	9999	9999	9999
5		B	40	9999	40	30	9999	9999
6		C	20	40	9999	60	70	9999
7		D	9999	30	60	9999	50	60
8		E	9999	9999	70	50	9999	30
9		F	9999	9999	9999	60	30	9999
10								

图 7.6-5　用 9999 表示不存在的路径

（3）在 I14 单元格中输入公式：

=SUM(C14:H14)

填充 I15:I19 单元格区域。

在 C20 单元格中输入公式：

=SUM(C14:C19)

填充 D20:H20 单元格区域。

在 J14 单元格中输入公式：

=SUMPRODUCT(C4:H4,C14:H14)

填充 J15:J19 单元格区域。

在 J20 单元格中输入公式：

=SUM(J14:J19)

设置 C14:H19 单元格区域的格式，在主菜单中选择【开始】→【数字】，打开启动器，选择【数字】选项卡，选择【自定义】中的 0 类型。

（4）选中 J20 单元格，在主菜单中选择【数据】→【规划求解】，打开【规划求解参数】对话框，在【设置目标】文本框中输入“J20”。选择【最小值】单选按钮。单击【通过更改可变单元格】文本框，在工作表中选择输入 C14:H19。

（5）添加约束条件。单击【添加】按钮打开【添加约束】对话框，添加以下约束条件：

条件 1：$C$14:$H$19=二进制。

条件 2：$C$20=1，表示 A 为起点，必定存在以 A 为出发点的路径。

条件 3：$I$19=1，表示 F 为终点，必定存在以 F 为抵达地的路径。

条件 4：$I$14=0，表示以 A 为终点的路径不存在。

条件 5：$H$20=0，表示以 F 为起点的路径不存在。

条件 6：$D$20: $G$20=$I$15: $I$18，表示除 A、F 外，其余节点有进则有出。

设置参数条件后的【规划求解参数】对话框如图 7.6-6 所示。

（6）在【选择求解方法】下拉列表框处，本案例选择“非线性 GRG”和“单纯线性规划”都可以求解。

（7）单击【求解】按钮开始求解运算，显示找到一个结果，如图 7.6-7 所示。

（8）单击【确定】按钮，退出【规划求解参数】对话框，在工作表中显示运算结果，如图 7.6-8 所示。

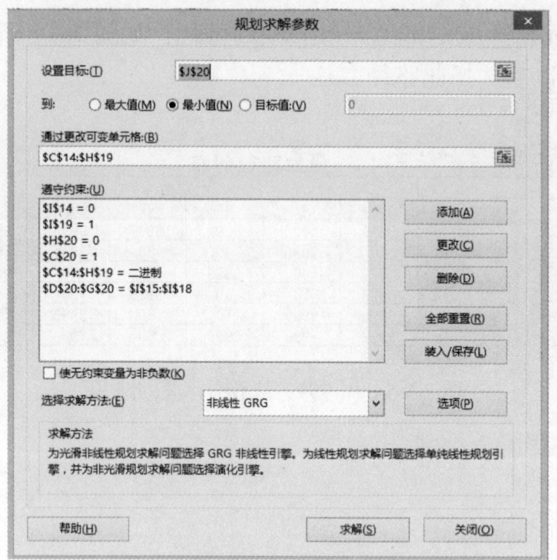

图 7.6-6 【规划求解参数】对话框

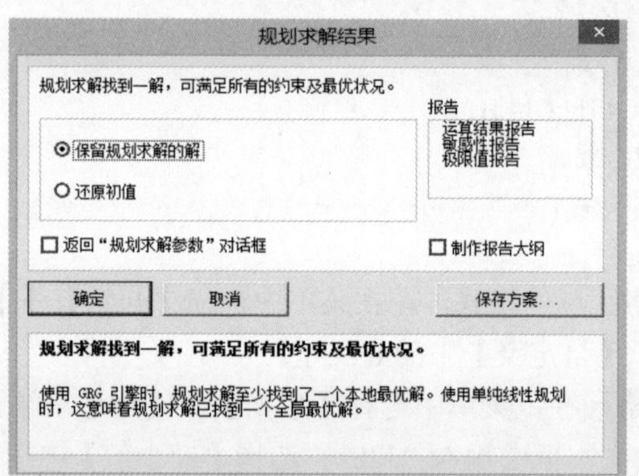

图 7.6-7 规划求解结果

	A	B	C	D	E	F	G	H	I	J
1			最短路径问题							
2			出发地							
3		距离	A	B	C	D	E	F		
4	抵达地	A	9999	40	20	9999	9999	9999		
5		B	40	9999	40	30	9999	9999		
6		C	20	40	9999	60	70	9999		
7		D	9999	30	60	9999	50	60		
8		E	9999	9999	70	50	9999	30		
9		F	9999	9999	9999	60	30	9999		
10										
11										
12			出发地							
13		距离	A	B	C	D	E	F	来源统计	里程
14	抵达地	A	0	0	0	0	0	0	0	0
15		B	0	0	0	0	0	0	0	0
16		C	1	0	0	0	0	0	1	20
17		D	0	0	0	0	0	0	0	0
18		E	0	0	1	0	0	0	1	70
19		F	0	0	0	0	1	0	1	30
20		目标统计	1	0	1	0	1	0	里程合计	120
21										

图 7.6-8 最终运算结果

所求最短路径为：A→C→E→F，路径长为 120。

参考文献

[1] Excel Home．Excel 应用大全．北京：人民邮电出版社，2008．

[2] Excel Home．Excel 2007．北京：人民邮电出版社，2010．

[3] Excel Home．Excel 生产管理．北京：人民邮电出版社，2008．

[4] Excel Home．Excel 数据处理与分析．北京：人民邮电出版社，2008．

[5] Excel Home．Excel 人力资源与行政管理．北京：人民邮电出版社，2008．

[6] Excel Home．Excel 函数与公式．北京：人民邮电出版社，2008．

[7] Excel Home．Excel 数据透视表应用大全．北京：人民邮电出版社，2009．

[8] Excel Home．Excel 财务管理．北京：人民邮电出版社，2008．

[9] Excel Home．Excel 会计实务．北京：人民邮电出版社，2008．

[10] 神龙工作室．Excel 高效办公——函数与图表．北京：人民邮电出版社，20010．

[11] 神龙工作室．Excel 高效办公——公司表格设计．北京：人民邮电出版社，2010．

[12] 神龙工作室．Excel 高效办公——公式与函数．北京：人民邮电出版社，2010．

[13] 神龙工作室．Excel 高效办公——行政与人力资源管理．北京：人民邮电出版社，2010．

[14] 神龙工作室．Excel 高效办公——VBA 范例应用．北京：人民邮电出版社，2010．

[15] 神龙工作室．Excel 高效办公——公司管理．北京：人民邮电出版社，2010．

[16]（美）Mindy C. Martin 等．Excel 2000 从入门到精通．惠林，译．北京：电子工业出版社，2008．

[17] 傅靖，李冬．Excel 2007 公式、函数与图表．北京：电子工业出版社，2009．

[18]（美）John Walkenbach．中文版 Excel 2003 宝典．陈缅，裕鹏，译．北京：人民邮电出版社，2008．

[19] 杨丽君，常桂英，蔚淑君等．Excel 在经济管理中的应用．北京：清华大学出版社，2017．

[20] Excel Home．Excel 会计实务．北京：人民邮电出版社，2014．

[21] 朱俊，吴松松，陈健．Excel 在市场营销与销售管理中的应用．北京：清华大学出版社，2018．